JSP 程序设计

慕课版

明日科技 融创软通·出品
◎ 贾志城 王云 主编 ◎ 马俊 于晓强 张建军 副主编

人 民 邮 电 出 版 社
北 京

图书在版编目（CIP）数据

JSP程序设计 : 慕课版 / 贾志城, 王云主编. -- 北京 : 人民邮电出版社, 2016.4（2019.1重印）
ISBN 978-7-115-41763-3

Ⅰ. ①J… Ⅱ. ①贾… ②王… Ⅲ. ①JAVA语言－网页制作工具－高等学校－教材 Ⅳ. ①TP312②TP393.092

中国版本图书馆CIP数据核字(2016)第028202号

内 容 提 要

本书系统地介绍了有关 JSP 开发所涉及的各类知识。全书共分 13 章，内容包括 JSP 概述、JSP 开发基础、JSP 语法、JSP 内置对象、JavaBean 技术、Servlet 技术、JSP 实用组件、JSP 数据库应用开发、JSP 与 Ajax 及 JSP 高级技术，并通过 JSP 综合开发实例——清爽夏日九宫格日记网，介绍了 JSP 应用的开发流程和相关技术的综合应用。全书最后提供了两个课程设计方案，在线投票系统和 Ajax 聊天室，供学生综合实践使用。

本书为慕课版教材，各章节主要内容配备了以二维码为载体的微课，并在人邮学院（www.rymooc.com）平台上提供了慕课。此外，本书还提供了课程资源包，资源包中提供有本书所有实例、上机指导、综合案例和课程设计的源代码，制作精良的电子课件 PPT，自测试卷等内容。资源包也可在人邮学院上下载。其中，源代码全部经过精心测试，能够在 Windows 7、Windows 8、Windows 10 系统下编译和运行。

◆ 主　　编　贾志城　王　云
　副 主 编　马　俊　于晓强　张建军
　责任编辑　刘　博
　责任印制　沈　蓉　彭志环

◆ 人民邮电出版社出版发行　　北京市丰台区成寿寺路 11 号
　邮编　100164　　电子邮件　315@ptpress.com.cn
　网址　http://www.ptpress.com.cn
　天津翔远印刷有限公司印刷

◆ 开本：787×1092　1/16
　印张：21.25　　　　2016 年 4 月第 1 版
　字数：632 千字　　　2019 年 1 月天津第 10 次印刷

定价：49.80 元

读者服务热线：(010)81055256　印装质量热线：(010)81055316

反盗版热线：(010)81055315

前言
Foreword

为了让读者能够快速且牢固地掌握JSP开发技术，人民邮电出版社充分发挥在线教育方面的技术优势、内容优势、人才优势，潜心研究，为读者提供一种“纸质图书+在线课程”相配套，全方位学习JSP开发的解决方案。读者可根据个人需求，利用图书和“人邮学院”平台上的在线课程进行系统化、移动化的学习，以便快速全面地掌握JSP开发技术。

一、如何学习慕课版课程

本课程依托人民邮电出版社自主开发的在线教育慕课平台——人邮学院（www.rymooc.com），该平台为学习者提供优质、海量的课程，课程结构严谨，用户可以根据自身的学习程度，自主安排学习进度，并且平台具有完备的在线“学习、笔记、讨论、测验”功能。人邮学院为每一位学习者，提供完善的一站式学习服务（见图1）。

图1　人邮学院首页

为了使读者更好地完成慕课的学习，现将本课程的使用方法介绍如下。

1. 用户购买本书后，找到粘贴在书封底上的刮刮卡，刮开，获得激活码（见图2）。

2. 登录人邮学院网站（www.rymooc.com），或扫描封面上的二维码，使用手机号码完成网站注册。

图2　激活码

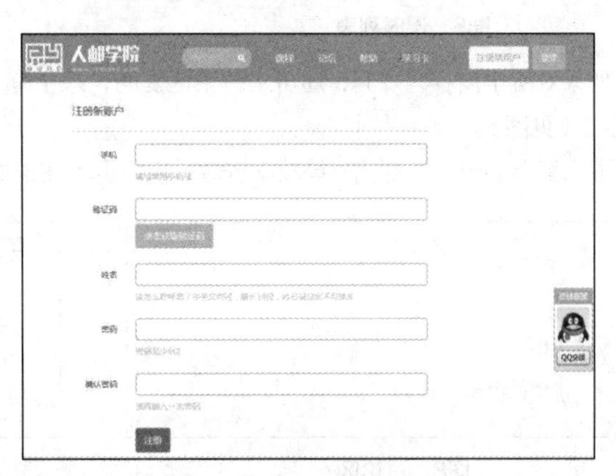

图3　注册人邮学院网站

3. 注册完成后，返回网站首页，单击页面右上角的“学习卡”选项（见图4），进入“学习卡”页面（见图5），输入激活码，即可获得该慕课课程的学习权限。

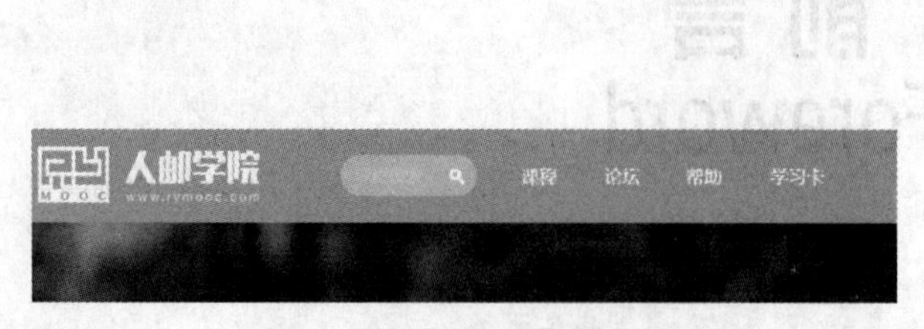

图4　单击“学习卡”选项

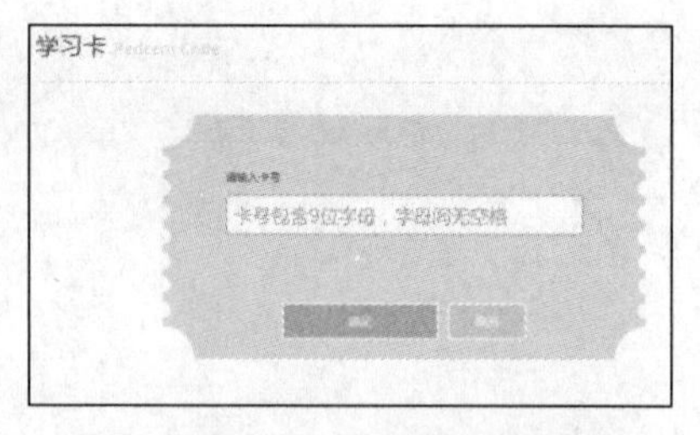

图5　在“学习卡”页面输入激活码

4. 输入激活码后，即可获得该课程的学习权限。可随时随地使用计算机、平板电脑、手机学习本课程的任意章节，根据自身情况自主安排学习进度（见图6）。

5. 在学习慕课课程的同时，阅读本书中相关章节的内容，巩固所学知识。本书既可与慕课课程配合使用，也可单独使用，书中主要章节均放置了二维码，用户扫描二维码即可在手机上观看相应章节的视频讲解。

6. 学完一章内容后，可通过精心设计的在线测试题，查看知识掌握程度（见图7）。

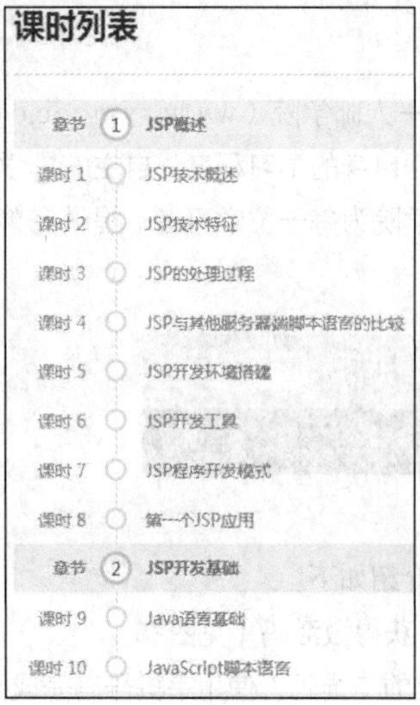

课时列表

章节 1 JSP概述
课时 1 JSP技术概述
课时 2 JSP技术特征
课时 3 JSP的处理过程
课时 4 JSP与其他服务器端脚本语言的比较
课时 5 JSP开发环境搭建
课时 6 JSP开发工具
课时 7 JSP程序开发模式
课时 8 第一个JSP应用
章节 2 JSP开发基础
课时 9 Java语言基础
课时 10 JavaScript脚本语言

图6　课时列表

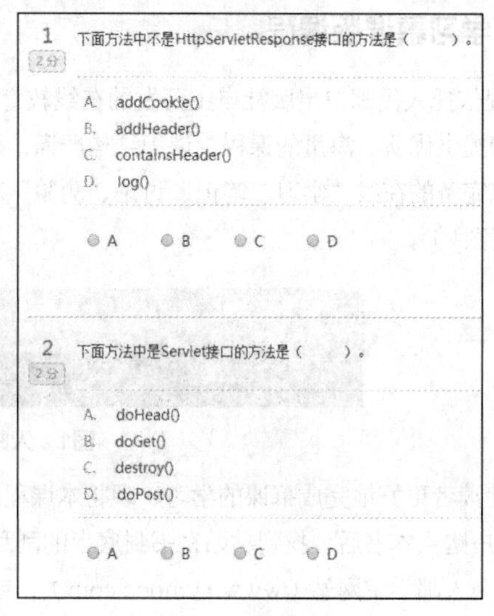

图7　在线测试题

7. 如果对所学内容有疑问，还可到讨论区提问，除了有大牛导师答疑解惑以外，同学之间也可互相交流学习心得（见图8）。

8. 书中配套的PPT、源代码等教学资源，用户也可在该课程的首页找到相应的下载链接（见图9）。

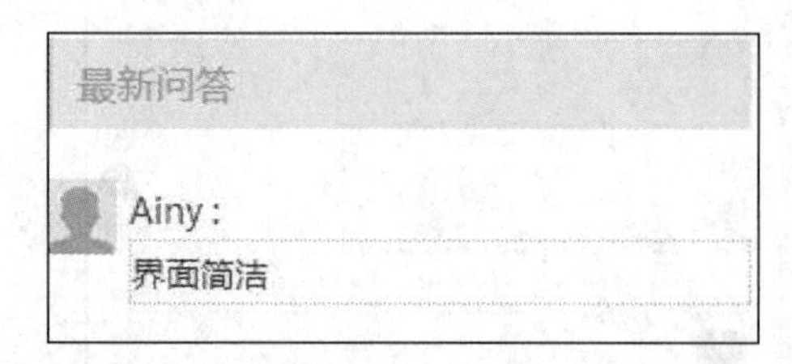

图8　讨论区

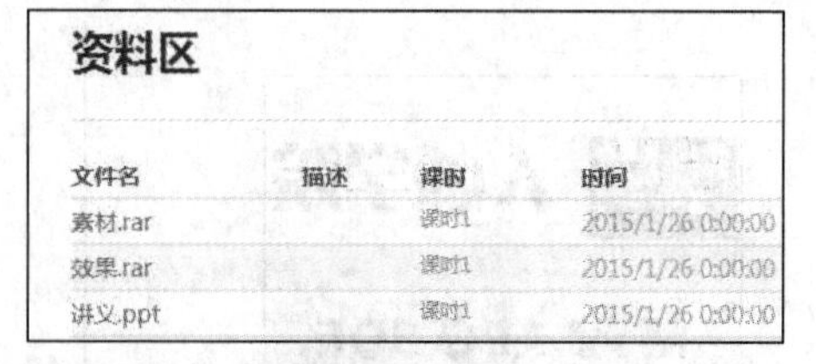

图9　配套资源

关于人邮学院平台使用的任何疑问，可登录人邮学院咨询在线客服，或致电：010-81055236。

二、本书特点

JSP（Java Server Page）是由Sun公司在Java语言上开发出来的一种动态网页制作技术，它是Java开发阵营中最具代表性的解决方案。JSP不仅拥有与Java一样的面向对象、便利、跨平台等优点和特性，还拥有Java Servlet的稳定性，并且可以使用Servlet提供的API、Java Bean及Web开发框架技术，使页面代码与后台处理代码分离，从而提高工作效率。在目前流行的Web程序开发技术中，JSP是比较热门的一种，它依靠Java语言的稳定、安全、可移植性好的优点，成为大、中型网站开发的首选。

本书通过通俗易懂的语言和实用生动的例子，系统地介绍了JSP的基本常识、开发环境与开发工具、Java和JavaScript语言基础、JSP基本语法、内置对象、JavaBean技术、Servlet技术、实用组件、数据库应用开发和高级程序设计等技术，并且在主要章节的后面还提供了习题及上机指导，方便读者及时验证自己的学习效果。最后，通过一个综合实例及两个课程设计来使读者快速掌握JSP程序的开发过程。

本书作为教材使用时，课堂教学建议32～42学时，实验教学16～32学时。各章主要内容和学时建议分配如下，老师可以根据实际教学情况进行调整。

章	主要内容	课堂学时	实验学时
第1章	JSP概述，包括JSP技术概述、JSP技术特征、JSP的处理过程、JSP开发环境的搭建、JSP开发工具介绍和JSP程序开发模式	2	1
第2章	Java语言基础和JavaScript脚本语言（选讲）	6	4
第3章	JSP技术的基本语法，主要包括JSP中的指令标识、脚本标识、JSP注释和动作标识	3	3
第4章	JSP的内置对象，包括request对象、response对象、session对象、application对象、out对象及其他内置对象的基本应用	4	2
第5章	JSP程序开发中的JavaBean技术，主要包括JavaBean的相关概念、JavaBean中的属性、JavaBean的创建以及JavaBean的应用	4	2
第6章	Servlet的基础知识及Servlet的应用，主要包括Servlet基础、Servlet API编程常用接口和类、Servlet的开发以及Server过滤器	4	2
第7章	JSP的实用组件，主要包括对文件进行操作的Commons-FileUpload组件、发送E-mail的Java Mail组件、生成动态图表的JFreeChart组件和生成JSP报表的iText组件	3	2
第8章	在JSP中应用数据库开发技术，包括常用数据库管理系统、JDBC技术概述及常用接口、连接数据库、数据库操作技术及连接池技术等	4	2
第9章	JSP与Ajax，主要包括了解Ajax、使用XMLHttpRequest对象、传统Ajax的工作流程、jQuery实现Ajax、需要注意的几个问题	2	
第10章	JSP高级技术，主要包括EL表达式，JSTL标准标签库的应用，自定义标签库的开发以及JSP框架技术	2	
第11章	JSP综合开发实例——清爽夏日九宫格日记网	4	2
第12章	课程设计——在线投票系统	2	可选
第13章	课程设计——Ajax聊天室	2	可选

本书由明日科技、融创软通出品，贾志城、王云任主编，马俊、于晓强、张建军任副主编。

编 者

2016年1月

目录
Contents

第5章　JavaBean技术　94

第6章　Servlet技术　116

第7章 JSP实用组件 155

第8章 JSP数据库应用开发 178

PART01

第1章 JSP概述

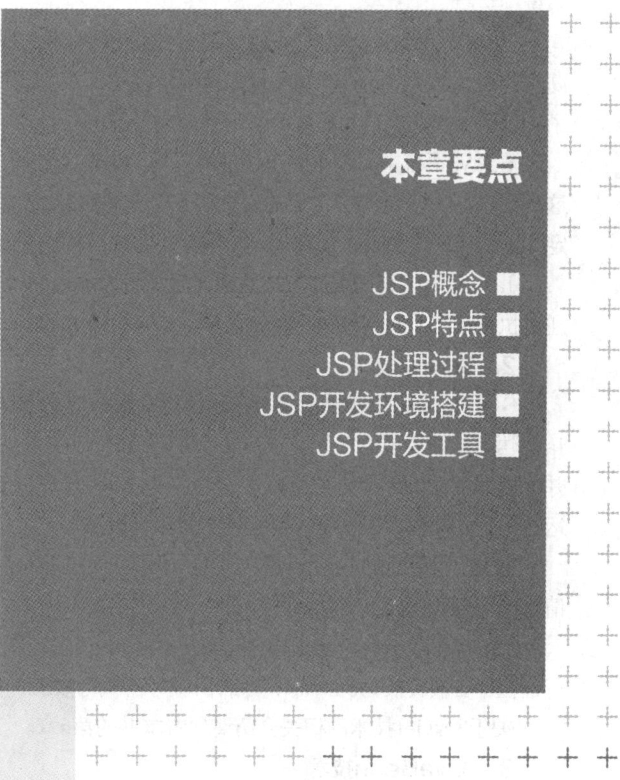

本章要点
JSP概念
JSP特点
JSP处理过程
JSP开发环境搭建
JSP开发工具

■ 本章介绍JSP技术的相关概念以及如何开发JSP程序，主要内容包括JSP技术的概述、JSP技术特征、JSP的处理过程、JSP开发环境的搭建、JSP开发工具介绍、JSP程序开发模式等。通过本章的学习，读者应了解什么是JSP、JSP技术的特征和处理过程，并掌握JDK的安装与配置、Tomcat的安装与配置、Eclispe开发工具的使用等。尤其要深刻理解在JSP程序开发模式中，JSP+Servlet+JavaBean开发模式的设计及模式中各技术所扮演的角色。

1.1 JSP技术概述

JSP技术概述

在了解JSP技术之前，先向读者介绍与JSP技术相关的一些概念，这样有助于读者阅读后面的内容。

1. Java语言

Java语言是由Sun公司于1995年推出的编程语言，一经推出，就赢得了业界的一致好评，并受到了广泛关注。Java语言适用于Internet环境，目前已成为开发Internet应用的主要语言之一。它具有简单、面向对象、可移植性、分布性、解释器通用性、稳健、多线程、安全和高性能等优点。其中最重要的就是实现了跨平台运行，这使得应用Java开发的程序可以方便地移植到不同的操作系统中运行。

Java语言是完全面向对象的编程语言，它的语法规则和C++类似，但Java语言对C++进行了简化和提高。例如，C++中的指针和多重继承通常会使程序变得复杂，而Java语言通过接口取代了多重继承，并取消了指针、内存的申请和释放等影响系统安全的部分。

在Java语言中，最小的单位是类，不允许在类外面定义变量和方法，所以就不存在所谓的“全局变量”这一概念。在Java类中定义的变量和方法分别称为成员变量和成员方法，其中成员变量也叫作类的属性。在定义这些类的成员时，需要通过权限修饰符来声明它们的使用范围。

Java语言编写的程序应被保存为后缀名为.java的文件，然后编译成后缀名为.class的字节码文件，最终通过执行该字节码文件执行Java程序。

2. Servlet技术

Servlet是在JSP之前就存在的运行在服务端的一种Java技术，它是用Java语言编写的服务器端程序，Java语言能够实现的功能，Servlet基本上都可以实现（除图形界面外）。Servlet主要用于处理Http请求，并将处理的结果传递给浏览器生成动态Web页面。Servlet具有可移植（可在多种系统平台和服务器平台下运行）、功能强大、安全、可扩展和灵活等优点。

在JSP中用到的Servlet通常都继承自javax.servlet.http.HttpServlet类，在该类中实现了用来处理Http请求的大部分功能。

JSP是在Servlet的基础上开发的一种新的技术，所以JSP与Servlet有着密不可分的关系。JSP页面在执行过程中会被转换为Servlet，然后由服务器执行该Servlet。

关于Servlet技术的相关介绍请参看本书的第6章。

3. JavaBean技术

JavaBean是根据特殊的规范编写的普通的Java类，可称它们为“独立的组件”。每一个JavaBean实现一个特定的功能，通过合理地组织具有不同功能的JavaBean，可以快速地生成一个全新的应用程序。如果将这个应用程序比作一辆汽车，那么程序中的JavaBean就好比组成这辆汽车的不同零件。对于程序开发人员来说，JavaBean的最大优点就是充分提高了代码的可重用性，并且对程序的后期维护和扩展起到了积极的作用。

JavaBean可按功能划分为可视化和不可视化两种。可视化JavaBean主要应用在图形界面编程的领域中，在JSP中通常应用的是不可视化JavaBean。应用该种JavaBean可用来封装各种业务逻辑，例如连接数据库、获取当前时间等。这样，当在开发程序的过程中需要连接数据库或实现其他功能时，就可直接在JSP页面或Servlet中调用实现该功能的JavaBean来实现。

通过应用JavaBean，可以很好地将业务逻辑和前台显示代码分离，这大大提高了代码的可读性和易维护性。

关于JavaBean技术的相关介绍请参看本书的第5章。

4. JSP技术

Java Server Pages(JSP)是由Sun公司倡导，与多个公司共同建立的一种技术标准，它建立在Servlet之上。应用JSP，程序员或非程序员可以高效率地创建Web应用程序，并使得开发的Web应用程序具有安全性高、跨平台等优点。

JSP是运行在服务器端的脚本语言之一，与其他服务器端的脚本语言一样，是用来开发动态网页的一种技术。

JSP页面由传统的HTML代码和嵌入到其中的Java代码组成。当用户请求一个JSP页面时，服务器会执行这些Java代码，然后将结果与页面中的静态部分相结合返回给客户端浏览器。JSP页面中还包含了各种特殊的JSP元素，通过这些元素可以访问其他的动态内容并将它们嵌入到页面中，例如访问JavaBean组件的<jsp:useBean>动作元素。程序员还可以通过编写自己的元素来实现特定的功能，开发出更为强大的Web应用程序。

JSP是在Servlet的基础上开发的技术，它继承了Java Servlet的各项优秀功能。而Java Servlet是作为Java的一种解决方案，在制作网页的过程中，它继承了Java的所有特性。因此JSP同样继承了Java技术的简单、便利、面向对象、跨平台和安全可靠等优点，比起其他服务器脚本语言，JSP更加简单、迅速和便利。在JSP中利用JavaBean和JSP元素，可以有效地将静态的HTML代码和动态数据区分开来，给程序的修改和扩展带来了很大方便。

5. JSP在JavaWeb开发中的地位

Web应用程序大体上可以分为两种，即静态网站和动态网站。早期的Web应用主要是静态页面的浏览，即静态网站。这些网站使用HTML语言来编写，放在Web服务器上，用户使用浏览器通过HTTP协议请求服务器上的Web页面；服务器上的Web服务器将接收到的用户请求处理后，再发送给客户端浏览器，显示给用户。

在开发Web应用程序时，通常需要应用客户端和服务器两方面的技术。其中，客户端应用的技术主要用于展现信息内容，而服务器应用的技术，则主要用于进行业务逻辑的处理和数据库的交互。想要开发动态网站，就需要用到服务器端技术。而JSP技术就是服务器端应用的技术，JSP页面中的HTML代码用来显示静态内容部分，嵌入到页面中的Java代码与JSP标记用来生成动态的内容部分。JSP允许程序员编写自己的标签库来完成应用程序的特定要求。JSP可以被预编译，提高了程序的运行速度。另外，JSP开发的应用程序经过一次编译后，便可以随时随地运行。所以在绝大部分系统平台中，代码无需作修改便可支持JSP在任何服务器中运行。

1.2 JSP技术特征

本节将介绍JSP在开发Web应用程序时的一些特点，如跨平台、分离静态内容和动态内容、可重复使用的组件、沿用了Java Servlet的所有功能以及能预编译等。

JSP技术
特征

1. 跨平台

JSP是以Java为基础开发的，所以它不仅可以沿用Java强大的API功能，而且不管是在何种平台下，只要服务器支持JSP，就可以运行使用JSP开发的Web应用程序，体现了它的跨平台、跨服务器特点。例如在Windows NT下的IIS通过JRUN或ServletExec插件就能支持JSP。如今最流行的Web服务器Apache同样能够支持JSP，而且Apache支持多种平台，从而使得JSP可以在多个平台上运行。

在数据库操作中，因为JDBC同样是独立于平台的，所以在JSP中使用Java API提供的JDBC来连接数据库时，就不用担心平台变更时的代码移植问题。正是因为Java的这种特征，使得应用JSP开发的Web应用程序能够很简单地运用到不同的平台上。

2. 分离静态内容和动态内容

在前面提到的Java Servlet，对于开发Web应用程序而言是一种很好的技术。但同时面临着一个问题：所有的内容必须在Java代码中来完成，包括HTML代码同样要嵌入到程序代码中来生成静态的内容。即使因HTML代码出现小问题，也需要有熟悉Java Servlet的程序员来解决。

JSP弥补了Java Servlet在工作中的不足。使用JSP，程序员可以使用HTML或XML标记来设计和格式化静态的内容部分，使用JSP标记及JavaBean组件或者小脚本程序来制作动态内容部分。服务器将执行JSP标记和小脚本程序，并将结果与页面中的静态部分结合后以HTML页面的形式发送给客户端浏览器。程序员可以将一些业务逻辑封装到JavaBean组件中，Web页面的设计人员可以利用程序员开发的JavaBean组件和JSP标记来制作出动态页面，而且不会影响到内容的生成。

静态内容与动态内容的明确分离，是将以Java Servlet开发Web应用发展为以JSP开发Web应用的重要因素之一。

3. 可重复使用的组件

JavaBean组件是JSP中不可缺少的重要组成部分之一，程序通过JavaBean组件来执行所要求的更为复杂的运算。JavaBean组件不仅可以应用于JSP中，同样适用于其他的Java应用程序中。这种特性使得开发人员之间可以共享JavaBean组件，加快了应用程序的总体开发进程。

同样，JSP的标准标签和自定义标签与JavaBean组件一样可以一次生成重复使用。这些标签都是通过编写的程序代码来实现特定功能的，在使用它们时与通常在页面中用到的HTML标记用法相同。这样可以将一个复杂而且需要出现多次的操作简单化，大大提高了工作效率。

4. 沿用了Java Servlet的所有功能

相对于Java Servlet来说，使用从Java Servlet发展而来的JSP技术开发Web应用更加简单易学，并且JSP同样提供了Java Servlet所有的特性。实际上服务器在执行JSP文件时先将其转换为Servlet代码，然后再对其进行编译，可以说JSP就是Servlet，创建一个JSP文件其实就是创建一个Servlet文件的简化操作。理所当然，Servlet中的所有特性在JSP中同样可以使用。

5. 预编译

预编译是JSP的另一个重要特性。JSP页面在被服务器执行前，都是已经被编译好的，并且通常只进行一次编译，即在JSP页面被第一次请求时进行编译，在后续的请求中如果JSP页面没有被修改过，服务器只需要直接调用这些已经被编译好的代码，这大大提高了访问速度。

1.3 JSP的处理过程

JSP的处理过程

当客户端浏览器向服务器发出请求要访问一个JSP页面时，服务器根据该请求加载相应的JSP页面，并对该页面进行编译，然后执行。JSP的处理过程如图1-1所示。

（1）客户端通过浏览器向服务器发出请求，在该请求中包含了请求资源的路径，这样当服务器接收到该请求后就可以知道被请求的资源。

（2）服务器根据接收到的客户端请求来加载被请求的JSP文件。

（3）Web服务器中的JSP引擎会将被加载的JSP文件转化为Servlet。

（4）JSP引擎将生成的Servlet代码编译成Class文件。

（5）服务器执行这个Class文件。

（6）最后服务器将执行结果发送给浏览器进行显示。

从上面的介绍中可以看到，JSP文件被JSP引擎进行转换后，又被编译成了Class文件，最终由服务器通过执行这个Class文件来对客户端的请求进行响应。其中第3步与第4步构成了JSP处理过程中的翻译阶段，而第5步为请求处理阶段。

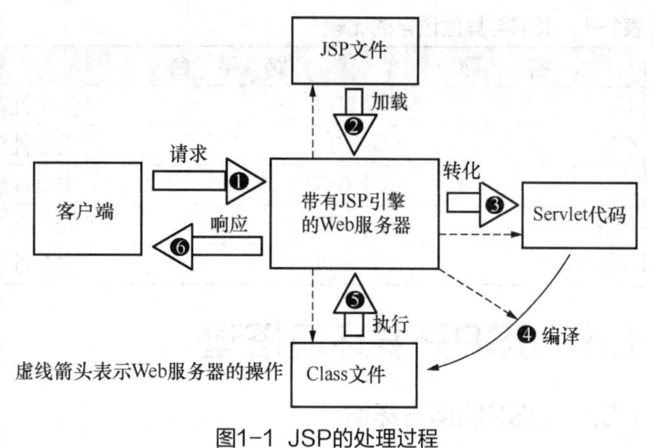

图1-1 JSP的处理过程

但并不是每次请求都需要重复进行这样的处理。当服务器第一次接收到对某个页面的请求时，JSP引擎就开始进行上述的处理过程，将被请求的JSP文件编译成Class文件。在后续对该页面再次进行请求时，若页面没有进行任何改动，服务器只需直接调用Class文件执行即可。所以当某个JSP页面第一次被请求时，会有一些延迟，而再次访问时会感觉快了很多。如果被请求的页面经过修改，服务器将会重新编译这个文件，然后执行。

1.4 JSP与其他服务器端脚本语言的比较

JSP与其他服务器端脚本语言的比较

目前，比较常用的服务器端技术主要有CGI、ASP、PHP、ASP.NET和JSP。下面进行详细介绍。

1. CGI（Common Gateway Interface，通用网关接口）

CGI是最早用来创建动态网页的一种技术，它可以使浏览器与服务器之间产生互动关系。它允许使用不同的语言来编写适合的CGI程序，该程序被放在Web服务器上运行。当客户端发出请求给服务器时，服务器根据客户请求建立一个新的进程来执行指定的CGI程序，并将执行结果以网页的类型传输到客户端的浏览器上进行显示。

2. ASP

ASP（Active Server Page）是一种使用很广泛的开发动态网站的技术。它通过在页面代码中嵌入VBScript或JavaScript脚本语言来生成动态的内容，在服务器端必须安装了适当的解释器后，才可以通过调用此解释器来执行脚本程序，然后将执行结果与静态内容部分结合并传送到客户端浏览器上。对于一些复杂的操作，ASP可以调用存在于后台的COM组件来完成，所以说COM组件无限地扩充了ASP的能力；正因如此依赖本地的COM组件，使得ASP主要用于Windows平台中。

3. PHP

PHP来自于Personal Home Page一词，但现在的PHP已经不再表示名词的缩写，而是一种开发动态网页技术的名称。PHP语法类似于C，并且混合了Perl、C++和Java的一些特性。它是一种开源的Web服务器脚本语言，与ASP和JSP一样可以在页面中加入脚本代码来生成动态内容。对于一些复杂的操作可以封装到函数或类中，在PHP中提供了许多已经定义好的函数，例如提供的标准数据库接口，使得数据库连接方便，扩展性强。

4. ASP.NET

ASP.NET也是一种建立动态Web应用程序的技术，它是.NET框架的一部分，可以使用任何.NET兼容的语言，如Visual Basic.NET、C#、J#等来编写ASP.NET应用程序。这种ASP.NET页面（Web Forms）编译后可以提供比脚本语言更出色的性能表现。Web Forms允许在网页基础上建立强大的窗体。当建立页面时，可以使用ASP.NET服务端控件来建立常用的UI元素，并将它们编程来完成一般的任务。这些控件允许开发者使用内建可重用的组件和自定义组件来快速建立Web Form，使代码简单化。

表1-1　JSP与其他语言的比较

名　称	跨 平 台	安 全 性	易 学 性
JSP	可以	安全性高	相对简单
CGI	可以	安全性低	相对复杂
ASP	不可以	安全性低	相对简单
PHP	可以	安全性高	相对简单
ASP.NET	可以	安全性高	相对简单

1.5　JSP开发环境搭建

1.5.1　JSP的运行环境

JSP的运行环境

使用JSP进行开发，需要具备以下对应的运行环境：Web浏览器、Web服务器、JDK开发工具包以及数据库。下面分别介绍这些环境。

1. Web浏览器

浏览器主要用于客户端用户访问Web应用的工具，与开发JSP应用不存在很大的关系，所以开发JSP对浏览器的要求并不是很高，任何支持HTML的浏览器都可以。

2. Web服务器

Web服务器是运行及发布Web应用的大容器，只有将开发的Web项目放置到该容器中，才能使网络中的所有用户通过浏览器进行访问。开发JSP应用所采用的服务器主要是Servlet兼容的Web服务器，比较常用的有BEA WebLogic、IBM WebSphere和Apache Tomcat等。

Weblogic是BEA公司的产品，它又分为WebLogic Server、WebLogic Enterprise和WebLogic Portal系列，其中WebLogic Server的功能特别强大，它支持企业级的、多层次的和完全分布式的Web应用，并且服务器的配置简单、界面友好，对于那些正在寻求能够提供Java平台所拥有的一切应用服务器的用户来说，WebLogic是一个十分理想的选择对象，在后面的章节中将对该服务器的安装与配置进行讲解。

Tomcat服务器最为流行，它是Apache-Jarkarta开源项目中的一个子项目，是一个小型的、轻量级的、支持JSP和Servlet技术的Web服务器，已经成为学习开发JSP应用的首选。本书中的所有例子都使用了Tomcat作为Web服务器，所以对该服务器的安装与配置在后面的章节中也进行了讲解。目前Tomcat的最新版本为apache-tomcat-8.0.27。

3. JDK

JDK（Java Develop Kit，Java开发工具包）包括运行Java程序所必须的JRE环境及开发过程中常用的库文件。在使用JSP开发网站之前，首先必须安装JDK，目前JDK的最新版本为JDK 8 Update 45。

4. 数据库

任何项目的开发几乎都需要使用数据库，数据库用来存储项目中需要的信息。根据项目的规模采用合适的数据库。如大型项目可采用Oracle数据库，中型项目可采用Micosoft SQL Server或MySQL数据库，小型项目可采用Microsoft Access数据库。Microsoft Access数据库的功能远比不上Microsoft SQL Server和MySQL强大，但它具有方便、灵活的特点，对于一些小型项目来说是比较理想的选择。

JDK的安装与配置

1.5.2　JDK的安装与配置

JDK由SUN公司提供，其中包括运行Java程序所必须的JRE（Java Runtime Environment，Java运行环境）及开发过程中常用的库文件。在使用JSP开发网站之前，首先必须安装JDK组件。

1. JDK的安装

由于推出JDK的Sun公司已经被Oracle公司收购了，所以可以到Oracle官方网站（http://www.oracle.com/index.html）中下载JDK。目前，最新的版本是JDK 8 Update 45，如果是32位的Windows操作系统，下载后得到的安装文件是jdk-8u45-windows-i586.exe。具体安装步骤如下。

（1）双击jdk-8u45-windows-i586.exe文件，在弹出的欢迎对话框中，单击“下一步”按钮，如图1-2所示。

（2）在“自定义安装”对话框中选择JDK的安装路径。单击“更改”按钮更改安装路径，其他保留默认选项，如图1-3、图1-4、图1-5所示。

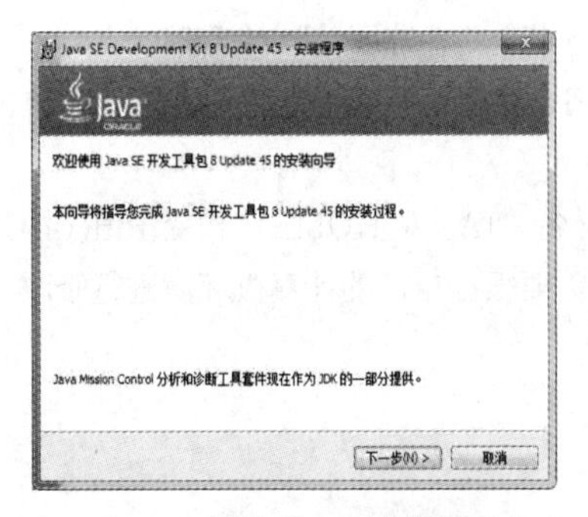

图1-2　欢迎界面

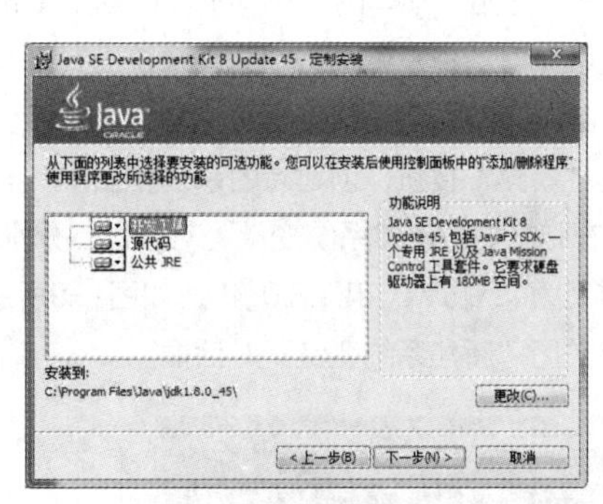

图1-3　更改安装路径

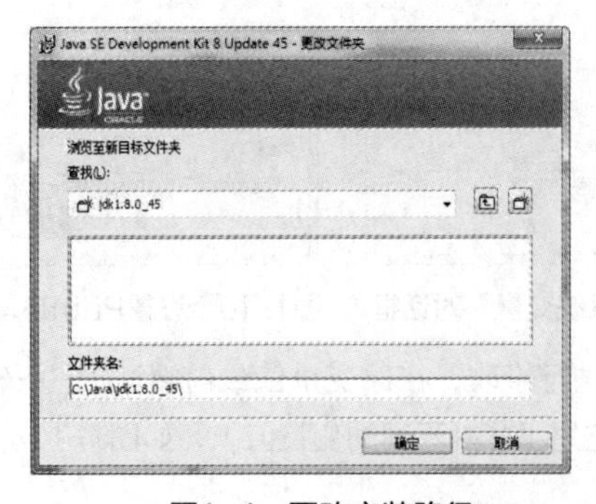

图1-4　更改安装路径

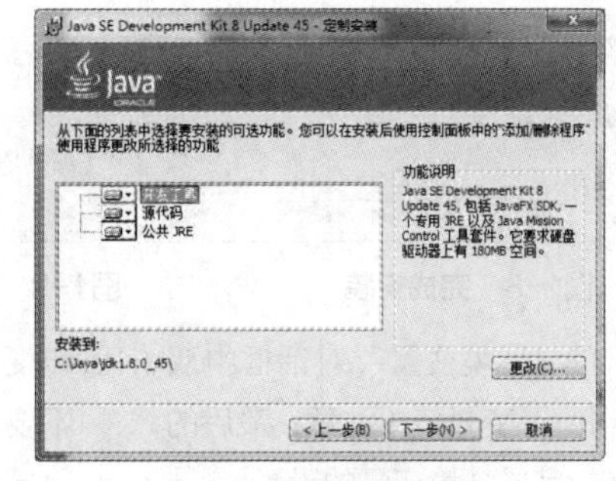

图1-5　更改安装路径

（3）单击图1-5中的“下一步”按钮，开始安装。

（4）在安装的过程中，会弹出另一个“自定义安装”对话框，提示用户选择Java运行时环境的安装路径。单击“更改”按钮更改安装路径，其他保留默认选项，如图1-6、图1-7所示。

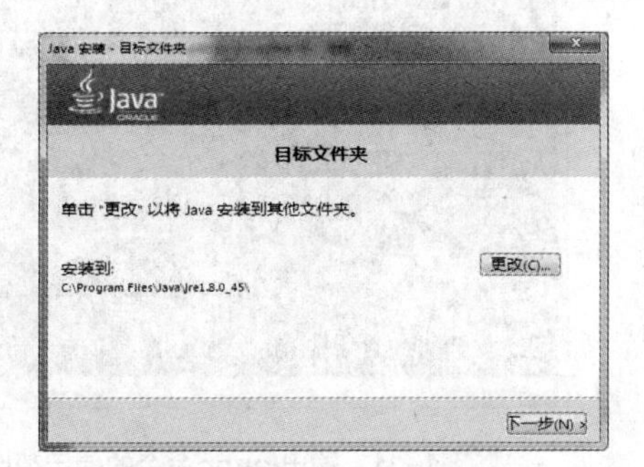

图1-6　选择JRE安装路径

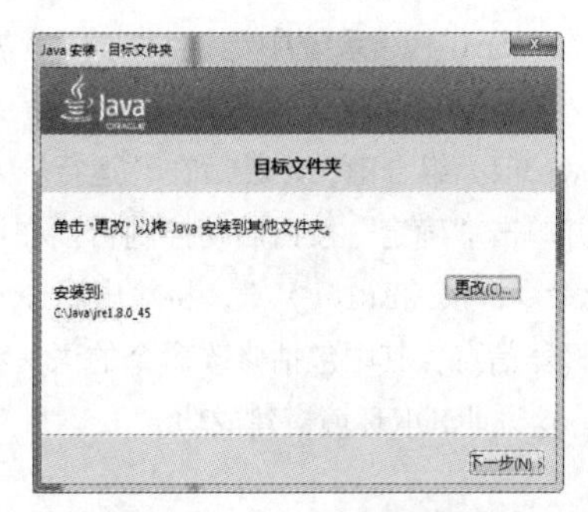

图1-7　选择JRE安装路径

（5）单击图1-7中的“下一步”按钮继续安装。在JDK安装完毕后，单击“关闭”按钮，将完成安装，如图1-8所示。

JavaFX 2.0是甲骨文发布的、一款为企业业务应用提供的先进Java用户界面（UI）平台，它能帮助开发人员无缝地实现与本地Java功能及Web技术动态能力的混合与匹配。

2. JDK的配置与测试

JDK安装完成后，还需要在系统的环境变量中进行配置，下面将以在Windows 7系统中配置环境变量为例，来介绍JDK的配置和测试。具体步骤如下。

（1）在“开始”菜单的“计算机”图标上单击鼠标右键，在弹出的快捷菜单中选择“属性”命令，在弹出的“属性”对话框左侧单击“高级系统设置”超链接，将出现“系统属性”对话框。

（2）在“系统属性”对话框中，单击“环境变量”按钮，将弹出“环境变量”对话框，单击“系统变量”栏中的“新建”按钮，创建新的系统变量。

（3）在弹出的“新建系统变量”对话框，分别输入变量名“JAVA_HOME”和变量值（即JDK的安装路径），这里为C:\Java\jdk1.8.0_45，如图1-9所示，读者需要根据自己的计算机环境进行修改。单击“确定”按钮，关闭“新建系统变量”对话框。

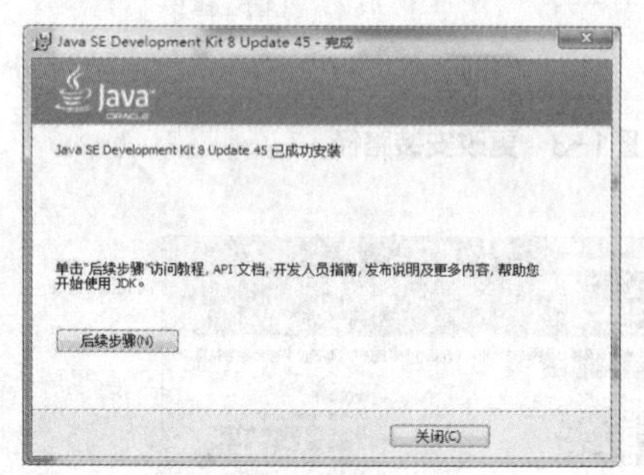

图1-8　完成安装

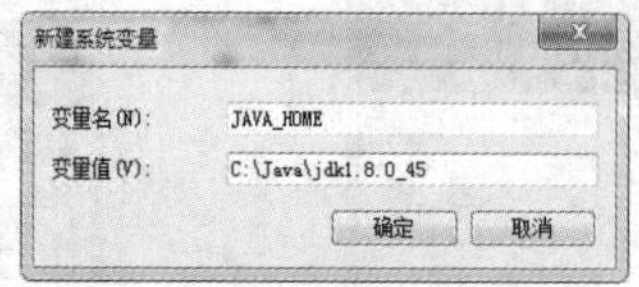

图1-9　“新建系统变量”对话框

图1-10　设置Path环境变量值

（4）在“环境变量”对话框中双击Path变量对其进行修改，在原变量值最前端添加“.;%JAVA_HOME%\bin;”变量值（注意：最后的“;”不要丢掉，它用于分割不同的变量值），如图1-10所示。单击“确定”按钮完成环境变量的设置。

（5）查看是否存在CLASSPATH变量。若存在，则加入如下值。

```
.;%JAVA_HOME%\lib\dt.jar;%JAVA_HOME%\lib\tools.jar
```

若不存在，则创建该变量，并设置上面的变量值。

（6）JDK安装成功之后必须确认环境配置是否正确。在Windows系统中测试JDK环境需要选择“开始”/“运行”命令（没有“运行”命令可以按〈Windows+R〉组合键），然后在“运行”对话框中输入cmd并单击“确定”按钮启动控制台。在控制台中输入javac命令，按〈Enter〉键，将输出图1-11所示的JDK的编译器信息，其中包括修改命令的语法和参数选项等信息。这说明JDK环境搭建成功。

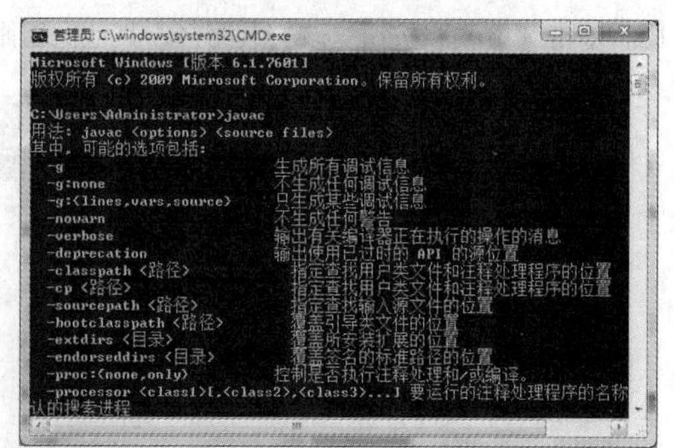

图1-11　输出javac命令的使用帮助

1.5.3 Tomcat的安装与启动

Tomcat的安装与启动

Tomcat服务器是由JavaSoft和Apache开发团队共同提出并合作开发的产品。它能够支持Servlet3.0和JSP2.2，并且具有免费、跨平台等诸多特性。Tomcat服务器已经成为学习开发JSP应用的首选，本书中的所有例子都使用了Tomcat作为Web服务器。

1. 安装Tomcat

本书中采用的是Tomcat 8.0版本，读者可到Tomcat官方网站进行下载，网址为：http://tomcat.apache.org。进入Tomcat官方网站后，单击网站左侧Download区域中的“Tomcat 8.0”超链接，进入Tomcat 8.0下载页面，如图1-12所示。在该页面中单击“32-bit/64-bit Windows Service Installer (pgp, md5,sha1)”超链接，下载Tomcat。

下载后的文件名为apache-tomcat-8.0.23.exe，双击该文件即可安装Tomcat，具体安装步骤如下。

（1）双击apache-tomcat-8.0.23.exe文件，弹出安装向导对话框，如图1-13所示。单击“Next”按钮后，将弹出许可协议对话框，如图1-14所示。

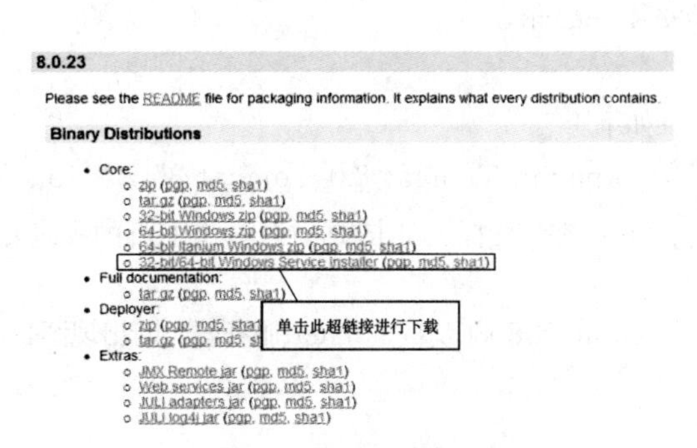

图1-12　下载Tomcat

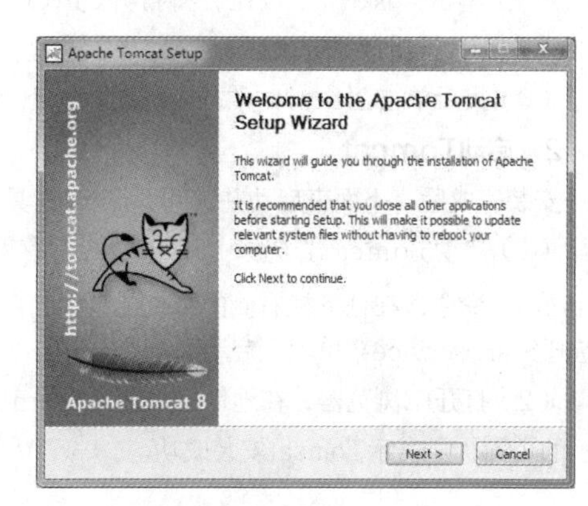

图1-13　安装Tomcat

（2）单击“I Agree”按钮，接受许可协议，将弹出“Choose Components”对话框，在该对话框中选择需要安装的组件，通常保留其默认选项，如图1-15所示。

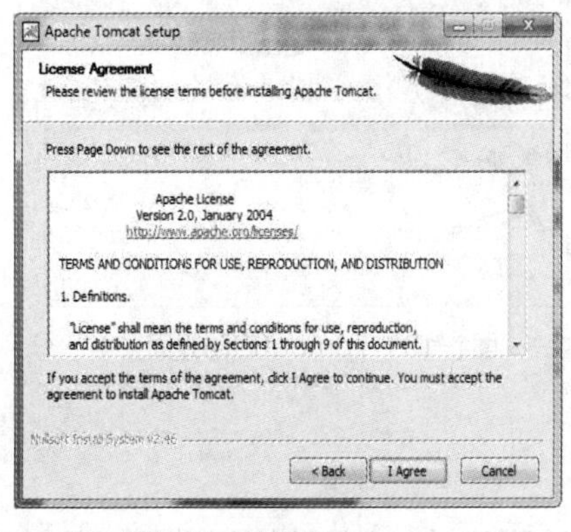

图1-14　安装Tomcat

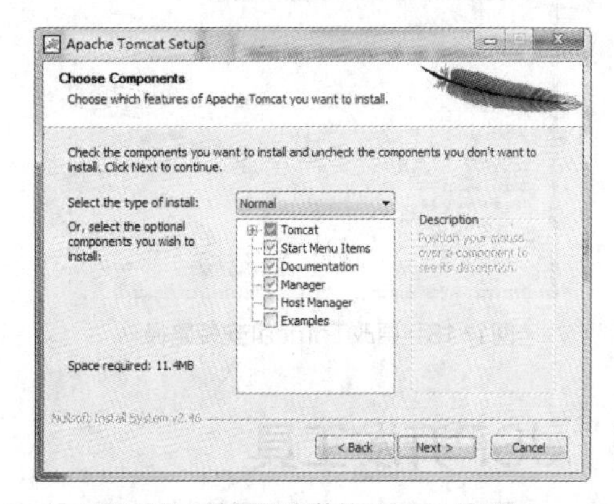

图1-15　选择要安装的Tomcat组件

（3）单击图1-16中的“Next”按钮，在弹出的对话框中设置访问Tomcat服务器的端口及用户名和密码，通常保留默认配置，即端口为“8080”，用户名为“admin”，密码为空。

（4）单击“下一步”按钮，在打开的Java Virtual Machine对话框中选择Java虚拟机路径，这里选择JDK的安装路径C:\Java\jdk1.8.0_45，如图1-17所示。

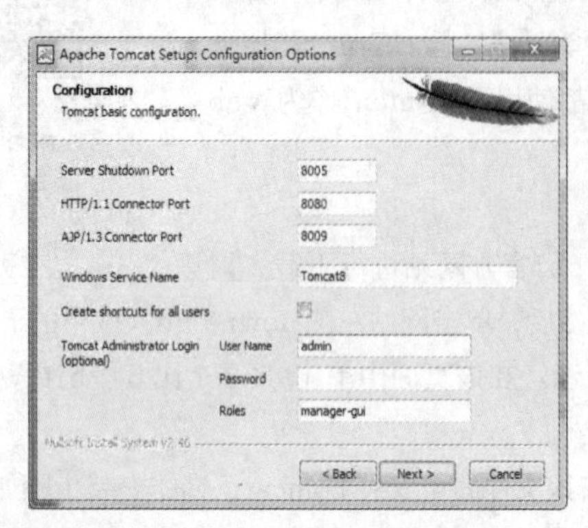

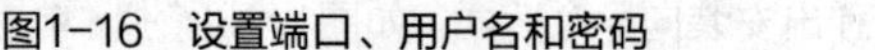

图1-16　设置端口、用户名和密码

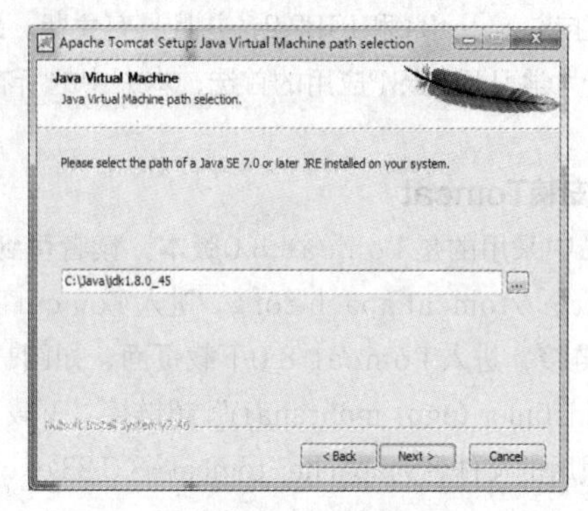

图1-17　选择Java虚拟机路径

（5）单击“Next”按钮，将打开Choose Install Location对话框。在该对话框中可通过单击“Browse”按钮更改Tomcat的安装路径，这里将其更改为C:\Tomcat 8.0目录下，如图1-18所示。

（6）最后单击图1-18中的“Install”按钮，开始安装Tomcat。

2. 启动Tomcat

安装完成后，下面来启动并访问Tomcat，具体步骤如下。

（1）启动Tomcat。选择“开始”/“所有程序”/“Apache Tomcat 8.0 Tomcat 8”/“Monitor Tomcat”命令，在任务栏右侧的系统托盘中将出现图标，在该图标上单击鼠标右键，在打开的快捷菜单中选择Start service菜单项，启动Tomcat。

（2）打开IE浏览器，在地址栏中输入地址http://localhost:8080访问Tomcat服务器，若出现图1-19所示的页面，则表示Tomcat安装成功。

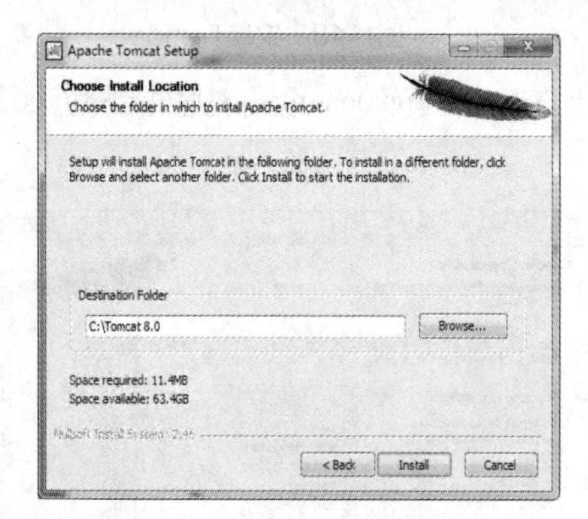

图1-18　更改Tomcat安装路径

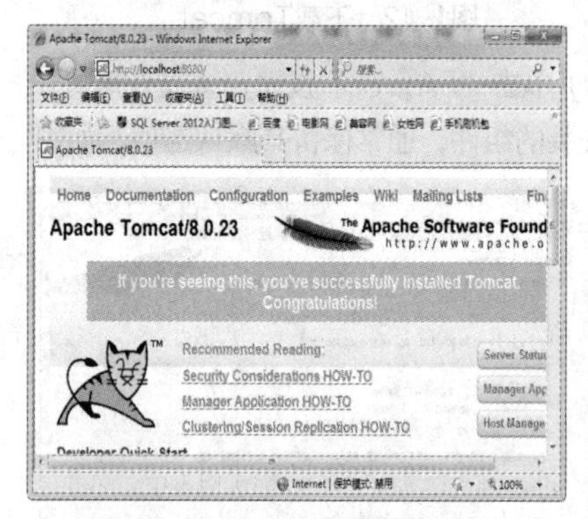

图1-19　Tomcat启动界面

1.6　JSP开发工具

Eclipse是一个基于Java的、开放源码的、可扩展的应用开发平台，为编程人员提供了一流的Java集成开发环境（Integrated Development Environment，IDE）。它是一个可以用于构建集成Web和应用程序开发工具的平台，其本身并不会提供大量的功能，而是通过插件来实现程序的快速开发功能。

Eclipse是一个成熟的可扩展的体系结构，它的价值体现在为创建可扩展的开发环境提供了一个开放源代码的平台。这个平台允许任何人构建与环境或其他工具无缝集成的工具，而工具与Eclipse无缝集成的关键是插件。Eclipse还包括插件开发环境（Plug-in Development Environment，PDE），PDE主要是针对那些希望扩展Eclipse的编程人员而设定的。这也正是Eclipse最具魅力的地方。通过不断地集成各种插件，Eclipse的功能也在不断地扩展，以便支持各种不同的应用。

在Eclipse的官方网站中提供了一个Java EE版的Eclipse IDE。应用Eclipse IDE for Java EE，可以在不需要安装其他插件的情况下创建动态Web项目。

1.6.1 Eclipse的安装与启动

Eclipse的安装与启动

读者可到Eclipse的官方网站http://www.eclipse.org下载Eclipse4.4版本，下载后的文件名为eclipse-jee-luna-SR1-win32.zip。若有最新版本，读者也可进行下载。

（1）将eclipse-jee-luna-SR1-win32.zip文件解压后，双击eclipse.exe文件就可启动Eclipse。

（2）解压完成后，启动的Eclipse是英文版的，可通过安装Eclipse的多国语言包，实现Eclipse的本地化。读者可以到Eclipse官方网站（http://www.eclipse.org/babel/）免费下载Eclipse的多国语言包，本书中使用的Eclipse版本为4.4，也就是luna版本，所以在下载多国语言包时，选择对应的luna超链接，然后下载BabelLanguagePack-eclipse-zh_4.4.0.v20140623020002.zip 文件。

成功下载了语言包后，可将其解压缩，然后使用得到的features和plugins两个文件夹覆盖Eclipse文件夹中同名的这两个文件夹即可。

此时启动Eclipse，可看到汉化后的Eclipse启动界面，如图1-20所示。

（3）每次启动Eclipse时，都需要设置工作空间，工作空间用来存放创建的项目。可通过单击“浏览”按钮来选择一个存在的目录，通过勾选“将此值用作缺省值并且不再询问”选项屏蔽该对话框。

（4）最后单击“确定”按钮，若是初次进入在第（3）步骤中选择的工作空间，则出现Eclipse的欢迎提示界面，如图1-21所示。

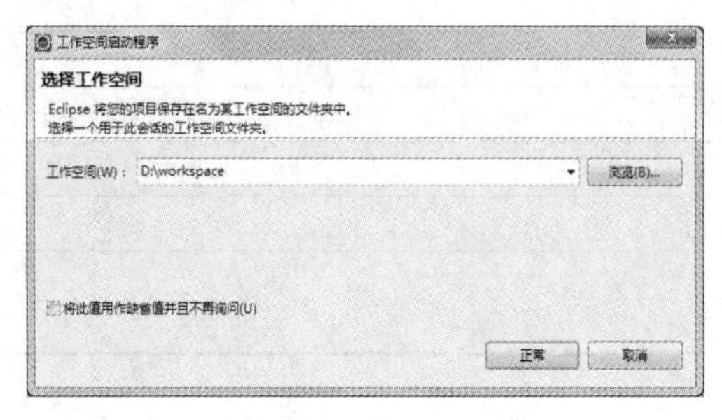

图1-20　启动Eclipse

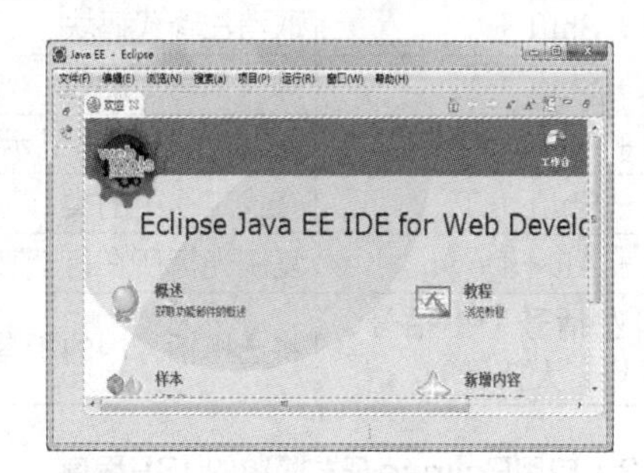

图1-21　Eclipse的欢迎界面

1.6.2 Eclipse的使用

1. Eclipse 4.4的快捷键

Eclipse 4.4开发工具的常用快捷键如表1-1所示。

Eclipse的使用

表1-2　Eclipse 4.4开发工具中常用快捷键

名　称	功　能
F3	跳转到类或变量的声明
Alt+/	代码提示
Alt +上下方向键	将选中的一行或多行向上或向下移动
Alt +左右方向键	跳到前一次或后一次的编辑位置，在代码跟踪时用的比较多
Ctrl + /	注释或取消注释
Ctrl + D	删除光标所在行的代码
Ctrl + K	将光标停留在变量上，按<Ctrl+K>键可查找下一个同样的变量
Ctrl + O	打开视图的小窗口
Ctrl + W	关闭单个窗口
Ctrl +鼠标单击	可以跟踪方法和类的源码
Ctrl +鼠标停留	可以显示方法和类的源码
Ctrl + M	将当前视图最大化
Ctrl + 1	光标停留在某变量，按<Ctrl+1>键，可提供快速实现的重构方法。选中若干行，按<Ctrl+1>键可将此段代码放入for、while、if、do或try等代码块中
Ctrl + Q	回到最后编辑的位置
Ctrl + F6	切换窗口
Ctrl + Shift + K	和<Ctrl+K>键查找的方向相反
Ctrl + Shift + F	代码格式化。如果将代码进行部分选择，仅对所选代码进行格式化
Ctrl + Shift + O	快速地导入类的路径
Ctrl + Shift + X	将所选字符转为大写
Ctrl + Shift + Y	将所选字符转为小写
Ctrl + Shift + /	注释代码块
Ctrl + Shift + \	取消注释代码块
Ctrl + Shift + M	导入未引用的包
Ctrl + Shift + D	在debug模式里显示变量值
Ctrl + Shift + T	查找工程中的类
Ctrl + Alt + Down	复制光标所在行至其下一行
双击左括号（小括号，中括号，大括号）	将选择括号内的所有内容

2．应用Eclipse开发简单的JSP程序

下面应用Eclipse开发一个简单的JSP程序，开发步骤如下。

（1）启动Eclipse，弹出图1-20所示的对话框，通过该对话框选择一个工作空间，然后单击“确定”按钮进入Eclipse开发界面，如图1-22所示。

（2）依次单击菜单栏中的“文件”/“新建”/“Dynamic Web Project”菜单项，将打开新建动态Web项目对话框，在该对话框的“Project name”文本框中输入项目名称，这里为firstProject，在Dynamic Web module version下拉列表中选择3.0，其他采用默认，如图1-23所示。

（3）单击“下一步”按钮，将打开图1-24所示的配置Java应用的对话框，这里采用默认。

（4）单击“下一步”按钮，将打开图1-25所示的配置Web模块设置对话框，这里采用默认。

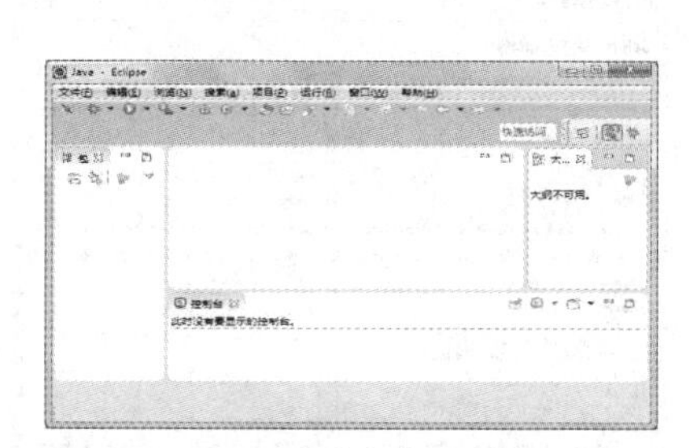

图1-22　Eclipse开发界面

图1-23　新建动态Web项目对话框

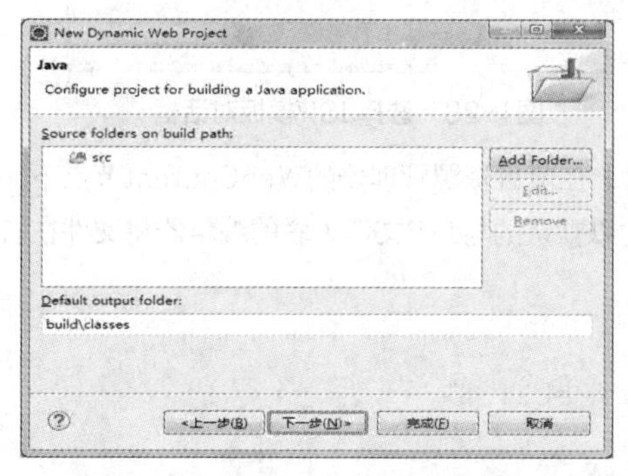

图1-24　配置Java应用的对话框

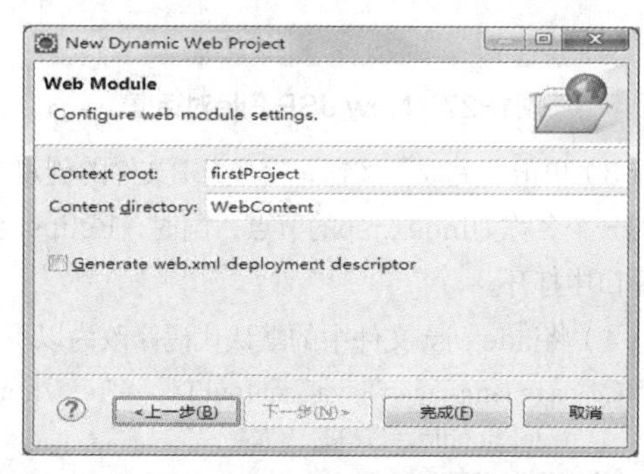

图1-25　配置Web模块设置对话框

实际上，Content directory文本框中值采用什么并不影响程序的运行，读者也可以自行设定。例如，可以将其设置为WebRoot。

（5）单击“完成”按钮，完成项目firstProject的创建。此时在Eclipse平台左侧的项目资源管理器中，将显示项目firstProject，依次展开各节点，可显示图1-26所示的目录结构。

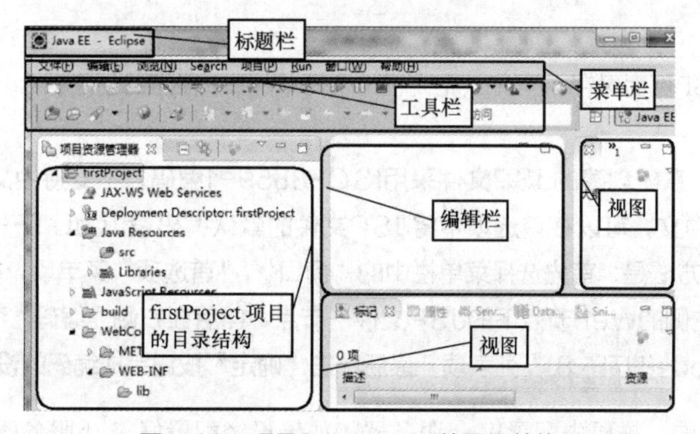

图1-26　项目firstProject的目录结构

项目创建完成后，就可以根据实际需要创建类文件、JSP文件或是其他文件了。下面将创建一个名称为index.jsp的JSP文件。

（1）在Eclipse的“项目资源管理器”中，选中firstProject节点下的WebContent节点，并单击鼠标右键，在打开的快捷菜单中，选择“新建”/ JSP File菜单项，打开New JSP File对话框，在该对话框的“文件名”文本框中输入文件名index.jsp，其他采用默认，如图1-27所示。

（2）单击“下一步”按钮，将打开选择JSP模板的对话框，这里采用默认即可，如图1-28所示。

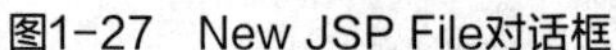
图1-27　New JSP File对话框　　　　图1-28　选择JSP模板对话框

（3）单击“完成”按钮，完成JSP文件的创建。此时，在项目资源管理器的WebContent节点下，将自动添加一个名称为index.jsp的节点，同时，Eclipse会自动以默认的与JSP文件关联的编辑器将文件在右侧的编辑窗口中打开。

（4）将index.jsp文件中的默认代码修改为以下代码。

```
<%@ page language="java" contentType="text/html; charset=UTF-8"
    pageEncoding="UTF-8"%>
<!DOCTYPE HTML>
<html>
<head>
<meta charset="utf-8">
<title>使用Eclipse开发一个JSP网站</title>
</head>
<body>
保护环境，从自我作起...
</body>
</html>
```

（5）将编辑好的JSP页面保存。至此，完成了一个简单的JSP程序的创建。

在默认情况下，系统创建的JSP文件采用ISO-8859-1编码，不支持中文。为了让Eclipse创建的文件支持中文，可以在首选项中将JSP文件的默认编码设置为UTF-8或者GBK。设置为UTF-8的具体方法是：首先选择菜单栏中的“窗口”/“首选项”菜单项，在打开的“首选项”对话框中，选中左侧的Web节点下的JSP文件子节点，然后在右侧“编码”下拉列表中选择“ISO 10646、Unicode(UTF-8)”列表项，最后单击“确定”按钮完成编码的设置。

在发布和运行项目前，需要先配置Web服务器，如果已经配置好Web服务器，就不需要再重新配置了。也就是说，本节的内容不是每个项目开发时都必须经过的步骤。配置Web服务器的具体步骤如下。

（1）在Eclipse工作台的其他视图中，选中Servers视图，在该视图的空白区域单击鼠标右键，在弹出的快捷菜单中选择New/Server菜单项，将打开New Server对话框，在该对话框中，展开Apache节点，选中该节点下的“Tomcat v8.0 Server”子节点，其他采用默认，如图1-29所示。

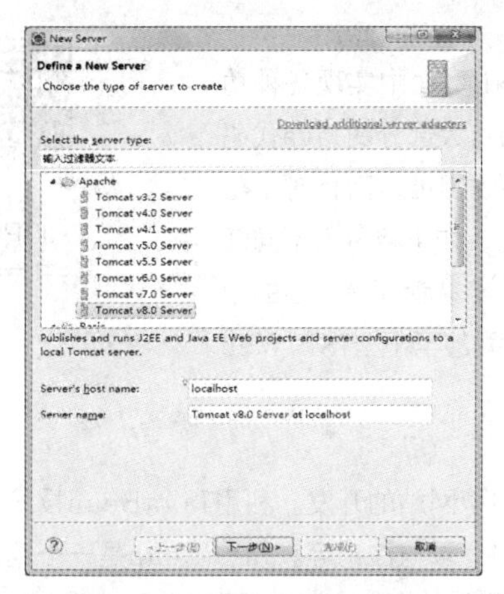

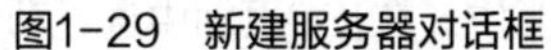
图1-29　新建服务器对话框

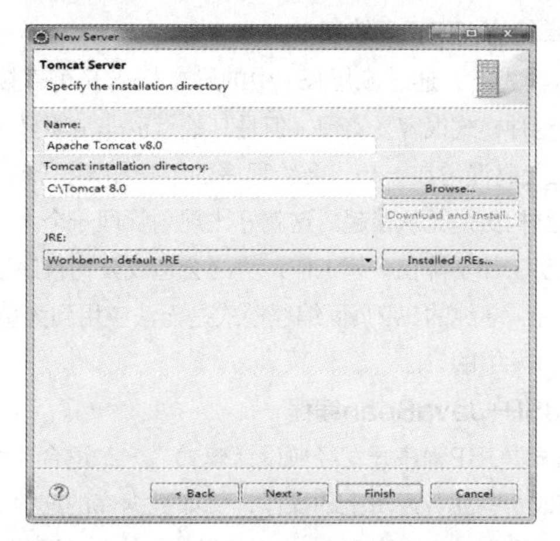

图1-30　指定Tomcat服务器安装路径的对话框

（2）单击“下一步”按钮，将打开指定Tomcat服务器安装路径的对话框，单击“浏览”按钮，选择Tomcat的安装路径，这里为C:\Tomcat 8.0，其他采用默认，如图1-30所示。

（3）单击“完成”按钮，完成Tomcat服务器的配置。这时在Servers视图中，将显示一个“Tomcat v8.0 Server at localhost [Stopped Republish]”节点。这时表示Tomcat服务器没有启动。

在“服务器”视图中，选中服务器节点，单击“▶”按钮，可以启动服务器。服务器启动后，还可以单击“■”按钮，停止服务器。

动态Web项目创建完成后，就可以将项目发布到Tomcat并运行该项目了。下面将介绍具体的方法。

（1）在“项目资源管理器”中选择项目名称节点，在工具栏上单击“▶ ▾”按钮中的黑三角，在弹出的快捷菜单中选择“运行方式”/Run On Server菜单项，将打开Run On Server对话框，在该对话框中，选中将服务器设置为缺省值复选框，其他采用默认，如图1-31所示。

（2）单击“完成”按钮，即可通过Tomcat运行该项目，运行后的效果如图1-32所示。

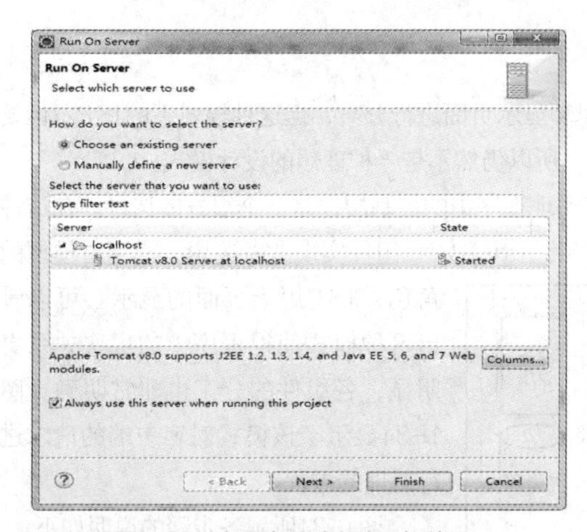

图1-31　在服务器上运行对话框

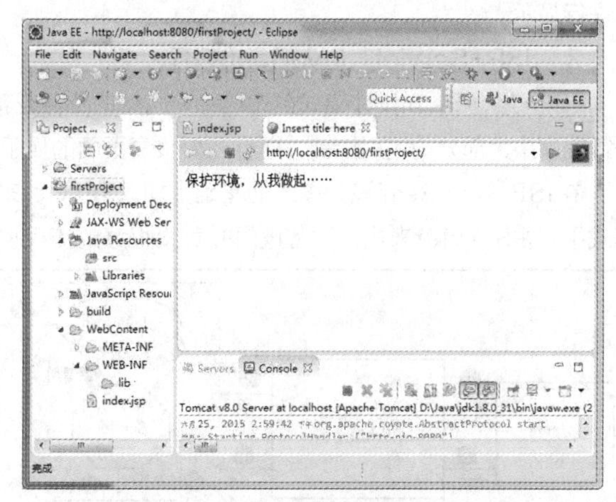

图1-32　运行firstProject项目

1.7 JSP程序开发模式

1. 单纯的JSP页面编程

在该模式下，通过应用JSP中的脚本标志，可直接在JSP页面中实现各种功能。虽然这种模式很容易实现，但是其缺点也非常明显。因为将大部分的Java代码与HTML代码混淆在一起，会给程序的维护和调试带来很多的困难，而且对于整个程序的结构更是无从谈起。这就好比规划管理一个大的企业，如果将负责不同任务的所有员工都安排在一起工作，势必会造成公司秩序混乱、不易管理等许多的隐患。所以说，单纯的JSP页面编程模式是无法应用到大型、中型甚至小型JSP Web应用程序开发中的。

2. JSP+JavaBean编程

该模式是JSP程序开发经典设计模式之一，适合小型或中型网站的开发。利用JavaBean技术，可以很容易地完成一些业务逻辑上的操作，例如数据库的连接、用户登录与注销等。JavaBean是一个遵循了一定规则的Java类，在程序的开发中，将要进行的业务逻辑封装到这个类中，在JSP页面中通过动作标签来调用这个类，从而执行这个业务逻辑。此时的JSP除了负责部分流程的控制外，大部分用来进行页面的显示，而JavaBean则负责业务逻辑的处理。可以看出，该模式具有一个比较清晰的程序结构，在JSP技术的起步阶段，JSP+JavaBean设计模式曾被广泛应用。图1-33表示了该模式对客户端的请求进行处理的过程。

图1-33所示各步骤的说明如下。

第一步：用户通过客户端浏览器请求服务器；

第二步：服务器接收用户请求后调用JSP页；

第三步：在JSP页面中调用JavaBean；

第四步：在JavaBean中连接及操作数据库，或实现其他业务逻辑；

第五步：JavaBean将执行的结果返回JSP页面；

第六步：服务器读取JSP页面中的内容（将页面中的静态与动态内容相结合）；

最后服务器将最终的结果返回给客户端浏览器进行显示。

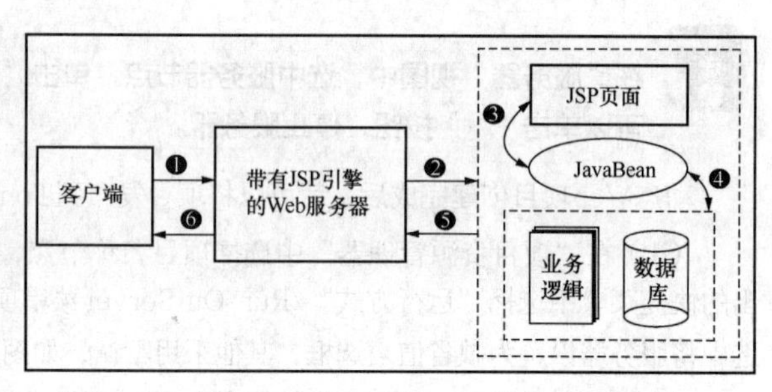

图1-33　JSP+JavaBean设计模式图

3. JSP+Servlet+JavaBean编程

JSP+JavaBean设计模式虽然已经将网站的业务逻辑和显示页面进行分离，但这种模式下的JSP不但要进行程序中大部分的流程控制，而且还要负责页面的显示，所以仍然不是一种理想的设计模式。

在JSP+JavaBean设计模式的基础上加入Servlet来实现程序中的控制层，是一个很好的选择。在这种模式中，由Servlet来执行业务逻辑并负责程序的流程控制，JavaBean组件实现业务逻辑，充当着模型的角色，JSP用于页面的显示。可以看出这种模式使得程序中的层次关系更明显，各组件的分工也非常明确。图1-34显示了该模式对客户端的请求进行处理的过程。

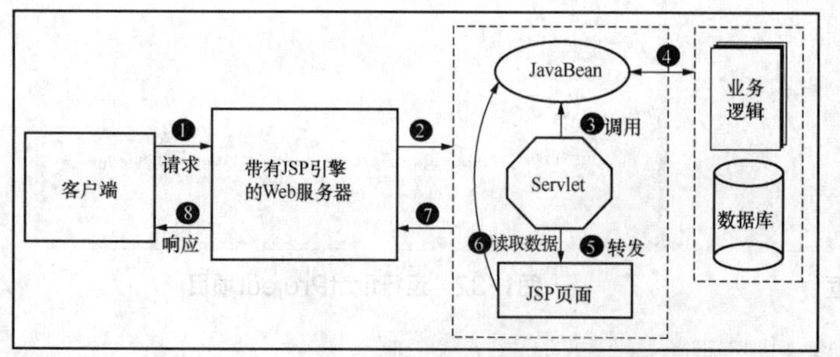

图1-34　JSP+Servlet+JavaBean设计模式图

图1-34所示各步骤的说明如下。

第一步：用户通过客户端浏览器请求服务器；

第二步：服务器接收用户请求后调用Servlet；

第三步：Servlet根据用户请求调用JavaBean处理业务；

第四步：在JavaBean中连接及操作数据库，或实现其他业务逻辑；

第五步：JavaBean将结果返回Servlet，在Servlet中将结果保存到请求对象中；

第六步：由Servlet转发请求到JSP页面；

第七步：服务器读取JSP页面中的内容（将页面中的静态与动态的内容相结合）；

第八步：服务器将最终的结果返回给客户端浏览器进行显示。

但JSP+Servlet+JavaBean模式同样也存在缺点。该模式遵循了MVC设计模式，MVC只是一个抽象的设计概念，它将待开发的应用程序分解为三个独立的部分：模型（Model）、视图（View）和控制器（Controller）。虽然用来实现MVC设计模式的技术可能都是相同的，但各公司都有自己的MVC架构。也就是说，这些公司用来实现自己的MVC架构所应用的技术可能都是JSP、Servlet与JavaBean，但他们的流程及设计却是不同的，所以工程师需要花更多的时间去了解。从项目的开发观点上来说，因为需要设计MVC各对象之间的数据交换格式与方法，所以会花费更多的时间在系统的设计上。

使用JSP+Servlet+JavaBean模式进行项目开发时，可以选择一个实现了MVC模式的现成框架，在此下进行开发，大大节省了开发时间，会取得事半功倍的效果。目前已有很多可以使用的现成MVC框架，例如Struts框架。

JSP+JavaBean编程与JSP+Servlet+JavaBean编程，是JSP开发中的两种经典设计模式。

4. MVC模式

MVC（Model-View-Controller，模型—视图—控制器）是一种程序设计概念，它同时适用于简单的和复杂的程序。使用该模式可将待开发的应用程序分解为3个独立的部分：模型、视图和控制器。提出这种设计模式主要是因为应用程序中用来完成任务的代码——模型（也称为“业务逻辑”）通常是程序中相对稳定的部分，并且会被重复使用，而程序与用户进行交互的页面——视图，却是经常改变的。如果因需要更新页面而不得不对业务逻辑代码进行改动，或者要在不同的模块中应用到相同的功能而重复地编写业务逻辑代码，不仅降低了整体程序开发的进程，而且会使程序变得难以维护。因此，将业务逻辑代码与外观呈现分离，将会更容易根据需求的改变来改进程序。

MVC模式中的Model（模型）指的是业务逻辑的代码，是应用程序中真正用来完成任务的部分。

View（视图），实际上就是程序与用户进行交互的界面，用户可以看到它的存在。视图可以具备一定的功能并应遵守对其的约束，在视图中不应包含对数据处理的代码，即业务逻辑代码。

Controller（控制器），主要控制用户请求并作出响应。它根据用户的请求选择模型或修改模型，并决定返回怎样的视图。

1.8 第一个JSP应用

第一个JSP应用

本节通过一个简单的例子，使读者对JSP技术的实现和语法有一个初步的认识。刚刚接触JSP的读者可能会很难理解本节中的例子，需要继续阅读本书后面的章节，再重新理解。

图1-35所示为实例运行结果，本实例只包含一个index.jsp页面。在该页面中，首先获取当前用户的访问时间，然后再对获取的时间进行分析，最后根据分析结果向页面中输出指定的信息。

这是一个动态的Web应用，因为程序会根据当前用户的访问时间来显示对应的消息，但这仍然是事先人为地编写出各种情况，然后由计算机来根据条件进行判断选择。

（1）根据1.6.2“Eclipse的使用”一节中的介绍，先来创建一个名为FirstJsp的Web项目。

（2）项目创建完毕后，在WebContent目录下新建一个index.jsp页面文件，并对该文件进行如下编码。

```
<%@ page contentType="text/html;charset=UTF-8"%>
<%@ page import="java.util.Date,java.text.*" %>       <!-- 导入用到的类包文件 -->
<%
    Date nowday=new Date();                          //获取当前日期
    int hour=nowday.getHours();                      //获取日期中的小时
    SimpleDateFormat format=new SimpleDateFormat("yyyy-MM-dd HH:mm:ss"); //定义日期格式化对象
    String time=format.format(nowday);      //将指定日期格式化为"yyyy-MM-dd HH:mm:ss"形式
%>
<html>
    <head><title>第一个JSP应用</title></head>
    <body>
        <center>
            <table border="1" width="300">
                <tr height="30"><td align="center">温馨提示！</td></tr>
                <tr height="80"><td align="center">现在时间为：<%=time%></td></tr>
                <tr height="70">
                    <td align="center">
                    <!-- 以下为嵌入到HTML中的Java代码，用来生成动态的内容 -->
                    <%
                        if(hour>=24&&hour<5)
                                out.print("现在是凌晨!时间还很早,再睡会吧!");
                        else if(hour>=5&&hour<10)
                            out.print("早上好!新的一天即将开始,您准备好了吗?");
                        else if(hour>=10&&hour<13)
                            out.print("午休时间!正午好时光!");
                        else if(hour>=13&&hour<18)
                            out.print("下午继续努力工作吧!!");
                        else if(hour>=18&&hour<21)
                            out.print("晚上好!自由时间!");
                        else if(hour>=21&&hour<24)
                            out.print("已经是深夜,注意休息!");
                    %>
                    </td>
                </tr>
            </table>
        </center>
    </body>
</html>
```

从上述代码中可以很直观地看出，JSP页面是由HTML代码、JSP元素和嵌入到HTML代码中的Java代码构成的。当用户请求该页面时，服务器就加载该页面，并且会执行页面中的JSP元素和Java代码。最后将执行的结果与HTML代码一起返回给客户端，由客户端浏览器进行显示。

（3）将应用发布到Tomcat中，然后通过Eclipse启动Tomcat服务器。

（4）打开IE浏览器，在地址栏中输入“http://localhost:8080/FirstJsp”，最终将出现图1-35所示的运行结果。

温馨提示!
现在时间为：2012-08-02 21:40:30
已经是深夜,注意休息!

图1-35　实例运行结果图

1.9 小结

本章主要介绍了学习JSP需要掌握和了解的一些技术与概念。例如，读者需要了解JSP技术的概述、技术特征和处理过程；而在JSP开发环境的搭建中，读者需要掌握JDK及Tomcat的安装与配置，掌握如何安装Eclispe开发工具，并且能够应用它们开发一个简单的JSP程序；另外，在开发JSP程序的两种经典设计模式中，读者需要了解JSP+Servlet+JavaBean模式的架构。

习 题

1-1 JSP的全称是什么？JSP有什么优点？JSP与ASP、PHP的相同点是什么？

1-2 JSP中可重复使用的组件有哪些？

1-3 什么是JSP的预编译特征？

1-4 开发JSP程序需要具备哪些开发环境？

1-5 在成功安装JDK后，需要配置哪些环境变量？

1-6 Tomcat的默认端口、用户名和密码分别是什么？

1-7 本章介绍的用来开发JSP程序的开发工具是什么？

1-8 开发JSP程序可采用哪几种开发模式？分别介绍它们的优缺点。

1-9 以下哪个选项不是JSP所具有的特征？

（1）跨平台。 （2）快速建立Web Form。

（3）分离静态与动态内容。 （4）可重复使用的组件。

（5）沿用了JavaServlet的所有功能。 （6）预编译。

1-10 请说明在Eclipse开发工具中以下快捷键的功能。

（1）Alt +上下方向键。 （2）Ctrl + / 。

（3）Ctrl + D。 （4）Ctrl + W。

（5）Ctrl + F6。 （6）Ctrl + Shift + O。

（7）Ctrl + Shift + X。 （8）Ctrl + Shift + Y。

上机指导

1-1 安装与配置JDK，并测试JDK的安装是否成功。

1-2 安装与启动Tomcat，并通过浏览器访问Tomcat的主页面。

1-3 安装Eclipse开发工具，并进行汉化。

1-4 在Eclipse中配置Web服务器，要求使用外置的Tomcat服务器。

1-5 根据1.6.2小节的讲解，开发并运行该JSP程序。

PART 02

第2章 JSP开发基础

本章要点

- Java语言基础
- JavaScript语言基础

■ JSP是基于Java语言的，是Java的网络应用，因此，在学习JSP时，需要熟悉Java语言。而JavaScript是一种比较流行的制作网页特效的脚本语言，它由客户端浏览器解释执行，在JSP程序中适当地使用JavaScript，不仅能提高程序的开发速度，而且能减轻服务器负荷。

通过本章的学习，读者应熟练掌握面向对象程序设计中介绍的类、对象和包的使用方法；了解Java的数据类型及数据类型间的转换；掌握Java运算符、流程控制语句的应用；了解字符串处理、数组的创建与应用；了解Java中集合类的应用；掌握Java的异常处理方法；掌握JavaScript基本语法及常用对象的应用。

2.1 Java语言基础

Java语言是由Sun公司于1995年推出的新一代编程语言。Java语言一经推出，便受到了业界的广泛关注，现已成为一种在Internet应用中被广泛使用的网络编程语言。它具有简单、面向对象、可移植、分布性、解释器通用性、稳健、多线程、安全及高性能等特性。另外，Java语言还提供了丰富的类库，方便用户进行自定义操作。

2.1.1 基本数据类型及基本数据类型间的转换

1. 基本数据类型

Java基本数据类型主要包括整数类型、浮点类型、字符类型和布尔类型。其中整数类型又分为字节型（byte）、短整型（short）、整型（int）和长整型（long），它们都用来定义一个整数，唯一的区别就是它们所定义的整数所占用内存的空间大小不同，因此整数的取值范围也不同；Java中的浮点类型又包括单精度类型（float）和双精度类型（double），在程序中使用这两种类型来存储小数。

基本数据类型及基本数据类型间的转换

Java中的各种基本数据类型及它们的取值范围、占用的内存大小和默认值如表2-1所示。

表2-1 各种基本数据类型的取值范围、占用的内存大小及默认值

数据类型		关键字	占用内存	取值范围	默认值
整数类型	字节型	byte	8位	-128~127	0
	短整型	short	16位	-32768~32767	0
	整型	int	32位	-2147483648~2147483647	0
	长整型	long	64位	-9223372036854775808~9223372036854775807	0
浮点类型	单精度型	float	32位	1.4E-45~3.4028235E38	0.0f
	双精度型	double	64位	4.9E-324~1.7976931348623157E308	0.0d
字符型	字符型	char	16位	16位的Unicode字符，可容纳各国的字符集；若以Unicode来看，就是'\u0000'到'\uffff'；若以整数来看，范围在0~65535，例如，65代表'A'	'\u0000'
布尔型	布尔型	boolean	8位	true和false	false

2. 基本数据类型间的转换

在Java语言中，当多个不同基本数据类型的数据进行混合运算时，如整型、浮点型和字符型进行混合运算，需要先将它们转换为统一的类型，然后再进行计算。在Java中，基本数据类型之间的转换可分为自动类型转换和强制类型转换两种，下面进行详细介绍。

（1）自动类型转换。

从低级类型向高级类型的转换为自动类型转换，这种转换将由系统按照各数据类型的级别从低到高自动完成，Java编程人员无需进行任何操作。在Java中各基本数据类型间的级别如图2-1所示。

低 → 高

byte,short,char → int → long → float → double

图2-1 基本数据类型的优先级

（2）强制类型转换。

如果把高级数据类型数据赋值给低级类型变量，就必须进行强制类型转换，否则编译出错。强

制类型转换格式如下。

```
(欲转换成的数据类型)值
```

其中“值”可为字面常数或者变量，例如。

```
byte      b=3;
int       i1=261,      i2;
long      L1=102,      L2;
float     f1=1.234f,   f2;
double    d1=5.678;
short     s1=65,       s2;
char      c1='a',      c2;
s2=(short)c1;                   //将char型强制转换为short型，s2值为：97
c2=(char)s1;                    //将short型强制转换为char型，c2值为：A
b=(byte)i1;                     //将int型强制转换为byte型，b值为：5
i2=(int)L1;                     //将long型强制转换为int型，i2值为：102
L2=(long)f1;                    //将float型强制转换为long型，L2值为：1
f2=(float)d1;                   //将double型强制转换为float型，f2值为：5.678
byte bb=(byte)774;              //强制转换int型字面常数774为byte类型，bb值为：6
int ii=(int)9.0123;             //强制转换double型字面常数9.0123为int类型，ii值为：9
```

2.1.2 变量与常量

变量与常量

在明确了各种基本数据类型及它们可存储的值的范围后，接下来必须知道，如何利用这些类型来定义变量以及变量和常量的应用。

1. 变量

变量是Java程序中的基本存储单元，它的定义包括变量名、变量类型和作用域几个部分。

（1）变量名是一个合法的标识符，它是字母、数字、下划线或美元符“$”的序列，Java对变量名区分大小写，变量名不能以数字开头，而且不能为关键字。合法的变量名如pwd、value_1、money$等。非法的变量名如3Three、house#、final（关键字）。

变量名应具有一定的含义，以增加程序的可读性。

（2）变量类型用于指定变量的数据类型，可以通过int、float、double和char等关键字来指定。例如下面的代码。

```
int number;          //定义整型变量
long numberL;        //定义长整型变量
short numberS;       //定义短整型变量
float numberF;       //定义单精度变量
double numberD;      //定义双精度变量
char strC;           //定义字符变量
```

（3）变量的有效范围是指程序代码能够访问该变量的区域，若超出该区域访问变量，则编译时会出现错误。有效范围决定了变量的生命周期，变量的生命周期是指从声明一个变量并分配内存空间开始，到释放该变量并清除所占用内存空间结束。进行变量声明的位置，决定了变量的有效范围，根据有效范围的不同，可将变量分为以下两种。

① 成员变量：在类中声明的变量，在整个类中有效。

② 局部变量：在方法内或方法内的某代码块（方法内部，“{”与“}”之间的代码）中声明的变量。在代码块中声明的变量，只在当前代码块中有效；在代码块外、方法内声明的变量，在整个方法内都有效。

通过以下代码可以了解成员变量和局部变量的声明及使用范围。

```
public class Game {
    private int medal_All=800;              //成员变量
    public void China(){
        int medal_CN=100;                   //方法的局部变量
        if(true){                           //代码块
            int gold=50;                    //代码块的局部变量
            medal_CN+=50;                   //允许访问
            medal_All-=150;                 //允许访问
        }
        gold=100;                           //编译出错
        medal_CN+=100;                      //允许访问
        medal_All-=200;                     //允许访问
    }
    public void Other(){
        medal_All=800;                      //允许访问
        medal_CN=100;                       //编译出错，不能访问其他方法中的局部变量
        gold=10;                            //编译出错
    }
}
```

2. 常量

在Java中写下一个数值，这个数就称为字面常数。它会存储于内存中的某个位置，用户将无法改变它的值。Java中的常量值是用文字串表示的，它区分为不同的类型，如整型常量321、实型常量3.21、字符常量‘a’、布尔常量“true”和“false”及字符串常量“One World One Dream”。

在Java中，也可以用final关键字来定义常量。通常情况下，在通过final关键字定义常量时，常量名全部为大写字母。需要说明的是，由于常量在程序执行过程中保持不变，所以在常量定义后，如果再次对该常量进行赋值，程序将会出错。

2.1.3 运算符的应用

算术运算符

在Java语言中表达各种运算的符号叫做运算符。Java运算符主要可分为：赋值运算符、算术运算符、关系运算符、逻辑运算符、位运算符及条件运算符，下面将分别进行介绍。

1. 算术运算符

Java中的算术运算符包括：+（加号）、（-）减号、*（乘号）、/（除号）和%（求余）。算术运算符支持整型和浮点型数据的运算，当整型与浮点型数据进行算术运算时，会进行自动类型转换，结果为浮点型。

Java中算术运算符的功能及使用方式如表2-2所示。

表2-2　Java中的赋值运算符

运　算　符	说　　明	举　　例	结果及类型
+	加法	1.23f+10	结果：11.23　类型：float
−	减法	4.56−0.5f	结果：4.06　类型：double
*	乘法	3*9L	结果：27　类型：long
/	除法	9/4	结果：2　类型：int
%	求余数	10%3	结果：1　类型：int

2．赋值运算符

赋值运算符

Java中的赋值运算可以分为简单赋值运算和复合赋值运算。简单赋值运算是将赋值运算符（=）右边的表达式的值保存到赋值运算符左边的变量中，复合赋值运算是混合了其他操作（算术运算操作、位操作等）和赋值操作，如：

```
sum+=i;        //等同于sum=sum+i;
```

Java中的赋值运算符如表2-3所示。

表2-3　Java中的赋值运算符

运算符	说　　明	运　算　符	说　　明
=	简单赋值	&=	进行与运算后赋值
+=	相加后赋值	|=	进行或运算后赋值
−=	相减后赋值	^=	进行异或运算后赋值
*=	相乘后赋值	<<=	左移之后赋值
/=	相除后赋值	>>=	带符号右移后赋值
%=	求余后赋值	>>>=	填充零右移后赋值

3．关系运算符

通过关系运算符计算的结果是一个boolean类型值。对于应用关系运算符的表达式，计算机将判断运算对象之间通过关系运算符指定的关系是否成立，若成立则表达式的返回值为true，否则为false。

关系运算符

关系运算符包括：>（大于）、<（小于）、>=（大于或等于）、<=（小于或等于）、==（等于）和!=（不等于）。其中等于和不等于运算符适用于引用类型和所有的基本数据类型，而其他的关系运算符只适用于除boolean类型外的所有基本数据类型。

Java中的关系运算符如表2-4所示。

表2-4　Java中的关系运算符

运算符	说　明	举　例	结　果	运算符	说　明	举　例	结　果
>	大于	'a'>'b'	false	<=	小于或等于	1.67f<=1.67f	true
<	小于	200>100	true	==	等于	1.0==1	true
>=	大于或等于	11.11>=10	true	!=	不等于	'天'!='天'	false

4．逻辑运算符

逻辑运算符经常用来连接关系表达式，对关系表达式的值进行逻辑运算，因此逻辑运算符的运算对象必须是逻辑型数据，其逻辑表达式的运行结果也是逻辑型数据。Java中的逻辑运算符如表2-5所示。

逻辑运算符

表2-5 Java中的逻辑运算符

运 算 符	意 义	运 算 结 果
&	逻辑与	true&true：true，false&false：false，true&false：false
|	逻辑或	true!true：true，false!false：false，true!false：true
^	异或	true&true：false，false&false：false，true&false：true
||	短路或	true&true：true，false&false：false，true&false：true
&&	短路与	true&true：true，false&false：false，true&false：false
!	逻辑反	!true：false，!false：true
==	相等	true==true：true，false==false：true，true==false：false
!=	不相等	true!=true：false，false!=false：false，true!=false：true

5. 位运算符

位运算符用于对数值的位进行操作，参与运算的操作数只能是int或long类型。在不产生溢出的情况下，左移一位相当于乘以2，用左移实现乘法运算的速度比通常的乘法运算速度快。Java中的位运算符如表2-6所示。

位运算符

表2-6 Java中的逻辑运算符

运 算 符	说 明	实 例
&	转换为二进制数据进行与运算	1&1=1，1&0=0，0&1=0，0&0=0
|	转换为二进制数据进行或运算	1|1=1，1|0=1，0|1=1，0|0=0
^	转换为二进制数据进行异或运算	1^1=0，1^0=1，0^1=1，0^0=0
~	进行数值的相反数减1运算	~50= -50-1= -51
>>	带符号向右移位	15 >> 1 = 7
<<	向左移位	15 << 1 = 30
>>>	无符号向右移位	15 >>> 1 = 7
<<=	左移赋值运算符	n << -3等价于n = n << 3
>>=	右移赋值运算符	n >> -3等价于n = n >> 3
>>>=	无符号右移赋值运算符	n >>> -3等价于n = n >>> 3

6. 条件运算符

条件运算符是三元运算符，其语法格式为：<表达式>？a：b

其中，表达式值的类型为逻辑型。若表达式的值为true，则返回a的值；若表达式的值为false，则返回b的值。

【例2-1】应用条件运算符输出库存信息。

```
<% int store=10;
out.println(store<=2?"库存不足！":"库存量："+store);
store=1;
out.println(store<=2?"<br>库存不足！":"库存量："+store);
%>
```

条件运算符

运行结果如图2-2所示。

图2-2　例2-1运行结果

7. 自动递增、递减运算符

与C、C++相同，Java语言也提供了自动递增与递减运算符，其作用是自动将变量值加1或减1。它们既可以放在操作元的前面，也可以放在操作元的后面，根据运算符位置的不同，最终得到的结果也是不同的：放在操作元前面的自动递增、递减运算符，会先将变量的值加1，然后再使该变量参与表达式的运算；放在操作元后面的递增、递减运算符，会先使变量参与表达式的运算，然后再将该变量加1。例如，

自动递增、递减运算符

```
int n1=3;
int n2=3;
int a=2+(++n1);              //先将变量n1加1，然后再执行"2+4"
int b=2+(n2++);              //先执行"2+3"，然后再将变量n2加1
System.out.println(a);       //输出结果为：6
System.out.println(b);       //输出结果为：5
System.out.println(n1);      //输出结果为：4
System.out.println(n2);      //输出结果为：4
```

自动递增、递减运算符的操作元只能为变量，不能为字面常数和表达式，且该变量类型必须为整型、浮点型或Java包装类型。例如，++1、(n+2)++都是不合法的。

2.1.4　流程控制语句

Java语言中，流程控制语句主要有分支语句、循环语句和跳转语句3种。下面进行详细介绍。

1. 分支语句

所谓分支语句，就是对语句中不同条件的值进行判断，进而根据不同的条件执行不同的语句。在分支语句中主要有两个语句：if条件语句和switch多分支语句。下面对这两个语句进行详细介绍。

分支语句

（1）if...else语句。

if...else语句是条件语句最常用的一种形式，它针对某种条件有选择地做出处理。通常表现为“如果满足某种条件，就进行某种处理，否则就进行另一种处理”。其语法格式如下。

```
if(条件表达式){
    语句序列1
}else{
    语句序列2
}
```

条件表达式：必要参数。其值可以由多个表达式组成，但是其最后结果一定是boolean类型，也就是其结果只能是true或false。

语句序列1：可选参数。一条或多条语句，当表达式的值为true时执行这些语句。

语句序列2：可选参数。一条或多条语句，当表达式的值为false时执行这些语句。

if...else条件语句的执行过程如图2-3所示。

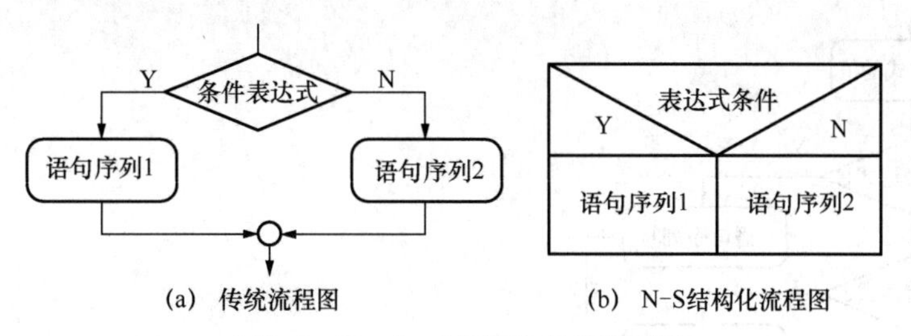

(a) 传统流程图 (b) N-S结构化流程图

图2-3 if...else条件语句的执行过程

【例2-2】if...else语句示例。

判断strName字符串是否为空，如果为空输出“请输入姓名”，否则输出该字符串，代码如下。

```
<% String strName=null;
if(strName==null){
    out.println("请输入姓名！");
}else{
    out.println("姓名为："+strName);
} %>
```

运行结果：

```
请输入姓名!
```

（2）switch语句。

switch语句是多分支选择语句，常用来根据表达式的值选择要执行的语句。switch语句的基本语法格式如下。

```
switch(表达式){
    case 常量表达式1: 语句序列1
        [break;]
    case 常量表达式2: 语句序列2
        [break;]
    ……
    case 常量表达式n: 语句序列n
        [break;]
    default: 语句序列n+1
        [break;]
}
```

表达式：必要参数。可以是任何byte、short、int和char类型的变量。

常量表达式1：如果有case出现，则为必要参数。该常量表达式的值必须是一个与表达式数据类型相兼容的值。

语句序列1：可选参数。一条或多条语句，但不需要大括号。当表达式的值与常量表达式1的值匹配时执行；如果不匹配则继续判断其他值，直到常量表达式n。

常量表达式n：如果有case出现，则为必要参数。该常量表达式的值必须是一个与表达式数据类型相兼容的值。

语句序列n：可选参数。一条或多条语句，但不需要大括号。当表达式的值与常量表达式n的值匹配时执行。

break;：可选参数。用于跳出switch语句。

default：可选参数。如果没有该参数，则当所有匹配不成功时，将不会执行任何操作。

语句序列n+1：可选参数。如果没有与表达式的值相匹配的case常量时，将执行语句序列n+1。

switch语句的执行流程如图2-4所示。

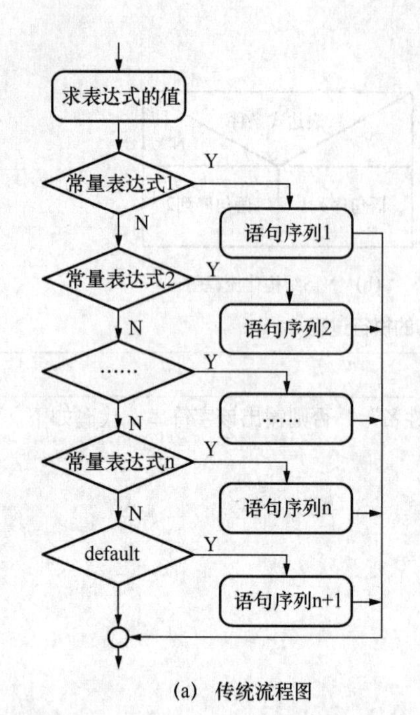

(a) 传统流程图

求表达式的值			
常量表达式1	常量表达式2	……	default
语句序列1	语句序列2	……	语句序列n+1

(b) N-S结构化流程图

图2-4 switch语句的执行流程图

【例2-3】switch语句示例。

应用switch语句，根据输入的星期数，输出相应的提示信息，代码如下。

```
<%
int inWeek=1;
switch(inWeek){
    case 1:out.println("新的一周开始了，努力学习吧！");
        break;
    case 2:out.println("继续努力学习吧!");
        break;
    case 3:out.println("继续努力学习!");
        break;
    case 4:out.println("继续努力学习!");
        break;
    case 5:out.println("继续努力学习!");
        break;
    default:out.println("休息了！");
}
%>
```

运行结果如下。

```
新的一周开始了，努力学习吧！
```

在程序开发的过程中，应该根据实际的情况确定如何使用if和switch语句，尽量做到物尽其用。一般情况下，对于判断条件较少的可以使用if条件语句，但是在实现一些多条件的判断中，就应该使用switch语句。

2. 循环语句

所谓循环语句，主要就是在满足条件的情况下反复执行某一个操作。在Java中，提供了3种常用的循环语句，分别是：for循环语句、while循环语句和do...while循环语句。下面分别对这3种循环语句进行介绍。

（1）for循环语句。

for循环语句也称为计次循环语句，一般用于循环次数已知的情况。for循环语句的基本语法格式如下。

```
for(初始化语句;循环条件;迭代语句){
    语句序列
}
```

初始化语句：为循环变量赋初始值的语句，该语句在整个循环语句中只执行一次。

循环条件：决定是否进行循环的表达式，其结果为boolean类型，也就是其结果只能是true或false。

迭代语句：用于改变循环变量的值的语句。

语句序列：也就是循环体，在循环条件的结果为true时，重复执行。

for循环语句执行的过程是：先执行为循环变量赋初始值的语句，然后判断循环条件，如果循环条件的结果为true，则执行一次循环体，否则直接退出循环，最后执行迭代语句，改变循环变量的值，至此完成一次循环，接下来将进行下一次循环，直到循环条件的结果为false，才结束循环。for循环语句的执行流程如图2-5所示。

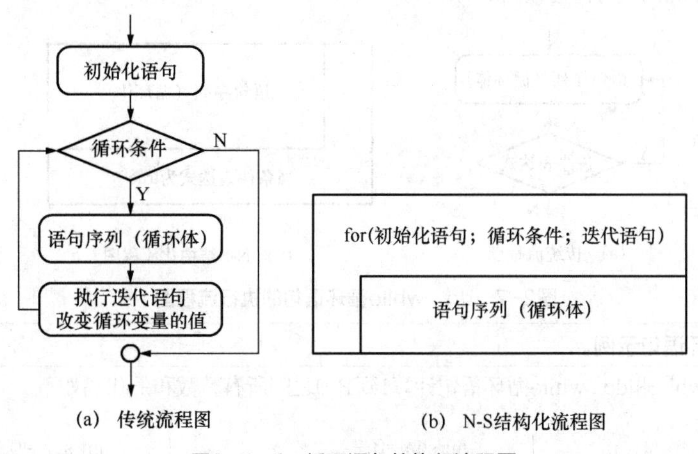

图2-5 for循环语句的执行流程图

（2）while循环语句。

while循环语句也称为前测试循环语句，它的循环重复执行方式，是利用一个条件来控制是否要继续重复执行这个语句。while循环语句与for循环语句相比，无论是语法还是执行的流程，都较为简明易懂。while循环语句的基本语法格式如下。

```
while(条件表达式){
    语句序列
}
```

条件表达式：决定是否进行循环的表达式，其结果为boolean类型，也就是其结果只能是true或false。

语句序列：也就是循环体，在条件表达式的结果为true时，重复执行。

while循环语句执行的过程是：先判断条件表达式，如果条件表达式的值为true，则执行循环体，并且在循环体执行完毕后，进入下一次循环，否则退出循环。while循环语句的执行流程如图2-6所示。

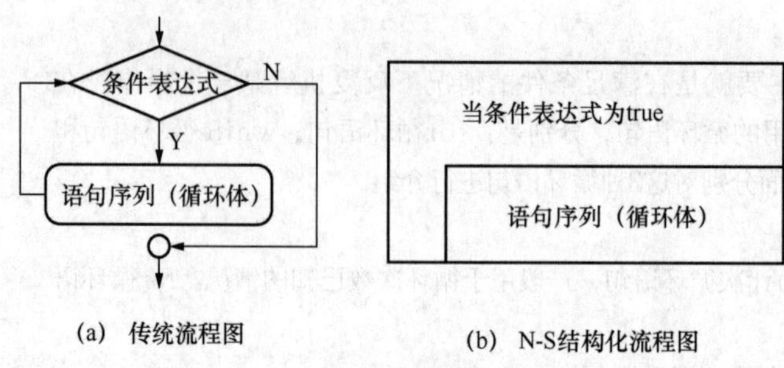

(a) 传统流程图 (b) N-S结构化流程图

图2-6 while循环语句的执行流程图

（3）do...while循环语句。

do...while循环语句也称。为后测试循环语句，它的循环重复执行方式，也是利用一个条件来控制是否要继续重复执行这个语句。与while循环所不同的是，它先执行一次循环语句，然后再去判断是否继续执行。do...while循环语句的基本语法格式如下。

```
do{
    语句序列
} while(条件表达式);      //注意！语句结尾处的分号";"一定不能少
```

语句序列：也就是循环体，循环开始时首先被执行一次，然后在条件表达式的结果为true时，重复执行。

条件表达式：决定是否进行循环的表达式，其结果为boolean类型，也就是其结果只能是true或false。

do...while循环语句的执行流程如图2-7所示。

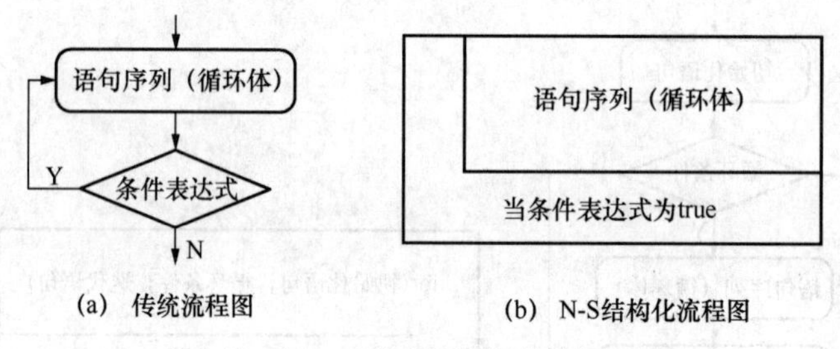

(a) 传统流程图 (b) N-S结构化流程图

图2-7 do...while循环语句的执行流程图

【例2-4】循环语句示例。

分别利用for、while和do...while循环语句计算1到100之间所有整数和的代码如下。

```
int sum=0;
for(int
i=1;i<=100;i++){
    sum+=i;
}
System.out.println("1到100之间所有整数的和是："+sum);
```

```
int sum=0;
int i=1;
while (i<=100){
    sum+=i;
    i++;
}
System.out.println("1到100之间所有整数的和是："+sum);
```

```
int sum=0;
int i=1;
do{
    sum+=i;
    i++;
} while (i<=100);
out.println("1到100之间所有整数的和是："+sum);
```

3. 跳转语句

Java语言中提供了3种跳转语句，分别是break语句、continue语句和return语句。下面将对这3种跳转语句进行详细介绍。

跳转语句

（1）break跳转语句。

break语句可以应用在for、while和do...while循环语句中，用于强行退出循环，也就是忽略循环体中任何其他语句和循环条件的限制。

（2）continue跳转语句。

continue语句只能应用在for、while和do...while循环语句中，用于让程序直接跳过其后面的语句，进行下一次循环。

（3）return跳转语句。

return语句可以从一个方法返回，并把控制权交给调用它的语句。它的语法格式如下。

```
return [表达式];
```

表达式：可选参数，表示要返回的值。它的数据类型必须同方法声明中的返回值类型一致，这可以通过强制类型转换实现。

return语句通常被放在被调用方法的最后，用于退出当前方法并返回一个值。当把单独的return语句放在一个方法的中间时，会产生“Unreachable code”的编译错误。但是可以通过把return语句用if语句括起来的方法，将return语句放在一个方法中间，用来实现在程序未执行完方法中的全部语句时退出。

2.1.5 字符串处理

字符串由一连串字符组成，它可以包含字母、数字、特殊符号、空格或中文字，只要是键盘能输入的文字都可以。它的表示方法是在文字两边加双引号，例如，“简单”或“world”等都是合法字符。Java以类型的方法来处理字符串。所有以双引号包围的字符串常数，Java的编译器都会将它编译为String类对象。

字符串的声明

1. 字符串的声明

在Java中，对于字符串的处理，均由Java.lang包中的String类完成。下面是声明字符串变量的语法。

（1）初始化一个新创建的String对象，它表示一个空字符序列。声明代码如下。

```
String()
```

（2）导入参数。声明代码如下。

```
String(String name)
```

该方法创建带有内容的字符串，使用双引号标识。利用new关键字，调用Strng类产生一个字符串对象，并设置字符串的值。例如下面的代码。

```
String name = new String("简单");
```

name是String类的对象，“简单”指的是字符串内容。例如，要在网页中输出文字“平平淡淡才是真！快快乐乐才是福！”，可以写成以下代码。

```
<%
String str;                    //定义字符串
str = new String("平平淡淡才是真！");
String str1 = new String("快快乐乐才是福！");
out.println(str);
out.println(str1);
%>
```

（3）导入一个char[]数组。声明代码如下。

```
String(char[] value);
```

该方法产生的String对象，内含的是value参数（char[]类型）所代表的字符串内容。字符串是常量；它们的值在创建之后不能改变。字符串缓冲区支持可变的字符串。因为String对象是不可变的，所以可以共享它们。例如下面的代码。

```
String str = "abc";
```

等效于如下代码。

```
char data[] = {'a', 'b', 'c'};
String str = new String(data);
```

（4）导入一个char[]数组并决定元素值范围。声明代码如下。

```
String(char[] value,int offset,int count)
```

该方法产生的String对象内含的字符串内容，是由value字符数组中取出的字符所组成。在该字符串中，第一个字符的索引位置为0。例如下面的代码。

```
char[] myL = {'简','单','快','乐'};
String str3 = new String(myL,1,2);
System.out.println("Str3 = " + Str3);
```

输出结果如下。

```
Str3 = 单快
```

（5）导入一个byte[]数组。声明代码如下。

```
String(byte[] bytes)
```

该方法产生的String对象，其内含的是bytes参数（byte[]类型）代表的字符串内容，而一个英文字母是以一个byte表示，一个中文则以两个byte表示。

（6）导入一个byte[]数组并决定元素值范围。声明代码如下。

```
String (byte[] bytes,int offset,int length)
```

该方法产生的String对象，其包含的是字符串内容，是由bytes数组元素取出的一个byte类型的值所转化而成。由offset参数指定要从哪个默认值开始，length参数决定要取多少个元素。

（7）导入一个StringBuffer对象。声明代码如下。

```
String(StringBuffer buffer)
```

该方法产生的String对象，其内含的字符串，等同于buffer参数（StringBuffer对象）所存放的字符串内容。

字符串类的常用方法

2. 字符串类的常用方法

String字符串类的常用方法及含义如表2-7所示。

表2-7 String字符串类的常用方法及含义

方法名称	方法含义
boolean endsWith(String suffix)	测试此字符串是否以指定的后缀结束
boolean equals(Object anObject)	比较此字符串与指定的对象
boolean equalsIgnoreCase(String anotherString)	将此String与另一个String进行比较，不考虑大小写
int indexOf()	返回指定字符串在另一个字符串中的索引位置
int lastIndexOf()	返回最后一次出现的指定字符在另一个字符串中的索引位置
int length()	返回此字符串的长度
String replace(char oldChar, char newChar)	返回一个新的字符串，它是通过用newChar替换此字符串中出现的所有oldChar而生成的
boolean startsWith(String prefix)	测试指定字符串是否以指定的前缀开始
String substring()	返回一个字符串的子串
char[] toCharArray()	将指定字符串转换为一个新的字符数组
String toLowerCase()	将指定字符串中的所有字符都转换为小写
String toUpperCase()	将指定字符串中的所有字符都转换为大写

续表

方 法 名 称	方 法 含 义
String trim()	返回字符串的副本，忽略前导空白和尾部空白
static String valueOf(boolean b)	返回指定参数的字符串表示形式

【例2-5】字符串应用实例。

首先声明两个String对象的实例，分别通过==运算符和equals( )方法判断这两个实例是否相等，然后判断其是否以指定字符串开头或结尾，再输出第一个实例的长度，最后输出第2个实例中从第4个位置到第9个位置的字符串。代码如下。

```
<%
    String str1=new String("有一条路走过了总会想起");
    String str2="有一条路走过了总会想起";
    out.println("str1："+str1+"<br>str2："+str2);
    if(str1==str2)   //通过==判断str1与str2是否相等
        out.println("<br>判断1：str1与str2相等");
    if(!str1.equals(str2))   //通过equals( )方法判断str1与str2是否相等
        out.println("<br>判断2：str1与str2不相等");
    if(str1.startsWith("有"))   //通过startsWith( )判断是否以指定字符串开头
        out.println("<br>判断3：str1是以'有'开头");
    if(str2.endsWith("起"))   //通过endsWith( )判断是否以指定字符串结尾
        out.println("<br>判断4：str2是以'起'结尾");
    out.println("<br>str1的长度为："+str1.length());   //输入str1的长度
    //输出str1中从第4个位置到第9个位置的字符串
    out.println("<br>str1中从第4个位置到第9个位置的字符串为："+str1.substring(4,9));
%>
```

运行结果如图2-8所示。

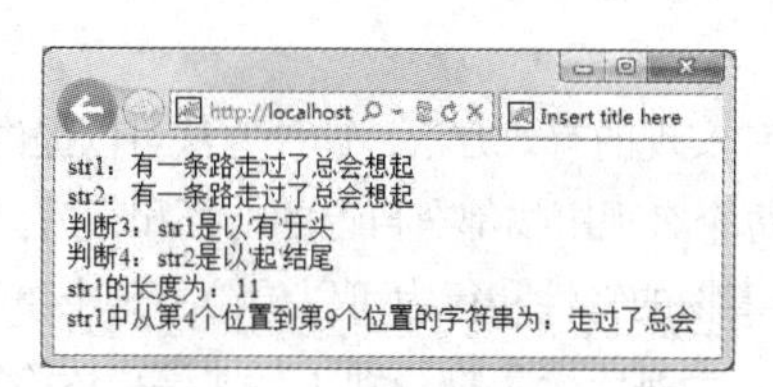

图2-8　例2-5运行结果

2.1.6　数组的创建与应用

数组是由多个元素组成的，每个单独的数组元素，就相当于一个变量，可用来保存数据，因此可以将数组视为一连串变量的组合。根据数组存放元素的复杂程度，可将数组依次分为一维数组、二维数组及多维（三维以上）数组。

数组的创建与应用

1. 一维数组

Java中的数组必须先声明，然后才能使用。声明一维数组有以下两种格式。

```
数据类型 数组名[] = new 数据类型[个数];
数据类型[] 数组名 = new 数据类型[个数];
```

当按照上述格式声明数组后，系统会分配一块连续的内存空间供该数组使用，例如，下面的两行代码都是正确的。

```
String any[] = new String[10];
String[] any = new String[10];
```

这两个语句实现的功能都是创建了一个新的字符串数组，它有10个元素可以用来容纳String对象，当用关键字new来创建一个数组对象时，则必须指定这个数组能容纳多少个元素。

对于一维数组的赋值，语法格式如下。

```
数据类型 数组名[] = {数值1,数值2,…,数值n};
数据类型[] 数组名= {数值1,数值2,…,数值n};
```

括号内的数值将依次赋值给数组中的第1到n个元素。另外，在赋值声明时，不需要给出数组的长度，编译器会按所给的数值个数来决定数组的长度，例如下面的代码。

```
String type[] = {"乒乓球","篮球","羽毛球","排球","网球"};
```

在上面的语句中，声明了一个数组type，虽然没有特别指名type的长度，但由于括号里的数值有5个，编译器会分别依次为各元素指定存放位置，例如，type[0] ="乒乓球"，type[1] ="篮球"。

2. 二维数组

在Java语言中，实际上并不存在称为“二维数组”的明确结构，而二维数组实际上是指数组元素为一维数组的一维数组。声明二维数组语法格式如下。

数据类型 数组名[][] = new 数据类型[个数] [个数];

例如下面的代码。

```
int arry[][] = new int [5][6];
```

上述语句声明了一个二维数组，其中[5]表示该数组有（0~4）5行，每行有（0~5）6个元素，因此该数组有30个元素。

对于二维数组元素的赋值，同样可以在声明时进行，例如。

```
int number[][] = {{20,25,26,22},{22,23,25,28}};
```

在上面的语句中，声明了一个整型的2行4列的数组，同时进行赋值，结果如下。

```
number[0][0] = 20; number[0][1] = 25; number[0][2] = 26; number[0][3] = 22;
number[1][0] = 22; number[1][1] = 23; number[1][2] = 25; number[1][3] = 28;
```

2.1.7 面向对象程序设计

面向对象程序设计是软件设计和实现的有效方法，这种方法可以提供软件的可扩充性和可重用性。客观世界中的一个事物就是一个对象，每个客观事物都有自己的特征和行为。从程序设计的角度来看，事物的特性就是数据，行为就是方法。一个事物的特性和行为可以传给另一个事物，这样就可以重复使用已有的特性或行为。当某一个事物得到了其他事物传给它的特性和行为，再添加上自己的特性和行为，就可以对已有的功能进行扩充。面向对象的程序设计方法就是利用客观事物的这种特点，将客观事物抽象成为“类”，并通过类的“继承”实现软件的可扩充性和可重用性。

类的基本概念

1. 类的基本概念

Java语言与其他面向对象语言一样，引入了类和对象的概念，类是用来创建对象的模板，它包含被创建对象的状态描述和方法的定义。因此，要学习Java编程就必须学会怎样去编写类，即怎样用Java的语法去描述一类事物共有的属性和行为。属性通过变量来刻画，行为通过方法来体现，即方法操作属性形成一定的算法来实现一个具体的功能。类把数据和对数据的操作封装成一个整体。

2. 定义类

在Java中定义类主要分为两部分：类的声明和类体，下面分别进行介绍。

（1）类声明。

定义类

在类声明中，需要定义类的名称、对该类的访问权限和该类与其他类的关系等。类声明的格式如下。

```
[修饰符] class <类名> [extends 父类名] [implements 接口列表]{
}
```

修饰符：可选参数，用于指定类的访问权限，可选值为public、abstract和final。

类名：必选参数，用于指定类的名称，类名必须是合法的Java标识符。一般情况下，要求首字母大写。

extends父类名：可选参数，用于指定要定义的类继承于哪个父类。当使用extends关键字时，父类名为必选参数。

implements 接口列表：可选参数，用于指定该类实现的是哪些接口。当使用implements关键字时，接口列表为必选参数。

（2）类体。

在类声明部分大括号中的内容为类体。类体主要由两部分构成，一部分是成员变量的定义，另一部分是成员方法的定义。类体的定义格式如下。

```
[修饰符] class <类名> [extends 父类名] [implements 接口列表]{
    定义成员变量
    定义成员方法
}
```

3. 定义成员方法

Java中类的行为由类的成员方法来实现。类的成员方法由方法的声明和方法体两部分组成，其一般格式如下。

定义成员方法

```
[修饰符] <方法返回值的类型> <方法名>( [参数列表]) {
    [方法体]
}
```

修饰符：可选参数，用于指定方法的被访问权限，可选值为public、protected和private。

方法返回值的类型：必选参数，用于指定方法的返回值类型，如果该方法没有返回值，可以使用关键字void进行标识。方法返回值的类型可以是任何Java数据类型。

方法名：必选参数，用于指定成员方法的名称，方法名必须是合法的Java标识符。

参数列表：可选参数，用于指定方法中所需的参数。当存在多个参数时，各参数之间应使用逗号分隔。方法的参数可以是任何Java数据类型。

方法体：可选参数，方法体是方法的实现部分，在方法体中可以定义局部变量。需要注意的是，当方法体省略时，其外面的大括号一定不能省略。

【例2-6】在Fruit类中声明两个成员方法grow( )和harvest( )。

```
public class Fruit {
//  定义一个无返回值的成员方法
    public void grow(){
        System.out.println("果树正在生长……");
        // …
    }
//定义一个返回值为String类型的成员方法
    public String harvest(){
        String rtn="水果已经收获……";     //定义一个局部变量
        return rtn;
    }
}
```

在上面的代码中，return关键字用于将变量rtn的值返回给调用该方法的语句。

成员变量与局部变量

4. 成员变量与局部变量

在类体中变量定义部分所声明的变量为类的成员变量，而在方法体中声明的变量和方法的参数则称为局部变量。成员变量和局部变量的区别在于其有效范围不同。成员变量在整个类内都有效，而局部变量只在定义它的成员方法内才有效。

（1）声明成员变量。

Java用成员变量来表示类的状态和属性，声明成员变量的基本语法格式如下。

```
[修饰符] [static] [final] [transient] [ volatile] <变量类型> <变量名>;
```

修饰符：可选参数，用于指定变量的被访问权限，可选值为public、protected和private。

static：可选，用于指定该成员变量为静态变量，可以直接通过类名访问。如果省略该关键字，则表示该成员变量为实例变量。

（2）声明局部变量。

定义局部变量的基本语法格式同定义成员变量类似，所不同的是不能使用public、protected、private和static关键字对局部变量进行修饰，但可以使用final关键字。语法格式如下。

```
[final] <变量类型> <变量名>;
```

final：可选，用于指定该局部变量为常量。

变量类型：必选参数：用于指定变量的数据类型，其值为Java中的任何一种数据类型。

变量名：必选参数，用于指定局部变量的名称，变量名必须是合法的Java标识符。

【例2-7】成员变量和局部变量示例。

在Fruit类中声明3个成员变量，并且在其成员方法grow()中声明两个局部变量。

```
public class Fruit {
    public String color;                        //声明公共变量color
    public static String flavor;                //声明静态变量flavor
    public final boolean STATE=true;            //声明常量STATE并赋值
    public void grow(){
        final boolean STATE;                    //声明常量STATE
        int age;                                //声明局部变量age
    }
}
```

5. 构造方法的概念及用途

构造方法的概念及用途

构造方法是一种特殊的方法，它的名字必须与它所在类的名字完全相同，并且没有返回值，也不需要使用关键字void进行标识。构造方法用于对对象中的所有成员变量进行初始化，在创建对象时立即被调用。需要注意的是，如果用户没有定义构造方法，Java会自动提供一个默认的构造方法，用来实现成员变量的初始。

6. 创建Java类对象

在Java中，创建对象包括声明对象和为对象分配内存两部分，下面分别进行介绍。

创建Java类对象

（1）声明对象。

对象是类的实例，属于某个已经声明的类。因此，在对对象进行声明之前，一定要先定义该对象的类。声明对象的一般格式如下。

```
类名 对象名;
```

类名：必选，用于指定一个已经定义的类。

对象名：必选，用于指定对象名称，对象名必须是合法的Java标识符。

例如，声明Fruit类的一个对象fruit的代码如下。

```
Fruit fruit;
```

在声明对象时，只是在内存中为其建立一个引用，并设置初值为null，表示不指向任何内存空间，因此，还需要为对象分配内存。

（2）为对象分配内存。

为对象分配内存也称为实例化对象。在Java中使用关键字new来实例化对象，具体语法格式如下。

```
对象名=new 构造方法名([参数列表]);
```

对象名：必选，用于指定已经声明的对象名。

构造方法名：必选，用于指定构造方法名，即类名，因为构造方法与类名相同。

参数列表：可选参数，用于指定构造方法的入口参数。如果构造方法无参数，则可以省略。

例如，在声明Fruit类的一个对象fruit后，可以通过以下代码为对象fruit分配内存。

```
fruit=new Fruit();
```

在上面的代码中，由于Fruit类的构造方法无入口参数，所以省略了参数列表。

在声明对象时，也可直接为其分配内存。例如，上面的声明对象和为对象分配内存的功能也可以通过以下代码实现。

```
Fruit fruit=new Fruit();
```

7. 对象的使用

对象的使用

创建对象后，就可以通过对象来引用其成员变量，并改变成员变量的值，而且还可以通过对象来调用其成员方法。通过使用运算符“.”实现对成员变量的访问和成员方法的调用。

【例2-8】对象的使用方法。

```
public class Rectangle {
    public float x = 20.0f;
    public float y =0.0f;
    // 定义计算矩形面积的方法
    public float getArea() {
        float area = x*y;              // 计算矩形面积并赋值给变量area
        return area;                   // 返回计算后的矩形面积
    }
    // 定义计算矩形周长的方法
    public float getCircumference(float x,float y) {
        float circumference = 2 * (x+y); // 计算矩形周长并赋值给变量circumference
        return circumference; // 返回计算后的矩形周长
    }
    // 定义主方法测试程序
    public static void main(String[] args) {
        Rectangle rect = new Rectangle();
        rect.y = 10; // 改变成员变量的值
        float y = 20;
        float area = rect.getArea(); // 调用成员方法
        System.out.println("矩形的面积为：" + area);
        float circumference = rect.getCircumference(rect.x,y); // 调用带参数的成员方法
        System.out.println("矩形的周长为：" + circumference);
    }
}
```

运行结果如图2-9所示。

8. 对象的销毁

对象的销毁

在许多程序设计语言中，需要手动释放对象所占用的内存，但是，在Java中则不需要手动完成这项工作。Java提供的垃圾回收机制可以自动判断对象是否还在使用，并能够自动销毁不再使用的对象，收回对象所占用的资源。

图2-9 例2-8运行结果

Java提供了一个名为finalize( )的析构方法，用于在对象被垃圾回收机制销毁之前，由垃圾回收系统调用。但是垃圾回收系统的运行是不可预测的。因此，在Java程序中，也可以使用析构方法finalize( )随时来销毁一个对象。析构方法finalize( )没有任何参数和返回值，每个类有且只有一个析构方法。

9. 包的使用

包的使用

包（package）是Java提供的一种区别类的名字空间的机制，是类的组织方式，是一组相关类和接口的集合，它提供了访问权限和命名的管理机制。Java中提供的包主要有以下3种用途。

① 将功能相近的类放在同一个包中，可以方便查找与使用；

② 由于在不同包中可以存在同名类，所以使用包在一定程度上可以避免命名冲突；

③ 在Java中，某些访问权限是以包为单位的。

（1）创建包。

创建包可以通过在类或接口的源文件中使用package语句实现，package语句的语法格式如下。

```
package 包名;
```

包名：必选，用于指定包的名称，包的名称为合法的Java标识符。当包中还有包时，可以使用“包1.包2.….包n”进行指定，其中，包1为最外层的包，而包n则为最内层的包。

package语句通常位于类或接口源文件的第一行。例如，定义一个类SimpleH，将其放入com.wgh包中的代码如下。

```
package com.wgh;
public class SimpleH{
    …  //此处省略了类体的代码
}
```

（2）使用包中的类。

类可以访问其所在包中的所有类，还可以使用其他包中的所有public类。访问其他包中的public类有以下两种方法。

① 使用长名引用包中的类。

使用长名引用包中的类比较简单，只需要在每个类名前面简单地加上完整的包名即可。例如，创建Circ类（保存在com.wgh包中）的对象并实例化该对象的代码如下。

```
com.wgh.Circ circ=new com.wgh.Circ();
```

② 使用import语句引入包中的类。

由于采用使用长名引用包中的类的方法比较繁琐，所以Java提供了import语句来引入包中的类。import语句的基本语法格式如下。

```
import 包名1[.包名2.…].类名|*;
```

当存在多个包名时，各个包名之间使用“.”分隔，同时包名与类名之间也使用“.”分隔。

*：表示包中所有的类。

例如，引入com.wgh包中的Circ类的代码如下。

```
import com.wgh.Circ;
```

如果com.wgh包中包含多个类，也可以使用以下语句引入该包下的全部类。

```
import com.wgh.*;
```

2.1.8 集合类的应用

集合类的作用和数组类似，也可以保存一系列数据，但是集合类的优点是可以方便地对集合内的数据进行查询、增加、删除和修改等操作。本节将介绍List集合类。

集合类的应用

List集合为列表类型，列表的主要特征是存放其中的对象以线性方式存储。List集合包括List接口以及List接口的所有实现类。List接口的常用实现类有ArrayList、Vector和LinkedList，这3个类拥有以下两个特征。

（1）允许内容有重复的元素存在；

（2）内部元素有特定的顺序。

在使用List集合时，通常情况下，声明为List类型，实例化时根据实际情况的需要，实例化为ArrayList或LinkedList，例如。

```
List<String> l = new ArrayList<String>();    // 利用ArrayList类实例化List集合
List<String> l2 = new LinkedList<String>();    // 利用LinkedList类实例化List集合
```

1. ArrayList类

ArrayList类实现了List接口，由ArrayList类实现的List集合采用数组结构保存对象。数组结构的优点是便于对集合进行快速地随机访问，如果经常需要根据索引位置访问集合中的对象，使用由ArrayList类实现的List集合的效率较好。下面介绍ArrayList类的常用方法。

add(int index, Object obj)：用来向集合的指定位置添加元素，其他元素的索引位置相对后移一位。索引位置从0开始。

addAll(int, Collection coll)：用来向集合的指定索引位置添加指定集合中的所有对象。

remove(int index)：用来清除集合中指定索引位置的对象。

set(int index, Object obj)：用来将集合中指定索引位置的对象修改为指定的对象。

get(int index)：用来获得指定索引位置的对象。

indexOf(Object obj)：用来获得指定对象的索引位置。当存在多个时，返回第一个的索引位置；当不存在时，返回-1。

lastIndexOf(Object obj)：用来获得指定对象的索引位置。当存在多个时，返回最后一个的索引位置；当不存在时，返回-1。

listIterator()：用来获得一个包含所有对象的ListIterator型实例。

listIterator(int index)：用来获得一个包含从指定索引位置到最后的ListIterator型实例。

【例2-9】ArrayList类示例。

实现创建空的Vector对象，并向其添加元素，然后输出所有元素，代码如下。

```
<%@ page import="java.util.*"%>
<%
    List<String> list = new ArrayList<String>();
     for(int i=0;i<3;i++){
         list.add(new String("福娃"+i));
     }
```

```
        list.add(1,"后添加的福娃");
        //输出全部元素
        Iterator<String> it = list.iterator( );
        while (it.hasNext( )) {
            out.println(it.next( )+", ");
        }
%>
```

运行结果如下。

```
福娃0，后添加的福娃，福娃1，福娃2
```

2. Vector类

Vector类是一元集合，可以加入重复数据，它的作用和数组类似，可以保存一系列数据，它的优点是可以很方便地对集合内的数据进行查找、增加、修改和删除等操作。下面介绍Vector类的常用方法。

add(int index,Object element)：在指定的位置添加元素。

addElementAt(Object obj,int index)：在Vector类的结尾添加元素。

size( )：返回Verctor类的元素总数。

elementAt(int index)：取得特定位置的元素，返回值为整型。

setElementAt(object obj,int index)：重新设定指定位置的元素。

removeElementAt(int index)：删除指定位置的元素。

【例2-10】Vector类示例。

实现创建空的Vector对象，并向其添加元素，然后输出所有元素，代码如下。

```
<%@ page import="java.util.*"%>
<%
Vector v=new Vector( );    //创建空的Vector对象
 for(int i=0;i<3;i++){
    v.add(new String("福娃"+i));
 }
 v.remove(1);        //移除索引位置为1的元素
 //显示全部元素
  for(int i=0;i<v.size( );i++){
    out.println("元素"+v.indexOf(v.elementAt(i))+"："+v.elementAt(i)+" |");
 }
%>
```

运行结果如下。

```
元素0：福娃0 | 元素1：福娃2|
```

Vector类经常用于购物车或聊天室中，例如通过Vector类保存购物车的商品信息或聊天室的用户信息等。

2.1.9 异常处理语句

异常处理语句

在Java语言中，处理异常的语句有4种：try...catch语句、finally语句、throw语句及throws语句。

1. try...catch语句

在Java语言中，用try...catch语句来捕获异常，代码格式如下。

```
try{
```

```
        /*可能出现异常状况的代码*/
}catch (IOException e){
        /*处理输出输入出现的的异常*/
}catch(SQLException e){
        /*处理操作数据库出现的异常*/
}
```

在上述代码中，try块用来监视这段代码运行过程中是否发生异常，若发生则产生异常对象并抛出；catch用于捕获异常并处理它。

2. finally语句

由于异常将程序中断执行，这会使得某些不管在任何情况下都必须执行的步骤被忽略，从而影响程序的健壮性。finally语句的作用就是不管捕获的异常是否出现，都会执行finally代码块。

3. throw语句

当程序发生错误而无法处理时，会抛出对应的异常对象。除此之外，在某些代码中，可能需要自行抛出异常。例如，在捕捉异常并处理结束后，再将异常抛出，让下一层异常处理区块来抛出；另一个情况是重新包装异常，将捕捉到的异常以自己定义的异常对象加以包装抛出。如果要自行抛出异常，可以使用throw关键字，并生成指定的异常对象。例如下面的代码。

```
throw new ArithmeticException();
```

4. throws语句

如果一个方法可能会出现异常，但是没有能力处理这种异常，可以在方法声明处用throws语句来声明抛出异常。throws的语法格式如下。

```
返回类型 方法名（参数表） throws 异常类型表{
方法体
}
```

一个方法可能会出现多种异常，throws子句语句允许声明抛出多个异常，例如下面的代码。

```
public void methodServlet(int number) throws NumberFormatException,IOException{
…….
}
```

异常声明是接口（这里的接口是指概念上的程序接口）的一部分。根据异常声明，方法调用者了解到被调用方法可能抛出的异常，从而采取相应的措施，捕获异常并处理异常或者声明继续抛出异常。

如果不确认这个方法会抛出哪种异常，那么可以直接抛出Exception异常，例如，下面的代码。

```
public void methodServlet(int number) throws Exception{
…….
}
```

throw和throws关键字尽管只有一个字母之差，却有着不同的用途，注意不要将两者混淆。

2.2 JavaScript脚本语言

JavaScript是一种比较流行的制作网页特效的脚本语言，它由客户端浏览器解释执行，可以应用在JSP、ASP和PHP等网站中。同时，随着Web2.0和Ajax技术进入Web开发的主流市场，JavaScript已经被推到了舞台的中心。因此，熟练掌握并应用JavaScript对于网站开发人员非常重要。本节将详细介绍JavaScript的基本语法及常用对象。

2.2.1 JavaScript脚本语言概述

JavaScript是一种基于对象和事件驱动并具有安全性能的解释型脚本语言，在Web应用中得到了非常广泛的应用。它不但可以用于编写客户端的脚本程序，由Web浏览器解释执行，而且还可以编写在服务器端执行的脚本程序，在服务器端处理用户提交的信息并动态地向浏览器返回处理结果，通常在JSP中应用JavaScript编写客户端脚本程序。

JavaScript
脚本语言概述

2.2.2 在JSP中引入JavaScript

通常情况下，在JSP中引入JavaScript有以下两种方法，一种是在JSP页面中直接嵌入JavaScript，另一种是链接外部JavaScript。下面分别进行介绍。

在JSP中引入
JavaScript

1. 在页面中直接嵌入JavaScript

在Web页面中，可以使用<script>...</script>标记对应封装脚本代码，当浏览器读取到<script>标记时，将解释执行其中的脚本。

在使用<script>标记时，还需要通过其language属性指定使用的脚本语言。例如，在<script>中指定使用JavaScript脚本语言的代码如下。

```
<script language="javascript">…</script>
```

2. 链接外部JavaScript

在JSP中引入JavaScript的另一种方法是采用链接外部JavaScript文件的形式。如果脚本代码比较复杂或是同一段代码可以被多个页面所使用，则可以将这些脚本代码放置在一个单独的文件中，该文件的扩展名为.js，然后在需要使用该代码的Web页面中链接该JavaScript文件即可。

在Web页面中链接外部JavaScript文件的语法格式如下。

```
<script language="javascript" src="javascript.js"></script>
```

在外部JS文件中，不需要将脚本代码用<script>和</script>标记括起来。

2.2.3 JavaScript的数据类型与运算符

JavaScript的
数据类型与运算符

1. 数据类型

JavaStript有6种数据类型，如表2-8所示。

表2-8 JavaScript的数据类型

类型	含义		说明	示例
int	数值	整型	整数，可以为正数、负数或0	17，-80，0
float		浮点型	浮点数，可以使用实数的普通形式或科学计数法表示	3.14159.27，6.16e4
string	字符串类型		字符串，是用单引号或双引号括起来的一个或多个字符	'wgh'，"平平淡淡才是真"
boolean	布尔型		只有true或false两个值	true，false
object	对象类型			
null	空类型		将变量值设为零	
undefined	未定义类型		指变量被创建，但未对变量赋值	

2. 变量

变量是指程序中一个已经命名的存储单元，它的主要作用就是为数据操作提供存放信息的容器。在JavaScript中，可以使用命令var声明变量，语法格式如下。

```
var variable;
```

在声明变量的同时也可以对变量进行赋值。

```
var variable=11;
```

由于JavaScript采用弱类型的形式，所以在声明变量时，不需要指定变量的类型，而变量的类型将根据其变量赋值来确定。例如。

```
var varible=17;              //数值型
var str="爱护地球";           //字符型
```

但是变量命名必须遵循以下规则。

（1）必须以字母或下划线开头，中间可以是数字、字母或下划线，但是不能有空格或加号、减号等符号，注意，字母的大小写表示不同的变量，如y和Y为两个变量。

虽然JavaScript的变量可以任意命名，但是在实际编程时，最好使用便于记忆、且有意义的变量名称，以增加程序的可读性。

（2）不能使用JavaScript中的关键字。JavaScript的关键字如表2-9所示。

表2-9 JavaScript的关键字

abstract	continue	finally	instanceof	private	this
boolean	default	float	int	public	throw
break	do	for	interface	return	typeof
byte	double	function	long	short	true
case	else	goto	native	static	var
catch	extends	implements	new	super	void
char	false	import	null	switch	while
class	final	in	package	synchronized	with

关键字同样不可用作函数名、对象名及自定义的方法名等。

3. 运算符

在JavaScript中提供了算术运算符、关系运算符、逻辑运算符、字符串运算符、位操作运算符、赋值运算符和条件运算符等7种运算符。下面进行详细介绍。

（1）算术运算符。

算术运算等同于数学运算，即在程序中进行加、减、乘、除等运算。在JavaScript中常用的算术运算符如表2-10所示。

表2-10 常用算术运算符

运算符	描　述	示　例
+	加运算符	1+6 //返回值为7
-	减运算符	5-2 //返回值为3
*	乘运算符	7*3 //返回值为21
/	除运算符	9/3 //返回值为3

续表

运算符	描　述	示　例
%	求模运算符	6%4 //返回值为2

++	自增运算符。该运算符有两种情况：i++（在使用i之后，使i的值加1）；++i（在使用i之前，先使i的值加1）	i=1; j=i++ //j的值为1，i的值为2
		i=1; j=++i //j的值为2，i的值为2

--	自减运算符。该运算符有两种情况：i--（在使用i之后，使i的值减1）；--i（在使用i之前，先使i的值减1）	i=6; j=i-- //j的值为6，i的值为5
		i=6; j=--i //j的值为5，i的值为5

（2）关系运算符。

关系运算符的基本操作过程是：首先对操作数进行比较，这个操作数可以是数字也可以是字符串，然后返回一个布尔值true或false。JavaScript支持的常用关系运算符与Java中的常用关系运算符相同，请参见表2-4。

（3）逻辑运算符。

逻辑运算符返回一个布尔值，通常和比较运算符一起使用，用来表示复杂的比较运算，常用于if、while和for语句中。JavaScript中常用的逻辑运算符如表2-11所示。

表2-11　逻辑运算符

运　算　符	描　　述	运　算　符	描　　述	运　算　符	描　　述
!	逻辑非	&&	逻辑与	||	逻辑或

（4）字符串运算符。

字符串运算符是用于两个字符型数据之间的运算符，除了比较运算符外，还可以是+和+=运算符。其中，+运算符用于连接两个字符串（例如，"World"+"Dream"），而+=运算符则连接两个字符串，并将结果赋给第一个字符串（例如，var a="One";a+="Dream";）。

（5）赋值运算符。

最基本的赋值运算符是等于号"="，用于对变量进行赋值，而其他运算符可以和赋值运算符"="联合使用，构成组合赋值运算符。JavaScript支持的常用赋值运算符与Java中的常用赋值运算符相同，请参见表2-2。

（6）位操作运算符。

位操作运算符用于对数值的位进行操作，如向左或向右移位等。JavaScript中常用位操作运算符如表2-12所示。

表2-12　位操作运算符

运　算　符	描　　述	运　算　符	描　　述	运　算　符	描　　述
&	与运算符	|	或运算符	^	异或运算符
<<	左移	>>	带符号右移	>>>	填0右移

（7）条件运算符。

条件运算符是JavaScript支持的一种特殊的3目运算符，同Java中的3目运算符类似，其语法格式如下。

```
操作数?结果1:结果2
```

如果"操作数"的值为true，则整个表达式的结果为"结果1"，否则为"结果2"。

2.2.4　JavaScript的流程控制语句

1．if条件判断语句

if条件判断语句

对变量或表达式进行判定并根据判定结果进行相应的处理，可以使用if语句。if语句的语法格式如下。

```
if(条件表达式){
```

```
    语句序列1  //条件满足时执行
}else{
    语句序列2  //条件不满足时执行
}
```

执行上述if语句时，首先计算“条件表达式（任意的逻辑表达式）”的值，如果为true，就执行“语句序列1”，执行完毕后结束该if语句；否则执行“语句序列2”，执行后同样结束该if语句。

上述if语句是典型的二路分支结构。其中else部分可以省略，而且“语句序列”为单一语句时，其两边的大括号可以省略。

2. while循环语句

while循环语句

while循环语句是另一种基本的循环语句，其结构和for循环语句有些类似，但是while语句不包含循环变量的初始化及循环变量的步幅。其语法格式如下。

```
while (条件表达式){
    循环体
}
```

使用while语句时，必须先声明循环变量并且在循环体中指定循环变量的步幅，否则while语句将成为一个死循环。

【例2-11】利用while循环语句将数字7格式化为00007，并输出到页面上。

```
var str="7";
for(i=0;i<4;i++){
    str="0"+str;
}
document.write(str);
```

3. do...while循环语句

do...while循环语句

do...while循环语句和while循环语句非常相似，所不同的是其在循环底部检测循环表达式，而不是像while循环语句那样在循环顶部进行检测。这就保证了循环体至少被执行一次。do...while语句的语法格式如下。

```
do{
    循环体
} while (条件表达式);
```

【例2-12】利用do...while循环语句将数字7格式化为00007，并输出到页面上。

```
var i=0;
var str="7";
while(i<4){
    str="0"+str;
    i++;
}
document.write(str);
```

4. for循环语句

for循环语句

for语句是JavaScript语言中应用比较广泛的循环语句。通常for语句使用一个变量作为计数器来执行循环的次数，这个变量就称为循环变量。for语句的语法格式如下。

```
for(循环变量赋初值;循环条件;循环变量增值){
    循环体
}
```

循环变量赋初值：一条初始化语句，用来对循环变量进行初始化赋值。

循环条件：一个包含比较运算符的表达式，用来限定循环变量的边限。如果循环变量超过了该边限，则停止该循环语句的执行。

循环变量增值：用来指定循环变量的步幅。

for语句可以使用break语句来中止循环语句的执行。break语句默认情况下是终止当前的循环语句。

【例2-13】利用for循环语句将数字7格式化为00007，并输出到页面上。

```
var i=0;
var str="7";
do{
    str="0"+str;
    i++;
} while(i<4);
document.write(str);
```

5. switch语句

switch是典型的多路分支语句，其作用与嵌套使用if语句基本相同，但switch语句比if语句更具有可读性，而且switch语句允许在找不到一个匹配条件的情况下执行默认的一组语句。switch语句的语法格式如下。

switch语句

```
switch (expression){
  case judgement1:
      statement1;
      break;
  case judgement2:
      statement2;
      break;
  ...
  default:
      defaultstatement;
      break;
}
```

expression：任意的表达式或变量。

judgement：任意的常数表达式。当expression的值与某个judgement的值相等时，就执行此case后的statement语句，如果expression的值与所有的judgement的值都不相等时，则执行default后面的defaultstatement语句。

break：用于结束switch语句，从而使JavaScript只执行匹配的分支。如果没有了break语句，则该switch语句的所有分支都将被执行，switch语句也就失去了使用的意义。

函数的定义和调用

2.2.5 函数的定义和调用

在JavaScript中，函数可以分为定义和调用两部分。下面分别进行介绍。

1. 函数的定义

在JavaScript中，定义函数最常用的方法是通过function语句实现，其语法格式如下。

```
function functionName([parameter1, parameter2, …]){
   statements
   [return expression]
}
```

functionName：必选，用于指定函数名。在同一个页面中，函数名必须是唯一的，并且区分大小写。

parameter1，parameter2,…：可选，用于指定参数列表。当使用多个参数时，参数间使用逗号进行分隔。一个函数最多可以有255个参数。

statements：必选，是函数体，用于实现函数功能的语句。

return expression：可选，用于返回函数值。expression为任意的表达式、变量或常量。

2. 函数的调用

函数的调用比较简单，如果要调用不带参数的函数，则使用函数名加上括号即可；如果要调用的函数带参数，则在括号中加上需要传递的参数，如果包含多个参数，各参数间用逗号分隔。

如果函数有返回值，那么可以使用赋值语句将函数值赋给一个变量。

在JavaScript中，由于函数名区分大小写，所以在调用函数时，也需要注意函数名的大小写。

2.2.6 事件

1. 事件概述

事件

JavaScript与Web页面之间的交互是通过用户操作浏览器页面时触发相关事件来实现的。例如，在页面载入完毕时，将触发load（载入）事件；当用户单击按钮时，将触发按钮的click事件等。

用于响应某个事件而执行的处理程序称为事件处理程序，例如，当用户单击按钮时，将触发按钮的事件处理程序onClick。事件处理程序有以下两种分配方式。

（1）在JavaScript中分配事件处理程序。

在JavaScript中分配事件处理程序，首先需要获得要处理对象的引用，然后将要执行的处理函数赋值给对应的事件处理程序。例如。

```
<img src="images/download.GIF" id="img_download">
<script language="javascript">
var img=document.getElementById("img_download");
img.onclick=function(){
    alert("单击了图片");
}
</script>
```

在页面中加入上面的代码，并运行，当单击图片img_download时，将弹出“单击了图片”对话框。

在JavaScript中分配事件处理程序时，事件处理程序名称必须小写，才能正确响应事件。

（2）在HTML中分配事件处理程序。

在HTML中分配事件处理程序，只需要在HTML标记中添加相应事件处理程序的属性，并在其中指定作为属性值的代码或是函数名称即可。例如。

```
<img src="images/download.GIF" onClick="alert('您单击了图片');">
```

在页面中加入上面的代码，并运行，当单击图片img_download时，将弹出“您单击了图片”对话框。

2. 事件类型

多数浏览器内部对象都拥有很多事件，下面将给出常用的事件、事件处理程序及何时触发这些事件处理程序，如表2-13所示。

表2-13 常用事件

事 件	事件处理程序	何 时 触 发
blur	onblur	元素或窗口本身失去焦点时触发
change	onchange	选中<select>元素中的选项或其他表单元素失去焦点时，并且在其获取焦点后内容发生过改变时触发
click	onclick	单击鼠标左键时触发
focus	onfocus	任何元素或窗口本身获得焦点时触发
keydown	onkeydown	键盘键被按下时触发，如果一直按着某键，则会不断触发；当返回false时，取消默认动作
load	onload	页面完全载入后，在window对象上触发；所有框架都载入后，在框架集上触发；<img>标记指定的图像完全载入后，在其上触发；或<object>标记指定的对象完全载入后，在其上触发
select	onselect	选中文本时触发
submit	onsubmit	单击提交按钮时，在<form>上触发
unload	onunload	页面完全卸载后，在window对象上触发；或者所有框架都卸载后，在框架集上触发

2.2.7 JavaScript常用对象的应用

JavaScript
常用对象的应用

JavaScript提供了一些内部对象，下面将介绍最常用的String、Date和window对象。

1. String对象

String对象是动态对象，需要创建对象实例后才能引用它的属性和方法。在创建一个String对象变量时，可以使用new运算符来创建，也可以直接将字符串赋给变量。例如strValue="hello"与strVal=new String("hello")是等价的。String对象的常用属性和方法如表2-14所示。

由于在JavaScript中可以将用单引号或双引号括起来的一个字符串当作一个字符串对象的实例，所以可以直接在某个字符串后面加上点“.”去调用String对象的属性和方法。

表2-14 String对象的常用属性和方法

属性/方法	说 明
length	用于返回String对象的长度
split(separator,limit)	用separator分隔符将字符串划分成子串并将其存储到数组中，如果指定了limit，则数组限定为limit给定的数，separator分隔符可以是多个字符或一个正则表达式，它不作为任何数组元素的一部分返回
substr(start,length)	返回字符串中从startIndex开始的length个字符的子字符串
substring(from,to)	返回以from开始、以to结束的子字符串
replace(searchValue,replaceValue)	将searchValue换成replaceValue并返回结果
charAt(index)	返回字符串对象中的指定索引号的字符组成的字符串，位置的有效值为0到字符串长度减1的数值；一个字符串的第一个字符的索引位置为0，第二个字符位于索引位置1，依次类推；当指定的索引位置超出有效范围时，charAt方法返回一个空字符串
toLowerCase()	返回一个字符串，该字符串中的所有字母都被转换为小写字母
toUpperCase()	返回一个字符串，该字符串中的所有字母都被转换为大写字母

2. Date对象

Date对象是一个有关日期和时间的对象。它具有动态性，即必须使用new运算符创建一个实例。例如：

```
mydate=new Date();
```

Date对象没有提供直接访问的属性，只具有获取和设置日期与时间的方法。Date对象的方法如表2-15所示。

表2-15 Date对象的方法

获取日期和时间的方法	说明	设置日期和时间的方法	说明
getFullYear()	返回用4位数表示的年份	setFullYear()	设置年份，用4位数表示
getMonth()	返回月份（0~11）	setMonth()	设置月份（0~11）
getDate()	返回日数（1~31）	setDate()	设置日数（1~31）
getDay()	返回星期（0~6）	setDay()	设置星期（0~6）
getHours()	返回小时数（0~23）	setHours()	设置小时数（0~23）
getMinutes()	返回分钟数（0~59）	setMinutes()	设置分钟数（0~59）
getSeconds()	返回秒数（0~59）	setSeconds()	设置秒数（0~59）
getTime()	返回Date对象的内部毫秒表示	setTime()	使用毫秒形式设置Date对象

3. window对象

window对象是浏览器（网页）的文档对象模型结构中最高级的对象，它处于对象层次的顶端，提供了用于控制浏览器窗口的属性和方法。由于window对象使用十分频繁，又是其他对象的父对象，所以在使用window对象的属性和方法时，JavaScript允许省略window对象的名称。

window对象的常用属性如表2-16所示。

表2-16 window对象的常用属性

属性	描述
frames	表示当前窗口中所有frame对象的集合
location	用于代表窗口或框架的Location对象，如果将一个RUL赋予给该属性，那浏览器将加载并显示该URL指定的文档
length	窗口或框架包含的框架个数
history	对窗口或框架的History对象的只读引用
name	用于存放窗口的名字
status	一个可读写的字符，用于指定状态栏中的当前信息
parent	表示包含当前窗口的父窗口
opener	表示打开当前窗口的父窗口
closed	一个只读的布尔值，表示当前窗口是否关闭；当浏览器窗口关闭时，表示该窗口的window对象并不会消失，不过它的closed属性被设置为true

window对象的常用方法如表2-17所示。

表2-17 window对象的常用方法

方法	描述
alert()	弹出一个警告对话框
confirm()	显示一个确认对话框，单击“确认”按钮时返回true，否则返回false
prompt()	弹出一个提示对话框，并要求输入一个简单的字符串

续表

方　法	描　述
close( )	关闭窗口
focus( )	把键盘的焦点赋予给顶层浏览器窗口，在多数平台上，这将使用窗口移到最前边
open( )	打开一个新窗口
setTimeout(timer)	在经过指定的时间后执行代码
clearTimeout( )	取消对指定代码的延迟执行
resizeBy(offsetx,offsety)	按照指定的位移量设置窗口的大小
print( )	相当于浏览器工具栏中的“打印”按钮
setInterval( )	周期执行指定的代码
clearInterval( )	停止周期性地执行代码

【例2-14】window对象示例。

通过按钮打开一个新窗口，并在新窗口的状态栏中显示当前年份。

（1）在主窗口中应用以下代码添加一个用于打开一个新窗口的按钮。

```
<input name="button" value="打开新窗口" type="button"
onclick="window.open('newWindow.jsp','','width=400,height=200,status=yes')">
```

（2）创建一个新的JSP文件，名称为newWindow.jsp，在该文件中添加以下用于在状态栏中显示当前年份的代码。

```
<script language="javascript">
var mydate=new Date( );
window.status="现在是："+mydate.getFullYear( )+"年!";
</script>
```

运行结果如图2-10所示。

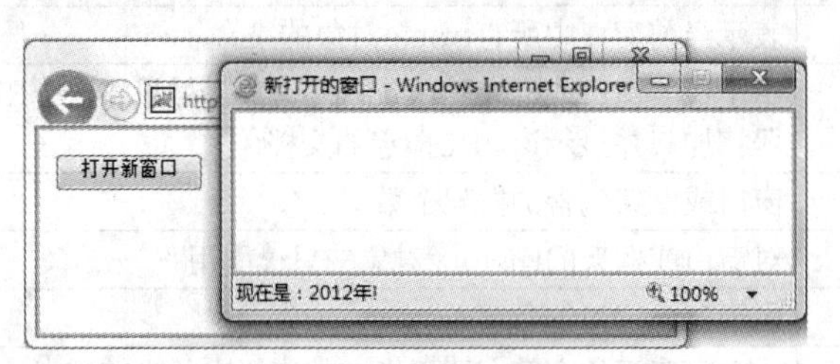

图2-10　运行结果

2.3　小结

本章主要介绍了学习JSP前必须掌握的Java语言及客户端脚本语言JavaScript。其中，Java语言是学习JSP的基础语言，尤其是面向对象程序设计部分，在今后的学习及应用中，经常会涉及到这部分内容，读者需要认真学习，并结合本章的例题做到融会贯通。JavaScript是一种比较流行的制作网页特效的脚本语言，在JSP程序中适当地使用JavaScript，不仅能提高程序的开发速度，而且能减轻服务器负荷。在实际网站开发中，经常会使用JavaScript实现一些交互或动态特效，所以读者也应该好好掌握它，并应该做到举一反三，使JavaScript真正地为网站开发服务。

习 题

2-1　什么是类？如何定义类？类的成员一般由哪两部分组成？这两部分的区别是什么？

2-2　什么是成员变量和局部变量？它们的区别是什么？

2-3　如何创建、使用并销毁对象？

2-4　构造方法的概念及用途是什么？

2-5　下面语句的输出结果是什么？

（1）语句序列1。

```
<%
int i=1;
do{
    System.out.println(i);
} while(i<=100);
%>
```

（2）语句序列2。

```
<%
    String strA=new String("让我们的明天会更好！");
    String strB="平平淡淡才是真！";
    out.println(strA.substring(4,6));
    out.println(strB.substring(4,strB.length()));
%>
```

2-6　在Java语言中，处理异常的语句有哪4种？

2-7　在JSP中引入JavaScript的方法有哪些？

2-8　在JavaScript中，下面的哪些变量名是正确的？

（1）abc。　（2）7Name。　（3）user_name。　（4）case。

（5）_17。　（6）news。　（7）pwd_1。　（8）i。

2-9　在JavaScript中如何定义并调用函数？

2-10　应用JavaScript如何打开一个新的窗口？

上机指导

2-1　编写一个Java类，并将其保存到指定包中，该类用于实现计算圆形的面积和周长。

2-2　编写一个JSP页面，输出九九乘法表。

2-3　编写一个JavaScript程序，弹出一个询问生日的对话框，计算出用户的星座并显示在浏览器的状态栏上。

2-4　编写一个JavaScript程序，在JSP页面上输出当前日期。

PART03

第3章 JSP语法

本章要点

- JSP页面的基本构成元素
- JSP的page、include和taglib指令标识
- JSP的脚本标识
- JSP文件中可以应用的注释
- JSP的动作标识

■ 本章介绍JSP的基本语法，主要包括JSP中的指令标识、脚本标识、JSP注释和动作标识。通过本章的学习，读者应该了解JSP页面的构成，并掌握JSP中指令标识、脚本标识、动作标识和JSP注释的使用，尤其要深刻理解include动作与include指令在包含文件时的区别，以及JSP脚本标识的使用。

3.1 了解JSP的基本构成

了解JSP的基本构成

在学习JSP语法之前，首先来初步了解一下JSP页面的基本结构。请看下面的代码。

```
<!-- JSP中的指令标识 -->
<%@ page language="java" contentType="text/html; charset=gb2312" %>
<%@ page import="java.util.Date" %>
<!-- HTML标记语言 -->
<html>
  <head><title>JSP页面的基本构成</title></head>
  <body>
   <center>
<!-- 嵌入的Java代码 -->
    <% String today=new Date().toLocaleString(); %>
<!-- JSP表达式 -->
    今天是：<%=today%>
<!-- HTML标记语言 -->
   </center>
  </body>
</html>
```

在上面的代码中，并没有包括JSP中的所有元素，但它仍然构成了一个动态的JSP程序。访问包含了该代码的JSP页面后，将显示用户访问该页面的当前时间。暂且不对其功能实现进行讲解，先来介绍该页面的组成元素。

1. JSP中的指令标识

利用JSP指令可以使服务器按照指令的设置来执行动作和设置在整个JSP页面范围内有效的属性。例如，上述代码中的第一个page指令指定了在该页面中编写JSP脚本使用的语言为Java，并且还指定了页面响应的MIME类型和JSP字符的编码；第二个page指令所实现的功能类似于Java中的import语句，用来向当前的JSP文件中导入需要用到的包文件。

2. HTML标记语言

HTML标记在JSP页面中作为静态的内容，浏览器将会识别这些HTML标记并执行。在JSP程序开发中，这些HTML标记语言主要负责页面的布局、设计和美观，可以说是网页的框架。

3. 嵌入的Java代码片段

嵌入到JSP页面中的Java代码，在客户端浏览器中是不可见的。它们需要被服务器执行，然后由服务器将执行结果与HTML标记语言一同发送给客户端进行显示。通过向JSP页面中嵌入Java代码，可以使该页面生成动态的内容。

4. JSP表达式

JSP表达式主要用于数据的输出。它可以向页面输出内容以显示给用户，还可以用来动态地指定HTML标记中属性的值。

以上介绍的元素只是构成JSP页面组成的一部分，其他的元素如动作标识和JSP注释等都是构成JSP的重要的元素，下面将向读者介绍JSP中的各个元素和它们的语法规则。

3.2 JSP的指令标识

指令标识在客户端是不可见的，它是被服务器解释并被执行的。通过指令标识可以使服务器按照指令的设置来执行动作和设置在整个JSP页面范围内有效的属性。在一个指令中可以设置多个属性，这些属性的设置可以影响到整个页面。

在JSP中主要包含3种指令，分别是page指令（页面指令）、include指令和taglib指令。

指令通常以“<%@”标记开始，以“%>”标记结束，以上3种指令的通用格式如下。

```
<%@ 指令名称 属性1="属性值" 属性2="属性值" …%>
```

下面将分别介绍JSP的3种指令格式。

3.2.1 使用page指令

使用page指令

page指令即页面指令，可以定义在整个JSP页面范围内有效的属性，其使用格式如下。

```
<%@ page attribute1="value1" attribute2="value2" …%>
```

page指令可以放在JSP页面中的任意行，但为了利于程序代码的阅读，习惯上放在文件的开始部分。Page指令具有多种属性，通过这些属性的设置可以影响到当前的JSP页面。

例如，在页面中正确设置当前页面响应的MIME类型为text/html，如果MIME类型设置不正确，当服务器将数据传输给客户端进行显示时，客户端将无法识别传送来的数据，从而不能正确地显示内容。

Page指令中除import属性外，其他属性只能在指令中出现一次。Page指令具有的属性如下。

```
<%@ page
        [ language="java" ]
        [ contentType="mimeType;charset=CHARSET" ]
        [ import="{package.class|pageage.*},…" ]
        [ extends="package.class" ]
        [ session="true|false" ]
        [ buffer="none|8kb|size kb ]
        [ autoFlush="true|false" ]
        [ isThreadSafe="true|false" ]
        [ info="text" ]
        [ errorPage="relativeURL" ]
        [ isErrorPage="true|false" ]
        [ isELIgnored="true|false" ]
        [ pageEncoding="CHARSET" ]
%>
```

面对Page指令所具有的如此多的属性，在实际编程时，程序员并不需要一一列出。其中很多属性可以忽略，此时Page指令将使用这些属性的默认值来设置JSP页面。

下面向读者讲解Page指令中各属性所具有的功能。

language属性：设置当前页面中编写JSP脚本使用的语言，默认值为java，例如。

```
<%@ page language="java" %>
```

上述代码设置了当前页面中使用Java语言来编写JSP脚本，目前只能设置为Java。

contentType属性：设置页面响应的MIME类型，通常被设置为text/html，例如。

```
<%@ page contentType="text/html" %>
```

如果该属性设置不正确，如设置为text/css，那么客户端浏览器在显示HTML样式时，不能对HTML标识进行解释，而直接显示HTML代码。

在该属性中还可以设置JSP字符的编码，例如。

```
<%@ page contentType="text/html;charset=gb2312" %>
```

默认的编码为ISO-8859-1。

import 属性：import属性类似于Java中的import语句，用来向JSP文件中导入需要用到的包。在Page指令中可多次使用该属性来导入多个包。例如。

```
<%@ page import="java.util.*" %>
<%@ page import="java.text.*" %>
```

或者通过逗号间隔，来导入多个包。

```
<%@ page import="java.util.*,java.text.*" %>
```

在JSP中已经默认导入了以下包。

```
java.lang.*
javax.servlet.*
javax.servlet.jsp.*
javax.servlet.http.*
```

所以，即使没有通过import属性进行导入，在JSP页面中也可以调用上述包中的类。

若要在页面中使用编写的JavaBean，也可通过import属性来导入。还可以通过<jsp:useBean>动作标识来创建一个JavaBean实例进行调用。

extends属性：extends属性用于指定将一个JSP页面转换为Servlet后继承的类。在JSP中通常不会设置该属性，JSP容器会提供继承的父类。并且如果设置了该属性，一些改动会影响JSP的编译能力。

session属性：该属性默认值为true，表示当前页面支持session，设为false表示不支持session。

buffer属性：该属性用来设置out对象（JspWriter类对象）使用的缓冲区的大小。若设置为none，表示不使用缓存，而直接通过PrintWriter对象进行输出；如果将该属性指定为数值，则输出缓冲区的大小不应小于该值，默认值为8KB（因不同的服务器而不同，但大多数情况下都为8KB）。

autoFlush属性：该属性默认值为true，表示当缓冲区已满时，自动将其中的内容输出到客户端。如果设为false，则当缓冲区中的内容超出其设置的大小时，会产生“JSP Buffer overflow”溢出异常。

若buffer属性设为none，则autoFlush不能设为false。

isThreadSafe属性：该属性默认值为true，表示当前JSP页面被转换为Servlet后，会以多线程的方式来处理来自多个用户的请求；如果设为false，则转换后的Servlet会实现SigleThreadModel接口，该Servlet将以单线程的方式来处理用户请求，即其他请求必须等待直到前一个请求处理结束。

info属性：该属性可设置为任意字符串，如当前页面的作者或其他有关的页面信息。可通过Servlet.getServletInfo()方法来获取设置的字符串。例如。

```
<%@ page info="This is index.jsp!" %>
<%=this.getServletInfo()%>
```

访问页面后，将显示以下结果。

```
This is index.jsp!
```

errorPage属性：该属性用来指定一个当前页面出现异常时所要调用的页面。如果属性值是以“/”开头的路径，则将在当前应用程序的根目录下查找文件；否则，将在当前页面的目录下查找文件。

isErrorPage属性：将该属性值设为true，此时在当前页面中可以使用exception异常对象。若在其他页面中通过errorPage属性指定了该页面，则当页面出现异常时，会跳转到该页面，并可在该页面中通过exception对象输出错误信息。相反，如果将该属性设置为false，则在当前页面中不能使用exception对象。该属性默认值为false。

【例3-1】errorPage属性及isErrorPage属性的应用。

例如，若当前应用下包含index.jsp和error.jsp文件。

在index.jsp页面中进行数据类型的转换操作，其代码如下。

```
<%@ page contentType="text/html;charset=gb2312" errorPage="error.jsp"%>
<%
    String name="YXQ";
    Integer.parseInt(name);        //将字符串转化为int型
%>
```

上述代码将一个非数字格式的字符串转化为int型，因此将发生异常，最终进入errorPage属性指定的error.jsp页面显示错误信息。

在error.jsp页面中需要将isErrorPage属性设为true，然后才能调用exception对象输出错误信息。error.jsp页面的代码如下。

```
<%@ page contentType="text/html;charset=gb2312" isErrorPage="true" %>
出现错误!错误如下：<br>
<%=exception.getMessage()%>
```

访问index.jsp页面后，将显示图3-1所示的提示信息。

使用IE运行例3-1时，需要在IE的Internet选项的“高级”选项卡中，取消“显示友好http错误信息”复选框的选中状态，然后单击“应用”按钮。

isELIgnored属性：通过该属性的设置，可以使JSP容器忽略表达式语言“${}”。其值只能为true或false。设为true，则忽略表达式语言。

pageEncoding 属性：该属性用来设置JSP页面字符的编码。默认值为ISO-8859-1。

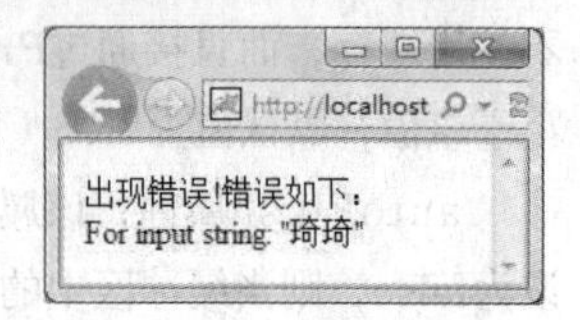

图3-1　错误提示页面

3.2.2　使用include指令

使用include指令

该指令用于在当前的JSP页面中，在当前使用该指令的位置嵌入其他的文件，如果被包含的文件中有可执行的代码，则显示代码执行后的结果。

该指令的使用格式如下。

```
<%@ include file="文件的绝对路径或相对路径" %>
```

file属性：该属性指定被包含的文件，该属性不支持任何表达式，也不允许通过如下的方式来传递参数。

```
<%@ include file="welcome.jsp?name=yxq" %>
```

如果该属性值以“/”开头，那么指定的是一个绝对路径，将在当前应用的根目录下查找文件；如果是以文件名称或文件夹名开头，那么指定的是一个相对路径，将在当前页面的目录下查找文件。

使用include指令引用外部文件，可以减少代码的冗余。例如，有两个JSP页面都需要应用图3-2所示的网页模板进行布局。

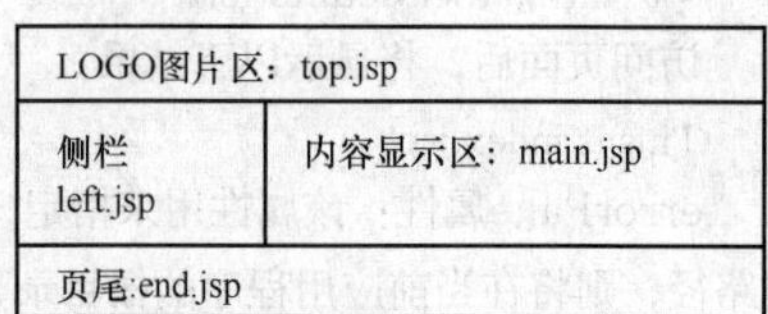

图3-2　网页模板结构

其中，这两个页面中的LOGO图片区、侧栏和页尾的内容都不会发生变化。如果通过基本JSP语句来编写这两个页面，会导致编写的JSP文件出现大量的冗余代码，不仅降低了开发进程而且会给程序的维护带来很大的困难。

为了降低代码的冗余，可以将这个复杂的页面分成若干个独立的部分，将相同的部分在单独的JSP文件中进行编写。这样在多个页面中应用上述的页面模板时，就可通过include指令在相应的位置上引入这些文件，从而只需对内容显示区进行编码即可。类似的页面代码如下。

```
<%@ page contentType="text/html;charset=gb2312" %>
<table>
    <tr><td colspan="2"> <%@ include file="top.jsp"%> </td></tr>
    <tr>
        <td><%@ include file="side.jsp"%></td>
        <td>在这里对内容显示区进行编码</td>
    </tr>
    <tr><td colspan="2"><%@ include file="end.jsp"%></td></tr>
</table>
```

3.2.3 使用taglib指令

使用taglib指令

在JSP页面中，可以直接使用JSP提供的一些动作元素标识来完成特定功能。通过使用taglib指令，开发者就可以在页面中使用这些基本标识或自定义的标识来完成特殊的功能。

taglib指令的使用格式如下。

```
<%@ taglib uri="tagURI" prefix="tagPrefix" %>
```

uri属性：该属性指定了标签描述符，该描述符是一个对标签描述文件（*.tld）的映射。在tld标签描述文件中定义了该标签库中的各个标签名称，并为每个标签指定一个标签处理类。

prefix属性：该属性指定一个在页面中使用由uri属性指定的标签库的前缀。前缀不能命名为jsp、jspx、java、javax、sun、servlet和sunw。

开发者可通过前缀来引用标签库中的标签。以下为一个简单的使用JSTL的代码。

```
<%@ taglib uri="http://java.sun.com/jsp/jstl/core" prefix="c" %>
<c:set var="name" value="hello"/>
```

上述代码通过<c:set>标签将hello值赋给了变量name。

3.3 JSP的脚本标识

在JSP页面中，脚本标识使用得最为频繁。因为它们能够很方便、灵活地生成页面中的动态内容，特别是Scriptlet脚本程序。JSP中的脚本标识包括以下三种元素：声明标识（Declaration）、JSP表达式（Expression）和脚本程序（Scriptlet）。通过这些元素，就可以在JSP页面中像编写Java程序一样来声明变量、定义函数或进行各种表达式的运算。在JSP页面中需要通过特殊的约定来表示这些元素，并且对于客户端这些元素是不可见的，它们由服务器执行。

JSP表达式（Expression）

3.3.1 JSP表达式（Expression）

表达式用于向页面中输出信息，其使用格式如下。

```
<%= 变量或可以返回值的方法或Java表达式 %>
```

特别要注意，“<%”与“=”之间不要有空格。

JSP表达式在页面被转换为Servlet后，转换为out.print()方法。所以JSP表达式与JSP页面中嵌入到小脚本程序中的out.print( )方法实现的功能相同。如果通过JSP表达式输出一个对象，则该对象的toString( )方法会被自动调用，表达式将输出toString( )方法返回的内容。

JSP表达式可以应用到以下几种情况。

（1）向页面输出内容，例如下面的代码。

```
<% String name="www.xxx.com"; %>
用户名：<%=name%>
```

上述代码将生成如下运行结果。

```
用户名：www.xxx.com
```

（2）生成动态的链接地址，例如下面的代码。

```
<% String path="welcome.jsp"; %>
<a href="<%=path%>">链接到welcom.jsp</a>
```

上述代码将生成如下的HTML代码。

```
<a href="welcome.jsp">链接到welcome.jsp</a>
```

（3）动态指定Form表单处理页面，例如下面的代码。

```
<% String name="logon.jsp"; %>
<form action="<%=name%>"></form>
```

上述代码将生成如下HTML代码：

```
<form action="logon.jsp"></form>
```

（4）为通过循环语句生成的元素命名，例如下面的代码。

```
<% for(int i=1;i<3;i++){ %>
    file<%=i%>：<input type="text" name="<%="file"+i%>"><br>
<% } %>
```

上述代码将生成如下HTML代码。

```
file1：<input type="text" name="file1"><br>
file2：<input type="text" name="file2"><br>
```

表达式中不能有分号。

3.3.2 声明标识（Declaration）

声明标识
（Declaration）

在JSP页面中可以声明变量或方法，其声明格式如下。

```
<%! 声明变量或方法的代码 %>
```

特别要注意，在“<%”与“!”之间不要有空格。声明的语法与在Java语言中声明变量和方法时是一样的。

在页面中通过声明标识声明的变量和方法，在整个页面内都有效，它们将成为JSP页面被转换为Java类后类中的属性和方法。并且它们会被多个线程即多个用户共享。也就是说，其中的任何一个线程对声明的变量或方法的修改都会改变它们原来的状态。它们的生命周期从创建到服务器关闭后结束。下面将通过一个具体实例来介绍声明标识的应用。

【例3-2】一个简单的网站计数器。

本实例主要介绍通过声明的变量和方法实现一个简单的网站计数器。具体步骤如下。

（1）创建index.jsp页面，在该页面中编写代码来实现网站计数器。当用户访问该页面后，实现计数的add()方法被调用，将访问次数累加，然后向用户显示当前的访问量。具体代码如下。

```
<%@ page contentType="text/html;charset=utf-8" %>
<%!
```

```
    int num=0;                                 //声明一个计数变量
    synchronized void add(){                   //该方法实现访问次数的累加操作
        num++;
    }
%>
<% add(); %>                                   //该脚本程序调用实现访问次数累加的方法%>
<html>
    <body><center>您是第<%=num%>位访问该页的游客！</center></body>
</html>
```

（2）运行实例，运行结果如图3-3所示。

图3-3　实例运行结果

实例中声明了一个num变量和add( )方法。add( )方法对num变量进行累加操作，synchronized修饰符可以使多个同时访问add( )方法的线程排队进行调用，<% add(); %>是在后面要讲到的小脚本程序。

当第一个用户访问该页面后，变量num被初始化，服务器执行<% add( ); %>小脚本程序，从而add( )方法被调用，num变为1。当第二个用户访问时，变量num不再被重新初始化，而使用前一个用户访问后num的值，之后调用add()方法，num值变为2。

3.3.3　脚本程序（Scriptlet）

脚本程序（Scriptlet）

脚本程序是在JSP页面中使用"<%"与"%>"标记形成的一段Java代码。在脚本程序中可以定义变量、调用方法和进行各种表达式运算，且每行语句后面要加入分号。在脚本程序中定义的变量在当前的整个页面内都有效，但不会被其他的线程共享，当前用户对该变量的操作不会影响到其他的用户。当变量所在的页面关闭后被定义的变量就会被销毁。

脚本程序使用格式如下。

```
<% Java程序片段 %>
```

脚本程序的使用比较灵活，它所实现的功能是JSP表达式无法实现的，请看下面的实例。

【例3-3】脚本程序的应用。

本实例主要介绍在JSP中实现选择输出脚本程序的应用。具体步骤如下。

（1）创建index.jsp页面，在该页面中通过在脚本程序中判断变量able的值，来选择内容并输出到页面中，具体代码如下。

```
<%@ page contentType="text/html;charset=gb2312"%>
<% int able=1; %>
<html>
    <body>
        <table>
        <% if(able==1){%>
            <tr><td>欢迎登录!您的身份为"普通管理员"。</td></tr>
        <% }
            else if(able==2){
        %>
            <tr><td>欢迎登录!您的身份为"系统管理员"。</td></tr>
        <% } %>
        </table>
    </body>
</html>
```

（2）访问index.jsp页面，将生成以下运行结果。

```
欢迎登录!您的身份为“普通管理员”。
```

3.4 JSP的注释

在JSP页面中可以应用多种注释，如HTML中的注释、Java中的注释和在严格意义上说属于JSP页面自己的注释：带有JSP表达式和隐藏的注释。在JSP规范中，它们都属于JSP中的注释，并且它们的语法规则和运行的效果有所不同。本节将向读者介绍JSP中的各种注释。

HTML中的注释

3.4.1 HTML中的注释

JSP文件是由HTML标记和嵌入的Java程序片段组成的，所以在HTML中的注释同样可以在JSP文件中使用。注释格式如下。

```
<!-- 注释内容 -->
```

【例3-4】HTML注释的应用。

例如，在JSP文件中包含以下代码。

```
<!-- 欢迎提示信息! -->
<table><tr><td>欢迎访问!</td></tr></table>
```

使用该方法注释的内容在客户端浏览器中是看不到的，但可以通过查看HTML源代码看到这些注释内容。

访问该页面后，将会在客户端浏览器中输出以下内容。

```
欢迎访问!
```

通过查看HTML源代码将会看到以下内容。

```
<!-- 欢迎提示信息! -->
<table><tr><td>欢迎访问！ </td></tr></table>
```

3.4.2 带有JSP表达式的注释

带有JSP表达式的注释

在HTML注释中可以嵌入JSP表达式，注释格式如下。

```
<!-- comment<%=expression %>-->
```

包含该注释语句的JSP页面被请求后，服务器能够识别注释中的JSP表达式，从而来执行该表达式，而对注释中的其他内容不做任何操作。当服务器将执行结果返回给客户端后，客户端浏览器会识别该注释语句，所以被注释的内容不会显示在浏览器中。

【例3-5】带有JSP表达式注释的应用。

例如，在JSP文件中包含以下代码。

```
<% String name="YXQ";%>
<!-- 当前用户：<%=name%> -->
<table><tr><td>欢迎登录：<%=name%></td></tr></table>
```

访问该页面后，将会在客户端浏览器中输出以下内容。

```
欢迎登录：YXQ
```

通过查看HTML源代码将会看到以下内容。

```
<!-- 当前用户：YXQ -->
<table><tr><td>欢迎登录：YXQ</td></tr></table>
```

3.4.3 隐藏注释

隐藏注释

在前面的小节中已经介绍了如何应用HTML中的注释，这种注释虽然在客户端浏览页面时不会看见，但它却存在于源代码中，可通过在客户端查看源代码看到被注释的内容。所以严格来说，这种注释并不安全。

本节将介绍一种隐藏注释，注释格式如下。

```
<%-- 注释内容 --%>
```

使用该方法注释的内容，不仅在客户端浏览时看不到，而且即使是通过在客户端查看HTML源代码，也不会看到，所以安全性较高。

【例3-6】隐藏注释的应用。

例如，在JSP文件中包含以下代码。

```
<%-- 获取当前时间 --%>
<table>
    <tr><td>当前时间为：<%=(new java.util.Date( )).toLocaleString( )%></td></tr>
</table>
```

访问该页面后，将会在客户端浏览器中输出以下内容。

```
当前时间为：2015-10-15 13:37:30
```

通过查看HTML源代码将会看到以下内容。

```
<table>
    <tr><td>当前时间为：2015-10-15 13:37:30</td></tr>
</table>
```

3.4.4 脚本程序（Scriptlet）中的注释

脚本程序（Scriptlet）中的注释

在脚本程序中所包含的是一段Java代码，所以在脚本程序中的注释和在Java中的注释是相同的。脚本程序中包括下面3种注释方法。

1. 单行注释

单行注释的格式如下。

```
// 注释内容
```

该方法进行单行注释，符号“//”后面的所有内容为注释的内容，服务器对该内容不进行任何操作。因为脚本程序在客户端通过查看源代码是不可见的，所以在脚本程序中通过该方法被注释的内容也是不可见的，并且在后面将要提到的通过多行注释和提示文档进行注释的内容都是不可见的。

【例3-7】单行注释的应用。

例如，在JSP文件中包含以下代码。

```
<% int count=1;            //定义一个计数变量 %>
计数变量count的当前值为：<%=count%>
```

访问该页面后，将会在客户端浏览器中输出以下内容。

```
计数变量count的当前值为：1
```

通过查看HTML源代码将会看到以下内容。

```
计数变量count的当前值为：1
```

因为服务器不会对注释的内容进行处理，所以可以通过该注释来暂时地删除某一行代码。例如下面的代码。

```
<%
    String name="YXQ";
```

```
    //name="YXQ2008 ";
%>
用户名：<%=name%>
```

包含上述代码的JSP文件被执行后，将输出如下结果。

```
用户名：YXQ
```

2. 多行注释

多行注释的是通过“/*”与“*/”符号进行标记，它们必须成对出现，在它们之间输入的注释内容可以换行。注释格式如下。

```
/*
  注释内容1
  注释内容2
  …
 */
```

为了程序界面的美观，开发员习惯上在每行的注释内容前面加入一个“*”号，构成以下的注释格式。

```
/*
 * 注释内容1
 * 注释内容2
 * …
 */
```

同单行注释一样，在“/*”与“*/”之间被注释的所有内容，即使是JSP表达式或其他的脚本程序，服务器都不会做任何处理，并且多行注释的开始标记和结束标记可以不在同一个脚本程序中同时出现。

【例3-8】多行注释的应用。

例如，在JSP文件中包含以下代码。

```
<%
    String state="0";
 /* if(state.equals("0")){          //equals()方法用来判断两个对象是否相等
       state="版主";
%>
      将变量state赋值为"版主"。<br>
<%
    }
  */
%>
变量state的值为：<%=state%>
```

包含上述代码的JSP文件被执行后，将输出如下结果。

```
变量state的值为：0
```

若去掉代码中的“/*”与“*/”符号，则输出如下结果。

```
将变量state赋值为"版主"。
变量state的值为：版主。
```

3. 提示文档注释

该种注释会被Javadoc文档工具生成文档时所读取，文档是对代码结构和功能的描述。

注释格式如下。

```
/**
  提示信息1
  提示信息2
```

```
    …
*/
```

该注释方法与上面介绍的多行注释很相似，但细心的读者会发现它是以“/**”符号作为注释的开始标记，而不是“/*”。与多行注释一样，被“/**”和“/*”符号注释的所有内容，服务器都不会做任何处理。

读者可在Eclipse开发工具中向创建的JSP文件输入下面的代码，然后将鼠标指针移动到指定的代码上，将会出现提示信息。

提示文档注释也可以应用到声明标识中，例如，下面的就是在声明标识中，添加了提示文档注释，用于为count( )方法添加提示文档。

```
<%!
int number=0;
/**
* function：计数器
* return:访问次数
*/
int count(){
    number++;
    return number;
}
%>
<%=count() %>
```

在Eclipse中，将鼠标移动到count( )方法上时，将显示如图3-4所示的提示信息。

3.5 动作标识

在JSP中提供了一系列的使用XML语法写成的动作标识，这些标识可用来实现特殊的功能，例如请求的转发，在当前页中包含其他文件，在页面中创建一个JavaBean实例等。

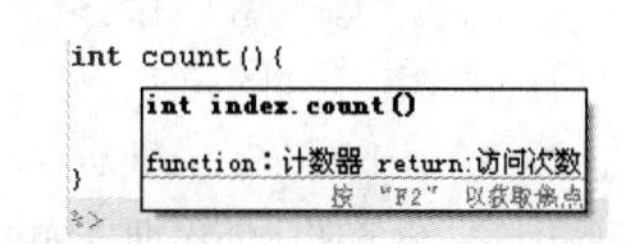

图3-4　在Eclipse中生成的提示文档注释

动作标识是在请求处理阶段按照在页面中出现的顺序被执行的，只有它们被执行的时候才会去实现自己所具有的功能。这与指令标识是不同的，因为在JSP页面被执行时首先进入翻译阶段，程序会先查找页面中的指令标识并将它们转换成Servlet，所以这些指令标识会首先被执行，从而设置了整个的JSP页面。

动作标识通用的使用格式如下。

```
<动作标识名称 属性1="值1" 属性2="值2"…/>
```

或

```
<动作标识名称 属性1="值1" 属性2="值2" …>
    <子动作 属性1="值1" 属性2="值2" …/>
</动作标识名称>
```

在JSP中提供的常用的标准动作标识如下。

<jsp:include>、<jsp:forward>、<jsp:param>、<jsp:useBean>、<jsp:setProperty>、<jsp:getProperty>、<jsp:fallback>、<jsp:plugin>。

下面介绍以上各动作标识的使用。

3.5.1 <jsp:include>

<jsp:include>

<jsp:include>动作标识用于对应当前的页面中包含的其他文件，这个文件可以是动态文件也可以是静态文件。该标识的使用格式如下。

```
<jsp:include page="被包含文件的路径" flush="true|false"/>
```

或者向被包含的动态页面中传递参数。

```
<jsp:include page="被包含文件的路径" flush="true|false">
    <jsp:param name="参数名称" valude="参数值"/>
</jsp:include>
```

page属性：该属性指定了被包含文件的路径，其值可以是一个代表了相对路径的表达式。当路径是以“/”开头时，则按照当前应用的路径查找这个文件；如果路径是以文件名或目录名称开头，那么将按照当前的路径来查找被包含的文件。

flush属性：表示当输出缓冲区满时，是否清空缓冲区。该属性值为boolean型，默认值为false，通常情况下设为true。

<jsp:param>子标识可以向被包含的动态页面中传递参数。

<jsp:include>标识对包含的动态文件和静态文件的处理方式是不同的。如果被包含的是静态的文件，则页面执行后，在使用了该标识的位置处将会输出这个文件的内容。如果<jsp:include>标识包含的是一个动态的文件，那么JSP编译器将编译并执行这个文件。不能通过文件的名称来判断该文件是静态的还是动态的，<jsp:include>标识会识别出文件的类型。

<jsp:include>动作标识与include指令都可用来包含文件，下面来介绍它们之间存在的差异。

1. 属性

include指令通过file属性来指定被包含的页面，include指令将file属性值看作一个实际存在的文件的路径，所以该属性不支持任何表达式。若在file属性值中应用JSP表达式，则会抛出异常，如下面的代码。

```
<% String path="logon.jsp"; %>
<%@ include file="<%=path%>" %>
```

该用法将抛出下面的异常。

```
File "/<%=path%>" not found
```

<jsp:include>动作标识通过page属性来指定被包含的页面，该属性支持JSP表达式。

2. 处理方式

使用include指令被包含的文件，它的内容会原封不动地插入到包含页中使用该指令的位置，然后JSP编译器再对这个合成的文件进行翻译。所以在一个JSP页面中使用include指令来包含另外一个JSP页面，最终编译后的文件只有一个。

使用<jsp:include>动作标识包含文件时，当该标识被执行时，程序会将请求转发到（注意是转发，而不是请求重定向）被包含的页面，并将执行结果输出到浏览器中，然后返回包含页继续执行后面的代码。因为服务器执行的是两个文件，所以JSP编译器会分别对这两个文件进行编译。

3. 包含方式

上面讲到使用include指令包含文件，最终服务器执行的是将两个文件合成后由JSP编译器编译成的一个Class文件，所以被包含文件的内容应是固定不变的，若改变了被包含的文件，则主文件的代码就发生了改变，因此服务器会重新编译主文件。include指令的这种包含过程称为静态包含。

使用<jsp:include>动作标识通常是来包含那些经常需要改动的文件。此时服务器执行的是两个文件，被包含文件的改动不会影响到主文件，因此服务器不会对主文件重新编译，而只需重新编译被包含的文件即可。而对被包含文件的编译是在执行时才进行的，也就是说，只有当<jsp:include>动作标识被执行时，使用该标识包含的目标文件才会被编译，否则被包含的文件不会被编译，所以这种包含过程称为动态包含。

4. 对被包含文件的约定

使用include指令包含文件时，对被包含文件有约定。

【例3-9】通过include指令包含文件。

例如，在某Web应用的根目录下存在index.jsp和top.jsp文件，index.jsp文件的代码如下。

```
<%@ page contentType="text/html;charset=gb2312" %>
<%@ include file="top.jsp" %>
<br>这是index.jsp页面中的内容!
```

top.jsp文件的代码如下。

```
<%@ page contentType="text/html;charset=gbk" %>
这是top.jsp页面中的内容!
```

访问index.jsp页面后将抛出下面的异常。

```
Page directive: illegal to have multiple occurrences of contentType with different values (old: text/html;charset=gb2312, new: text/html;charset=gbk)
```

它表示在Page指令中发现了contentTyep属性的两个不同的值，因为这两个文件最终会被合成为一个文件，所以会抛出上面的异常。

【例3-10】通过include动作标识包含文件。

下面将index.jsp文件代码进行如下修改，再来查看一下运行结果。

```
<%@ page contentType="text/html;charset=gb2312" %>
<jsp:include page="top.jsp"/>
<br>这是index.jsp页面中的内容!
```

访问index.jsp页面后的结果如下。

```
这是top.jsp页面中的内容!
这是index.jsp页面中的内容!
```

所以使用<jsp:include>动作标识时，就无须遵循这样的约定了。

如果要在JSP页面中显示大量的文本文字，可以将文字写入静态文件中（如记事本），然后通过include指令或动作标识包含进来。

3.5.2 <jsp:forward>

<jsp:forward>

<jsp:forward>动作标识用来将请求转发到另外一个JSP、HTML或相关的资源文件中。当该标识被执行后，当前的页面将不再被执行，而是去执行该标识指定的目标页面。

该标识使用的格式如下。

```
<jsp:forward page="文件路径 | 表示路径的表达式"/>
```

如果转发的目标是一个动态文件，还可以向该文件中传递参数，使用格式如下。

```
<jsp:forward page="文件路径 | 表示路径的表达式">
  <jsp:param name="参数名1" value="值1"/>
  <jsp:param name="参数名2" value="值2"/>
  ...
</jsp:forward>
```

page属性：该属性指定了目标文件的路径。如果该值是以“/”开头，表示在当前应用的根目录下查找文件，否则就在当前路径下查找目标文件。请求被转向到的目标文件必须是内部的资源，即当前应用中的资源。

如果想通过forward动作转发到应用外部的文件中，例如下面的代码。

若当前应用为A，在根目录下的index.jsp页面中存在下面的代码用来将请求转发到应用B中的logon.jsp页面。

```
<jsp:forward page="http://localhost:8080/B/logon.jsp"/>
```

那么将出现下面的错误提示。

```
The requested resource (/http://localhost:8080/B/logon.jsp) is not available
```

仔细观察可以看到，错误提示中的路径前自动加入了一个“/”，这是因为index.jsp页面在应用A的根目录下，当forward标识被执行时，会在该目录下来查找page属性指定的目标文件，所以会提示资源不存在的信息。

<jsp:param>子标识用来向动态的目标文件中传递参数。

这里重点提示一下，<jsp:forward>标识实现的是请求的转发操作，而不是请求重定向。它们之间的一个区别就是：进行请求转发时，存储在request对象中的信息会被保留并被带到目标页面中；而请求重定向是重新生成一个request请求，然后将该请求重定向到指定的URL，所以事先存储在request对象中的信息都不存在了。

3.5.3 <jsp:useBean>

<jsp:useBean>

通过应用<jsp:useBean>动作标识可以在JSP页面中创建一个Bean实例，并且通过属性的设置可以将该实例存储到JSP中的指定范围内。如果在指定的范围内已经存在了指定的Bean实例，那么将使用这个实例，而不会重新创建。通过<jsp:useBean>标识创建的Bean实例可以在Scriptlet中应用。

该标识的使用格式如下。

```
<jsp:useBean
    id="变量名"
    scope="page|request|session|application"
    {
        class="package.className"|
        type="数据类型"|
        class="package.className" type="数据类型"|
        beanName="package.className" type="数据类型"
    }
/>
<jsp:setProperty name="变量名" property="*"/>
```

也可以在标识体内嵌入子标识或其他内容。

```
<jsp:useBean id="变量名" scope="page|request|session|application" …>
    <jsp:setProperty name="变量名" property="*"/>
</jsp:useBean>
```

下面通过表3-1对<jsp:useBean>标识中各属性的用法作简要说明。

表3-1 <jsp:useBean>标识属性

属　性	说　明
id	定义一个变量名，程序中将使用该变量名对所创建的Bean实例进行引用
type	指定了id属性所定义变量的类型
scope	定位Bean实例的范围，缺省值为“page”，其他可选值为request、session和application
class	指定一个完整的类名，与beanName属性不能同时存在，若没有设置type属性，那么必须设置class属性
beanName	指定一个完整的类名，与class属性不能同时存在，设置该属性时必须设置type属性，其属性值可以是一个表示完整类名的表达式

下面对表中属性的用法进行详细介绍。

1. id属性

该属性指定一个变量，在所定义的范围内或Scriptlet中将使用该变量来对所创建的Bean实例进行引用。该变量必须符合Java中变量的命名规则。

2. type="数据类型"

type属性用于设置由id属性指定的变量的类型。type属性可以指定要创建实例的类的本身、类的父类或者是一个接口。

使用type属性来设置变量类型的使用格式如下。

```
<jsp:useBean id="us" type="com.Bean.UserInfo" scope="session"/>
```

如果在session范围内，已经存在了名为“us”的实例，则将该实例转换为type属性指定的UserInfo类型（必须是合法的类型转换）并赋值给id属性指定的变量；若指定的实例不存在将抛出“bean us not found within scope”异常。

3. scope属性

该属性指定了所创建Bean实例的存取范围，省略该属性时的值为page。<jsp:useBean>标识被执行时，首先会在scope属性指定的范围来查找指定的Bean实例，如果该实例已经存在，则引用这个Bean，否则重新创建，并将其存储在scope属性指定的范围内。scope属性具有的可选值如下。

page：指定了所创建的Bean实例只能够在当前的JSP文件中使用，包括在通过include指令静态包含的页面中有效。

request：指定了所创建的Bean实例可以在请求范围内进行存取。在请求被转发至的目标页面中可通过request对象的getAttribute("id属性值")方法获取创建的Bean实例。一个请求的生命周期是从客户端向服务器发出一个请求到服务器响应这个请求给用户后结束，所以请求结束后，存储在其中的Bean的实例也就失效了。

session：指定了所创建的Bean实例的有效范围为session。session是当用户访问Web应用时，服务器为用户创建的一个对象，服务器通过session的ID值来区分其他的用户。针对某一个用户而言，在该范围中的对象可被多个页面共享。

可以使用session对象的getAttribute("id属性值")方法获取存储在session中的Bean实例，也可以使用session对象的getValue("id属性值")来获取，但该方法不建议使用。

application：该值指定了所创建的Bean实例的有效范围从服务器启动开始到服务器关闭结束。application对象是在服务器启动时创建的，它被多个用户共享。所以访问该application对象的所有用户共享存储于该对象中的Bean实例。

可以使用application对象的getAttribute("id属性值")方法获取存在于application中的Bean实例。

4. class="package.className"

class属性指定了一个完整的类名，其中package表示类包的名字，className表示类的Class文件名称。通过class属性指定的类不能是抽象的，它必须具有公共的、没有参数的构造方法。在没有设置type属性时，必须设置class属性。

使用class属性定位一个类的使用格式如下。

```
<jsp:useBean id="us" class="com.Bean.UserInfo" scope="session"/>
```

程序首先会在session范围中来查找是否存在名为“us”的UserInfo类的实例，如果不存在，那么会通过new操作符实例化UserInfo类来获取一个实例，并以“us”为实例名称存储到session范围内。

5. class="package.className" type="数据类型"

class属性与type属性可以指定同一个类，在<jsp:useBean>标识中class属性与type属性一起使用时的格式如下。

```
<jsp:useBean id="us" class="com.Bean.UserInfo" type="com.Bean.UserBase" scope="session"/>
```

这里假设UserBase类为UserInfo类的父类。该标识被执行时，程序首先创建了一个以type属性的值为类型，以id属性值为名称的变量us，并赋值为null；然后在session范围内来查找这个名为“us”的Bean实例，如果存在，则将其转换为type属性指定的UserBase类型（类型转换必须是合法的）并赋值给变量us；如果实例不存在，那么将通过new操作符来实例化一个UserInfo类的实例并赋值给变量us，最后将us变量存储在session范围内。

6. beanName="package.className" type="数据类型"

beanName属性与type属性可以指定同一个类，在<jsp:useBean>标识中beanName属性与type属性一起使用时的格式如下。

```
<jsp:useBean id="us" beanName="com.Bean.UserInfo" type="com.Bean.UserBase"scope="session"/>
```

这里假设UserBase类为UserInfo类的父类。该标识被执行时，程序首先创建了一个以type属性的值为类型，以id属性值为名称的变量us，并赋值为null；然后在session范围内来查找这个名为“us”的Bean实例，如果存在，则将其转换为type属性指定的UserBase类型（类型转换必须是合法的）并赋值给变量us；如果实例不存在，那么将通过instantiate( )方法从UserInfo类中实例化一个类并将其转换成UserBase类型后赋值给变量us，最后将变量us存储在session范围内。

通常情况下应用<jsp:useBean>标识的格式如下。

```
<jsp:useBean id="变量名" class="package.className"/>
```

如果想在多个页面中共享这个Bean实例，可将scope属性设置为session。

在页面中使用<jsp:useBean>标识来实例化一个Bean实例后，可以通过<jsp:setProperty>属性来设置或修改该Bean中的属性，或者通过<jsp:getProperty>标识来读取该Bean中指定的属性。

在本节的开始已经介绍了<jsp:useBean>标识的两种使用格式。

（1）不存在Body的格式。

```
<jsp:useBean id="变量名" scope="JSP范围" …/>        //标识结束
<jsp:setProperty name="变量名" property="*"/>
```

（2）在Body内写入内容的格式。

```
<jsp:useBean id="变量名" scope="JSP范围">            //标识开始
    <jsp:setProperty name="变量名" property="*"/>
</jsp:useBean>                                      //标识结束
```

这两种使用方法是有区别的。在页面中应用<jsp:useBean>标识创建一个Bean时，如果该Bean是第一次被实例化，那么对于<jsp:useBean>标识的第二种使用格式，标识体内的内容会被执行，若已经存在了指定的Bean实例，则标识体内的内容就不再被执行了。而对于第一种使用格式，无论在指定的范围内是否已经存在一个指定的Bean实例，<jsp:useBean>标识后面的内容都会被执行。

3.5.4 <jsp:setProperty>

<jsp:setProperty>

<jsp:setProperty>标识通常情况下与<jsp:useBean>标识一起使用，它将调用Bean中的set ×××( )方法将请求中的参数赋值给由<jsp:useBean>标识创建的JavaBean中对应的简单属性或索引属性。该标识的使用格式如下。

```
<jsp:setProperty
    name="Bean实例名"
```

```
{
  property="*" |
     property="propertyName" |
     property="propertyName" param="parameterName" |
     property="propertyName" value="值"
}/>
```

下面通过表3-2对<jsp:setProperty>标识中的各属性作简要说明。

表3-2 <jsp:setProperty>标识属性

属 性	说 明
name	该属性是必须存在的属性，用来指定一个Bean实例
property	该属性是必须存在的属性，可选值为“*”或指定Bean中的属性。当取值为“*”时，则request请求中的所有参数的值将被一一赋给Bean中与参数具有相同名字的属性；若取值为Bean中的属性，则只会将request请求中与该属性同名的一个参数的值赋给这个Bean属性，若此时指定了param属性，那么请求中参数的名称与Bean属性名可以不同
param	该属性用于指定请求中的参数，通过该属性指定的参数，其值将被赋给由property属性指定的Bean属性
value	该属性用来指定一个值，它可以是表示具体值的表达式；通常与property属性一起使用，表示将指定的值赋给指定的Bean属性；value属性不能与param属性一起使用

下面对表中属性的用法进行详细介绍。

1. name属性

name属性用来指定一个存在JSP中某个范围中的Bean实例。<jsp:setProperty>标识将会按照page、request、session和application的顺序来查找这个Bean实例，直到第一个实例被找到。若任何范围内不存在这个Bean实例，则会抛出异常。

2. property="*"

property属性取值为“*”时，则request请求中所有参数的值将被一一赋给Bean中与参数具有相同名字的属性。如果请求中存在值为空的参数，那么Bean中对应的属性将不会被赋值为Null；如果Bean中存在一个属性，但请求中没有与之对应的参数，那么该属性同样不会被赋值为Null，在这两种情况下的Bean属性都会保留原来或默认的值。

该种使用方法要求请求中参数的名称和类型必须与Bean中属性的名称和类型一致。但由于通过表单传递的参数都是String类型的，所以JSP会自动将这些参数转换为Bean中对应属性的类型。表3-3列出了JSP自动将String类型转换为其他类型时所调用的方法。

表3-3 将String类型转换为其他类型的方法

其他类型	转换方法
boolean	java.lang.Boolean.valueOf(String).booleanValue()
Boolean	java.lang.Boolean.valueOf(String)
byte	java.lang.Byte.valueOf(String).byteValue()
Byte	java.lang.Byte.valueOf(String)
double	java.lang.Double.valueOf(String).doubleValue()
Double	java.lang.Double.valueOf(String)
int	java.lang.Integer.valueOf(String).intValue()
Integer	java.lang.Integer.valueOf(String)
float	java.lang.Float.valueOf(String).floatValue();

续表

其他类型	转换方法
Float	java.lang.Float.valueOf(String)
long	java.lang.Long.valueOf(String).longValue( )
Long	java.lang.Long.valueOf(String)

3. property="propertyName"

property属性取值为Bean中的属性时，则只会将request请求中与该Bean属性同名的一个参数的值赋给这个Bean属性。

更进一步讲，如果property属性指定的Bean属性为userName，那么指定Bean中必须存在setUserName( )方法，否则会抛出类似于下面的异常。

```
Cannot find any information on property 'userName' in a bean of type 'com.Bean.UserInfo'
```

在此基础上，如果请求中没有与userName同名的参数，则该Bean属性会保留原来或默认的值，而不会被赋值为Null。

与将property属性赋值为“*”一样，当请求中参数的类型与Bean中属性类型不一致时，JSP会自动进行转换。

4. property="propertyName" param="parameterName"

param属性指定一个request请求中的参数，property属性指定Bean中的某个属性。该种使用方法允许将请求中的参数赋值给Bean中与该参数不同名的属性。如果param属性指定参数的值为空，那么由property属性指定的Bean属性会保留原来或默认的值而不会被赋为Null。

5. property="propertyName" value="值"

其中value属性指定的值可以是一个字符串数值或表示一个具体值的JSP表达式或EL表达式。该值将被赋给property属性指定的Bean属性。

当value属性指定的是一个字符串时，如果指定的Bean属性与其类型不一致时，则会根据表3-3中的方法将该字符串值自动转换成对应的类型。

当value属性指定的是一个表达式时，那么该表达式所表示的值的类型必须与property属性指定的Bean属性一致，否则会抛出“argument type mismatch”异常。

通常<jsp:setProperty>标识与<jsp:useBean>标识一起使用，但这并不是绝对的，应用如下的方法同样可以将请求中的参数值赋给JavaBean中的属性。

【例3-11】<jsp:setProperty>标识的使用。

存在一个JavaBean，其关键代码如下。

```
package com.bean;
public class ShopCar{
    private String name;
    private String maker;
    public ShopCar(){
        name="noname";
        maker="noplace";
    }
    …//省略了属性的set ××× ( )与get ××× ( )方法
}
```

创建一个JSP页面，该页面中包含一个Form表单，并存在名为name和maker的两个文本框表单元素。

创建一个接收Form表单的JSP页面，在该页面中将表单数据存储到类型为ShopCar的JavaBean中，其关键代码如下。

```
<%@ page import="com.bean.ShopCar"%>  <!-- 导入ShopCar类 -->
<%
    ShopCar car=new ShopCar();          //创建一个实例
    session.setAttribute("car",car);    //将创建的JavaBean实例存在session范围内
%>
<jsp:setProperty name="car" property="*"/>
```

使用该方法时必须将所创建的实例存储在JSP中的某个范围内，否则会抛出异常。上述代码实现的功能与下面使用<jsp:useBean>标识所实现的功能是相同的。

```
<jsp:useBean id="car" class="com.bean.ShopCar" scope="session"/>
<jsp:setProperty name="car" property="*"/>
```

再来看下面的用法，仍然应用上面的ShopCar类作为JavaBean。

```
<jsp:useBean id="car" class="com.bean.ShopCar" scope="session"/>
<%@ page import="com.bean.ShopCar"%>
<%
    ShopCar r_car=new ShopCar();
    request.setAttribute("car",r_car);
%>
<jsp:setProperty name="car" property="*"/>
```

此时在session范围内和request范围内都存在名为car的ShopCar实例，而存储在session范围内的ShopCar实例是通过<jsp:useBean>标识创建的。那么代码中的<jsp:setProperty>标识会为哪个范围中的ShopCar实例赋值呢？可通过输入下面的代码并查看该页面的执行结果得知。

```
Request范围内：<br>
物品名称：<%=r_car.getName()%><br>
生产地址：<%=r_car.getMaker()%><br>
Session范围内：<br>
物品名称：<%=car.getName()%><br>
生产地址：<%=car.getMaker()%><br>
```

此时访问包含上述代码的JSP页面，并且向请求中传递name=Panax&maker=JiLin参数。执行结果如下。

```
Request范围内。
物品名称：Panax
生产地址：JiLin
Session范围内。
物品名称：noname
生产地址：noplace
```

所以，当程序执行<jsp:setProperty>标识时，会按照page、request、session和application的顺序来查找由name属性指定的Bean实例，并且返回第一个被找到的实例；若任何范围内不存在这个Bean实例，就会抛出异常。

3.5.5 <jsp:getProperty>

<jsp:getProperty>

<jsp:getProperty>属性用来从指定的Bean中读取指定的属性值，并输出到页面中。该Bean必须具有get ×××()方法。

<jsp:getProperty>标识的使用格式如下。

```
<jsp:getProperty name="Bean实例名" property="propertyName"/>
```

1. name属性

name属性：name属性用来指定一个存在某JSP范围中的Bean实例。<jsp:getProperty>标识将会按照page、request、session和application的顺序来查找这个Bean实例，直到第一个实例被找到。若任何范围内不存在这个Bean实例则会抛出“Attempted a bean operation on a null object”异常。

2. property属性

property属性：该属性指定了要获取由name属性指定的Bean中的那个属性的值。若它指定的值为“userName”，那么Bean中必须存在getUserName()方法，否则会抛出下面的异常。

```
Cannot find any information on property 'userName' in a bean of type '此处为类名'
```

如果指定Bean中的属性是一个对象，那么该对象的toString()方法被调用，并输出执行结果。

【例3-12】利用<jsp:getProperty>标签输出JavaBean中的属性。

首先创建一个名为Book的JavaBean对象，此类用于封装图书信息。其关键代码如下。

```
public class Book {
    private String bookName;                //图书名称
    private String author;                  //作者
    private String category;                //类别
    private double price;                   //价格
    public String getBookName() {
        return bookName;
    }
    public void setBookName(String bookName) {
        this.bookName = bookName;
    }
    //省略set ×××()方法与get ×××()方法
}
```

要通过<jsp:getProperty>标签输出JavaBean中的属性值，要求在JavaBean中必须包含get ×××()方法，<jsp:getProperty>标签将通过此方法获取JavaBean的属性值。

创建图书对象Book后，通过index.jsp页面对此对象进行操作。其关键代码如下。

```
<body>
    <!-- 实例化Book对象 -->
    <jsp:useBean id="book" class="com.lyq.Book"></jsp:useBean>
    <!-- 对Book对象赋值 -->
    <jsp:setProperty name="book" property="bookName" value="《JAVA程序设计标准教程》"/>
    <jsp:setProperty name="book" property="author" value="明日科技"/>
    <jsp:setProperty name="book" property="category" value="Java图书"/>
    <jsp:setProperty name="book" property="price" value="59.00"/>
    <table align="center" border="1" cellpadding="1" width="350" height="100" bordercolor="green">
        <tr>
            <td align="right">图书名称：</td>
            <td><jsp:getProperty name="book" property="bookName"/> </td>
        </tr>
        <tr>
            <td align="right">作 者：</td>
            <td><jsp:getProperty name="book" property="author"/> </td>
```

```
        </tr>
        <tr>
            <td align="right">所属类别：</td>
            <td><jsp:getProperty name="book" property="category"/> </td>
        </tr>
        <tr>
            <td align="right">价 格：</td>
            <td><jsp:getProperty name="book" property="price"/> </td>
        </tr>
    </table>
</body>
```

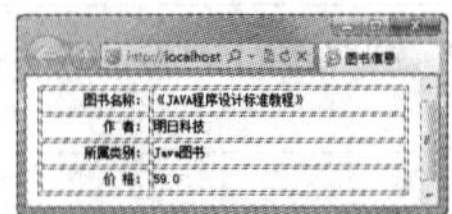

图3-5 图书信息

在此页面中，首先通过<jsp:useBean>标签实例化Book对象，再使用<jsp:setProperty>标签对Book对象中的属性赋值，最后通过<jsp:getProperty>标签输出Book对象的属性值，运行结果如图3-5所示。

3.5.6 <jsp:fallback>

<jsp:fallback>

<jsp:fallback>是<jsp:plugin>的子标识，当使用<jsp:plugin>标识加载Java小应用程序或JavaBean失败时，可通过<jsp:fallback>标识向用户输出提示信息。该标识的使用格式如下。

```
<jsp:plugin type="applet" code="com.source.MyApplet.class" codebase=".">
    ...
    <jsp:fallback>加载Java Applet小程序失败!</jsp:fallback>
    ...
</jsp:plugin>
```

3.5.7 <jsp:plugin>

<jsp:plugin>

使用<jsp:plugin>标识可以在页面中插入Java Applet小程序或JavaBean，它们能够在客户端运行。该标识会根据客户端浏览器的版本转换成<object>或<embed>HTML元素。

该标识的使用格式如下。

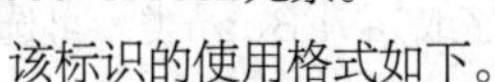

```
<jsp:plugin
    type="applet | bean"
    code=""
    codebase=""
    [name=""]
    [archive=""]
    [align=""]
    [height=""]
    [width=""]
    [hspace=""]
    [vspace=""]
    [jreversion=""]
    [nspluginurl=""]
    [iepluginurl=""]
    [<jsp:params>
```

```
            <jsp:param name="parameterName" value="{parameterValue | <%=expression %>}"/>
        </jsp:params>]
        [<jsp:fallback>加载失败提示信息</jsp:fallback>]>
    </jsp:plugin>
```

下面通过表3-4对<jsp:plugin>标识中的各属性作简要说明。

表3-4 <jsp:plugin>标识属性

属　性	说　明
type	该属性指定了所要加载的插件对象的类型，可选值为“bean”和“applet”
code	指定了要加载的Java类文件的名称。该名称可包含扩展名和类包名，如“com.applet.MyApplet.class”
codebase	默认值为当前访问的JSP页面的路径，该属性用来指定code属性指定的Java类文件所在的路径
name	指定了加载的Applet或Bean的名称
archive	指定预先加载的存档文件的路径，多个路径可用逗号进行分隔
align	加载的插件对象在页面中显示时的对齐方式。可选值为“bottom”“top”“middle”“left”和“right”
height和width	加载的插件对象在页面中显示时的高度和宽度，单位为像素。这两个属性值支持JSP表达式或EL表达式
hspace和vspace	加载的Applet或Bean在屏幕或单元格中所留出的空间大小，hspace表示左右，vspace表示上下，它们不支持任何表达式
jreversion	在浏览器中执行Applet或Bean时所需的Java Runtime Environment(JRE)的版本，默认值为1.1
nspluginurl和iepluginurl	分别指定了Netscape Navigator用户和Internet Explorer用户能够使用的JRE的下载地址
<jsp:params>	在该标识中可包含多个<jsp:param>标识，用来向Applet或Bean中传递参数
<jsp:fallback>	当加载Java类文件失败时，用来显示给用户提示信息

下面对表中重要属性的用法进行详细的介绍。

1. type属性

type属性指定了所要加载的插件对象的类型，一般为Java Applet小程序或JavaBean类。可选值为“applet”和“bean”。该属性没有缺省值，必须设置可选值中的一个，否则会抛出异常。

2. code属性

code属性指定了加载的Java类的文件名称。该名称可包含扩展名和类包名，如“com.applet.MyApplet.class”。

3. codebase属性

默认值为当前访问的JSP页面的路径，该属性用来指定code属性指定的Java类文件所在的目录。注意，当程序执行到<jsp:plugin>标识加载插件时，容器是从当前引用该标识来加载插件的JSP页面所在的目录开始，并根据codebase属性和code属性指定的值来查找指定的插件。

（1）如果codebase属性值为“/”或“.”，那么容器将按照“协议+主机+code属性值”的路径来查找插件对象。

【例3-13】codebase属性的使用1。

若当前Web应用为JSP_Plugin，index.jsp文件位于其根目录下。

index.jsp文件包含如下代码。

```
<jsp:plugin type="applet" code="com.applet.MyApplet.class" codebase="/">
    <jsp:fallback>加载Java Applet小程序失败!</jsp:fallback>
</jsp:plugin>
```

容器将会按照下面的路径来查找MyApplet.class文件。

```
http://localhost:8080/com/applet/MyApplet.class
```

（2）如果codebase属性值为“.”，那么容器将按照当前访问的JSP文件的目录为基础路径开始查找插件对象。查找的路径为“协议+主机+当前访问的JSP文件目录+code属性值指定的路径”。

【例3-14】codebase属性的使用2。

若当前Web应用为JSP_Plugin，index.jsp文件位于其根目录下。

index.jsp文件包含如下代码。

```
<jsp:plugin type="applet" code="com.applet.MyApplet.class" codebase=".">
    <jsp:fallback>加载Java Applet小程序失败!</jsp:fallback>
</jsp:plugin>
```

容器将会按照下面的路径来查找MyApplet.class文件。

```
http://localhost:8080/JSP_Plugin/com/applet/MyApplet.class
```

（3）如果codebase属性值以“./”开头，那么容器将按照当前访问的JSP页面所在的目录加上codebase属性指定的目录为基础路径开始查找插件对象。

【例3-15】codebase属性的使用3

若当前Web应用为JSP_Plugin，其根目录下存在index.jsp文件和applet子目录。

在applet目录下包含com/applet/MyApplet.class子目录和文件。

index.jsp文件中包含以下代码。

```
<jsp:plugin type="applet" code="com.applet.MyApplet.class" codebase="./applet">
    <jsp:fallback>加载Java Applet小程序失败!</jsp:fallback>
</jsp:plugin>
```

访问index.jsp页面后，容器将按照下面的路径来查找MyApplet.class文件。

```
http://localhost:8080/JSP_Plugin/applet/com/applet/MyApplet.class
```

所以MyApplet.class类将被找到，最终会将执行结果显示在浏览器中。

（4）如果codebase属性是以“../”开头，那么容器将按照当前访问的JSP页面所在目录的上一级目录加上codebase属性指定的目录为基础路径开始查找插件对象。

4. nspluginurl和iepluginurl属性

这两个属性分别指定了Netscape Navigator用户和Internet Explorer用户能够使用的JRE的下载地址。使用方法如下。

```
<jsp:plugin type="applet" code="com.applet.MyApplet.class" codebase="./applet"
                                          iepluginurl="http://localhost:8080">
    <jsp:fallback>加载Java Applet小程序失败!</jsp:fallback>
</jsp:plugin>
```

若当前的Internet Explorer用户没有安装JRE，则访问包含下面代码的JSP页面后浏览器自动弹出如图3-6所示的提示。

弹出该提示的前提是需要在浏览器中进行相应的安全设置。打开浏览器中的“工具”/“Internet选项”子菜单，然后选择“安全”选项卡并单击“自定义级别”按钮，在弹出的“安全设置”对话框中进行如图3-7所示的设置。

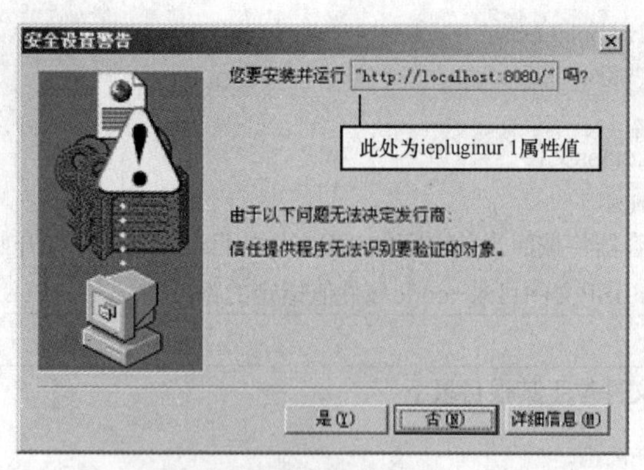

图3-6 安全设置提示

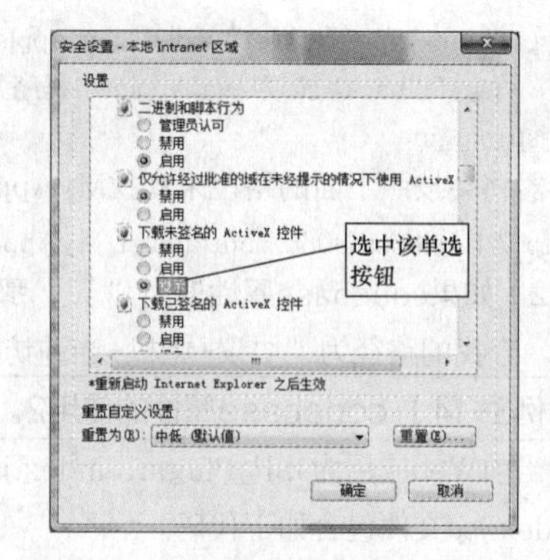

图3-7 设置浏览器的安全设置

3.5.8 <jsp:param>子标识

在该标识内可包含多个<jsp:param>子标识，每个<jsp:param>标识指定一个向要加载的Java Applet或Bean中传递的参数。它们在<jsp:plugin>标识中的使用格式如下。

```
<jsp:plugin type="applet" code="com.applet.MyApplet.class" codebase="./applet">
    <jsp:params>
        <jsp:param name="username" value="YXQ"/>
        <jsp:param name="userpwd" value="123"/>
    </jsp:params>
    <jsp:fallback>加载Applet失败！</jsp:fallback>
</jsp:plugin>
```

【例3-16】<jsp:param,子标签的使用>。

在JSP页面中通过<jsp:plugin>标识加载一个名为MyApplet的Java Applet小程序的代码如下。

```
<jsp:plugin type="applet" code="com.applet.MyApplet.class"
                    codebase="./plugin/applet" width="250" height="190">
    <jsp:params>
        <jsp:param name="red" value="2000"/>
        <jsp:param name="orange" value="1000"/>
        <jsp:param name="green" value="3000"/>
        <jsp:param name="count" value="2"/>
    </jsp:params>
    <jsp:fallback>加载Java Applet失败！</jsp:fallback>
</jsp:plugin>
```

上述代码通过执行<jsp:plugin>标识来加载名为MyApplet的Java Applet小程序，并向该Applet中传递参数，在Applet的init()方法中，可通过getParameter()方法获得由JSP页面传递的参数。

3.6 小结

本章将JSP语法划分为4个部分进行了讲解，分别是JSP的指令标识、JSP的脚本标识、JSP中的注释和JSP的动作标识。指令标识在编译阶段就被执行，通过指令标识可以向服务器发出指令，要求服务器根据指令进行一些操作，这些操作就相当于数据的初始化；动作标识是在请求处理阶段被执行的，也就是说，在编译阶段不实现它的功能，只有真正执行时再来实现。本章详细介绍了各部分的语法，并且对于重点的、常用的语法进行了举例，读者仔细阅读后就可以掌握它们的使用方法。

习 题

3-1 JSP页面由哪些元素构成？

3-2 JSP中主要包含哪几种指令标识？它们的作用及语法格式是什么？

3-3 JSP中的脚本标识包含哪些元素？它们的作用及语法格式是什么？

3-4 在JSP中可以使用哪些注释？它们的语法格式是什么？

3-5 JSP中常用的动作标识有哪些？

3-6 page指令中的哪个属性可多次出现？

（A）contentType。 （B）extends。

（C）import。 （D）不存在这样的属性。

3-7 以下哪些属性是include指令所具有的？

（A）page。 （B）file。

（C）contentType。 （D）prefix。

3-8 下列选项哪些是正确的JSP表达式语法格式？

（A）<%String name="YXQ"%>。 （B）<%String name="您好";%>。

（C）<%="您好";%>。 （D）<%="YXQ"%>。

3-9 以下动作标识用来实现页面跳转的是？

（A）<jsp:include>。 （B）<jsp:useBean>。

（C）<jsp:forward>。 （D）<jsp:plugin>。

上机指导

3-1 分别应用include指令和include动作标识在一个JSP页面中包含一个文件（如记事本）。

3-2 在JSP页面中通过JSP表达式输出“保护环境！爱护地球！”文字。

3-3 应用Eclipse新建一个Web项目，并在该项目的根目录下创建index.jsp和welcome.jsp文件，要求该项目实现如下功能：当访问index.jsp文件后，会自动转发到welcome.jsp页面。

3-4 应用JSP脚本标识实现一个简单的计数器。

PART04

第4章 JSP内置对象

本章要点

- request对象的基本应用
- response对象的基本应用
- session对象的基本应用
- application对象的基本应用
- out对象的基本应用

■ 在JSP中，因为对部分Java对象做了声明，所以即使不重新声明，也可以调用这些对象，这些对象就是JSP中提供的内置对象。它起到简化页面的作用，不需要由JSP开发人员进行实例化，由容器实现和管理，在所有的JSP页面中都能使用内置对象。

通过本章的学习，读者应该了解JSP内置对象的概况；重点掌握request对象、response对象、session对象、application对象和out对象的基本应用。

4.1 JSP内置对象概述

JSP内置对象概述

为了Web应用程序开发的方便，在JSP页面中内置了一些默认的对象，这些对象不需要预先声明就可以在脚本代码和表达式中随意使用。JSP提供的内置对象共有9个，如表4-1所示。所有的JSP代码都可以直接访问这9个内置对象。

表4-1 JSP的内置对象

内置对象名称	所 属 类 型	有效范围	说 明
application	javax.servlet.ServletContext	application	该对象代表应用程序上下文，它允许JSP页面与包括在同一应用程序中的任何Web组件共享信息
config	javax.servlet.ServletConfig	page	该对象允许将初始化数据传递给一个JSP页面
exception	java.lang.Throwable	page	该对象含有只能由指定的JSP“错误处理页面”访问的异常数据
out	javax.servlet.jsp.JspWriter	page	该对象提供对输出流的访问
page	javax.servlet.jsp.HttpJspPage	page	该对象代表JSP页面对应的Servlet类实例
pageContext	javax.servlet.jsp.PageContext	page	该对象是JSP页面本身的上下文，它提供了唯一一组方法来管理具有不同作用域的属性，这些API在实现JSP自定义标签处理程序时非常有用
request	javax.servlet.http.HttpServletRequest	request	该对象提供对HTTP请求数据的访问，同时还提供用于加入特定请求数据的上下文
response	javax.servlet.http.HttpServletResponse	page	该对象允许直接访问HttpServletReponse对象，可用来向客户端输入数据
session	javax.servlet.http.HttpSession	session	该对象可用来保存在服务器与一个客户端之间需要保存的数据，当客户端关闭网站的所有网页时，session变量会自动消失

request、response和session是JSP内置对象中重要的3个对象，这3个对象体现了服务器端与客户端（即浏览器）进行交互通信的控制，如图4-1所示。

从图4-1中可以看出，当客户端打开浏览器，在地址栏中输入服务器Web服务页面的地址后，就会显示Web服务器上的网页。客户端的浏览器从Web服务器上获得网页，实际上是使用HTTP协议向服务器端发送了一个请求，服务器在收到来自客户端浏览器发来的请求后要响应请求。JSP通过request对象获取客户浏览器的请求，通过response对客户浏览器进行响应。而session则一直保存着会话期间所需要传递的数据信息。

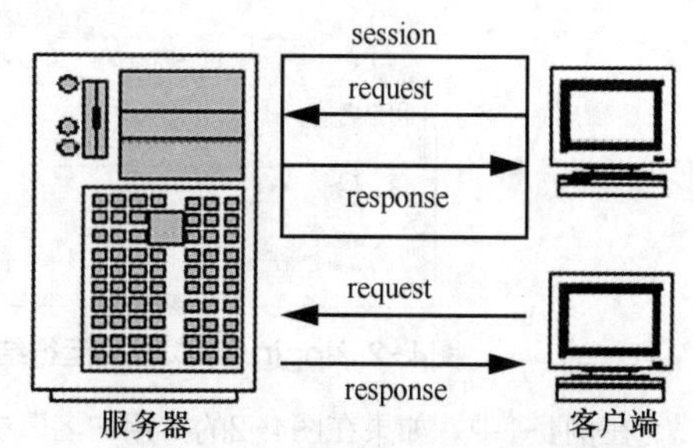

图4-1 JSP提供的3个重要内置对象

4.2 request对象

request对象是从客户端向服务器发出请求，包括用户提交的信息以及客户端的一些信息。客户端可通过HTML表单或在网页地址后面提供参数的方法提交数据，然后通过request对象的相关方法来获取这些数据。request的各种方法主要用来处理客户端浏览器提交的请求中的各项参数和选项。

4.2.1 访问请求参数

访问请求参数

在Web应用程序中，经常需要完成用户与网站的交互。例如，当用户填写表单后，需要把数据提交给服务器，服务器获取到这些信息并进行处理。request对象的getParameter()方法，可以用来获取用户提交的数据。

访问请求参数的方法如下。

```
String userName = request.getParameter("name");
```

参数name与HTML标记name属性对应，如果参数值不存在，则返回一个null值，该方法的返回值为String类型。

【例4-1】访问请求参数示例。

在login.jsp页面中通过表单向login_deal.jsp页面提交数据，在login_deal.jsp页面获取提交数据并输出。

（1）编写login.jsp页面，在该页面中添加相关的表单及表单元素，关键代码如下。

```
<form id="form1" name="form1" method="post" action="login_deal.jsp">
  用户名：
  <input name="username" type="text" id="username" />
  密  码：
  <input name="pwd" type="password" id="pwd" />
  <input type="submit" name="Submit" value="提交" />
  <input type="reset" name="Submit2" value="重置" />
</form>
```

（2）编写login_deal.jsp页面，在该页面中获取提交的数据，关键代码如下。

```
<%@ page contentType="text/html; charset=gb2312" language="java" errorPage="" %>
<%
String username=request.getParameter("username");
String pwd=request.getParameter("pwd");
out.println("用户名为："+username);
out.println("密码为："+pwd);
%>
```

运行程序，login.jsp页面的运行结果如图4-2所示，login_deal.jsp页面的运行结果如图4-3所示。

图4-2　login.jsp页面的运行结果

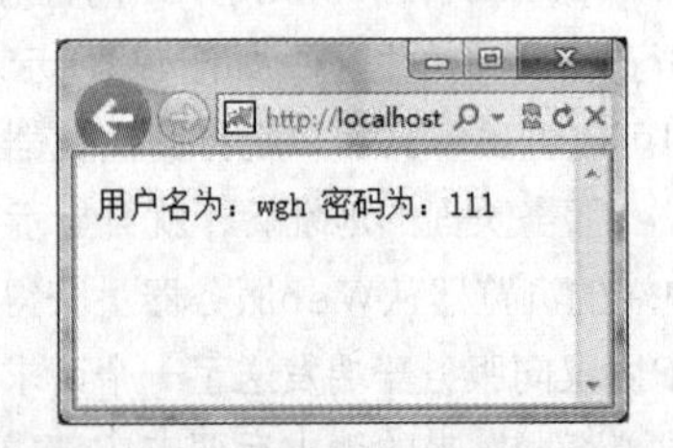

图4-3　login_deal.jsp页面的运行结果

在例4-1中，如果在图4-2的“用户名”文本框中输入“无语”，在“密码”文本框中输入“111”，单击“提交”按钮后，将显示“用户名为：???? 密码为：111”，即产生中文乱码，解决该问题，可以在page指令下方通过“request.setCharacterEncoding(“gb2312”);”语句设置编码格式。

4.2.2 在作用域中管理属性

在作用域中管理属性

有时，在进行请求转发时，需要把一些数据带到转发后的页面进行处理。这时，就可以使用request对象的setAttribute( )方法设置数据在request范围内存取。

设置转发数据的方法使用如下。

```
request.setAttribute("key", Object);
```

参数key是键，为String类型。在转发后的页面取数据时，就通过这个键来获取。参数object是键值，为Object类型，它代表需要保存在request范围内的数据。

获取转发数据的方法如下。

```
request.getAttribute(String name);
```

参数name表示键名。

在页面使用request对象的setAttribute("name",obj)方法，可以把数据obj设定在request范围内。请求转发后的页面使用 “getAttribute("name");” 就可以取得数据obj。

【例4-2】在作用域中管理属性示例。

使用request对象的setAttribute( )方法设置数据，然后在请求转发后取得设置的数据。

（1）编写setAttribute.jsp页面，在该页面中通过request对象的getAttribute( )方法设置数据，关键代码如下。

```
<%request.setAttribute("error","很抱歉！您输入的用户名或密码不正确！");%>
<jsp:forward page="error.jsp" />
```

在setAttribute.jsp页面中，必须使用JSP动作元素<jsp:forward page=" getAttribute.jsp" />将请求转发到getAttribute.jsp页面。

（2）编写error.jsp，在该页面中通过request对象的getAttribute( )方法获取数据，关键代码如下。

```
<%@ page contentType="text/html; charset=gb2312" language="java" errorPage="" %>
<%out.println("错误提示信息为："+request.getAttribute("error"));%>
```

运行程序，将显示如图4-4所示的运行结果。

图4-4　运行结果

4.2.3 获取Cookie

Cookie为Web应用程序保存用户相关信息提供了一种有用的方法。Cookie是一小段文本信息，伴随着用户请求和页面在Web服务器和浏览器之间传递。

用户每次访问站点时，Web应用程序都可以读取Cookie包含的信息。例如，当用户访问站点时，可以利用Cookie保存用户首选项或其他信息，这样当用户下次再访问站点时，应用程序就可以检索以前保存的信息。

获取Cookie

在JSP中，可以通过request对象中的getCookies( )方法获取Cookie中的数据。获取Cookie的方法如下。

```
Cookie[] cookie = request.getCookies();
```

request对象的getCookies( )方法，返回的是Cookie[]数组。

【例4-3】获取Cookie示例。

使用request对象的addCookie( )方法实现记录本次及上一次访问网页的时间。关键代码如下。

```
<%
Cookie[] cookies=request.getCookies();//从request中获得Cookies集
//初始化Cookie对象为空
```

```
Cookie cookie_response=null;
if(cookies!=null){
    cookie_response=cookies[1];
  }
out.println("本次访问时间："+new java.util.Date().toLocaleString()+"<br>");

if(cookie_response!=null){
 //输出上一次访问的时间，并设置cookie_response对象为最新时间
  out.println("上一次访问时间："+cookie_response.getValue());
  cookie_response.setValue(new java.util.Date().toLocaleString());
 }
//如果Cookies集为空，创建cookie，并加入到response中
if(cookies==null){
  cookie_response=new Cookie("AccessTime","");
  cookie_response.setValue(new java.util.Date().toLocaleString());
  response.addCookie(cookie_response);
 }
%>
```

图4-5　运行结果

运行结果如图4-5所示。

4.2.4　获取客户信息

获取客户信息

request对象提供了一些用来获取客户信息的方法，如表4-2所示。

表4-2　获取客户信息的方法

方　法	说　明
getHeader(String name)	获得Http协议定义的文件头信息
getHeaders(String name)	返回指定名字的request Header的所有值，其结果是一个枚举的实例
getHeadersNames()	返回所有request Header的名字，其结果是一个枚举的实例
getMethod()	获得客户端向服务器端传送数据的方法，如get、post、header、trace等
getProtocol()	获得客户端向服务器端传送数据所依据的协议名称
getRequestURI()	获得发出请求字符串的客户端地址
getRealPath()	返回当前请求文件的绝对路径
getRemoteAddr()	获取客户端的IP地址
getRemoteHost()	获取客户端的机器名称
getServerName()	获取服务器的名字
getServerPath()	获取客户端所请求的脚本文件的文件路径
getServerPort()	获取服务器的端口号

【例4-4】获取客户信息示例。

使用request对象的相关方法获取客户信息，关键代码如下。

```
客户提交信息的方式：<%=request.getMethod()%>
<br>使用的协议：<%=request.getProtocol()%>
<br>获取发出请求字符串的客户端地址：<%=request.getRequestURI()%>
<br>获取提交数据的客户端IP地址：<%=request.getRemoteAddr()%>
<br>获取服务器端口号：<%=request.getServerPort()%>
<br>获取服务器的名称：<%=request.getServerName()%>
```

```
<br>获取客户端的机器名称：<%=request.getRemoteHost()%>
<br>获取客户端所请求的脚本文件的文件路径:<%=request.getServletPath()%>
<br>获得Http协议定义的文件头信息Host的值:<%=request.getHeader("host")%>
<br>获得Http协议定义的文件头信息User-Agent的值:<%=request.getHeader("user-agent")%>
```

运行结果如图4-6所示。

在连接Access数据库时，如果不想手动配置数据源，可以通过指定数据库文件的绝对路径实现，这时可以通过request对象的getRealPath( )方法获取数据库文件所在的目录，再将该目录和数据库文件名连接来获取数据库文件的绝对路径。

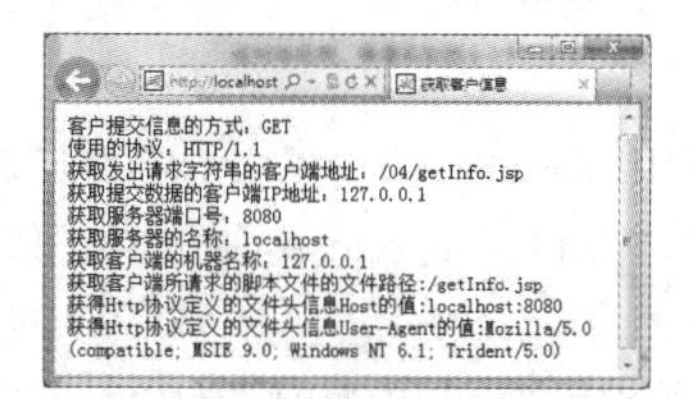

图4-6　运行结果

4.2.5　访问安全信息

访问安全信息

request对象提供了对安全属性的访问，如表4-3所示。

表4-3　访问安全信息的方法

方　　法	说　　明
isSecure()	返回布尔类型的值，它用于确定这个请求是否使用了一个安全协议，例如HTTP
isRequestedSessionIdFromCookie()	返回布尔类型的值，表示会话是否使用了一个Cookie来管理会话ID
isRequestedSessionIdFromURL()	返回布尔类型的值，表示会话是否使用URL重写来管理会话ID
isRequestedSessionIdFromValid()	检查请求的会话ID是否合法

下面的代码使用request对象来确定当前请求是否使用了一个类似HTTP的安全协议。

```
用户安全信息：<%=request.isSecure()%>
```

4.2.6　访问国际化信息

访问国际化信息

浏览器可以通过accept-language的HTTP报头向Web服务器指明它所使用的本地语言。request对象中的getLocale( )和getLocales( )方法允许JSP开发人员获取这一信息，获取的信息属于java.util.Local类型。java.util.Local类型的对象封装了一个国家和一种国家所使用的语言。使用这一信息，JSP开发者就可以使用语言所特有的信息作出响应。使用这个报头的代码如下。

```
<%
java.util.Locale locale=request.getLocale();
if(locale.equals(java.util.Locale.US)){
out.print("Welcome to BeiJing");
}
if(locale.equals(java.util.Locale.CHINA)){
out.print("北京欢迎您");
}
%>
```

上面的代码，如果所在区域为中国，将显示“北京欢迎您”，而所在区域为美国，则显示“Welcome to BeiJing”。

4.3 response对象

response对象和request对象相对应，用于响应客户请求，向客户端输出信息。response对象是javax.servlet.http.HttpServletResponse接口类的对象，它封装了JSP产生的响应，并发送到客户端以响应客户端的请求。请求的数据可以是各种数据类型，甚至是文件。

重定向网页

4.3.1 重定向网页

在JSP页面中，可以使用response对象中的sendRedirect( )方法将客户请求重定向到一个不同的页面。例如，将客户请求转发到login_ok.jsp页面的代码如下。

```
response.sendRedirect("login_ok.jsp");
```

在JSP页面中，还可以使用response对象中的sendError( )方法指明一个错误状态。该方法接收一个错误以及一条可选的错误消息，该消息将在内容主体上返回给客户。例如，代码“response.sendError(500,"请求页面存在错误")”将客户请求重定向到一个在内容主体上包含了出错消息的出错页面。

上述两个方法都会中止当前的请求和响应。如果HTTP响应已经提交给客户，则不会调用这些方法。response对象中用于重定向网页的方法如表4-4所示。

表4-4 response对象中用于重定向网页的方法

方　法	说　明
sendError(int number)	使用指定的状态码向客户发送错误响应
sendError(int number,String msg)	使用指定的状态码和描述性消息向客户发送错误响应
sendRedirect(String location)	使用指定的重定向位置URL向客户发送重定向响应，可以使用相对URL

【例4-5】重定向网页示例。

使用request对象的相关方法重定向网页。

（1）编写login.jsp页面，在该页面中添加相关的表单及表单元素，具体代码请参见例4-1。

（2）编写login_deal.jsp，在该页面中获取提交的数据，并根据获取的结果是否为空重定向网页，关键代码如下。

```
<%
request.setCharacterEncoding("gb2312");
String username=request.getParameter("username");
String pwd=request.getParameter("pwd");
if(!username.equals("") && !pwd.equals("")){
    response.sendRedirect("login_ok.jsp");
}else{
    response.sendError(500,"请输入登录验证信息");
}
%>
```

如果输入的用户名和密码均不为空，则将页面重定向到login_ok.jsp，显示“登录成功”的提示信息，否则将显示如图4-7所示的错误页面。

图4-7 错误提示页面

4.3.2 设置HTTP响应报头

设置HTTP
响应报头

response对象提供了设置HTTP响应报头的方法，如表4-5所示。

表4-5 response对象中设置HTTP响应报头的方法

方 法	说 明
setDateHeader(String name,long date)	使用给定的名称和日期值设置一个响应报头，如果指定的名称已经设置，则新值会覆盖旧值
setHeader(String name,String value)	使用给定的名称和值设置一个响应报头，如果指定的名称已经设置，则新值会覆盖旧值
setHeader(String name,int value)	使用给定的名称和整数值设置一个响应报头，如果指定的名称已经设置，则新值会覆盖旧值
addHeader(String name,long date)	使用给定的名称和值设置一个响应报头
addDateHeader(String name,long date)	使用给定的名称和日期值设置一个响应报头
containHeader(String name)	返回一个布尔值，它表示是否设置了已命名的响应报头
addIntHeader(String name,int value)	使用给定的名称和整数值设置一个响应报头
setContentType(String type)	为响应设置内容类型，其参数值可以为text/html、text/plain、application/x_msexcel或application/msword
setContentLength(int len)	为响应设置内容长度
setLocale(java.util.Locale loc)	为响应设置地区信息

通过设置HTTP响应报头可实现禁用缓存功能，具体代码如下。

```
<%response.setHeader("Cache-Control","no-store");
response.setDateHeader("Expires",0);%>
```

需要注意的是，上面的代码必须在没有任何输出发送到客户端之前使用。

【例4-6】设置HTTP响应报头示例。

将JSP页面保存为word文档，关键代码如下。

```
<%@ page contentType="text/html; charset=gb2312" language="java" errorPage="" %>
<%
if(request.getParameter("submit1")!=null){
    response.setContentType("application/msword;charset=gb2312");
}
%>
平平淡淡才是真!
快快乐乐才是福!
<form action="" method="post" name="form1">
<input name="submit1" type="submit" id="submit1" value="保存为word">
</form>
```

运行程序，将显示图4-8所示的页面，单击“保存为word”按钮后，将显示图4-9所示的运行结果。

图4-8　页面运行结果（一）

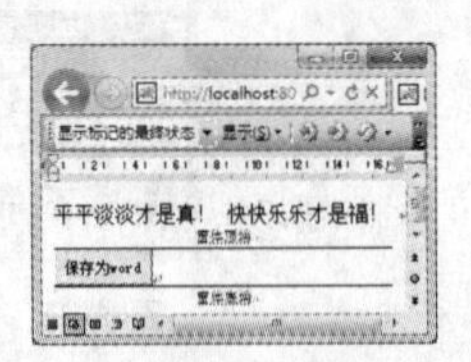

图4-9　页面运行结果（二）

request是在客户端用来发送请求的。response是在服务器端用来做出响应的。

4.3.3　缓冲区配置

缓冲区配置

缓冲区可以更加有效地在服务器与客户之间传输内容。HttpServletResponse对象为支持jspWriter对象而启用了缓冲区配置。response对象提供了配置缓冲区的方法，如表4-6所示。

表4-6　response对象提供的配置缓冲区的方法

方　法	说　明
flushBuffer( )	强制把缓冲区中内容发送给客户
getBufferSize( )	返回响应所使用的实际缓冲区大小，如果没使用缓冲区，则该方法返回0
setBufferSize(int size)	为响应的主体设置首选的缓冲区大小
isCommitted( )	返回一个boolean，表示响应是否已经提交；提交的响应已经写入状态码和报头
reset( )	清除缓冲区存在的任何数据，同时清除状态码和报头

【例4-7】缓冲区配置示例。

输出缓冲区的大小并测试强制将缓冲区的内容发送给客户，关键代码如下。

```
<%
out.print("缓冲区大小："+response.getBufferSize( )+"<br><br>");
out.print("缓冲区设置之前<br>");
out.print("输出的内容是否提交："+response.isCommitted( )+"<br><br>");
response.flushBuffer( );
out.print("缓冲区设置之后<br>");
out.print("输出的内容是否提交："+response.isCommitted( )+"<br><br>");
%>
```

运行结果如图4-10所示。

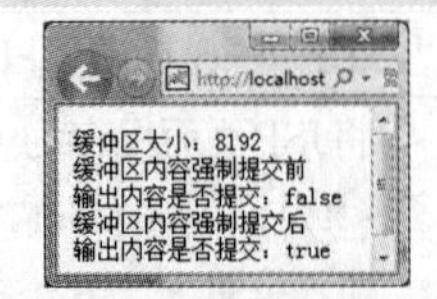

图4-10　例4-7运行结果

4.4　session对象

session对象

HTTP协议是一种无状态协议。也就是说，当一个客户向服务器发出请求，服务器接收请求，并返回响应后，该连接就被关闭了，此时服务器端不保留连接的有关信息，因此当下一次连接时，服务器已没有了以前的连接信息，此时将不能判断这一次连接和以前的连接是否属于同一客户。为了弥补这一缺点，JSP提供了一个session对象，这样服务器和客户端之间的连接就会一直保持下去，但是在一定时间内（系统默认在30min内），如果客户端不向服务器发出应答请求，session对象就会自动消失。不过在编写程序时，可以修改这个时间限定值，使session对象在特定时间内保存信息。保存的信息可以是与客户端有关的，也可以是一般信息，这可以根据需要设定相应的内容。

4.4.1 创建及获取客户的会话

JSP页面可以将任何对象作为属性来保存。session内置对象使用setAttribute( )和getAttribute( )方法创建及获取客户的会话。

setAttribute( )方法用于是设置指定名称的属性值，并将其存储在session对象中。

setAttribute( )方法的语法格式如下。

```
session.setAttribute(String name,String value);
```

参数name为属性名称，value为属性值。

getAttribute( )方法用于是获取与指定名字name相联系的属性。

getAttribute( )方法的语法格式如下。

```
session.getAttribute(String name);
```

参数name为属性名称。

【例4-8】创建及获取客户会话示例。

通过setAttribute( )方法将数据保存在session中，并通过getAttribute( )方法取得数据的值。

（1）编写index.jsp页面，在该页面中通过session对象中的setAttribute( )方法保存数据，关键代码如下。

```
<%@ page language="java" import="java.util.*" pageEncoding="gb2312"%>
<%
session.setAttribute("information","向session中保存数据");
response.sendRedirect("forward.jsp");
%>
```

（2）编写forward.jsp页面，在该页面中，通过session对象中的getAttribute( )方法读取数据，关键代码如下。

```
<%@ page language="java" import="java.util.*" pageEncoding="gb2312"%>
<% out.print(session.getAttribute("information"));%>
```

运行结果如图4-11所示。

图4-11　例4-8运行结果

4.4.2 从会话中移除指定的对象

JSP页面可以将任何已经保存的对象进行移除。session内置对象使用removeAttribute( )方法将所指定名称的对象移除，也就是说，从这个会话删除与指定名称绑定的对象。removeAttribute( )方法的语法格式如下。

```
session.removeAttribute (String name);
```

参数name为session对象的属性名，代表要移除的对象名。

【例4-9】从会话中移除指定对象示例。

通过setAttribute( )方法将数据保存在session中，然后通过removeAttribute( )方法移除指定对象。

（1）编写index.jsp页面，在该页面中通过session对象中的setAttribute()方法保存数据，关键代码如下。

```
<%@ page language="java" import="java.util.*" pageEncoding="gb2312"%>
<%
session.setAttribute("information","向session中保存数据");
response.sendRedirect("forward.jsp");
%>
```

（2）编写forward.jsp页面，在该页面中，通过session对象中的getAttribute( )方法读取数据，关键代码如下。

```
<%@ page language="java" import="java.util.*" pageEncoding="gb2312"%>
<%
    session.removeAttribute("information");
    if (session.getAttribute("information") == null) {
        out.print("session对象information已经不存在了");
    }else{
        out.print(session.getAttribute("information"));
    }
```

运行结果如图4-12所示。

图4-12 例4-9运行结果

4.4.3 销毁session

JSP页面可以将已经保存的所有对象全部删除。session内置对象使用invalidate( )方法将会话中的全部内容删除。invalidate( )方法的语法格式如下。

```
session.invalidate( );
```

4.4.4 会话超时的管理

在一个Servlet程序或JSP文件中，确保客户会话终止的唯一方法使用超时设置。这是因为Web客户在进入非活动状态时不以显示的方式通知服务器。为了清除存储在session对象中的客户申请资源，Servlet程序容器设置一个超时窗口。当非活动的时间超出了窗口的大小时，JSP容器将使session对象无效并撤销所有属性的绑定，从而管理会话的生命周期。

session对象用于管理会话生命周期的方法如表4-7所示。

表4-7 管理会话生命周期的方法

方　法	说　明
getLastAccessedTime( )	返回客户端最后一次发送与这个会话相关联的请求时间
getMaxInactiveInterval( )	以秒为单位返回一个会话内两个请求的最大时间间隔，Servlet容器在客户访问期间保存这个会话处于打开状态
setMaxInactiveInterval(int interval)	以秒为单位指定在服务器小程序容器使该会话无效之前的客户请求之间的最长时间，也就是超时时间

4.5 application对象

application对象用于保存所有应用程序中的公有数据，服务器启动并且自动创建application对象后，只要没有关闭服务器，application对象将一直存在，所有用户可以共享application对象。application对象与session对象有所区别，session对象和用户会话相关，不同用户的session是完全不同的对象，而用户的application对象都是相同的一个对象，即共享这个内置的application对象。

application
对象

4.5.1 访问应用程序初始化参数

通过application对象调用的ServletContext对象提供了对应用程序环境属性的访问。对于将安装信息与给定的应用程序关联起来而言，这是非常有用的。例如，通过初始化信息为数据库提供了一个主机名，每一个Servlet程序客户和JSP页面都可以使用它连接到该数据库并检索应用程序数据。为了实现这个目的，

Tomcat使用了web.xml文件，它位于应用程序环境目录下的WEB-INF子目录中。

application对象访问应用程序初始化参数的方法如表4-8所示。

表4-8 application对象访问应用程序参数的方法

方 法	说 明
getInitParameter(String name)	返回一个已命名的初始化参数的值
getInitParameterNames()	返回所有已定义的应用程序初始化参数名称的枚举

【例4-10】访问应用程序初始化参数示例。

通过application对象调用web.xml文件的初始化参数。

（1）在web.xml配置文件中通过<context-param>元素初始化参数，程序代码如下。

```
<?xml version="1.0" encoding="UTF-8"?>
<web-app xmlns:xsi="http://www.w3.org/2001/XMLSchema-instance"
            xmlns="http://java.sun.com/xml/ns/javaee"
            xmlns:web="http://java.sun.com/xml/ns/javaee/web-app_2_5.xsd"
    xsi:schemaLocation="http://java.sun.com/xml/ns/javaee
    http://java.sun.com/xml/ns/javaee/web-app_3_0.xsd"
    id="WebApp_ID" version="3.0">
<context-param>          <!--设置IP信息-->
  <param-name>database_host1</param-name>
  <param-value>192.168.1.17</param-value>
</context-param>
<context-param>
  <param-name>database_host2</param-name>
  <param-value>192.168.1.66</param-value>
</context-param>
</web-app>
```

（2）编写index.jsp页面，在该页面中访问web.xml中的初始化参数，代码如下。

```
<%
java.util.Enumeration enema=application.getInitParameterNames();
while(enema.hasMoreElements()){
String name=(String)enema.nextElement();
String value=application.getInitParameter(name);
out.println(name+",");
out.println(value);
out.print("<br>");
}
%>
```

运行结果如图4-13所示。

4.5.2 管理应用程序环境属性

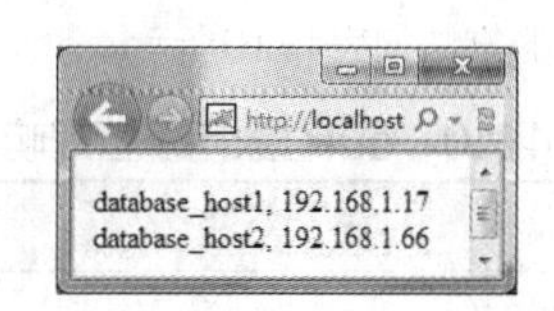

图4-13 例4-10运行结果

与session对象相同，也可以在application对象中设置属性。在session中设置的属性只是在当前客户的会话范围内有效，客户超过保存时间不发送请求时，session对象将被回收，而在application对象中设置的属性在整个应用程序范围内是有效的，即使所有的用户都不发送请求，只要不关闭应用服务器，在其中设置的属性仍然是有效的。

application对象管理应用程序环境属性的方法如表4-9所示。

表4-9　application管理应用程序环境属性的方法

方　法	说　明
removeAttribute(String name)	从ServletContext的对象中去掉指定名称的属性
setAttribute(String name,Object object)	使用指定名称和指定对象在ServletContext的对象中进行关联
getAttribute(String name)	从ServletContext的对象中获取一个指定对象
getAttributeNames( )	返回存储在ServletContext对象中属性名称的枚举数据

【例4-11】管理应用程序环境属性示例。

通过application对象中的setAttribute( )和getAttribute( )方法实现网页计数器，关键代码如下。

```
<%
int number=0;
if(application.getAttribute("number")==null){
    number=1;
}else{
    number=Integer.parseInt((String)application.getAttribute("number"));
    number=number+1;
}
out.print("您是第"+number+"位访问者！");
application.setAttribute("number",String.valueOf(number));
%>
```

运行结果如图4-14所示。

图4-14　例4-11运行结果

4.6　out对象

out对象

out对象主要用来向客户端输出各种数据类型的内容，并且管理应用服务器上的输出缓冲区，缓冲区默认值一般是8KB，可以通过页面指令page来改变默认值。在使用out对象输出数据时，可以对数据缓冲区进行操作，及时清除缓冲区中的残余数据，为其他的输出让出缓冲空间。待数据输出完毕后，要及时关闭输出流。out对象被封装为javax.servlet.jsp.JspWriter类的对象，在实际应用上out对象会通过JSP容器变换为java.io.PrintWriter类的对象。

4.6.1　管理响应缓冲

在JSP页面中，可以通过out对象调用clear( )方法清除缓冲区的内容。这类似于重置响应流，以便重新开始操作。如果响应已经提交，则会产生IOException异常的副作用。相反，另一种方法clearBuffer( )清除缓冲区的“当前”内容，而且即使内容已经提交给客户端，也能够访问该方法。out对象用于管理响应缓冲区的方法如表4-10所示。

表4-10　out对象用于管理响应缓冲的方法

方　法	说　明
clear( )	清空缓冲区
clearBuffer( )	清空缓冲区的“当前”内容
close( )	先刷新流，然后关闭流
flush( )	刷新流
getBufferSize( )	以字节为单位返回缓冲区的大小

续表

方　法	说　明
getRemaining()	返回缓冲区中没有使用的字符的数量
isAutoFlush()	返回布尔值，自动刷新还是在缓冲区溢出时抛出IOException异常

4.6.2 向客户端输出数据

out对象的另外一个很重要的功能就是向客户写入内容。由于JspWriter是由java.io.Writer派生而来，因此它的使用与java.io.Writer很相似。例如在JSP页面中输出一句话，代码如下。

```
<%=out.println("同一世界，同一梦想")%>
```

4.7 其他内置对象

其他内置对象

在JSP内置对象中，pageContext、config、page及exception这些对象是不经常使用的，下面将对这些对象分别进行介绍。

4.7.1 获取会话范围的pageContext对象

pageContext对象是一个比较特殊的对象。它相当于页面中所有其他对象功能的最大集成者，使用它可以访问到本页中所有其他对象。pageContext对象被封装成javax.servlet.jsp.pageContext接口，主要用于管理对属于JSP中特殊可见部分已经命名对象的访问，它的创建和初始化都是由容器来完成的，JSP页面里可以直接使用pageContext对象的句柄，pageContext对象的getXxx()、setXxx()和findXxx()方法可以用来根据不同的对象范围实现对这些对象的管理。

pageContext对象的常用方法如表4-11所示。

表4-11　pageContext对象的常用方法

方　法	说　明
forward(java.lang.String relativeUtlpath)	把页面转发到另一个页面或者servlet组件上
getAttribute(java.lang.String name[,int scope])	scope参数是可选的，该方法用来检索一个特定的已经命名的对象的范围，并且还可以通过调用getAttributeNameInScope()方法，检索对某个特定范围的每个属性String字符串名称枚举
getException()	返回当前的Exception对象
getRequest()	返回当前的request对象
getResponse()	返回当前的response对象
getServletConfig()	返回当前页面的ServletConfig对象
invalidate()	返回servletContext对象，全部销毁
setAttribute()	设置默认页面范围或特定对象范围之中的已命名对象
removeAttribute()	删除默认页面范围或特定对象范围之中的已命名对象

pageContext对象在实际JSP开发过程中很少使用，因为request和response等对象可以直接调用方法进行使用，如果通过pageContext来调用其他对象有些麻烦。

4.7.2 读取web.xml配置信息的config对象

config对象被封装成javax.servlet.ServletConfig接口，它表示Servlet的配置，当一个Servlet初始化

时，容器把某些信息通过此对象传递给这个Servlet。开发者可以在web.xml文件中为应用程序环境中的Servlet程序和JSP页面提供初始化参数。

config对象的常用方法如表4-12所示。

表4-12　config对象的常用方法

方　法	说　明
getServletContext( )	返回执行者的Servlet上下文
getServletName( )	返回Servlet的名字
getInitParameter( )	返回名字为name的初始参数的值
getInitParameterNames( )	返回这个JSP所有的初始参数的名字

4.7.3　应答或请求的page对象

page对象是为了执行当前页面应答请求而设置的Servlet类的实体，即显示JSP页面自身，只有在JSP页面内才是合法的。page隐含对象本质上包含当前Servlet接口引用的变量，可以看作是this变量的别名，因此该对象对于开发JSP比较有用。

表4-13列举了比较常用的page对象的方法。

表4-13　page对象的常用方法

方　法	说　明
getClass( )	返回当前Object的类
hashCode( )	返回此Object的哈希代码
toString( )	将此Object类转换成字符串
equals(Object o)	比较此对象和指定的对象是否相等
copy(Object o)	把此对象赋值到指定的对象当中去
clone( )	对此对象进行克隆

4.7.4　获取异常信息的exception对象

exception内置对象用来处理JSP文件执行时发生的所有错误和异常。exception对象和Java的所有对象一样，都具有系统的继承结构，exception对象几乎定义了所有异常情况，这样的exception对象和我们常见的错误有所不同。所谓错误，指的是可以预见的，并且知道如何解决的情况，一般在编译时可以发现。

与错误不同，异常是指在程序执行过程中不可预料的情况，由潜在的错误几率导致，如果不对异常进行处理，程序会崩溃。在Java中，利用名为“try/catch”的关键字来处理异常情况，如果在JSP页面中出现没有捕捉到的异常，就会生成exception对象，并把这个exception对象传送到在page指令中设定的错误页面中，然后在错误提示页面中处理相应的exception对象。exception对象只有在错误页面（在页面指令里有isErrorPage=true的页面）才可以使用。

表4-14列举了比较常用的exception对象的方法。

表4-14　exception对象的常用方法

方　法	说　明
getMessage( )	该方法返回异常消息字符串
getLocalizedMessage( )	该方法返回本地化语言的异常错误
printStackTrace( )	显示异常的栈跟踪轨迹
toString( )	返回关于异常错误的简单信息描述
fillInStackTrace( )	重写异常错误的栈执行轨迹

4.8 小结

本章主要介绍了JSP的内置对象。JSP的内置对象是学习JSP所必须掌握的内容。通过这些对象可以实现很多常用的页面处理功能。例如，使用request对象可以处理客户端浏览器提交的请求中的各项参数，最常用的功能就是获取访问请求参数；使用response对象可以响应客户请求，向客户端输出信息，最常用的功能是重定向网页；使用session对象可以处理客户的会话，最常用的功能就是保存客户信息或实现购物车；使用application对象可以保存所有应用程序中的公有数据，最常用的功能是实现聊天室；out对象用来向客户端输出各种数据类型的内容，最常用的功能就是向页面中输出信息。通过本章的学习，读者完全可以开发出简易留言簿、网站计数器以及购物车等程序。

习 题

4-1 JSP提供的内置对象有哪些？作用分别是什么？
4-2 当表单提交信息中包括汉字时，在获取时应该做怎样的处理？
4-3 如何实现禁用缓存功能？
4-4 如何重定向网页？
4-5 如果用户长时间不操作session对象，用户的session对象会消失吗？
4-6 用户关闭浏览器后，用户的session会立即消失吗？
4-7 如何延长session的过期时间？
4-8 session对象与application对象的区别有哪些？

上机指导

4-1 编写一个简单的留言簿，写入留言提交后显示留言内容。
4-2 编写一个实现页面计数的计数器，要求当刷新页面时，不增加计数。
4-3 编写一个简易购物车，实现向购物车内添加商品、移除指定商品及清空购物车功能。

PART05

第5章 JavaBean技术

本章要点

JavaBean的种类 ■
JavaBean的属性 ■
创建和应用JavaBean ■

■ 本章介绍JSP程序开发中的JavaBean技术，主要包括JavaBean的相关概念、JavaBean中的属性、JavaBean的创建以及JavaBean的应用。通过本章的学习，读者应该了解什么是JavaBean，掌握JavaBean中简单属性和索引属性的应用，掌握如何在Eclipse开发工具中创建JavaBean、如何在JSP页面中应用JavaBean，从而能够应用JavaBean开发程序。

5.1 JavaBean概述

JavaBean概述

JSP较其他同类语言最强有力的方面就是能够使用JavaBean组件，JavaBean组件就是利用Java语言编写的组件，它好比一个封装好的容器，使用者并不知道其内部是如何构造的，但它却具有适应用户要求的功能，每个JavaBean都实现了一个特定的功能，通过合理地组织不同功能的JavaBean，可以快速生成一个全新的应用程序。如果将一个应用程序比作一间空房间，那么这些JavaBean就好比房间中的家具。

5.1.1 JavaBean技术介绍

使用JavaBean的最大优点就在于它可以提高代码的重用性，例如正在开发一个商品信息显示界面，由于商品信息存放在数据库指定表中，此时需要执行连接数据库、查询数据库、显示数据操作，如果将这些数据库操作代码都放入JSP页面中，代码复杂度可以想象，非编程人员根本无法接收这样的代码，这将为开发带来极大的不便。

编写一个成功的JavaBean，宗旨是“一次性编写，任何地方执行，任何地方重用”，这正迎合了当今软件开发的潮流，“简单复杂化”，将复杂需求分解成简单的功能模块，这些模块是相对独立的，可以继承、重用，这样为软件开发提供了一个简单、紧凑、优秀的解决方案。

1. 一次性编写

一个成功的JavaBean组件重用时不需要重新编写，开发者只需要根据需求修改和升级代码即可。

2. 任何地方执行

一个成功的JavaBean组件可以在任何平台上运行，由于JavaBean是基于Java语言编写的，所以它可以轻易移植到各种运行平台上。

3. 任何地方重用

一个成功的JavaBean组件能够被放在多种方案中使用，包括应用程序、其他组件、Web应用等。

JavaBean组件和企业级JavaBean（EJB）组件的概念是不同的。

5.1.2 JavaBean的种类

最初，JavaBean主要应用于可视化领域，现在JavaBean更多应用于非可视化领域，并且在服务器端表现出卓越的性能。

JavaBean按功能可分为两类。

（1）可视化JavaBean。

（2）不可视JavaBean。

可视化JavaBean就是具有GUI图形用户界面的JavaBean；不可视JavaBean就是没有GUI图形用户界面的JavaBean，最终对用户是不可见的，它更多地是被应用到JSP中。

不可视JavaBean又分为值JavaBean和工具JavaBean。值JavaBean严格遵循了JavaBean的命名规范，通常用来封装表单数据，作为信息的容器。例如，下面的JavaBean就为值JavaBean。

【例5-1】值JavaBean示例。

```
public class UserInfo{
    private String name;
    private String password;
    public String getName() {
        return name;
    }
    public void setName(String name) {
        this.name = name;
    }
    public String getPassword() {
        return password;
    }
    public void setPassword(String password) {
        this.password = password;
    }
}
```

该JavaBean可用来封装用户登录时表单中的用户名和密码。

工具JavaBean则可以不遵循JavaBean规范，通常用于封装业务逻辑，数据操作等，例如连接数据库，对数据库进行增、删、改、查和解决中文乱码等操作。工具JavaBean可以实现业务逻辑与页面显示的分离，提高了代码的可读性与易维护性。例如，下面的JavaBean就是一个工具JavaBean，它用来转换字符串中的“<”与“>”字符。

【例5-2】工具JavaBean示例。

```
public class MyTools{
    public String change(String source){
        source=source.replace("<","&lt;");
        source=source.replace(">","&gt;");
        return source;
    }
}
```

5.1.3 JavaBean规范

通常一个标准的JavaBean需遵循以下规范。

（1）实现java.io.Serializable接口；

（2）是一个公共类；

（3）类中必须存在一个无参数的构造函数；

（4）提供对应的set×××()和get×××()方法来存取类中的属性，方法中的“×××”为属性名称，属性的第一个字母应大写。若属性为布尔类型，则可使用is×××()方法代替get×××()方法。

实现java.io.Serializable接口的类实例化的对象被JVM（Java虚拟机）转化为一个字节序列，并且能够将这个字节序列完全恢复为原来的对象，序列化机制可以弥补网络传输中不同操作系统的差异问题。例如，当一台计算机在Windows系统上创建了一个对象，将这个对象序列化，并且通过网络将它发送到一台操作系统为Linux的计算机上，这时不必担心因为操作系统不同，传输的对象会有所改变，因为这个对象会重新准确组装。

作为JavaBean，对象的序列化也是必须的。使用一个JavaBean时，一般情况下是在设计阶段对它的状态信息进行配置，并在程序启动后期恢复，这种具体工作是由序列化完成的。

如果在JSP中使用JavaBean组件，创建的JavaBean不必实现java.io.Serializable接口仍然可以运行。

【例5-3】JavaBean规范示例。

```
public class SimpleJavaBean implements java.io.Serializable{    //继承serializable接口
    public SimpleJavaBean(){}                                    //创建无参构造函数
    private String name;                                         //定义name属性
    private String password;                                     //定义password属性
    public String getName() {                                    //name属性的get ×××()方法
        return name;
    }
    public void setName(String name) {                           //name属性的set ×××()方法
        this.name = name;
    }
    public String getPassword() {                                //password属性的get ×××()方法
        return password;
    }
    public void setPassword(String password) {                   //password属性的set ×××()方法
        this.password = password;
    }
}
```

上述这个JavaBean具备了JavaBean所有特性，声明了3个Sting类型的属性，分别为id、name和password，并且分别为每个属性定义两个方法：set ×××()方法与get ×××()方法。

5.2 JavaBean中的属性

JavaBean中的属性

通常JavaBean中的属性分为以下4种。

（1）简单属性（Simple）。

（2）索引属性（Indexed）。

（3）绑定属性（Bound）。

（4）约束属性（Constrained）。

其中绑定属性和约束属性通常在JavaBean的图形编程中使用，所以在这里不进行介绍，下面来介绍JavaBean中的简单属性和索引属性。

5.2.1 简单属性（Simple）

简单属性就是在JavaBean中对应了简单的set ×××()和get ×××()方法的变量，在创建JavaBean时，简单属性最为常用。

在JavaBean中，简单属性的get ×××()与set ×××()方法如下。

```
public void set ×××(type value);
public type get ×××();
```

其中type表示属性的数据类型，若属性为布尔类型，则可使用is ×××()方法代替get ×××()方法。

【例5-4】简单属性示例。

定义如下简单属性，并定义相应的set ×××()与get ×××()方法进行访问。

```
String name;                              //定义一个String型简单属性
boolean marrid=false;                     //定义一个boolean型简单属性
```

```
public void setName(String name){              //name属性的set×××()方法
    this.name=name;
}
public String getName(){                       //name属性的get×××()方法
    return this.name;
}
public void setMarrid(boolean marrid){         //marrid属性的set×××()方法
    this.marrid=marrid;
}
public Boolean isMarrid(){                     //marrid属性的is×××()方法
    return this.marrid;
}
```

5.2.2 索引属性（Indexed）

需要通过索引访问的属性通常称为索引属性。如存在一个大小为3的字符串数组，若要获取该字符串数组中指定位置中的元素，需要得知该元素的索引，则该字符串数组就被称为索引属性。

在JavaBean中，索引属性的get×××()与set×××()方法如下。

```
public void set×××(type[] value);
public type[] get×××();
public void set×××(int index,type value);
public type get×××(int index);
```

其中type表示属性类型，第一个set×××()方法为简单的set×××()方法，用来为类型为数组的属性赋值，第二个set×××()方法增加了一个表示索引的参数，用来为数组中索引为index的元素赋值为value指定的值；第一个get×××()方法为简单get×××()方法，用来返回一个数组，第二个get×××()方法增加了一个表示索引的参数，用来返回数组中索引为index的元素值。

【例5-5】索引属性示例。

定义如下索引属性，并定义相应的set×××()与get×××()方法进行访问。

```
private String[] select={"A","B","C","D"};              //定义一个类型为字符串数组的索引属性
public void setSelect(String[] mySelect){               //为select数组赋值的set×××()方法
    this.select=mySelect;
}
public String[] getSelect(){                            //获取select数组的get×××()方法
    return this.select;
}
public void setSelect(int index,String single){         //为数组中索引为index的元素赋值的方法
    this.select[index]=single;
}
public String getSelect(int index){                     //获取数组中索引为index的元素值
    return this.select[index];
}
```

5.3 JavaBean的应用

在前面两节中对JavaBean的相关概念进行了介绍，相信读者已经初步了解了什么是JavaBean。那么

JavaBean在JSP中有什么作用，又如何在JSP页面中来应用这些JavaBean呢？本节将向读者讲解JavaBean的应用。

5.3.1 创建JavaBean

创建JavaBean

JavaBean实质上就是一种遵循了特殊规范的Java类，所以创建一个JavaBean，就是在遵循这些规范的基础上创建一个Java类。

在前面几节中已经多次给出了JavaBean的代码，所以在这里不再给出代码进行讲解。读者可以新建一个记事本，然后向记事本中输入代码，最后保存为*.java文件即可完成一个JavaBean的创建。但通常都使用开发工具进行创建，如Eclipse。使用Eclipse开发工具创建JavaBean可以使用工具提供的功能自动生成属性的get ×××()与set ×××()方法，下面介绍如何在Eclipse中创建JavaBean。

【例5-6】在Eclipse下创建JavaBean。

（1）新建一个名为SimpleBean的Web项目。

（2）右击项目中的src目录，并依次选择“新建”/“包”菜单项，在弹出的“新建Java包”对话框中的“名称”文本框中输入包名com.wgh.bean，并单击“完成”按钮完成包的创建。

（3）右击创建的com.wgh.bean包，并依次选择“新建”/“类”菜单项，在弹出的“新建Java类”对话框中的“名称”文本框中输入要创建的JavaBean名，如UserInfo，其他保留默认值，如图5-1所示。

（4）最后单击“完成”按钮，完成JavaBean的初步创建。

（5）Eclipse会自动以默认的与Java文件关联的编辑器打开创建的UserInfo.java文件，如图5-2所示。

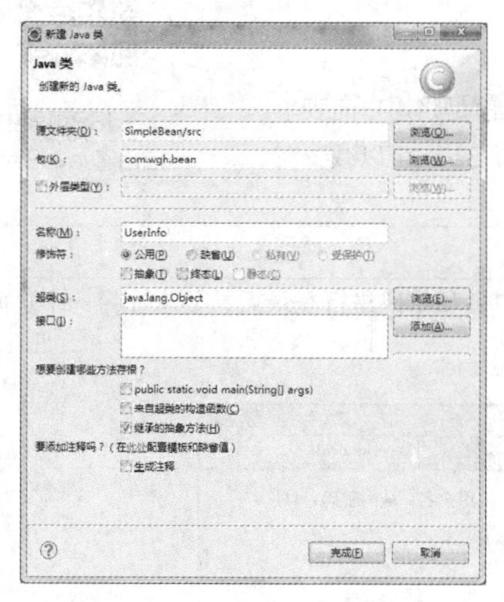

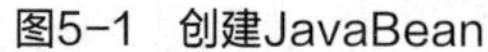

图5-1 创建JavaBean

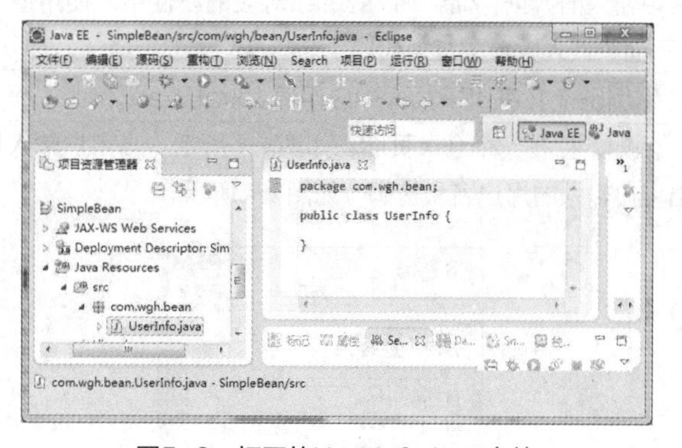

图5-2 打开的UserInfo.java文件

（6）向UserInfo.java中添加name、password等属性，如图5-3所示。

（7）在图5-3所示的光标位置处单击鼠标右键，并依次选择弹出菜单中的“源码”/“生成Getter和Setter”菜单项。

（8）在弹出的“生成Getter和Setter”对话框中，单击“全部选中”按钮，并保留其他选项的默认值，如图5-4所示。

（9）最后单击图5-4中的“确定”按钮，生成属性的get ×××()与set ×××()方法，最终UserInfo类的代码如图5-5所示。

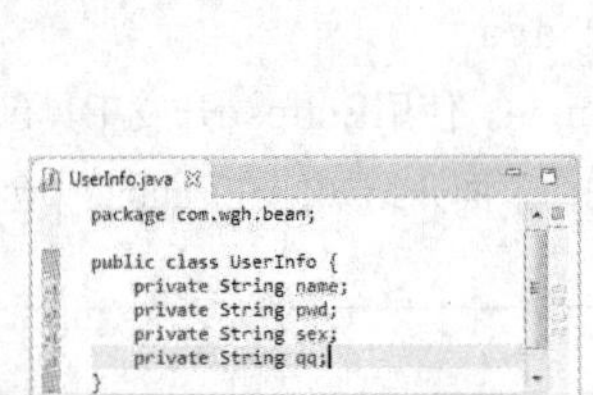

图5-3　添加属性的UserInfo.java

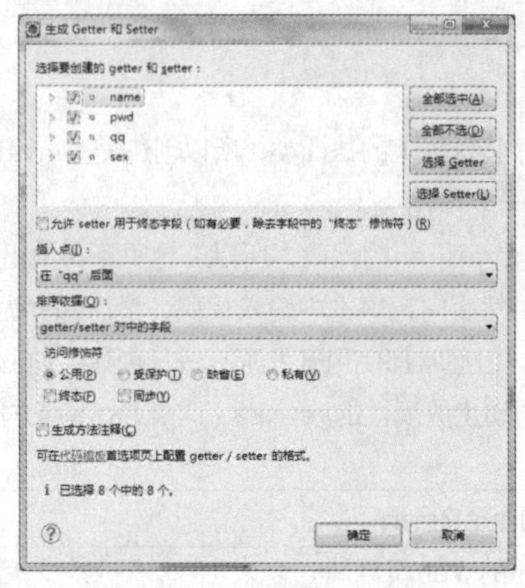

图5-4　选中全部属性

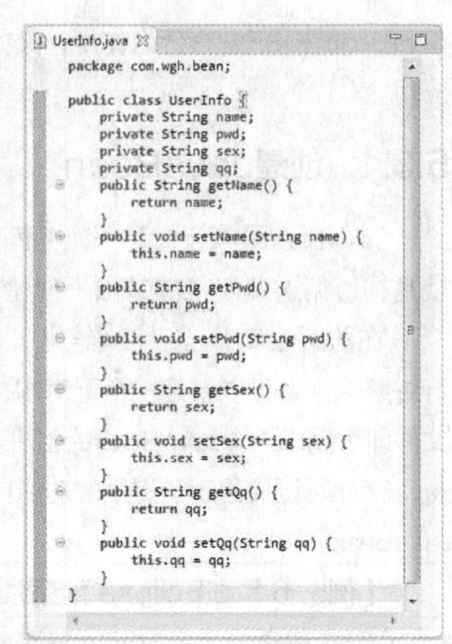

图5-5　UserInfo类最终的代码

5.3.2　在JSP页面中应用JavaBean

在JSP中通常应用的是不可视JavaBean，它又分为值JavaBean和工具JavaBean。本节将介绍如何在JSP页面中应用这两种JavaBean。

无论哪一种JavaBean，当它们被编译成Class文件后，需要放在项目中的WEB-INF\classes目录下，才可以在JSP页面中被调用。

在JSP页面中应用值JavaBean

1. 在JSP页面中应用值JavaBean

值JavaBean作为信息的容器，通常用来封装表单数据，也就是将用户向表单字段中输入的数据存储到JavaBean对应的属性中。使用值JavaBean可以减少在JSP页面中嵌入大量的Java代码。

【例5-7】在JSP页面中应用值JavaBean。

例如，存在一个登录页面，如图5-6所示。当用户输入用户名和密码进行登录后，要求在另一个页面中输出用户输入的用户名和密码，如图5-7所示。

图5-6　登录页面

图5-7　获取登录信息

先来看一下在不使用JavaBean时，如何实现上述功能。

（1）先创建登录页面index.jsp，页面运行效果如图5-6所示，index.jsp页面的关键代码如下。

```
<form action="doLogon.jsp">
    <h2>用户登录</h2>
    用户名：<input type="text" name="userName">
    <br>
    密  码：<input type="password" name="userPass">
    <br>
```

```
        <input type="submit" value="登录">
        <input type="reset" value="重置">
    </form>
```

页面中实现了一个Form表单，表单中存在userName和userPass两个字段分别表示用户名和密码，该表单将被提交给doLogon.jsp页面进行处理。

（2）创建表单处理页面doLogon.jsp，在该页面中通过request对象来获取通过表单传递的参数。doLogon.jsp页面的代码如下。

```
<%
    String name=request.getParameter("userName");              //获取表单中userName字段值
    if(name==null)name="";
    String password=request.getParameter("userPass");          //获取表单中userPass字段值
    if(password==null)password="";
%>
<center>
    <b>用户名：</b><%=name %>                                  <!-- 输出用户名 -->
    <b>密码：</b><%=password %>                                <!-- 输出密码 -->
</center>
```

提交表单后，表单字段的值会被自动添加到请求中以参数进行传递，所以可通过request对象的getParameter( )方法来获取表单字段值。

（3）访问index.jsp页面，输入用户“wgh”、密码“111”后，单击“登录”按钮，将出现图5-7所示的运行结果。

上面的方法是通过request对象获取表单中的数据，下面来介绍如何应用值JavaBean获取表单中的数据。

（1）先创建登录页面index.jsp，代码请参看上面创建的index.jsp页面代码。

（2）创建名为User的值JavaBean，该Bean中的属性要与index.jsp登录页面中表单的字段一一对应。User类的代码如下。

```
package com.yxq.bean;

public class User {
    private String userName;                  //对应表单中userName字段
    private String userPass;                  //对应表单中userPass字段
    public String getUserName() {
        return userName;
    }
    public void setUserName(String userName) {
        this.userName = userName;
    }
    public String getUserPass() {
        return userPass;
    }
    public void setUserPass(String userPass) {
        this.userPass = userPass;
    }
}
```

（3）创建表单处理页面doLogon.jsp，在该页面中通过调用值JavaBean来获取表单数据。doLogon.jsp页面的代码如下。

```
<%@ page contentType="text/html;charset=gb2312" %>
<jsp:useBean id="user" class="com.yxq.bean.User">
    <jsp:setProperty name="user" property="*"/>
</jsp:useBean>
<center>
    <b>用户名：</b><jsp:getProperty name="user" property="userName"/>
    <b>密码：</b><jsp:getProperty name="user" property="userPass"/>
</center>
```

（4）访问index.jsp页面，输入用户“wgh”、密码“111”后，单击“登录”按钮，将出现图5-7所示的运行结果。

该方法在第（3）步骤中通过调用JavaBean来获取表单中的数据，在代码中读者可以看到应用到了<jsp:useBean>、<jsp:setProperty>和<jsp:getProperty>标识。

<jsp:useBean>标识用来创建一个Bean实例，标识中的id属性用来指定一个变量，程序中将使用该变量名对所创建的Bean实例进行引用，class属性指定了一个完整的类名。当该标识被执行时，程序首先会在指定范围内查找以id属性值为实例名称、以class属性值为类型的实例，如果不存在，那么会通过new操作符创建该实例。

<jsp:setProperty>标识通常情况下与<jsp:useBean>标识一起使用，它将调用由<jsp:useBean>标识创建的Bean实例中的setXxx( )方法将请求中的参数赋值给Bean中对应的属性。标识中的name属性用来指定一个Bean实例，property为标识必须存在的属性，可选值为“*”或指定Bean中的属性。当取值为“*”时，则request请求中的所有参数的值将被一一赋给Bean中与参数具有相同名字的属性；若取值为Bean中的属性，则只会将request请求中与该属性同名的一个参数的值赋给这个Bean属性，若此时指定了param属性，那么请求中参数的名称与Bean属性名可以不同。

<jsp:getProperty>属性用来从指定的Bean中读取指定属性的值，并输出到页面中。标识中的name属性用来指定一个Bean实例，property属性指定了要获取由name属性指定的Bean中的那个属性的值。若它指定的值为userName，那么Bean中必须存在getUserName( )方法。

关于对<jsp:useBean>、<jsp:setProperty>和<jsp:getProperty>标识的详细介绍，读者可查看本书3.5节中的内容。

在JSP页面中获取表单数据时，可通过应用JavaBean来获取。

2. 在JSP页面中应用工具JavaBean

工具JavaBean通常用于封装业务逻辑、数据操作等，例如连接数据库，对数据库进行增、删、改、查和解决中文乱码等操作。使用工具JavaBean可以实现业务逻辑与前台程序的分离，提高了代码的可读性与易维护性。

【例5-8】在JSP页面中应用工具JavaBean。

例如，在实现用户留言功能时，要将用户输入的留言标题和留言内容输出到页面中。若用户输入的信息中存在HTML语法中的“<”和“>”标识，如输入<input type=" text">，则将该内容输出到页面后，会显示一个文本框，如图5-8所示；但预先设想的是原封不动地输出用户输入的内容。解决该问题的方法是在输出内容之前，将内容中的“<”和“>”等HTML中的特殊字符进行转换，如将“<”转换为“<”，将“>”转换为“>”，这样当浏览器遇到“<”时，就会输出“<”字符，如图5-9所示。

在JSP页面中应用工具JavaBean

图5-8　转换前显示的用户留言信息

图5-9　转换后显示的用户留言信息

先来看一下在不使用工具JavaBean时如何编码来解决上述问题。

（1）创建填写留言信息的index.jsp页面，在该页面中实现一个表单，并向表单中添加两个字段分别表示留言标题和留言内容，index.jsp页面的关键代码如下。

```
<form action="doWord.jsp" method="post">
    <h2>用户留言</h2>
    标题：<input type="text" name="title" size="26">
    <br>
    内容：<textarea name="content" rows="5" cols="25"></textarea>
    <br><br>
    <input type="submit" value="留言">
    <input type="reset" value="重置">
</form>
```

（2）创建表单处理页doWord.jsp，在该页面中首先通过request对象获取表单数据，然后调用String类的replace()方法替换掉数据中的“<”和“>”字符。doWord.jsp页面的代码如下。

```
<%
    request.setCharacterEncoding("gb2312");
    String title=request.getParameter("title");              //获取留言标题
    String content=request.getParameter("content");          //获取留言内容
    if(title==null)title="";
    if(content==null)content="";

    title=title.replace("<","&lt;");                 //替换标题中的"<"字符
    title=title.replace(">","&gt;");                 //替换标题中的">"字符
    content=content.replace("<","&lt;");             //替换内容中的"<"字符
    content=content.replace(">","&gt;");             //替换内容中的">"字符
%>
标题：<%=title%>
<br>
内容：<%=content%>
```

（3）访问index.jsp页面，输入标题“HTML”，内容“<input type="text">”后，单击“留言”按钮，将会看到图5-9所示的运行结果。

上面的方法直接在JSP页面中编码实现字符的转换，下面来介绍如何应用工具JavaBean来实现字符的转换。

（1）先创建填写留言信息的index.jsp页面，代码请参看上面创建的index.jsp页面代码。

（2）创建名为MyTools的工具JavaBean，在该Bean中创建一个方法，该方法存在一个String型参数，在方法体内编码实现对该参数进行字符转换的操作。MyTools类的代码如下。

```
package com.yxq.bean;

public class MyTools {
```

```
    public static String change(String str){
        str=str.replace("<","&lt;");
        str=str.replace(">","&gt;");
        return str;
    }
}
```

代码中的change( )方法通过static修饰符将方法修饰为静态方法，这样就可以直接通过MyTools类名来访问change( )方法了。

（3）创建表单处理页doWord.jsp，在该页面中首先通过page指令导入MyTools类，然后获取表单数据，接着调用MyTools类中的change( )方法转换表单数据。doWord.jsp页面的代码如下。

```
<%@ page import="com.yxq.bean.MyTools" %>
<%
    request.setCharacterEncoding("gb2312");
    String title=request.getParameter("title");                    //获取留言标题
    String content=request.getParameter("content");                //获取留言内容
    if(title==null)title="";
    if(content==null)content="";

    title=MyTools.change(title);                //调用change( )方法转换标题中的"<"和">"字符
    content=MyTools.change(content);            //调用change( )方法转换内容中的"<"和">"字符
%>
标题：<%=title%>
<br>
内容：<%=content%>
```

（4）访问index.jsp页面，输入标题“HTML”，内容“<input type="text">”后，单击“留言”按钮，将会看到图5-9所示的运行结果。

5.4 JavaBean的应用实例

5.4.1 应用JavaBean解决中文乱码

应用JavaBean
解决中文乱码

在JSP程序开发中，通过表单提交的数据中若存在中文，则获取该数据后输出到页面中将显示乱码，如图5-10所示。所以在输出获取的表单数据之前，必须进行转码操作。将该转码操作在JavaBean中实现，可在开发其他项目时重复使用，避免了重复编码。下面通过一个实例来介绍如何应用JavaBean解决中文乱码问题。

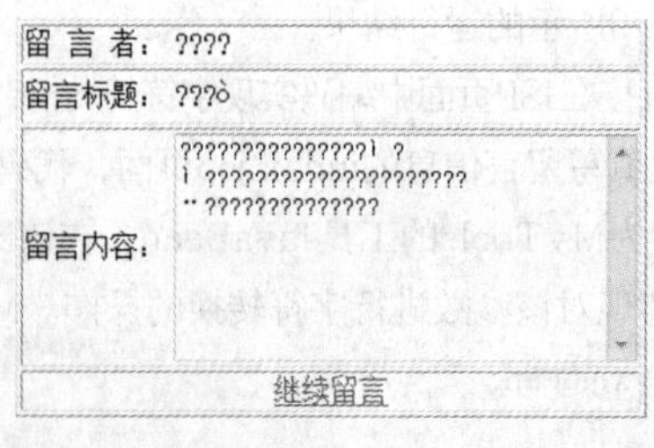

图5-10 提交表单后生成乱码

【例5-9】应用JavaBean解决中文乱码。

（1）创建填写留言信息的index.jsp页面，在该页面中实现一个表单，设置表单被提交给doword.jsp页面进行处理，并向表单中添加author，title和content三个字段，分别用来表示留言者、留言标题和留言内容。index.jsp页面的关键代码如下。

```
<form action="doword.jsp" method="post">
    <table border="1" rules="rows">
        <tr height="30">
            <td>留 言 者：</td>
            <td><input type="text" name="author" size="20"></td>
        </tr>
        <tr height="30">
            <td>留言标题：</td>
            <td><input type="text" name="title" size="35"></td>
        </tr>
        <tr>
            <td>留言内容：</td>
            <td><textarea name="content" rows="8" cols="34"></textarea></td>
        </tr>
        <tr align="center" height="30">
            <td colspan="2">
                <input type="submit" value="提交">
                <input type="reset" value="重置">
            </td>
    </table>
</form>
```

（2）创建用来封装表单数据的值JavaBean——WordSingle。该JavaBean存在author，title和content三个属性，分别用来存储index.jsp页面中表单的留言者、留言标题和留言内容字段。WordSingle的关键代码如下。

```
package com.yxq.valuebean;

public class WordSingle {
    private String author;                    //存储留言者
    private String title;                     //存储留言标题
    private String content;                   //存储留言内容
    …//省略了属性的set ×××()与get ×××()方法
}
```

（3）创建进行转码操作的工具JavaBean——MyTools。在该Bean中创建一个方法，该方法存在一个String型参数，在方法体内编码实现对该参数进行转码的操作。MyTools类的代码如下。

```
package com.yxq.toolbean;

import java.io.UnsupportedEncodingException;
public class MyTools {
    public static String toChinese(String str){
        if(str==null)    str="";
        try {
            //通过String类的构造方法将，指定的字符串转换为"gb2312"编码
            str=new String(str.getBytes("ISO-8859-1"),"gb2312");
```

```
        } catch (UnsupportedEncodingException e) {
            str="";
            e.printStackTrace();
        }
        return str;
    }
}
```

（4）创建表单处理页doword.jsp，该页面主要用来接收表单数据，然后将请求转发到show.jsp页面来显示用户输入的留言信息。dowoard.jsp页面的具体代码如下。

```
<%@ page contentType="text/html; charset=gb2312"%>
<jsp:useBean id="myWord" class="com.yxq.valuebean.WordSingle" scope="request">
    <jsp:setProperty name="myWord" property="*"/>
</jsp:useBean>
<jsp:forward page="show.jsp"/>
```

页面中通过调用<jsp:useBean>和<jsp:setProperty>标识将表单数据封装到WordSingle中，并将该JavaBean存储到request范围中。这样，当请求转发到show.jsp页面后，就可从request中获取该JavaBean。

（5）创建显示留言信息的show.jsp页面，在该页面中将获取在doword.jsp页面中存储的JavaBean，然后调用JavaBean中的get×××()方法获取留言信息，若在这里直接将通过get×××()方法获取的信息输出到页面中，就会出现图5-10所示的乱码，所以还需要调用MyTools工具JavaBean中的toChinese()方法进行转码操作。show.jsp页面的关键代码如下。

```
<%@ page contentType="text/html; charset=gb2312"%>
<%@ page import="com.yxq.toolbean.MyTools" %>
<!-- 获取request范围内名称为myWord的WordSingle类实例 -->
<jsp:useBean id="myWord" class="com.yxq.valuebean.WordSingle" scope="request"/>
    …//省略了部分HTML代码
    <table border="1" height="200" rules="rows">
        <tr>
            <td align="center">留 言 者：</td>
            <!-- 获取留言者后进行转码操作 -->
            <td><%=MyTools.toChinese(myWord.getAuthor()) %></td>
        </tr>
        <tr height="30">
            <td align="center">留言标题：</td>
            <!-- 获取留言标题后进行转码操作 -->
            <td><%=MyTools.toChinese(myWord.getTitle()) %></td>
        </tr>
        <tr>
            <td align="center">留言内容：</td>
            <!-- 获取留言内容后进行转码操作 -->
            <td>
                <textarea rows="8" cols="34" readonly>
                    <%=MyTools.toChinese(myWord.getContent()) %>
                </textarea>
            </td>
        </tr>
        <tr><td colspan="2" align="center"><a href="index.jsp">继续留言</a></td>
    </table>
```

（6）访问index.jsp页面，输入内容后提交表单，最终出现图5-11所示的运行结果。

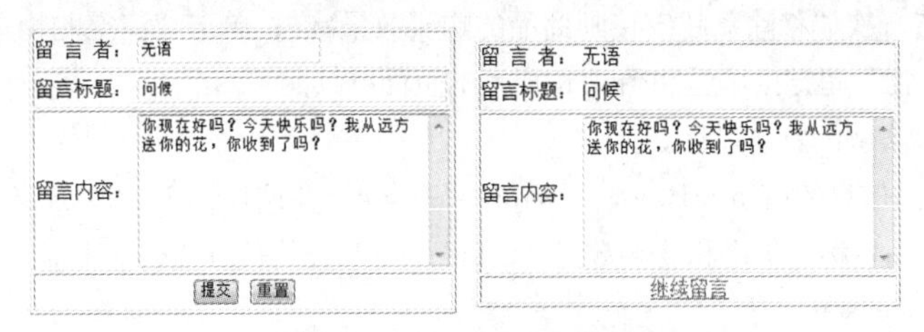

图5-11 转码后的留言信息

至此，应用JavaBean解决中文乱码的实例创建完成。通过本实例的学习，读者应该掌握如何解决程序中出现的中文乱码问题。另外，在实例中应用了<jsp:useBean>和<jsp:setProperty>标识将表单数据保存到值JavaBean中，这样可以避免在JSP页面中编写Java代码来实现。

这里应注意的是：如果读者想通过本实例中应用的<jsp:setProperty name="myWord" property="*"/>标识自动将表单数据填充到值JavaBean中，那么在表单中各字段的名称要与值JavaBean中的属性名称一一对应。

在本实例的MyTools类中通过了static修饰符将解决中文乱码的toChinese( )方法定义为一个静态方法，所以在JSP页面中调用toChinese( )方法处理乱码问题时，首先需要通过page指令中的import语句导入MyTools类，然后再通过MyTools类名来调用toChinese( )方法。这里读者需要注意的是：不应使用<jsp:useBean>标识创建一个MyTools类的实例，然后通过该实例来调用toChinese( )方法，因为toChinese( )为静态方法，类中的静态方法应直接通过类进行调用。

5.4.2 应用JavaBean实现购物车

购物车相信大家都已经非常熟悉，在现实生活中，购物车是商场提供给顾客用来存放自己所挑选商品的工具，顾客还可以从购物车中拿出不打算购买的商品。在Web程序开发中，购物车的概念被应用到了网络电子商城中，用户同样可对该购物车进行商品的添加和删除操作，并且购物车会自动计算出用户需要交付的费用。

应用JavaBean实现购物车

本节将介绍应用JavaBean实现一个简单购物车的实例，该购物车实现了商品的添加、删除和清空所有商品的功能。

【例5-10】应用JavaBean实现购物车。

下面先来介绍运行该实例后的操作流程。

首先，用户在商品列表页面中单击“购买”超链接向购物车中添加选择的商品，如图5-12所示。对于同一个商品，每单击一次“购买”超链接，则购物车中该商品的购买数量加1。

然后，单击“查看购物车”超链接，查看自己的购物车，如图5-13所示。

提供商品如下

名称	价格（元/斤）	购买
苹果	2.8	购买
香蕉	3.1	购买
梨	2.5	购买
橘子	2.3	购买

查看购物车

图5-12 选择商品

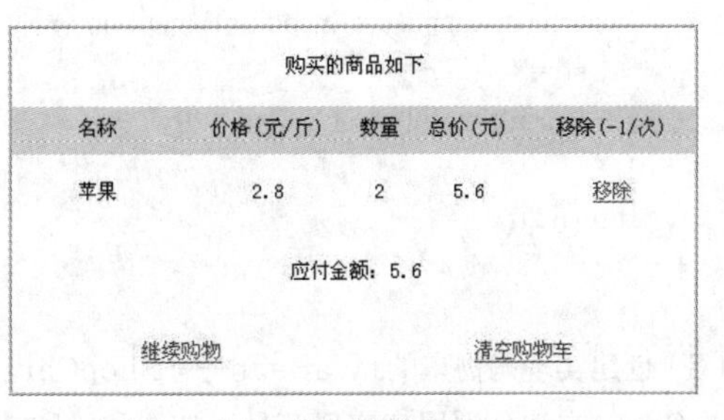
购买的商品如下

名称	价格（元/斤）	数量	总价（元）	移除（-1/次）
苹果	2.8	2	5.6	移除

应付金额：5.6

继续购物　清空购物车

图5-13 购物车

在图5-13所示的购物车中显示了用户购买的商品以及应付的金额，用户可通过单击“移除”超链接删除相应的商品，每单击一次“移除”超链接则商品的购买数量减1；单击“清空购物车”超链接可删除所有的商品；单击“继续购物”超链接可返回图5-12所示的页面继续购买商品。

下面来讲解实现该实例的具体过程。

（1）创建封装商品信息的值JavaBean——GoodsSingle。在该JavaBean中定义了name、price和num属性，分别用来保存商品名称、价格和购买数量。GoodsSingle类的关键代码如下。

```
package com.yxq.valuebean;

public class GoodsSingle {
    private String name;              //保存商品名称
    private float price;              //保存商品价格
    private int num;                  //保存商品购买数量
    …//省略了属性的set ××× ()和get ××× ()方法
}
```

（2）创建工具JavaBean——MyTools。MyTools用来实现将String型数据转换为int型数据和解决中文乱码问题的操作，MyTools类的代码如下。

```
package com.yxq.toolbean;

import java.io.UnsupportedEncodingException;

public class MyTools {
    public static int strToint(String str){      //将String型数据转换为int型数据的方法
        if(str==null||str.equals(""))
            str="0";
        int i=0;
        try{
            i=Integer.parseInt(str)
        }catch(NumberFormatException e){
            i=0;
            e.printStackTrace();
        }
        return i;
    }
    public static String toChinese(String str){      //进行转码操作的方法
        if(str==null)
            str="";
        try {
            str=new String(str.getBytes("ISO-8859-1"),"gb2312");
        } catch (UnsupportedEncodingException e) {
            str="";
            e.printStackTrace();
        }
        return str;
    }
}
```

（3）创建实现购物车的JavaBean——ShopCar。在ShopCar类中创建了addItem( )、removeItem( )和clearCar( )方法分别用来实现商品添加、移除和清空购物车的操作。ShopCar类存在一个重要的属性

buylist，其属性类型为ArrayList集合对象，该属性用来保存用户购买的商品，对于商品的添加、删除和清空购物车的操作主要就是针对buylist属性进行的操作。ShopCar类中只实现了buylist属性的getXxx( )方法，所以在JSP页面中只能读取buylist属性值。ShopCar类的具体代码如下。

```
package com.yxq.toolbean;

import java.util.ArrayList;
import com.yxq.valuebean.GoodsSingle;

public class ShopCar {
    private ArrayList buylist=new ArrayList( );      //用来存储购买的商品
    public ArrayList getBuylist( ) {
        return buylist;
    }
    /**
     * @功能 向购物车中添加商品
     * @参数 single为GoodsSingle类对象，封装了要添加的商品信息
     */
    public void addItem(GoodsSingle single){
        if(single!=null){
            if(buylist.size( )==0){                          //如果buylist中不存在任何商品
                GoodsSingle temp=new GoodsSingle( );
                temp.setName(single.getName( ));
                temp.setPrice(single.getPrice( ));
                temp.setNum(single.getNum( ));
                buylist.add(temp);                           //存储商品
            }
            else{                                            //如果buylist中存在商品
                int i=0;
                //遍历buylist集合对象，判断该集合中是否已经存在当前要添加的商品
                for(;i<buylist.size( );i++){
                    //获取buylist集合中当前元素
                    GoodsSingle temp=(GoodsSingle)buylist.get(i);
                    //判断从buylist集合中获取的当前商品的名称是否与要添加的商品的名称相同
                    if(temp.getName( ).equals(single.getName( ))){
                        //如果相同，说明已经购买了该商品，只需要将商品的购买数量加1
                        temp.setNum(temp.getNum( )+1);       //将商品购买数量加1
                        break;                               //结束for循环
                    }
                }
                if(i>=buylist.size( )){              //说明buylist中不存在要添加的商品
                    GoodsSingle temp=new GoodsSingle( );
                    temp.setName(single.getName( ));
                    temp.setPrice(single.getPrice( ));
                    temp.setNum(single.getNum( ));
                    buylist.add(temp);                       //存储商品
                }
            }
        }
```

```
    }
    /**
     * @功能 从购物车中移除指定名称的商品
     * @参数 name表示商品名称
     */
    public void removeItem(String name){
        for(int i=0;i<buylist.size();i++){                      //遍历buylist集合，查找指定名称的商品
            GoodsSingle temp=(GoodsSingle)buylist.get(i);       //获取集合中当前位置的商品
            //如果商品的名称为name参数指定的名称
            if(temp.getName().equals(MyTools.toChinese(name))){
                if(temp.getNum()>1){                            //如果商品的购买数量大于1
                    temp.setNum(temp.getNum()-1);//则将购买数量减1
                    break;                                      //结束for循环
                }
                else if(temp.getNum()==1){                      //如果商品的购买数量为1
                    buylist.remove(i);                          //从buylist集合对象中移除该商品
                }
            }
        }
    }
    /**
     * @功能 清空购物车
     */
    public void clearCar(){
        buylist.clear();                                        //清空buylist集合对象
    }
}
```

以上代码就是实现了购物车的JavaBean，通过调用该Bean中的addItem( )方法，用户可以将选购的物品保存到buylist集合对象中。调用该方法时，要求传递一个GoodsSingle类对象，该对象封装了商品信息。细心的读者会看到，当buylist集合对象中不存在任何商品时，并不是直接将通过参数传递的single对象存储到buylist集合对象中。这是因为将对象作为参数进行传递时，传递的是该对象在内存中存储的地址，而不是一个新的对象，而single对象是从goodslist集合中获取后传递给addItem( )方法的。如果直接将该single对象存储到buylist集合对象中，则会造成与goodslist集合对象存储了同一个GoodsSingle类对象的结果，这样的话，再对buylist集合对象中的该single对象操作，就会影响goodslist集合对象中对应的GoodsSingle类对象。

（4）创建实例的首页面index.jsp，在该页面中初始化商品信息列表，然后将请求转发到show.jsp页面显示商品，如图5-12所示。该初始化操作主要就是将每个商品信息封装到对应的GoodsSingle类对象中，然后将GoodsSingle类对象存储到ArrayList集合对象中，最后将该ArrayList集合对象保存到session范围内。在这里，为了简单起见，将商品的信息写在了JSP中，在实际的开发中，商品信息都是保存到数据库中，商品信息列表的初始化是通过查询数据库获取商品信息结果集后封装到JavaBean中的。index.jsp页面的具体代码如下。

```
<%@ page contentType="text/html;charset=gb2312"%>
<%@ page import="java.util.ArrayList" %>
<%@ page import="com.yxq.valuebean.GoodsSingle" %>
<%!
    static ArrayList goodslist=new ArrayList();                 //用来存储商品
    static{                                                     //静态代码块
        String[] names={"苹果","香蕉","梨","橘子"};              //商品名称
        float[] prices={2.8f,3.1f,2.5f,2.3f};                   //商品价格
```

```
        for(int i=0;i<4;i++){                                       //初始化商品信息列表
            //定义一个GoodsSingle类对象来封装商品信息
            GoodsSingle single=new GoodsSingle();
            single.setName(names[i]);                               //封装商品名称信息
            single.setPrice(prices[i]);                             //封装商品价格信息
            single.setNum(1);                                       //封装购买数量信息
            goodslist.add(i,single);                                //保存商品到goodslist集合对象中
        }
    }
%>
<%
    session.setAttribute("goodslist",goodslist);                    //保存商品列表到session中
    response.sendRedirect("show.jsp");                              //跳转到show.jsp页面显示商品
%>
```

在上述代码中通过static修饰符定义了一个静态代码块，商品信息列表的初始化就是在该代码块中实现的，即static{…}中的代码。请求访问index.jsp页面时，会先来执行静态代码块中的代码。静态代码块中的代码只在请求第一次访问时执行，这样，当用户重复访问index.jsp页面时，就不会重复执行商品列表的初始化操作了。

在JSP页面中只能在声明标识中定义静态代码块，即在“<%!”与“%>”之间声明，而不能在脚本程序中定义；并且在静态代码块中只能访问静态变量，所以在声明goodslist集合对象时，也需要通过static修饰符进行修饰。

（5）创建show.jsp页面，在该页面中显示在index.jsp页面中初始化的商品列表。页面中首先获取存储在sessuib范围中的goodslist集合对象，然后遍历goodslist集合依次输出存储的商品。show.jsp页面的关键代码如下。

```
<%@ page contentType="text/html;charset=gb2312"%>
<%@ page import="java.util.ArrayList" %>
<%@ page import="com.yxq.valuebean.GoodsSingle" %>
<%  ArrayList goodslist=(ArrayList)session.getAttribute("goodslist");  %>
<table border="1" width="450" rules="none" cellspacing="0" cellpadding="0">
    <tr height="50"><td colspan="3" align="center">提供商品如下</td></tr>
    <tr align="center" height="30" bgcolor="lightgrey">
        <td>名称</td>
        <td>价格(元/斤)</td>
        <td>购买</td>
    </tr>
    <% if(goodslist==null||goodslist.size()==0){ %>
    <tr height="100"><td colspan="3" align="center">没有商品可显示！</td></tr>
    <%
        }
        else{
            for(int i=0;i<goodslist.size();i++){
                GoodsSingle single=(GoodsSingle)goodslist.get(i);
    %>
    <tr height="50" align="center">
        <td><%=single.getName()%></td>
        <td><%=single.getPrice()%></td>
```

```
            <td><a href="docar.jsp?action=buy&id=<%=i%>">购买</a></td>
        </tr>
        <%
                }
            }
        %>
        <tr height="50">
            <td align="center" colspan="3"><a href="shopcar.jsp">查看购物车</a></td>
        </tr>
    </table>
```

触发代码中实现的“购买”超链接后将请求docar.jsp页面，并向请求中传递action和id两个参数。action表示用户执行的操作，id则表示商品在goodslist中存储的位置；触发“查看购物车”超链接后将进入shopcar.jsp页面，查看购物车。

（6）创建docar.jsp页面，docar.jsp用来处理用户触发的“购买”“移除”和“清空购物车”操作。在该页面中通过获取请求中传递的action参数来判断当前请求的是什么操作。docar.jsp页面的具体代码如下。

```
<%@ page contentType="text/html;charset=gb2312"%>
<%@ page import="java.util.ArrayList" %>
<%@ page import="com.yxq.valuebean.GoodsSingle" %>
<%@ page import="com.yxq.toolbean.MyTools" %>
<jsp:useBean id="myCar" class="com.yxq.toolbean.ShopCar" scope="session"/>
<%
    String action=request.getParameter("action");
    if(action==null)
        action="";
    if(action.equals("buy")){                       //购买商品
        ArrayList goodslist=(ArrayList)session.getAttribute("goodslist");
        int id=MyTools.strToint(request.getParameter("id"));
        GoodsSingle single=(GoodsSingle)goodslist.get(id);
        myCar.addItem(single);                      //调用ShopCar类中的addItem()方法添加商品
        response.sendRedirect("show.jsp");
    }
    else if(action.equals("remove")){               //移除商品
        String name=request.getParameter("name");       //获取商品名称
        myCar.removeItem(name);                     //调用ShopCar类中的removeItem()方法移除商品
        response.sendRedirect("shopcar.jsp");
    }
    else if(action.equals("clear")){                //清空购物车
        myCar.clearCar();                           //调用ShopCar类中的clearCar()方法清空购物车
        response.sendRedirect("shopcar.jsp");
    }
    else{
        response.sendRedirect("show.jsp");
    }
%>
```

代码中通过应用<jsp:useBean>标识来调用ShopCar类，注意，此时scope属性的值必须设置为session。这样，当用户第一次触发show.jsp页面中的“购买”超链接请求docar.jsp页面购买商品时，会创建一个ShopCar类实例并保存到session范围中，当用户再次触发“购买”请求后，session中已经存在ShopCar类的实例，因此会直接从session中取出该实例进行操作，而不是重新创建一个ShopCar类实例；如果设置为page或request，则每次触发“购买”请求时，会重新创建ShopCar类实例，这就使得之前购买的商品都不存在了；如果设置为application，那么就会使得所有的访问用户共享一个购物车，而不是每人都拥有自己的购物车。

程序中用来保存用户购买商品的是buylist集合对象，因为buylist是ShopCar类中的属性，所以将ShopCar类实例保存到session范围内后，使得 buylist集合对象的有效范围也变为了session，这就使得每个用户的session中都有一个buylist集合对象，即每个用户都拥有了一个购物车。

（7）创建shopcar.jsp页面，该页面用来显示用户购买的商品。在页面中，首先通过<jsp:useBean>标识获取在docar.jsp页面中存储在session中的ShopCar类实例，即购物车，然后获取ShopCar类实例中用来保存购买的商品的buylist集合对象，最后遍历该集合对象，输出购买的商品。shopcar.jsp页面的关键代码如下。

```
<%@ page contentType="text/html;charset=gb2312"%>
<%@ page import="java.util.ArrayList" %>
<%@ page import="com.yxq.valuebean.GoodsSingle" %>
<!-- 通过动作标识，获取ShopCar类实例 -->
<jsp:useBean id="myCar" class="com.yxq.toolbean.ShopCar" scope="session"/>
<%
    ArrayList buylist=myCar.getBuylist();              //获取实例中用来存储购买的商品的集合
    float total=0;                                     //用来存储应付金额
%>

<table border="1" width="450" rules="none" cellspacing="0" cellpadding="0">
    <tr height="50"><td colspan="5" align="center">购买的商品如下</td></tr>
    <tr align="center" height="30" bgcolor="lightgrey">
        <td width="25%">名称</td>
        <td>价格(元/斤)</td>
        <td>数量</td>
        <td>总价(元)</td>
       <td>移除(-1/次)</td>
    </tr>
    <%    if(buylist==null||buylist.size()==0){ %>
    <tr height="100"><td colspan="5" align="center">您的购物车为空！ </td></tr>
    <%
     }
     else{
         for(int i=0;i<buylist.size();i++){
             GoodsSingle single=(GoodsSingle)buylist.get(i);
             String name=single.getName();                   //获取商品名称
             float price=single.getPrice();                  //获取商品价格
```

```
            int num=single.getNum();                    //获取购买数量
            //计算当前商品总价，并进行四舍五入
            float money=((int)((price*num+0.05f)*10))/10f;
            total+=money;                               //计算应付金额
    %>
    <tr align="center" height="50">
        <td><%=name%></td>
        <td><%=price%></td>
        <td><%=num%></td>
        <td><%=money%></td>
        <td>
            <a href="docar.jsp?action=remove&name=<%=single.getName() %>">移除</a>
        </td>
    </tr>
    <%
            }
        }
    %>
    <tr height="50" align="center"><td colspan="5">应付金额：<%=total%></td></tr>
    <tr height="50" align="center">
        <td colspan="2"><a href="show.jsp">继续购物</a></td>
        <td colspan="3"><a href="docar.jsp?action=clear">清空购物车</a></td>
    </tr>
</table>
```

至此，应用JavaBean实现购物车的实例创建完成。在本实例中分别创建了保存商品信息的值JavaBean——GoodsSingle，工具JavaBean——MyTools和实现购物车的JavaBean——ShopCar。在MyTools工具JavaBean中实现一个将字符串转换为int型数据方法，该方法主要是通过调用Integer类的parseInt( )方法实现的。这里读者需要注意的是，在调用parseInt( )方法时，需要应用try/catch语句来捕获可能发生的异常。在ShopCar类中创建了一个addItem( )方法用来实现添加商品到购物车的操作，该方法将用来存储商品信息的GoodsSingle类对象作为参数，这里读者应牢记：将对象作为参数进行传递时，传递的是该对象在内存中存储的地址，并不是一个新的对象，清楚这一点，才不至于在开发程序时出现错误，具体讲解可查看本实例第（3）步骤中的内容。另外需要注意的是，用来实现购物车的JavaBean要将其保存到session范围中，而不是其他的范围，如request和application。

5.5 小结

本章首先介绍了JavaBean的相关概念，包括了JavaBean技术、JavaBean的种类和JavaBean规范。然后介绍了JavaBean中的属性，在这些属性中重点介绍了简单属性和索引属性。接下来介绍了JavaBean的应用。在介绍JavaBean的应用时，首先介绍了如何在Eclipse中创建JavaBean，然后介绍了如何在JSP页面中应用JavaBean，在介绍过程中分别实现了应用JavaBean和不应用JavaBean的两个例子，通过这两个例子来体现应用JavaBean的优点。最后，本章给出了应用JavaBean开发的两个实例。通过阅读本章，读者可以熟悉JavaBean并且掌握JavaBean的使用，为以后更深入地学习打好基础。

习 题

5-1 什么是JavaBean？使用JavaBean的优点是什么？

5-2 按功能JavaBean可分为哪几种？在JSP中最为常用的是哪一种？

5-3 在JSP中一个标准的JavaBean需要具备哪些条件？

5-4 分别介绍值JavaBean与工具JavaBean的作用。

5-5 JavaBean具有哪几种属性？在JSP中比较常用的是哪些属性？

5-6 以下对JavaBean的描述正确的是？

（A）创建的JavaBean必须实现java.io.Serializable接口。

（B）编译后的JavaBean放在项目中的任何目录下，在JSP页面中都可以被调用。

（C）JavaBean最终是被保存到后缀名为jsp的文件中。

（D）JavaBean实质上就是一个Java类。

（E）在JSP页面中只有通过<jsp:useBean>动作标识才可以调用JavaBean。

上机指导

5-1 应用Eclipse创建一个名为BookInfo的值JavaBean，要求该JavaBean具有name、price、stock和author简单属性，属性类型为String。

5-2 应用Eclipse创建一个名为DoString的工具JavaBean，用来转换字符串中“<”与“>”字符。

5-3 实现一个简单的登录程序。要求应用JavaBean来接收用户输入的用户名和密码，然后判断输入的用户名是否为“admin”、密码是否为“000”；若是，则转发到success.jsp页面显示“欢迎登录”提示信息，否则转发到fault.jsp页面显示“登录失败”提示信息。

可通过调用String类的equals( )方法来判断两个字符串是否相等。如"YXQ".equals("yxq")，该表达式返回boolean型值false，"zsy".equals("zsy")则返回boolean型值true。

PART06

第6章 Servlet技术

本章要点

- Servlet技术及特点
- Servlet API编程常用接口和类
- Servlet的创建及配置
- 过滤器以及过滤器核心对象

■ 本章介绍Servlet的基础知识及Servlet的应用，主要包括Servlet技术功能、技术特点、Servlet的生命周期、Servlet API编程常用接口和类以及Servlet的开发。通过本章的学习，读者应该了解什么是Servlet，Servlet API中常用哪些接口和类，并掌握如何创建Servlet以及如何在程序中应用Servlet。

6.1 Servlet基础

Servlet是在JSP之前就存在的运行在服务端的一种Java技术，它是用Java语言编写的服务器端程序。在JSP技术出现之前，Servlet被广泛地应用来开发动态的Web应用程序。如今在J2EE项目的开发中，Servlet仍然被广泛地使用。

Servlet技术简介

6.1.1 Servlet技术简介

Servlet是一种独立于平台和协议的服务器端的Java技术，可以用来生成动态的Web页面。与传统的计算机图形接口（CGI）和许多其他类似CGI技术相比，Servlet具有更好的可移植性、更强大的功能、更少的投资、更高的效率、更好的安全性等特点。

Servlet是使用Java Servlet应用程序设计接口（API）及相关类和方法的Java程序。Java语言能够实现的功能，Servlet基本上都能实现（除了图形界面外）。Servlet主要用于处理客户端传来的HTTP请求，并返回一个响应。通常所说的Servlet就是指HttpServlet，用于处理HTTP请求，其能够处理的请求有doGet( )、doPost( )、service( )等方法。在开发Servlet时，可以直接继承javax.servlet.http.HttpServlet。

Servlet需要在web.xml中进行描述，例如，映射执行Servlet的名字，配置Servlet类、初始化参数，进行安全配置、URL映射和设置启动的优先权等。Servlet不仅可以生成HTML脚本输出，也可以生成二进制表单进行输出。

6.1.2 Servlet技术功能

Servlet通过创建一个框架来扩展服务器的能力，以提供在Web上进行请求和响应的服务。当客户机发送请求至服务器时，服务器可以将请求信息发送给Servlet，并让Servlet建立起服务器返回给客户机的响应。当启动Web服务器或客户机第一次请求服务时，可以自动装入Servlet，之后，Servlet继续运行直到其他客户机发出请求。Servlet的功能涉及范围很广，主要功能如下。

Servlet技术功能

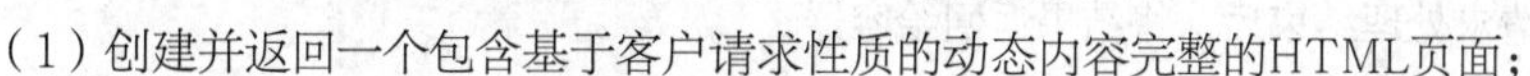

（1）创建并返回一个包含基于客户请求性质的动态内容完整的HTML页面；

（2）创建可嵌入到现有HTML页面中的一部分HTML页面（HTML片段）；

（3）与其他服务器资源（包括数据库和基于Java的应用程序）进行通信；

（4）用多个客户机处理连接，接收多个客户机的输入，并将结果传递到多个客户机上，例如，Servlet可以是多名参与者的游戏服务器；

（5）当允许在单连接方式传送数据的情况下，在浏览器上打开服务器至applet的新连接，并将该连接保持在打开状态；当允许客户机和服务器简单、高效地执行会话的情况下，applet也可以启动客户浏览器和服务器之间的连接，可以通过定制协议进行通信；

（6）将订制的处理提供给所有服务器的标准程序。

6.1.3 Servlet技术特点

Servlet技术特点

Servlet技术带给程序员最大的优势是它可以处理客户端传来的HTTP请求，并返回一个响应。Servlet是一个Java类，Java语言能够实现的功能，Servlet基本上都可以实现（图形界面除外）。总的来说，Servlet技术具有以下特点。

（1）高效。在服务器上仅有一个Java虚拟机在运行，它的优势在于当多个来自客户端的请求进行访问时，Servlet为每个请求分配一个线程而不是进程。

（2）方便。Servlet提供了大量的实用工具例程，例如处理很难完成的HTML表单数据、读取和设置HTTP头、处理Cookie和跟踪会话等。

（3）跨平台。Servlet是用Java类编写的，它可以在不同的操作系统平台和不同的应用服务器平台下运行。

（4）功能强大。在Servlet中，许多使用传统CGI程序很难完成的任务都可以利用Servlet技术轻松地完成。例如，Servlet能够直接和Web服务器交互，而普通的CGI程序不能。Servlet还能够在各个程序之间共享数据，使得数据库连接池之类的功能很容易实现。

（5）灵活性和可扩展性。采用Servlet开发的Web应用程序，由于Java类的继承性、构造函数等特点，使得其应用灵活，可随意扩展。

（6）共享数据。Servlet之间通过共享数据可以很容易地实现数据库连接池。它能方便地实现管理用户请求，简化Session和获取前一页面信息的操作。而在CGI之间通信则很差。由于每个CGI程序的调用都开始一个新的进程，调用间通信通常要通过文件进行，因而相当缓慢。同一台服务器上的不同CGI程序之间的通信也相当麻烦。

（7）安全。有些CGI版本有明显的安全弱点。即使是使用最新的标准和PERL等语言，系统也没有基本安全框架。而Java定义有完整的安全机制，包括SSL\CA认证、安全政策等规范。

Servlet的生命周期

6.1.4 Servlet的生命周期

在Servlet的整个生命周期中，Servlet的处理过程如图6-1所示。

图6-1所示各步骤的说明如下。

第一步：用户通过客户端浏览器请求服务器，服务器加载Servlet，并创建一个Servlet实例；

第二步：容器调用Servlet的init()方法；

第三步：容器调用service( )方法，并将HttpServletRequest和HttpServletResponse对象传递给该方法，在service()方法中处理用户请求；

第四步：在Servlet中请求处理结束后，将结果返回给容器；

第五步：容器将结果返回给客户端进行显示；

第六步：当Web容器关闭时，调用destroy( )方法销毁Servlet实例。

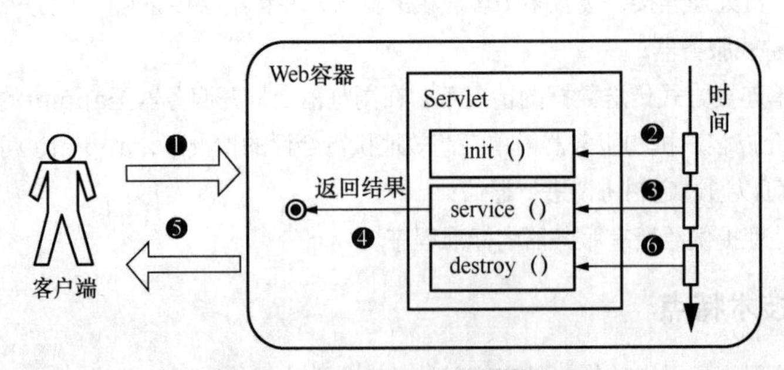

图6-1 Servlet的处理过程

初始化和销毁只执行一次。

6.1.5 Servlet与JSP的区别

Servlet与JSP
的区别

Servlet是一种在服务器端运行的Java程序，从某种意义上说，它就是服务器端的Applet。所以Servlet可以像Applet一样作为一种插件（Plugin）嵌入到Web Server中去，提供诸如HTTP、FTP等协议服务甚至用户自已订制的协议服务。而JSP是继Servlet后Sun公司推出的新技术，它是以Servlet为基础开发的。Servlet与JSP相比有以下几点区别。

（1）编程方式不同；

（2）Servlet必须在编译以后才能执行；

（3）运行速度不同。

6.1.6 Servlet的代码结构

Servlet的代码
结构

下面的代码显示了一个简单Servlet的基本结构。该Servlet处理的是GET请求，如果读者不理解HTTP，可以把它看成是当用户在浏览器地址栏输入URL、单击Web页面中的链接、提交没有指定method的表单时浏览器所发出的请求。Servlet也可以很方便地处理POST请求。POST请求是提交那些指定了method="post"的表单时所发出的请求。

```
import java.io.IOException;
import java.io.PrintWriter;
import javax.servlet.ServletException;
import javax.servlet.http.HttpServlet;
import javax.servlet.http.HttpServletRequest;
import javax.servlet.http.HttpServletResponse;

public class MingriServlet extends HttpServlet {
    public void doGet(HttpServletRequest request, HttpServletResponse response)
            throws ServletException, IOException {
        //可编写使用request读取与请求有关的信息和表单数据的代码
        //可编写使用response指定HTTP应答状态代码和应答头的代码
        PrintWriter out = response.getWriter();
        //可编写使用out对象向页面中输出信息的代码
    }
}
```

若要创建一个Servlet，则应使创建的类继承HttpServlet类，并覆盖doGet( )、doPost( )方法之一或全部。doGet( )和doPost( )方法都有两个参数，分别为HttpServletRequest类型和HttpServletResponse类型。HttpServletRequest提供访问有关请求的信息的方法，例如表单数据、HTTP请求头等。HttpServletResponse除了提供用于指定HTTP应答状态（200，404等）、应答头（Content-Type，Set-Cookie等）的方法之外，最重要的是它提供了一个用于向客户端发送数据的PrintWriter。对于简单的Servlet来说，它的大部分工作是通过println()方法生成向客户端发送的页面。

doGet( )方法和doPost( )方法抛出两个异常，因此必须在声明中包含它们。另外还必须导入java.io包（要用到PrintWriter等类）、javax.servlet包（要用到HttpServlet等类）以及javax.servlet.http包（要用到HttpServletRequest类和HttpServletResponse类）。doGet( )和doPost( )这两个方法是由service( )方法调用的，有时可能需要直接覆盖service( )方法，比如Servlet要处理Get和Post两种请求时。

6.2 Servlet API编程常用接口和类

本小节将介绍Servlet中的常用接口和类，使读者对Servlet有个比较全面的了解。

Servlet API编程
常用接口和类

6.2.1 Servlet接口

javax.servlet包中的类与接口封装了一个抽象框架，建立接收请求和产生响应的组件（即Servlet）。其中javax.servlet.Servlet是所有Java Servlet的基础接口，它的主要方法如表6-1所示。

表6-1 javax.servlet.Servlet接口类的主要方法

方法原型	含义
public void destroy( )	当Servlet被清除时，Web容器会调用这个方法，Servlet可以使用这个方法完成如切断和数据库的连接、保存重要数据等操作
public ServletConfig getServletConfig()	该方法返回ServletConfig对象，该对象可以使Servlet和Web容器进行通信，例如传递初始变量
public String getServletInfo( )	返回有关Servlet的基本信息，如编程人员姓名和时间等
public void init(ServletConfig arg0) throws ServletException	该方法在Servlet初始化时被调用，在Servlet生命周期中，这个方法仅会被调用一次，它可以用来设置一些准备工作，例如设置数据库连接、读取Servlet设置信息等，它也可以通过ServletConfig对象获得Web容器通过的初始化变量
public void service(ServletRequest arg0, ServletResponse arg1) throws Servlet-Exception, IOException	该方法用来处理Web请求、产生Web响应的主要方法，它可以对ServletRequest和ServletResponse对象进行操作

6.2.2 HttpServlet类

HttpServlet类存放在javax.servlet.http包内，是针对使用HTTP协议的Web服务器的Servlet类。HttpServlet类通过执行Servlet接口，能够提供HTTP协议的功能。HttpServlet类的主要方法如表6-2所示。

表6-2 javax.servlet.http.HttpServlet类的主要方法

方法原型	含义
protected void doDelete(HttpServletRequest arg0, HttpServletResponse arg1) throws Servlet-Exception, IOException	对应HTTP DELETE请求，从服务器删除文件
protected void doGet(HttpServletRequest arg0, HttpServletResponse arg1) throws ServletExce-ption, IOException	对应HTTP GET请求，客户向服务器请求数据，通过URL附加发送数据

续表

方法原型	含 义
protected void doHead(HttpServletRequest arg0, HttpServletResponse arg1) throws ServletExce-ption, IOException	对应HTTP HEAD请求，从服务器要求数据，和GET不同的是并不是返回HTTP数据体
protected void doOptions(HttpServletRequest arg0, HttpServletResponse arg1) throws Servlet-Exception, IOException	对应HTTP OPTION请求，客户查询服务器支持什么方法
protected void doPost(HttpServletRequest arg0, HttpServletResponse arg1) throws ServletExce-ption, IOException	对应HTTP POST请求，客户向服务器发送数据，请求数据
protected void doPut(HttpServletRequest arg0, HttpServletResponse arg1) throws ServletExce-ption, IOException	对应HTTP PUT请求，客户向服务器上传数据或文件
protected void doTrace(HttpServletRequest arg0, HttpServletResponse arg1) throws ServletException, IOException	对应HTTP TRACE请求，用来调试Web程序
protected long getLastModified(HttpServletRequest arg0)	返回HttpServletRequest最后被更改的时间，以ms为单位，从1970/01/01计起

6.2.3 ServletConfig接口

ServletConfig接口存放在javax.servlet包内，它是一个由Servlet容器使用的Servlet配置对象，用于在Servlet初始化时向它传递信息。ServletConfig接口的主要方法如表6-3所示。

表6-3 javax.servlet.ServletConfig接口的主要方法

方法原型	含 义
public String getInitParameter(String arg0)	根据初始化变量名称返回其字符串值
public Enumeration getInitParameterNames()	返回所有初始化变量的枚举Enumeration对象，可以用来查询
public ServletContext getServletContext()	返回ServletContext对象，Java的get ××× ( )方法大多返回原对象，而不是对象复制
public String getServletName()	返回当前Servlet的名称，该名称在web.xml里指定

6.2.4 HttpServletRequest接口

HttpServletRequest接口存放在javax.servlet.http包内，该接口的主要方法如表6-4所示。

表6-4 javax.servlet.http.HttpServletRequest接口的主要方法

方法原型	含 义
public String getAuthType()	返回Servlet使用的安全机制名称
public String getContextPath()	返回请求URI的Context部分，实际是URI中指定Web程序的部分，例如URI为“http://localhost:8080/mingrisoft/index.jsp”，这一方法返回的是“mingrisoft”
public Cookie[] getCookies()	返回客户发过来的Cookie对象
public long getDateHeader(String arg0)	返回客户请求中的时间属性

续表

方 法 原 型	含 义
public String getHeader(String arg0)	根据名称返回客户请求中对应的头信息
public Enumeration getHeaderNames( )	返回客户请求中所有的头信息名称
public Enumeration getHeaders(String arg0)	返回客户请求中特定头信息的值
public int getIntHeader(String arg0)	以int格式根据名称返回客户请求中对应的头信息（header），如果不能转换成int格式，生成一个NumberFormatException异常
public String getMethod( )	返回客户请求的方法名称，例如GET、POST或PUT
public String getPathInfo( )	返回客户请求URL的路径信息
public String getPathTranslated( )	返回URL中在Servlet名称之后、检索字符串之前的路径信息
public String getQueryString( )	返回URL中检索的字符串
public String getRemoteUser( )	返回用户名称，主要应用在servlet安全机制中检查用户是否已经登录
public String getRequestURI( )	返回客户请求使用的URI路径，是URI中的host名称和端口号之后的部分，例如URL为“http://localhost:8080/mingrisoft/index.jsp”，这一方法返回的是“/index.jsp”
public StringBuffer getRequestURL( )	返回客户Web请求的URL路径
public String getServletPath( )	返回URL中对应servlet名称的部分
public HttpSession getSession( )	返回当前会话期间对象
public Principal getUserPrincipal( )	返回java.security.Principal对象，包括当前登录用户名称
public booleanisRequestedSessionIdFromCookie( )	当前session ID是否来自一个cookie
public boolean isRequestedSessionIdFromURL( )	当前session ID是否来自URL的一部分
public boolean isRequestedSessionIdValid( )	当前用户期间是否有效
public boolean isUserInRole(String arg0)	已经登录的用户是否属于特定角色

6.2.5 HttpServletResponse接口

HttpServletResponse接口存放在javax.servlet.http包内，它代表了对客户端的HTTP响应。HttpServletResponse接口给出了相应客户端的Servlet( )方法。它允许Serlvet设置内容长度和回应的MIME类型，并且提供输出流ServletOutputStream。HttpServletResponse接口的主要方法如表6-5所示。

表6-5 javax.servlet.http.HttpServletResponse接口的主要方法

方 法 原 型	含 义
public void addCookie(Cookie arg0)	在响应中加入cookic对象
public void addDateHeader(String arg0, long arg1)	加入对应名称的日期头信息
public void addHeader(String arg0, String arg1)	加入对应名称的字符串头信息
public void addIntHeader(String arg0, int arg1)	加入对应名称的int属性
public boolean containsHeader(String arg0)	对应名称的头信息是否已经被设置
public String encodeRedirectURL(String arg0)	对特定的URL进行加密，在sendRedirect( )方法中使用
public String encodeURL(String arg0)	对特定的URL进行加密，如果浏览器不支持cookie，同时加入session ID

续表

方法原型	含　义
public void sendError(int arg0) throws IOException	使用特定的错误代码向客户传递出错响应
public void sendError(int arg0, String arg1) throws IOException	使用特定的错误代码向客户传递出错响应，同时清空缓冲器
public void sendRedirect(String arg0) throws IOException	传递临时响应，响应的地址根据location指定
public void setHeader(String arg0, String arg1)	设置指定名称的头信息
public void setIntHeader(String arg0, int arg1)	设置指定名称头信息，其值为int数据
public void setStatus(int arg0)	设置响应的状态编码

6.2.6 GenericServlet类

GenericServlet类存放在javax.servlet.包中，它提供了对Servlet接口的基本实现。GenericServlet类是一个抽象类，它的service( )方法是一个抽象方法。该类的主要方法如表6-6所示。

表6-6　javax.servlet.GenericServlet类的主要方法

方法原型	含　义
public void destroy( )	Servlet容器使用这个方法结束Servlet服务
public String getInitParameter(String arg0)	根据变量名称查找并返回初始变量值
public Enumeration getInitParameterNames( )	返回初始变量的枚举对象
public ServletConfig getServletConfig( )	返回ServletConfig对象
public ServletContext getServletContext( )	返回ServletContext对象
public String getServletInfo( )	返回关于Servlet的信息，如作者、版本、版权等
public String getServletName( )	返回Servlet的名称
public void init( ) throws ServletException	代替super.init(config)的方法
public void init(ServletConfig arg0) throws Servlet-Exception	Servlet容器使用这个指示Servlet已经被初始化为服务状态
public void log(String arg0, Throwable arg1)	这个方法用来向Web容器的log目录输出运行记录，一般文件名称为Web程序的servlet名称
public void log(String arg0)	这个方法用来向Web容器的log目录输出运行记录和弹出的运行错误信息
public void service(ServletRequest arg0, ServletRe-sponse arg1) throws ServletException, IOException	由Servlet容器调用，使Servlet对请求进行响应

6.3 Servlet开发

Servlet的创建

6.3.1 Servlet的创建

创建一个Servlet，通常涉及下列4个步骤。

（1）继承HttpServlet抽象类。

（2）重载适当的方法，如覆盖（或称为重写）doGet()方法或doPost()方法。

（3）如果有HTTP请求信息的话，获取该信息。可通过调用HttpServletRequest类对象的以下3个方法获取。

```
getParameterNames()            //获取请求中所有参数的名字
getParameter()                 //获取请求中指定参数的值
getParameterValues()           //获取请求中所有参数的值
```

（4）生成HTTP响应。HttpServletResponse类对象生成响应，并将它返回到发出请求的客户机上。它的方法允许设置“请求”标题和“响应”主体。“响应”对象还含有getWriter( )方法以返回一个PrintWriter类对象。使用PrintWriter的print( )方法和println( )方法以编写Servlet响应来返回给客户机，或者直接使用out对象输出有关HTML文档内容。

以下为按照上述步骤创建的Servlet类。

```
package com;
import java.io.IOException;
import java.io.PrintWriter;
import javax.servlet.ServletException;
import javax.servlet.http.HttpServlet;
import javax.servlet.http.HttpServletRequest;
import javax.servlet.http.HttpServletResponse;
public class MyServlet extends HttpServlet {
    public void doGet(HttpServletRequest request, HttpServletResponse response)
            throws ServletException, IOException {
        // 第三步：获取HTTP 请求信息
        String myName = request.getParameter("myName");
        // 第四步：生成 HTTP 响应
        PrintWriter out = response.getWriter();
        response.setContentType("text/html;charset=gb2312");
        response.setHeader("Pragma", "No-cache");
        response.setDateHeader("Expires", 0);
        response.setHeader("Cache-Control", "no-cache");
        out.println("<html>");
        out.println("<head><title>一个简单的Servlet程序</title></head>");
        out.println("<body>");
        out.println("<h1>一个简单的Servlet程序</h1>");
        out.println("<p>"+myName+"您好，欢迎访问！");
        out.println("</body>");
        out.println("</html>");
        out.flush();
    }
    public void doPost(HttpServletRequest request, HttpServletResponse response)
            throws ServletException, IOException {
        this.doGet(request, response);
    }
}
```

使用IDE集成开发工具创建Servlet比较简单，适合于初学者。本节以Eclipse开发工具为例，创建方法如下。

（1）创建一个动态Web项目，然后在包资源管理器中，新建项目名称节点上，单击鼠标右键，在弹出的快捷菜单中，选择“新建”/Servlet菜单项，将打开Create Servlet对话框，在该对话框的Java package文本框中输入包com.mingrisoft，在Class name文本框中输入类名FirstServlet，其他的采用默认，如图6-2所示。

（2）单击“下一步”按钮，进入到图6-3所示的指定配置Servlet部署描述信息页面，在该页面中采用默认设置。

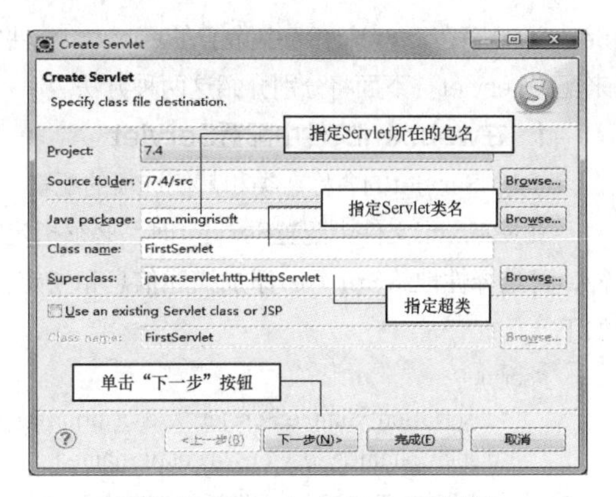

图6-2　Create Servlet对话框

在Servlet开发中，如果需要配置Servlet的相关信息，可以在图6-3所示的窗口中进行配置，如描述信息、初始化参数、URL映射。其中“描述信息”指对Servlet的一段描述文字；“初始化参数”指在Servlet初始化过程中用到的参数，这些参数可以在Servlet的init方法进行调用；“URL映射”指通过哪一个URL来访问Servlet。

（3）单击“下一步”按钮，将进入到图6-4所示的用于选择修饰符、实现接口和要生成的方法的对话框。在该对话框中，修饰符和接口保持默认，在“继承的抽象方法”复选框中选中doGet和doPost复选框，单击“完成”按钮，完成Servlet的创建。

图6-3　配置Servlet部署描述的信息

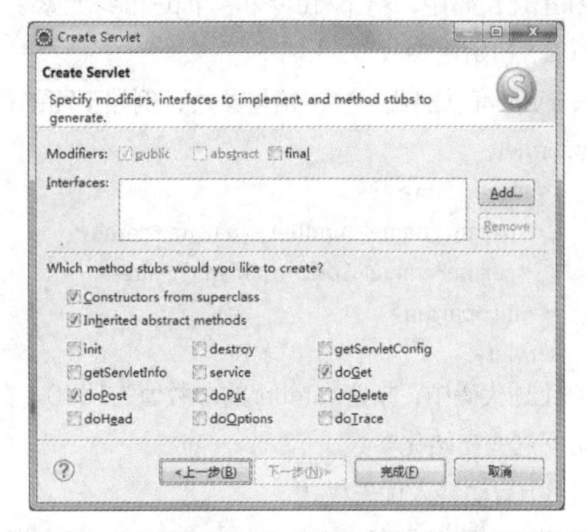

图6-4　选择修饰符、实现接口和生成的方法对话框

选择doPost与doGet复选框的作用是让Eclipse自动生成doGet( )与doPost( )方法，实际应用中可以选择多个方法。

6.3.2　Servlet的配置

创建了Servlet类后，还需要对Servlet进行配置。配置的目的是为了将创建的Servlet注册到Servlet容器之中，以方便Servlet容器对Servlet的调用。在Servlet 3.0以前的版本中，只能在web.xml文件中配置

Servlet，而在Servlet 3.0中除了在web.xml文件中配置以外，还提供了利用注解来配置Servlet。下面将分别介绍这两种方法。

在web.xml文件中配置Servlet

1. 在web.xml文件中配置Servlet

（1）Servlet的名称、类和其他选项的配置

在web.xml文件中配置Servlet时，必须指定Servlet的名称、Servlet类的路径，可选择性地给Servlet添加描述信息和指定在发布时显示的名称。具体代码如下。

```
<servlet>
    <description>Simple Servlet</description>
    <display-name>Servlet</display-name>
    <servlet-name>myServlet</servlet-name>
    <servlet-class>com.MyServlet</servlet-class>
</servlet>
```

在上述代码中，<description>和</description>元素之间内容是Serlvet的描述信息，<display-name>和</display-name>元素之间内容是发布时Serlvet的名称，<servlet-name>和</servlet-name>元素之间内容是Servlet的名称，<servlet-class>和</servlet-class>元素之间内容是Servlet类的路径。

如果要对一个JSP页面文件进行配置，则可通过下面的代码进行指定。

```
<servlet>
    <description>Simple Servlet</description>
    <display-name>Servlet</display-name>
    <servlet-name>Login</servlet-name>
    <jsp-file>login.jsp</jsp-file>
</servlet>
```

在上述代码中，<jsp-file>和</jsp-file>元素之间内容是要访问的JSP文件名称。

（2）初始化参数

Servlet可以配置一些初始化参数，例如下面的代码。

```
<servlet>
    <init-param>
      <param-name>number</param-name>
      <param-value>1000</param-value>
    </init-param>
</servlet>
```

在上述代码中，指定number的参数值为1000。在Servlet中可以在init( )方法体中通过getInitParameter( )方法访问这些初始化参数。

（3）启动装入优先权

启动装入优先权通过<load-on-startup>元素指定，例如下面的代码。

```
<servlet>
     <servlet-name>ServletONE</servlet-name>
     <servlet-class>com.ServletONE</servlet-class>
     <load-on-startup>10</load-on-startup>
</servlet>
<servlet>
     <servlet-name>ServletTWO</servlet-name>
     <servlet-class>com.ServletTWO</servlet-class>
     <load-on-startup>20</load-on-startup>
```

```
    </servlet>
    <servlet>
        <servlet-name>ServletTHREE</servlet-name>
        <servlet-class>com.ServletTHREE</servlet-class>
        <load-on-startup>AnyTime</load-on-startup>
    </servlet>
```

在上述代码中，ServletONE类先被载入，ServletTWO类则后被载入，而ServletTHREE类可在任何时间内被载入。

（4）Servlet的映射

在web.xml配置文件中可以给一个Servlet做多个映射，因此，可以通过不同的方法访问这个Servlet，例如下面的代码。

```
<servlet-mapping>
    <servlet-name>OneServlet</servlet-name>
    <url-pattern>/One</url-pattern>
</servlet-mapping>
```

通过上述代码的配置，若请求的路径中包含“/One”，则会访问逻辑名为“OneServlet”的Servlet。再如下面的代码。

```
<servlet-mapping>
    <servlet-name>OneServlet</servlet-name>
    <url-pattern>/Two/*</url-pattern>
</servlet-mapping>
```

通过上述配置，若请求的路径中包含“/Two/a”或“/Two/b”等符合“/Two/*”的模式，则同样会访问逻辑名为“OneServlet”的Servlet。

2. 采用注解配置Servlet

采用注解配置Servlet

采用注解配置Servlet的基本语法如下。

```
import javax.servlet.annotation.WebServlet;

@WebServlet(urlPatterns = {"/映射地址"}, asyncSupported = true|false,
loadOnStartup = -1, name = "Servlet名称", displayName = "显示名称",
initParams = {@WebInitParam(name = "username", value = "值")}
)
```

在上面的语法中，urlPatterns属性用于指定映射地址；asyncSupported属性用于指定是否支持异步操作模式；loadOnStartup属性用于指定Servlet的加载顺序；name属性用于指定 Servlet 的name属性；displayName属性用于指定该Servlet的显示名；initParams属性用于指定一组 Servlet 初始化参数。

【例6-1】通过Servlet向浏览器中输出文本信息。

本小节将介绍一个简单的Servlet程序，该程序实现的功能为输出纯文本信息，程序运行结果如图6-5所示。

图6-5　生成纯文本的Servlet的程序运行结果

（1）创建名称为MyServlet.java类文件，该类继承了HttpServlet类。程序代码如下。

```
package com;
import java.io.IOException;
import java.io.PrintWriter;
import javax.servlet.ServletException;
import javax.servlet.http.HttpServlet;
import javax.servlet.http.HttpServletRequest;
```

```
import javax.servlet.http.HttpServletResponse;

public class MyServlet extends HttpServlet {
    public void doGet(HttpServletRequest request, HttpServletResponse response)
            throws ServletException, IOException {
        response.setContentType("text/html;charset=gb2312");
        PrintWriter out = response.getWriter();
        out.println("保护环境！爱护地球！");
    }
}
```

（2）在web.xml文件中配置MyServlet，其配置如下。

```
<?xml version="1.0" encoding="UTF-8"?>
<web-app>
    <servlet>
        <servlet-name>MyServlet</servlet-name>
        <servlet-class>com.MyServlet</servlet-class>
    </servlet>
    <servlet-mapping>
        <servlet-name>MyServlet</servlet-name>
        <url-pattern>/textServlet</url-pattern>
    </servlet-mapping>
</web-app>
```

在上述代码中，首先通过<servlet-name>和<servlet-class>元素声明Servlet的名称和类的路径，然后通过<url-pattern>元素声明访问这个Servlet的URI映射。

（3）打开IE浏览器，在地址栏中输入地址“http://localhost:8080/MyServlet/textServlet”，则会出现如图6-5所示的运行结果。

在Servlet 3.0以前的版本中，只能在web.xml文件中配置Servlet，而在Servlet 3.0中除了在web.xml文件中配置以外，还提供了利用注解来配置Servlet。对于例6-1中的MyServlet还可以应用以下代码进行配置。

```
import javax.servlet.annotation.WebServlet;
@WebServlet(“/textServlet”)
public class MyServlet extends HttpServlet {
    …
}
```

6.4 Servlet过滤器

在现实生活之中，自来水都是经过一层层的过滤处理才达到食用标准，每一层过滤都起到一种净化的作用。Java Web中的Servlet过滤器与自来水被过滤的原理相似，Servlet过滤器主要用于对客户端（浏览器）的请求进行过滤处理，再将过滤后的请求转交给下一资源，它在Java Web开发中具有十分重要的作用。

什么是过滤器

6.4.1 什么是过滤器

Servlet过滤器与Servlet十分相似，但它具有拦截客户端（浏览器）请求的功能，Servlet过滤器可以改变请求中的内容，来满足实际开发中的需要。对于程序开发人员而言，过滤器实质就是在Web应用服务器上的一个Web应用组件，用于拦截客户端（浏览器）与目标资源的请求，并对这些请求进行一定过滤处理再发送给目标资源，过滤器的处理方式如图6-6所示。

从图6-6中可以看出，在Web容器中部署了过滤器以后，不仅客户端发送的请求会经过过滤器的处理，而且请求在发送到目标资源处理以后，请求的回应信息也同样要经过过滤器。

如果一个Web应用中使用一个过滤器不能解决实际中的业务需要，那么可以部署多个过滤器对业务请求进行多次处理，这样做就组成了一个过滤器链，Web容器在处理过滤器链时，将按过滤器的先后顺序对请求进行处理，如图6-7所示。

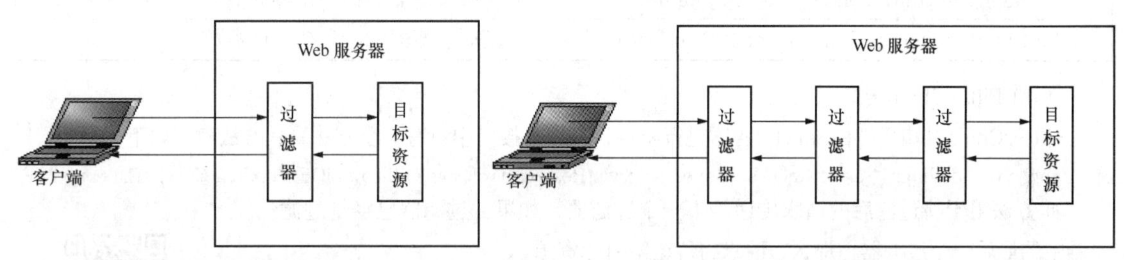

图6-6　过滤器的处理方式　　图6-7　过滤器链

如果在Web窗口中部署了过滤器链，也就是部署了多个过滤器，请求会依次按照过滤器顺序进行处理，在第一个过滤器处理一请求后，会传递给第二个过滤器进行处理，以此类推，一直传递到最后一个过滤器为止，再将请求交给目标资源进行处理。目标资源在处理了经过过滤的请求后，其回应信息再从最后一个过滤器依次传递到第一个过滤器，最后传送到客户端，这就是过滤器在过滤器链中的应用流程。

过滤器核心对象

6.4.2　过滤器核心对象

过滤器对象放置在javax.servlet包中，其名称为Filter，它是一个接口。除这个接口外，与过滤器相关的对象还有FilterConfig对象与FilterChain对象，这两个对象也同样是接口对象，位于javax.servlet包中，分别为过滤器的配置对象与过滤器的传递工具。在实际开发中，定义过滤器对象只需要直接或间接地实现Filter接口就可以了，如图6-8中的MyFilter1过滤器与MyFilter2过滤器，而FilterConfig对象与FilterChain对象用于对过滤器的相关操作。

（1）Filter接口

每一个过滤器对象都要直接或间接的实现Filter接口，在Filter接口中定义了三个方法，分别为init( )方法、doFilter( )方法与destroy( )方法，其方法声明及说明如表6-7所示。

图6-8　Filter及相关对象

表6-7　Filter接口

方法声明	说　明
public void init(FilterConfig filterConfig) throws ServletException	过滤器初始化方法，此方法在过滤器初始化时调用
public void doFilter (ServletRequest request, ServletResponse response, FilterChain chain) throws IOException, ServletException	对请求进行过滤处理
public void destroy( )	销毁方法，以便释放资源

（2）FilterConfig接口

FilterConfig接口由Servlet容器进行实现，主要用于获取过滤器中的配置信息，其方法声明及说明如表6-8所示。

表6-8　FilterConfig接口

方 法 声 明	说　明
public String getFilterName( )	用于获取过滤器的名字
public ServletContext getServletContext( )	获取Servlet上下文
public String getInitParameter(String name)	获取过滤器的初始化参数值
public Enumeration getInitParameterNames( )	获取过滤器的所有初始化参数

（3）FilterChain接口

FilterChain接口仍然由Servlet容器进行实现，在这个接口中只有一个方法，其方法声明如下。

```
public void doFilter ( ServletRequest request, ServletResponse response ) throws IOException, ServletException
```

此方法用于将过滤后的请求传递给下一个过滤器，如果此过滤器已经是过滤器链中的最后一个过滤器，那么，请求将传送给目标资源。

过滤器创建与配置

6.4.3　过滤器创建与配置

创建一个过滤器对象需要实现javax.servlet.Filter接口，同时实现Filter接口的三个方法，如下例就是为大家演示了过滤器的创建。

【例6-2】创建名称为MyFilter的过滤器对象，其代码如下。

```
import java.io.IOException;
import javax.servlet.Filter;
import javax.servlet.FilterChain;
import javax.servlet.FilterConfig;
import javax.servlet.ServletException;
import javax.servlet.ServletRequest;
import javax.servlet.ServletResponse;
/**
 * 过滤器
 */
public class MyFilter implements Filter {
    // 初始化方法
    public void init(FilterConfig fConfig) throws ServletException {
        // 初始化处理
    }
    // 过滤处理方法
    public void doFilter(ServletRequest request, ServletResponse response, FilterChain chain) throws IOException,
ServletException {
        // 过滤处理
        chain.doFilter(request, response);
    }
    // 销毁方法
    public void destroy( ) {
        // 释放资源
    }
}
```

过滤器中的init( )方法用于对过滤器的初始化进行处理，destroy( )方法是过滤器的销毁方法，主要用于释放资源。对于过滤处理的业务逻辑需要编写到doFilter( )方法中，在请求过滤处理后，需要调用chain参数的doFilter( )方法将请求向下传递给下一过滤器或目标资源。

使用过滤器并不一定要将请求向下传递到下一过滤器或目标资源，如果业务逻辑需要，也可以在过滤处理后，直接回应于客户端。

过滤器与Servlet十分相似，在创建之后同样需要对其进行配置，过滤器的配置主要分为两个步骤，分别为：声明过滤器对象、创建过滤器映射。其配置方法如下。

【例6-3】创建名称为MyFilter的过滤器对象，其代码如下。

```
<!-- 过滤器声明 -->
<filter>
    <!-- 过滤器的名称 -->
    <filter-name>MyFilter</filter-name>
    <!-- 过滤器的完整类名 -->
    <filter-class>com.lyq.MyFilter</filter-class>
</filter>
<!-- 过滤器映射 -->
<filter-mapping>
    <!-- 过滤器名称 -->
    <filter-name>MyFilter</filter-name>
    <!-- 过滤器URL映射 -->
    <url-pattern>/MyFilter</url-pattern>
</filter-mapping>
```

<filter>标签用于声明过滤器对象，在这个标签中必须配置两个子元素，分别为过滤器的名称与过滤器完整类名，其中<filter-name>用于定义过滤器的名称，<filter-class>用于指定过滤器的完整类名。

<filter-mapping>标签用于创建过滤器的映射，它的主要作用就是指定Web应用中，哪些URL应用哪一个过滤器进行处理。在<filter-mapping>标签需要指定过滤器的名称与过滤器的URL映射，其中<filter-name>用于定义过滤器的名称，<url-pattern>用于指定过滤器应用的URL。

<filter>标签中的<filter-name>可以是自定义的名称，而<filter-mapping>标签中的<filter-name>是指定已定义的过滤器的名称，它需要与<filter>标签中的<filter-name>一一对应。

【例6-4】创建一个过滤器，实现网站访问计数器的功能，并在web.xml文件的配置中，将网站访问量的初始值设置为5000。

（1）创建名称为CountFilter的类，此类实现javax.servlet.Filter接口，是一个过滤器对象，通过此过滤器实现统计网站访问人数功能，其关键代码如下。

```
import java.io.IOException;
import javax.servlet.Filter;
import javax.servlet.FilterChain;
import javax.servlet.FilterConfig;
import javax.servlet.ServletContext;
import javax.servlet.ServletException;
import javax.servlet.ServletRequest;
import javax.servlet.ServletResponse;
```

```
import javax.servlet.http.HttpServletRequest;
ublic class CountFilter implements Filter {
    // 来访数量
    private int count;
    @Override
    public void init(FilterConfig filterConfig) throws ServletException {
        String param = filterConfig.getInitParameter("count");          // 获取初始化参数
        count = Integer.valueOf(param);                                  // 将字符串转换为int
    }
    @Override
    public void doFilter(ServletRequest request, ServletResponse response,
            FilterChain chain) throws IOException, ServletException {
        count ++;                              // 访问数量自增
        // 将ServletRequest转换成HttpServletRequest
        HttpServletRequest req = (HttpServletRequest) request;
        // 获取ServletContext
        ServletContext context = req.getSession().getServletContext();
        context.setAttribute("count", count);
        // 将来访数量值放入到ServletContext中
        chain.doFilter(request, response);          // 向下传递过滤器
    }
    @Override
    public void destroy() {

    }
}
```

在CountFilter类中，包含一个成员变量count，用于记录网站访问人数，此变量在过滤器的初始化方法init()中被赋值，它的初始化值通过FilterConfig对象读取配置文件中的初始化参数进行获取。

计数器count变量的值在CountFilter类的doFilter()方法被递增，因为客户端在请求服务器中的Web应用时，过滤器拦截请求通过doFilter()方法进行过滤处理，所以，当客户端请求Web应用时，计数器count的值将自增1。为了能够访问记录器中的值，实例中将其放置于Servlet上下文之中，Servlet上下文对象通过将ServletRequest转换成为HttpServletRequest对象后获取。

编写过滤器对象需要实现javax.servlet.Filter接口，实现此接口后需要对Filter对象的三个方法进行实现，在这三个方法中，除了doFilter()方法外，如果在业务逻辑中不涉及到初始化方法init()与销毁方法destroy()，可以不编写任何代码对其进行空实现，如实例中的destroy()方法。

（2）配置已创建的CountFilter对象，此操作通过配置web.xml文件进行实现，其关键代码如下。

```
<!-- 过滤器声明 -->
<filter>
    <filter-name>CountFilter</filter-name>        <!-- 过滤器的名称 -->
    <filter-class>com.lyq.CountFilter</filter-class>   <!-- 过滤器的完整类名 -->
    <init-param>                          <!-- 设置初始化参数 -->
        <param-name>count</param-name>      <!-- 参数名 -->
        <param-value>5000</param-value>    <!-- 参数值 -->
    </init-param>
</filter>
```

```
<filter-mapping>                                    <!-- 过滤器映射 -->
    <filter-name>CountFilter</filter-name>          <!-- 过滤器名称 -->
    <url-pattern>/index.jsp</url-pattern>           <!-- 过滤器URL映射 -->
</filter-mapping>
```

CountFilter对象的配置主要通过声明过滤器及创建过滤器的映射进行实现，其中声明过滤器通过<filter>标签进行实现，在声明过程中，实例通过<init-param>标签配置过滤器的初始化参数，初始化参数的名称为count，参数值为5000。

如果直接对过滤器对象中的成员变量进行赋值，那么在过滤器被编译后将不可修改，所以，实例中将过滤器对象中的成员变量定义为过滤器的初始化参数，从而提高代码的灵活性。

（3）创建程序中的首页index.jsp页面，在此页面中通过JSP内置对象Application获取计数器的值，其关键代码如下。

```
<body>
    <h2>
    欢迎光临，<br>
    您是本站的第【
    <%=application.getAttribute("count") %>
    】位访客！
    </h2>
</body>
```

由于在web.xml文件中将计数器的初始值设置为5000，所以实例运行后，计数器的数值变为大于5000的数，在多次刷新页面后，实例运行效果如图6-9所示。

图6-9　实现网站计数器

6.4.4　字符编码过滤器

在Java Web程序开发中，由于Web容器内部所使用编码格式并不支持中文字符集，所以，处理浏览器请求中的中文数据，就会出现乱码现象，如图6-10所示。

从图6-7中可以看出，由于Web容器使用了ISO-8859-1的编码格式，所以在Web应用的业务处理中也会使用ISO-8859-1的编码格式。虽然浏览器提交的请求使用的是中文编码格式UTF-8，但经过业务处理中的ISO-8859-1编码，仍然会出现中文乱码现象。解决此问题的方法非常简单，只要在业务处理中重新指定中文字符集进行编码就可以解决。在实际开发过程中，如果通过在每一个业务处理中指定中文字符集编码，操作过于烦琐，而且容易遗漏某一个业务中的字符编码设置。如果通过过滤器来处理字符编码，就可以做到简单又万无一失，如图6-11所示。

字符编码过滤器

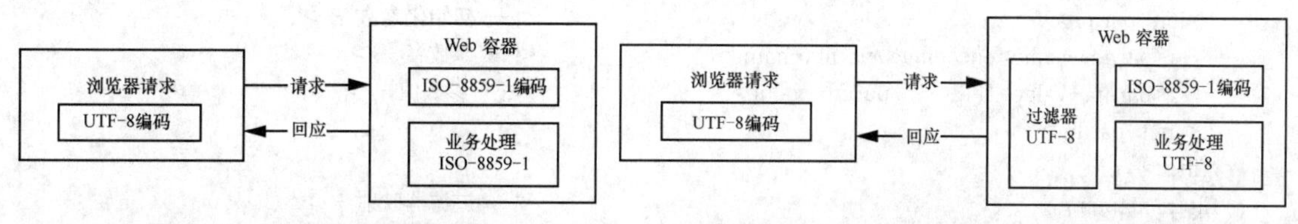

图6-10　Web请求中的编码　　　图6-11　在Web容器中加入字符编码过滤器

在Web应用中部署了字符编码过滤器以后，即使Web容器的编码格式不支持中文，但浏览器的每一次请求都会经过过滤器进行转码，所以，就可以完全避免中文乱码现象的产生。

【例6-5】实现图书信息的添加功能，并创建字符编码过滤器，避免中文乱码现象的产生。

（1）创建字符编码过滤器对象，其名称为CharactorFilter类。此类实现继承javax.servlet.Filter接口，并在doFilter( )方法中对请求中的字符编码格式进行设置，其关键代码如下。

```
public class CharactorFilter implements Filter {
    String encoding = null;                                    // 字符编码
    @Override
    public void destroy() {
        encoding = null;
    }
    @Override
    public void doFilter(ServletRequest request, ServletResponse response,
            FilterChain chain) throws IOException, ServletException {
        if(encoding != null){                                  // 判断字符编码是否为空
            request.setCharacterEncoding(encoding);    // 设置request的编码格式
         response.setContentType("text/html; charset="+encoding);
                                                               // 设置response字符编码
        }
            chain.doFilter(request, response);                 // 传递给下一过滤器
    }

    @Override
    public void init(FilterConfig filterConfig) throws ServletException {
        encoding = filterConfig.getInitParameter("encoding");   // 获取初始化参数
    }
}
```

CharactorFilter类是实例中的字符编码过滤器，它主要通过在doFilter( )方法中指定request与reponse两个参数的字符集encoding进行编码处理，使得目标资源的字符集支持中文。其中encoding是CharactorFilter类定义的字符编码格式成员变量，此变量在过滤器的初始化方法init( )中被赋值，它的值是通过FilterConfig对象读取配置文件中的初始化参数获取的。

在过滤器对象的doFilter( )方法中，业务逻辑处理完成之后，需要通过FilterChain对象的doFilter( )方法将请求传递到下一过滤器或目标资源，否则将出现错误。

在创建了过滤器对象之后，还需要对过滤器进行一定的配置才可以正常使用，过滤器CharactorFilter的配置代码如下。

```
<filter>                                                        <!-- 声明过滤器 -->
    <filter-name>CharactorFilter</filter-name>                  <!-- 过滤器名称 -->
    <filter-class>com.lyq.CharactorFilter</filter-class>        <!-- 过滤器的完整类名 -->
    <init-param>                                                <!-- 初始化参数 -->
        <param-name>encoding</param-name>                       <!-- 参数名 -->
        <param-value>UTF-8</param-value>                         <!-- 参数值 -->
    </init-param>
</filter>
<filter-mapping>                                                <!-- 过滤器映射 -->
    <filter-name>CharactorFilter</filter-name>                  <!-- 过滤器名称 -->
    <url-pattern>/*</url-pattern>                               <!-- URL映射 -->
</filter-mapping>
```

在过滤器CharactorFilter的配置声明中，实例将它的初始化参数encoding的值设置为GB18030，它与JSP页面的编码格式相同，支持中文。

在web.xml文件中配置过滤器，其过滤器的URL映射可以使用正则表达式进行配置，如实例中使用“/*”来匹配所有请求。

（2）创建名称为AddServlet的类，此类继承HttpServlet，是处理添加图书信息请求的Servlet对象，其关键代码如下。

```
public class AddServlet extends HttpServlet {
   private static final long serialVersionUID = 1L;
   protected void doGet(HttpServletRequest request, HttpServletResponse response) throws ServletException, IOException {
     // 处理GET请求
       doPost(request, response);
   }
   protected void doPost(HttpServletRequest request, HttpServletResponse response) throws ServletException, IOException {
     // 处理POST请求
     PrintWriter out = response.getWriter();                        // 获取 PrintWriter
     String id = request.getParameter("id");                        // 获取图书编号
     String name = request.getParameter("name");  // 获取名称
     String author = request.getParameter("author");                // 获取作者
     String price = request.getParameter("price");                  // 获取价格
     out.print("<h2>图书信息添加成功</h2><hr>");                    // 输出图书信息
     out.print("图书编号：" + id + "<br>");
     out.print("图书名称：" + name + "<br>");
     out.print("作者：" + author + "<br>");
     out.print("价格：" + price + "<br>");
     out.flush();                                                   // 刷新流
     out.close();                                                   // 关闭流
   }
}
```

AddServlet的类主要通过doPost( )方法实现添加图书信息请求的处理，其处理方式是将所获取到的图书信息数据直接输出到页面之中。

移位能让我们实现整数除以或乘以2的*n*次方的效果。例如，y<<2与y*4的结果相同；y>>1的结果与y/2的结果相同。总之，一个数左移*n*位，就是将这个数乘以2的*n*次方；一个数右移*n*位，就是将这个数除以2的*n*次方。

在Java Web程序开发中，通常情况下，Servlet所处理的请求类型都是GET或POST，所以可以在doGet( )方法调用doPost( )方法，把业务处理代码写到doPost( )方法中，或在doPost( )方法中调用doGet( )方法，把业务处理代码写到doGet( )方法中，无论Servlet所接收到的请求类型是GET还是POST，Servlet都对其进行处理。

在编写了Servlet类后，还需要在web.xml文件中对Servlet进行配置，其配置代码如下。

```
<servlet>                                                  <!-- 声明Servlet -->
    <servlet-name>AddServlet</servlet-name>                <!-- Servlet名称 -->
    <servlet-class>com.lyq.AddServlet</servlet-class>      <!-- Servlet完整类名 -->
```

```
</servlet>
<servlet-mapping>                                          <!-- Servlet映射 -->
    <servlet-name>AddServlet</servlet-name>                <!-- Servlet名称 -->
    <url-pattern>/AddServlet</url-pattern>                 <!-- URL映射 -->
</servlet-mapping>
```

（3）创建名称为index.jsp页面，它是程序中的主页。此页面主要用于放置添加图书信息的表单，其关键代码如下。

```
<body>
    <form action="AddServlet" method="post">
        <table align="center" border="1" width="350">
            <tr>
                <td class="2" align="center" colspan="2">
                    <h2>添加图书信息</h2>
                </td>
            </tr>
            <tr>
                <td align="right">图书编号：</td>
                <td>
                    <input type="text" name="id">
                </td>
            </tr>
            <tr>
                <td align="right">图书名称：</td>
                <td>
                    <input type="text" name="name">
                </td>
            </tr>
            <tr>
                <td align="right">作    者：</td>
                <td>
                    <input type="text" name="author">
                </td>
            </tr>
            <tr>
                <td align="right">价    格：</td>
                <td>
                    <input type="text" name="price">
                </td>
            </tr>
            <tr>
                <td class="2" align="center" colspan="2">
                    <input type="submit" value="添  加">
                </td>
            </tr>
        </table>
    </form>
</body>
```

编写完index.jsp页面后，就可部署发布程序。实例运行后，将打开index.jsp页面，如图6-12所示，添加正确的图书信息后，单击“添加”按钮，其效果如图6-13所示。

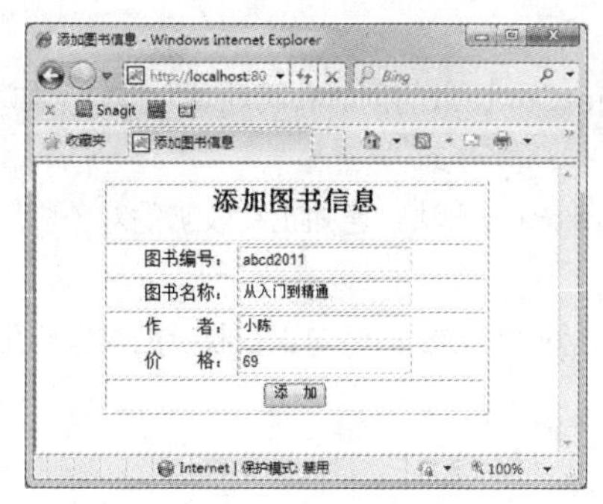

图6-12　添加图书信息

图6-13　显示图书信息

6.5　Servlet监听器

在Servlet技术中已经定义了一些事件，并且可以针对这些事件来编写相关的事件监听器，从而使用监听器处理事件。

6.5.1　Servlet监听器简介

监听器的作用是监听Web容器的有效期事件，由容器管理。利用Listener接口监听在容器中的某个执行程序，并且根据其应用程序的需求做出适当响应。表6-9所示为Servlet和JSP中的8个Listener接口和6个Event类。

表6-9　Listener接口与Event类

Listener接口	Event类
ServletContextListener	ServletContextEvent
ServletContextAttributeListener	ServletContextAttributeEvent
HttpSessionListener	HttpSessionEvent
HttpSessionActivationListener	
HttpSessionAttributeListener	HttpSessionBindingEvent
HttpSessionBindingListener	
ServletRequestListener	ServletRequestEvent
ServletRequestAttributeListener	ServletRequestAttributeEvent

6.5.2　Servlet监听器的工作原理

Servlet监听器是当今Web应用开发的一个重要组成部分，它在Servlet 2.3规范中与Servlet过滤器一起引入。并且在Servlet 3规范中进行了较大改进，主要用来监听和控制Web应用，极大地增强了Web应用的事件处理能力。

Servlet监听器的功能比较接近Java的GUI程序的监听器，可以监听由于Web应用中状态改变而引起的Servlet容器产生的相应事件，然后接受并处理这些事件。

6.5.3　监听Servlet上下文

Servlet上下文监听可以监听ServletContext对象的创建、删除和添加属性，以及删除和修改操作，该监听器需要用到如下两个接口。

1. ServletContextListener接口

该接口存放在javax.servlet包内，主要监听ServletContext的创建和删除。它提供了如下2个方法，也称为“Web应用程序的生命周期方法”。

（1）contextInitialized（ServletContextEvent event）方法：通知正在收听的对象应用程序已经被加载及初始化。

（2）contextDestroyed（ServletContextEvent event）方法：通知正在收听的对象应用程序已经被载出，即关闭。

2. ServletAttributeListener接口

该接口存放在javax.servlet包内，主要监听ServletContext属性的增加、删除及修改，它提供了如下3个方法。

（1）attributeAdded（ServletContextAttributeEvent event）方法：若有对象加入Application的范围，通知正在收听的对象。

（2）attributeReplaced（ServletContextAttributeEvent event）方法：若在Application的范围内一个对象取代另一个对象，通知正在收听的对象。

（3）attributeRemoved（ServletContextAttributeEvent event）方法：若有对象从Application的范围移除，通知正在收听的对象。

6.5.4 监听HTTP会话

有如下4个接口可以监听HTTP会话监听（HttpSession）信息。

1. HttpSessionListener接口

该接口监听HTTP会话的创建及销毁，它提供了如下2个方法。

（1）sessionCreated（HttpSessionEvent event）方法：通知正在收听的对象，session已经被加载及初始化。

（2）sessionDestroyed（HttpSessionEvent event）方法：通知正在收听的对象，session已经被载出（HttpSessionEvent类的主要方法是getSession()，可以使用该方法回传一个session对象）。

2. HttpSessionActivationListener接口

该接口实现监听HTTP会话active和passivate情况，它提供了如下3个方法。

（1）attributeAdded（HttpSessionBindingEvent event）方法：若有对象加入session的范围，通知正在收听的对象。

（2）attributeReplaced（HttpSessionBindingEvent event）方法：若在session的范围一个对象取代另一个对象，通知正在收听的对象。

（3）attributeRemoved（HttpSessionBindingEvent event）方法：若有对象从session的范围移除，通知正在收听的对象（HttpSessionBindingEvent类主要有3个方法，即getName()、getSession()和getValues()）。

3. HttpBindingListener接口

该接口实现监听HTTP会话中对象的绑定信息，它是唯一不需要在web.xml中设置Listener的，并提供了以下2个方法。

（1）valueBound（HttpSessionBindingEvent event）方法：当有对象加入session的范围时，会被自动调用。

（2）valueUnBound（HttpSessionBindingEvent event）方法：当有对象从session的范围内移除时，会被自动调用。

4. HttpSessionAttributeListener接口

该接口实现监听HTTP会话中属性的设置请求，它提供了如下2个方法。

（1）sessinDidActivate（HttpSessionEvent event）方法：通知正在收听的对象，其session已经变为有效状态。

（2）sessinWillPassivate（HttpSessionEvent event）方法：通知正在收听的对象，其session已经变为无效状态。

6.5.5 监听Servlet请求

在Servlet 2.4规范中新增加了一种技术，即监听客户端的请求。一旦能够在监听程序中获取客户端的请求，即可统一处理请求。要实现客户端的请求和请求参数设置的监听需要实现如下两个接口。

1. ServletRequestListener接口

该接口提供了如下2个方法。

（1）requestInitalized（ServletRequestEvent event）方法：通知正在收听的对象，ServletRequest已经被加载及初始化。

（2）requestDestroyed（ServletRequestEvent event）方法：通知正在收听的对象，ServletRequest已经被载出，即关闭。

2. ServletRequestAttributeListener接口

该接口提供了如下3个方法。

（1）attributeAdded（ServletRequestAttributeEvent event）方法：若有对象加入request的范围，通知正在收听的对象。

（2）attributeReplaced（ServletRequestAttributeEvent event）方法：若在request的范围内一个对象取代另一个对象，通知正在收听的对象。

（3）attributeRemoved（ServletRequestAttributeEvent event）方法：若有对象从request的范围移除，通知正在收听的对象。

6.5.6 使用监听器查看在线用户

利用Listener接口监听某个执行程序，并根据该程序的需求做出适当响应。

【例6-6】通过监听器查看用户在线情况。

（1）创建UserInfoList.java类文件，用来保存在线用户和对其执行具体操作，该文件的完整代码如下。

```
public class UserInfoList {
    private static UserInfoList user = new UserInfoList();
    private Vector vector = null;
    /*
       利用private调用构造函数，防止被外界产生新的instance对象
     */
    public UserInfoList() {
        this.vector = new Vector();
    }
    /*外界使用的instance对象*/
    public static UserInfoList getInstance() {
        return user;
    }
    /*增加用户*/
```

```
        public boolean addUserInfo(String user) {
            if (user != null) {
              this.vector.add(user);
              return True;
            } else {
                return False;
            }
        }
        /*获取用户列表*/
        public Vector getList() {
            return vector;
        }
        /*移除用户*/
        public void removeUserInfo(String user) {
            if (user != null) {
              vector.removeElement(user);
            }
        }
    }
```

（2）创建UserInfoTrace.java类文件，主要实现valueBound(HttpSessionBindingEvent arg0)和valueUnbound(HttpSessionBindingEvent arg0)两个方法。当有对象加入session时，会自动执行valueBound( )方法；当有对象从session中移除时，会自动执行valueUnbound( )方法。在valueBound( )和valueUnbound( )方法中都加入了输出信息的功能，使用户在控制台中更清楚地了解执行过程，该文件的完整代码如下。

```
public class UserInfoTrace implements javax.servlet.http.
      HttpSessionBindingListener {
    private String user;
    private UserInfoList container = UserInfoList.getInstance();
    public UserInfoTrace() {
      user = "";
    }
    /*设置在线监听人员*/
    public void setUser(String user) {
      this.user = user;
    }
    /*获取在线监听*/
    public String getUser() {
      return this.user;
    }
    public void valueBound(HttpSessionBindingEvent arg0) {
      System.out.println("上线" + this.user);
    }
    public void valueUnbound(HttpSessionBindingEvent arg0) {
      System.out.println("下线" + this.user);
      if (user != "") {
        container.removeUserInfo(user);
        }
    }
}
```

（3）创建showUser.jsp页面文件，在其中设置session的setMaxInactiveInterval( )为10秒。这样可以缩短session的生命周期，该页面文件的关键代码如下。

```
<%@ page import="java.util.*"%>
<%@ page import="com.listener.*"%>
<%
UserInfoList list = UserInfoList.getInstance( );          //获得UserInfoList类的对象
UserInfoTrace ut = new UserInfoTrace( );                  //创建UserInfoTrace类的对象
request.setCharacterEncoding("UTF-8");                    //设置编码为UTF-8，解决中文乱码
String name = request.getParameter("user");               //获取输入的用户名
ut.setUser(name);                                         //设置用户名
session.setAttribute("list", ut);                         //将UserInfoTrace对象绑定到Session中
list.addUserInfo(ut.getUser( ));                          //添加用户到UserInfo类的对象中
session.setMaxInactiveInterval(30);                       //设置Session的过期时间为30秒
%>
<textarea rows="8" cols="20">
<%
Vector vector=list.getList( );
if(vector!=null&&vector.size( )>0){
for(int i=0;i<vector.size( );i++){
  out.println(vector.elementAt(i));
}
}
%>
</textarea>
```

运行本实例，在用户登录页面中输入用户名，如图6-14所示，单击“登录”按钮，将进入到图6-15所示的在线用户列表页面。在该页面中，将显示当前在线用户。同时，在控制台中将输出图6-16所示的信息。

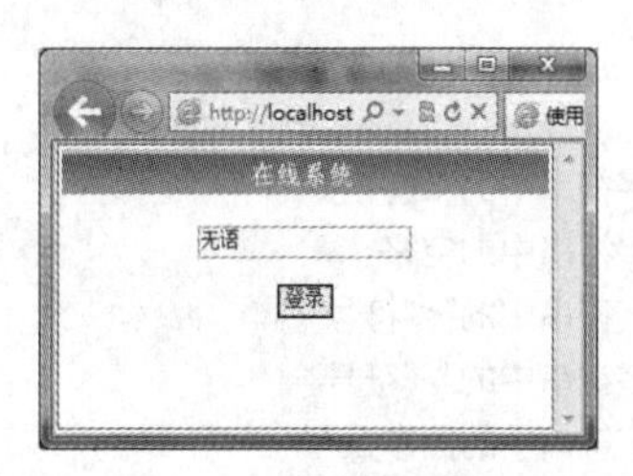

图6-14　用户登录页面

图6-15　在线用户列表

图6-16　控制台输出信息

6.6　Servlet的应用实例

应用Servlet
实现留言板

6.6.1　应用Servlet实现留言板

留言板对于大家来说并不陌生，本节将介绍应用Servlet实现一个简单留言板的实例。在实例的开发过程中，应用了在第5章中介绍的工具JavaBean。该JavaBean用来转换HTML中的特殊字符、格式化时间以及解决出现的中文乱码问题。

【例6-7】应用Servlet实现留言板。

下面先来介绍运行该实例后的操作流程。

首先，用户在填写留言信息的页面中输入留言信息，如图6-17所示。

然后，单击“提交”按钮提交表单，根据配置，表单将被提交给事先编写好的Servlet，在该Servlet中

保存留言信息到application范围中，并跳转到show.jsp页面显示用户留言，如图6-18所示。

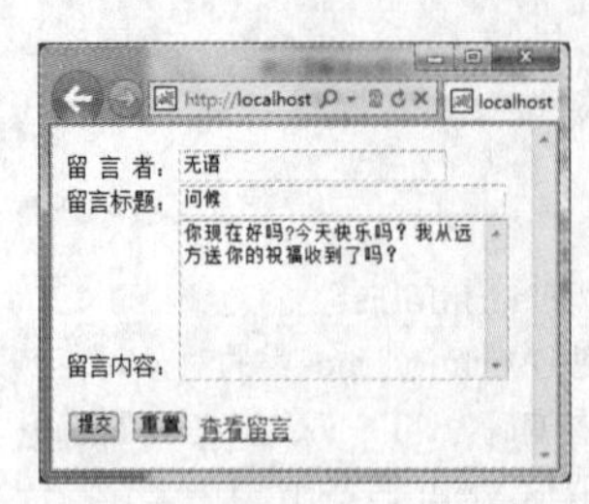

图6-17 填写留言信息

图6-18 显示用户留言

下面来讲解实现该实例的具体过程。

（1）创建工具JavaBean——MyTools。在MyTools中创建了changeHTML( )方法、changeTime( )方法和toChinese( )方法，分别用来实现转换HTML中特殊字符、格式化时间和解决中文乱码的操作。MyTools类的代码如下。

```
package com.yxq.toolbean;

import java.io.UnsupportedEncodingException;
import java.text.SimpleDateFormat;
import java.util.Date;

public class MyTools {
    /**
     * @功能 转换字符串中属于HTML语言中的特殊字符
     * @参数 source为要转换的字符串
     * @返回值 String型值
     */
    public static String changeHTML(String source){
        String changeStr="";
        changeStr=source.replace("&","&amp;");                    //转换字符串中的"&"符号
        changeStr=changeStr.replace(" "," ");                //转换字符串中的空格
        changeStr=changeStr.replace("<","&lt;");                  //转换字符串中的"<"符号
        changeStr=changeStr.replace(">","&gt;");                  //转换字符串中的">"符号
        changeStr=changeStr.replace("\r\n","<br>");               //转换字符串中的回车换行
        return changeStr;
    }
    /**
    * @功能 将Date型日期转换成指定格式的字符串形式，如"yyyy-MM-dd HH:mm:ss"
    * @参数 date为要被转换的Date型日期
    * @返回值 String型值
    */
    public static String changeTime(Date date) {
        //创建一个格式化日期的SimpleDateFormat类对象，并同时指定日期最终被转换成的样式
        SimpleDateFormat format=new SimpleDateFormat("yyyy-MM-dd HH:mm:ss");
        return format.format(date);         //调用format()方法格式化日期
    }
    /**
     * @功能 解决通过提交表单产生的中文乱码
     * @参数 value为要转换的字符串
```

```
     * @返回值 String型值
     */
    public static String toChinese(String str) {
        if(str==null)   str="";
        try {
            str=new String(str.getBytes("ISO-8859-1"),"gb2312");
        } catch (UnsupportedEncodingException e) {
            str="";
            e.printStackTrace();
        }
        return str;
    }
}
```

（2）创建值JavaBean——WordSingle。该JavaBean中定义了author、title、content和time属性，分别用来存储留言者、留言标题、留言内容和留言时间。WordSingle类的关键代码如下。

```
package com.yxq.valuebean;

public class WordSingle {
    private String author;
    private String title;
    private String content;
    private String time;
    …//省略了属性的set×××()与get×××()方法
}
```

（3）创建用户填写留言信息的页面index.jsp，在该页面中实现一个表单，并向表单中添加author、title和content字段，分别用来接收用户输入的留言者、留言标题和留言内容。index.jsp页面的关键代码如下。

```
<form action="addWord" method="post">
    留 言 者：<input type="text" name="author" size="25">
    <br>
    留言标题：<input type="text" name="title" size="31">
    <br>
    留言内容：<textarea name="content" rows="7" cols="30"></textarea>
    <p>
    <input type="submit" value="提交">
    <input type="reset" value="重置">
    <a href="show.jsp">查看留言</a>
</form>
```

代码中将表单请求的目标资源设为addWord，通过在web.xml文件中的配置，addWord为访问某个Servlet的路径，在该Servlet中用来处理用户提交的请求。

（4）创建处理用户请求的Servlet——WordServlet。在该Servlet中首先获取用户输入的信息，然后调用工具JavaBean对获取的信息进行转码、对HTML特殊字符进行转换和格式化当前时间，接着将这些信息封装到WordSingle类对象中，最后从应用上下文中获取存储了所有留言的集合对象，并将封装了信息的WordSingle类对象存储到该集合对象中。WordServlet类的代码如下。

```
package com.yxq.servlet;

import java.io.IOException;
import java.util.ArrayList;
```

```
import java.util.Date;
import javax.servlet.ServletContext;
import javax.servlet.ServletException;
import javax.servlet.http.HttpServlet;
import javax.servlet.http.HttpServletRequest;
import javax.servlet.http.HttpServletResponse;
import javax.servlet.http.HttpSession;
import com.yxq.toolbean.MyTools;
import com.yxq.valuebean.WordSingle;

public class WordServlet extends HttpServlet {
    protected void doGet(HttpServletRequest request, HttpServletResponse response) throws ServletException, IOException {
        doPost(request,response);
    }
    protected void doPost(HttpServletRequest request, HttpServletResponse response) throws ServletException, IOException {
        //以下代码用来获取表单中字段内容并进行转码
        String author=MyTools.toChinese(request.getParameter("author"));
        String title=MyTools.toChinese(request.getParameter("title"));
        String content=MyTools.toChinese(request.getParameter("content"));
        //获取当前时间并格式化时间为指定格式
        String today=MyTools.changeTime(new Date());
        //创建值JavaBean对象用来封装获取的信息
        WordSingle single=new WordSingle();
        single.setAuthor(MyTools.changeHTML(author));
        single.setTitle(MyTools.changeHTML(title));
        single.setContent(content);
        single.setTime(today);
        //获取session对象
        HttpSession session=request.getSession();
        //通过session对象获取应用上下文
        ServletContext scx=session.getServletContext();
        //获取存储在应用上下文中的集合对象
        ArrayList wordlist=(ArrayList)scx.getAttribute("wordlist");
        if(wordlist==null)
            wordlist=new ArrayList();
        //将封装了信息的值JavaBean存储到集合对象中
        wordlist.add(single);
        //将集合对象保存到应用上下文中
        scx.setAttribute("wordlist",wordlist);
        response.sendRedirect("show.jsp");           //将请求重定向到show.jsp页面
    }
}
```

（5）创建显示留言信息的show.jsp页面。在该页面中将获取存储到应用上下文中的wordlist集合对象，然后遍历该集合对象输出留言信息。show.jsp页面的关键代码如下。

```
<%@ page contentType="text/html; charset=gb2312"%>
<%@ page import="java.util.ArrayList" %>
<%@ page import="com.yxq.valuebean.WordSingle" %>
<%
    ArrayList wordlist=(ArrayList)application.getAttribute("wordlist");
```

```
        if(wordlist==null||wordlist.size()==0)
            out.print("没有留言可显示！");
        else{
            for(int i=wordlist.size()-1;i>=0;i--){
                WordSingle single=(WordSingle)wordlist.get(i);
%>
        留 言 者：<%=single.getAuthor() %>
        <p>
        留言时间：<%=single.getTime() %>
        <p>
        留言标题：<%=single.getTitle() %>
        <p>
        留言内容：
        <textarea rows="7"  cols="30" readonly><%=single.getContent() %></textarea>
        <a href="index.jsp">我要留言</a>
        <hr width="100%">
<%
            }
        }
%>
```

（6）在web.xml文件中配置Servlet。配置代码如下。

```
<servlet>
    <servlet-name>wordServlet</servlet-name>
    <servlet-class>com.yxq.servlet.WordServlet</servlet-class>
</servlet>
<servlet-mapping>
    <servlet-name>wordServlet</servlet-name>
    <url-pattern>/addWord</url-pattern>
</servlet-mapping>
```

至此，应用Servlet实现留言板的实例创建完成。在本实例中分别创建了保存留言信息的值JavaBean——WordSingle和工具JavaBean——MyTools。在MyTools工具JavaBean中实现了转换HTML特殊字符、格式化日期和解决中文乱码的方法。其中，格式化日期的方法用来实现将日期型数据转换为指定格式的字符串的操作，方法中主要是应用SimpleDateFormat类实现的：首先通过new操作符实例化一个SimpleDateFormat类实例，在实例化的同时指定日期转换为字符串后的显示格式，然后调用SimpleDateFormat类实例的format( )方法格式化日期型数据。创建的这些JavaBean会在Servlet中被调用，本实例创建的Servlet为WordServlet，并且在doPost( )方法中编写请求处理代码。留言信息应被所有的用户浏览到，所以应将信息保存到应用上下文中，也就是application范围内。在Servlet中可通过session对象的getServletContext( )方法获取应用上下文，该方法返回的是一个ServletContext类对象，这个对象就代表了整个应用；然后调用ServletContext类对象的setAttribute( )方法保存留言信息，最后在JSP页面中，调用application对象的getAttribute( )方法获取留言信息进行显示。注意，对于创建的Servlet，还需要在web.xml文件中进行配置，这样才能通过请求进行访问。

6.6.2 应用Servlet实现购物车

应用Servlet
实现购物车

在第5章JavaBean的应用实例中，通过JavaBean实现了一个购物车，本节将应用Servlet来实现一个具有相同功能的购物车。读者可对这两种方法进行比较，了解两种方法各自的优势。

在程序开发过程中，应用了第5章实现的购物车实例中名为“MyTools”和

“ShopCar”的工具JavaBean，以及名为“GoodSingle”的值JavaBean，这体现了JavaBean在程序开发中的可重复使用的特性。

【例6-8】应用Servlet实现购物车。

本节介绍的购物车所实现的功能与在第5章中购物车的功能相同，并且运行该实例后的操作流程也是相同的，这里不再进行介绍，读者可查看5.4.2节中的相关内容。本例与应用JavaBean实现购物车不同的是，前者是在Servlet中接收并处理用户请求的，而后者是在JSP页面中接收并处理用户请求的。下面来介绍应用Servlet实现购物车的实现过程，为了方便读者阅读，在下面的开发步骤中仍然给出了GoodSingle、MyTools和ShopCar的创建，其中在创建ShopCar类时进行了一些改动。

（1）创建封装商品信息的值JavaBean——GoodsSingle，其关键代码如下。

```
package com.yxq.valuebean;

public class GoodsSingle {
    private String name;                    //保存商品名称
    private float price;                    //保存商品价格
    private int num;                        //保存商品购买数量
    …//省略了属性的set×××()和get×××()方法
}
```

（2）创建工具JavaBean——MyTools。MyTools用来实现将String型数据转换为int型数据和解决中文乱码问题的操作，MyTools类的代码如下。

```
package com.yxq.toolbean;

import java.io.UnsupportedEncodingException;

public class MyTools {
    public static int strToint(String str){            //将String型数据转换为int型数据的方法
        if(str==null||str.equals(""))
            str="0";
        int i=0;
        try{
            i=Integer.parseInt(str)
        }catch(NumberFormatException e){
            i=0;
            e.printStackTrace();
        }
        return i;
    }
    public static String toChinese(String str){        //进行转码操作的方法
        if(str==null)
            str="";
        try {
            str=new String(str.getBytes("ISO-8859-1"),"gb2312");
        } catch (UnsupportedEncodingException e) {
            str="";
            e.printStackTrace();
        }
        return str;
    }
}
```

（3）创建实现购物车的JavaBean——ShopCar。本节实现的ShopCar类，与第5章中实现的ShopCar类有些不同。类中只实现了buylist属性的set×××()方法，并且去掉了实现清空购物车操作的clearCar()方法，而将该操作直接在Servlet中实现。ShopCar类的具体代码如下。

```
package com.yxq.toolbean;

import java.util.ArrayList;
import com.yxq.valuebean.GoodsSingle;

public class ShopCar {
    private ArrayList buylist=new ArrayList();          //用来存储购买的商品
    public void setBuylist(ArrayList buylist) {
        this.buylist = buylist;
    }
    /**
     * @功能 向购物车中添加商品
     * @参数 single为GoodsSingle类对象，封装了要添加的商品信息
     */
    public void addItem(GoodsSingle single){
        if(single!=null){
            if(buylist.size()==0){                      //如果buylist中不存在任何商品
                GoodsSingle temp=new GoodsSingle();
                temp.setName(single.getName());
                temp.setPrice(single.getPrice());
                temp.setNum(single.getNum());
                buylist.add(temp);                      //存储商品
            }
            else{                                       //如果buylist中存在商品
                int i=0;
                //遍历buylist集合对象，判断该集合中是否已经存在当前要添加的商品
                for(;i<buylist.size();i++){
                    //获取buylist集合中当前元素
                    GoodsSingle temp=(GoodsSingle)buylist.get(i);
                    //判断从buylist集合中获取的当前商品的名称是否与要添加的商品的名称相同
                    if(temp.getName().equals(single.getName())){
                        //如果相同，说明已经购买了该商品，只需要将商品的购买数量加1
                        temp.setNum(temp.getNum()+1);      //将商品购买数量加1
                        break;                          //结束for循环
                    }
                }
                if(i>=buylist.size()){          //说明buylist中不存在要添加的商品
                    GoodsSingle temp=new GoodsSingle();
                    temp.setName(single.getName());
                    temp.setPrice(single.getPrice());
                    temp.setNum(single.getNum());
                    buylist.add(temp);          //存储商品
                }
            }
```

```
            }
        }
        /**
         * @功能 从购物车中移除指定名称的商品
         * @参数 name表示商品名称
         */
        public void removeItem(String name){
            for(int i=0;i<buylist.size();i++){                        //遍历buylist集合，查找指定名称的商品
                GoodsSingle temp=(GoodsSingle)buylist.get(i);         //获取集合中当前位置的商品
                //如果商品的名称为name参数指定的名称
                  if(temp.getName().equals(MyTools.toChinese(name))){
                if(temp.getNum()>1){                              //如果商品的购买数量大于1
                        temp.setNum(temp.getNum()-1); //则将购买数量减1
                        break;                                    //结束for循环
                  }
                  else if(temp.getNum()==1){                      //如果商品的购买数量为1
                     buylist.remove(i);                           //从buylist集合对象中移除该商品
                  }
               }
            }
        }
    }
```

（4）创建实例的首页面index.jsp，在该页面中直接将请求转发给了Servlet，index.jsp页面的具体代码如下。

```
<%@ page contentType="text/html;charset=gb2312"%>
<jsp:forward page="/index"/>
```

代码中将请求的目标资源设为“/index”，通过在web.xml文件中的配置，“/index”为访问某个Servlet的路径，在该Servlet中用来处理用户提交的请求。

（5）创建处理用户访问首页面请求的Servlet——IndexServlet。在该Servlet中初始化商品信息列表，IndexServlet类的具体代码如下。

```
package com.yxq.servlet;

import java.io.IOException;
import java.util.ArrayList;
import javax.servlet.ServletException;
import javax.servlet.http.HttpServlet;
import javax.servlet.http.HttpServletRequest;
import javax.servlet.http.HttpServletResponse;
import javax.servlet.http.HttpSession;
import com.yxq.valuebean.GoodsSingle;

public class IndexServlet extends HttpServlet {
    private static ArrayList goodslist=new ArrayList();
    protected void doGet(HttpServletRequest request, HttpServletResponse response) throws ServletException, IOException {
        doPost(request,response);
    }
    protected void doPost(HttpServletRequest request, HttpServletResponse response) throws ServletException, IOException {
        HttpSession session=request.getSession();
```

```
        session.setAttribute("goodslist",goodslist);
        response.sendRedirect("show.jsp");
    }
    static{                             //静态代码块
        String[] names={"苹果","香蕉","梨","橘子"};
        float[] prices={2.8f,3.1f,2.5f,2.3f};
        for(int i=0;i<4;i++){
            GoodsSingle single=new GoodsSingle();
            single.setName(names[i]);
            single.setPrice(prices[i]);
            single.setNum(1);
            goodslist.add(single);
        }
    }
}
```

请求访问IndexServlet类后，首先会执行类中静态代码块中的代码完成商品信息列表的初始化，接着执行doGet()或doPost()方法，最后将初始化的商品列表存储到session范围内，并跳转到show.jsp页面。

（6）在web.xm文件中配置IndexServlet，其配置代码如下。

```
<servlet>
    <servlet-name>indexServlet</servlet-name>
    <servlet-class>com.yxq.servlet.IndexServlet</servlet-class>
</servlet>
<servlet-mapping>
    <servlet-name>indexServlet</servlet-name>
    <url-pattern>/index</url-pattern>
</servlet-mapping>
```

（7）创建show.jsp页面，该页面用来显示初始化的商品信息列表。页面中首先获取存储在session范围中的goodslist集合对象，然后遍历goodslist集合依次输出存储的商品。show.jsp页面的关键代码如下。

```
<%@ page contentType="text/html;charset=gb2312"%>
<%@ page import="java.util.ArrayList" %>
<%@ page import="com.yxq.valuebean.GoodsSingle" %>
<%  ArrayList goodslist=(ArrayList)session.getAttribute("goodslist");  %>
<table border="1" width="450" rules="none" cellspacing="0" cellpadding="0">
    <tr height="50"><td colspan="3" align="center">提供商品如下</td></tr>
    <tr align="center" height="30" bgcolor="lightgrey">
        <td>名称</td>
        <td>价格(元/斤)</td>
        <td>购买</td>
    </tr>
    <% if(goodslist==null||goodslist.size()==0){ %>
    <tr height="100"><td colspan="3" align="center">没有商品可显示！</td></tr>
    <%
        }
        else{
            for(int i=0;i<goodslist.size();i++){
                GoodsSingle single=(GoodsSingle)goodslist.get(i);
    %>
    <tr height="50" align="center">
```

```
            <td><%=single.getName()%></td>
            <td><%=single.getPrice()%></td>
            <td><a href="doCar?action=buy&id=<%=i%>">购买</a></td>
        </tr>
        <%
                }
            }
        %>
        <tr height="50">
            <td align="center" colspan="3"><a href="shopcar.jsp">查看购物车</a></td>
        </tr>
    </table>
```

代码中实现的“购买”超链接所请求的资源并不是实际存在的JSP页面，而是访问某个Servlet的路径，该Servlet就是用来接收并处理用户触发的“购买”“移除”和“清空购物车”请求的。

（8）创建接收并处理“购买”“移除”和“清空购物车”请求的Servlet——BuyServlet。在该类中通过获取请求中传递的action参数来判断当前请求的是什么操作，从而调用相应的方法处理请求，在这些方法中最终是通过调用ShopCar类中的方法实现具体业务。BuyServlet类的具体代码如下。

```
package com.yxq.servlet;

import java.io.IOException;
import java.util.ArrayList;
import javax.servlet.ServletException;
import javax.servlet.http.HttpServlet;
import javax.servlet.http.HttpServletRequest;
import javax.servlet.http.HttpServletResponse;
import javax.servlet.http.HttpSession;
import com.yxq.toolbean.MyTools;
import com.yxq.toolbean.ShopCar;
import com.yxq.valuebean.GoodsSingle;

public class BuyServlet extends HttpServlet {
    protected void doGet(HttpServletRequest request, HttpServletResponse response) throws ServletException, IOException {
        doPost(request,response);
    }
    protected void doPost(HttpServletRequest request, HttpServletResponse response) throws ServletException, IOException {
        String action=request.getParameter("action");    //获取action参数值
        if(action==null)action="";
        if(action.equals("buy"))                    //触发了"购买"请求
            buy(request,response);                  //调用buy()方法实现商品的购买
        if(action.equals("remove")                  //触发了"移除"请求
            remove(request,response);               //调用remove()方法实现商品的移除
        if(action.equals("clear"))                  //触发了"清空购物车"请求
            clear(request,response);                //调用clear()方法实现购物车的清空

    }
    //实现购买商品的方法
```

```
    protected void buy(HttpServletRequest request, HttpServletResponse response) throws ServletException, IOException {
        HttpSession session=request.getSession();
        //获取触发"购买"请求时传递的id参数，该参数存储的是商品在goodslist对象中存储的位置
        String strId=request.getParameter("id");
        int id=MyTools.strToint(strId);
        ArrayList goodslist=(ArrayList)session.getAttribute("goodslist");
        GoodsSingle single=(GoodsSingle)goodslist.get(id);

        //从session范围内获取存储了用户已购买商品的集合对象
        ArrayList buylist=(ArrayList)session.getAttribute("buylist");
        if(buylist==null)
          buylist=new ArrayList();

        ShopCar myCar=new ShopCar();
        myCar.setBuylist(buylist);            //将buylist对象赋值给ShopCar类实例中的属性
        myCar.addItem(single);                //调用ShopCar类中addItem()方法实现商品添加操作

        session.setAttribute("buylist",buylist);
        response.sendRedirect("show.jsp");    //将请求重定向到show.jsp页面
    }
    //实现移除商品的方法
    protected void remove(HttpServletRequest request, HttpServletResponse response) throws ServletException, IOException {
        HttpSession session=request.getSession();
        ArrayList buylist=(ArrayList)session.getAttribute("buylist");

        String name=request.getParameter("name");
        ShopCar myCar=new ShopCar();
        myCar.setBuylist(buylist);      //将buylist对象赋值给ShopCar类实例中的属性
        //调用ShopCar类中removeItem ()方法实现商品移除操作
        myCar.removeItem(MyTools.toChinese(name));

        response.sendRedirect("shopcar.jsp");
    }
    //实现清空购物车的方法
    protected void clear(HttpServletRequest request, HttpServletResponse response) throws ServletException, IOException {
        HttpSession session=request.getSession();
        //从session范围内获取存储了用户已购买商品的集合对象
        ArrayList buylist=(ArrayList)session.getAttribute("buylist");
        buylist.clear();      //清空buylist集合对象，实现购物车清空的操作
        response.sendRedirect("shopcar.jsp");
    }
}
```

（9）在web.xml文件中配置BuyServlet，其配置代码如下。

```
<servlet>
    <servlet-name>buyServlet</servlet-name>
```

```
        <servlet-class>com.yxq.servlet.BuyServlet</servlet-class>
    </servlet>
    <servlet-mapping>
        <servlet-name>buyServlet</servlet-name>
        <url-pattern>/doCar</url-pattern>
    </servlet-mapping>
```

（10）创建shopcar.jsp页面，该页面用来显示用户购买的商品。在页面中，首先获取存储在session中用来存储用户已购买商品的buylist集合对象，最后遍历该集合对象，输出购买的商品。shopcar.jsp页面的关键代码如下。

```
<%@ page contentType="text/html;charset=gb2312"%>
<%@ page import="java.util.ArrayList" %>
<%@ page import="com.yxq.valuebean.GoodsSingle" %>
<%
    //获取存储在session中用来存储用户已购买商品的buylist集合对象
    ArrayList buylist=(ArrayList)session.getAttribute("buylist");
    float total=0;                  //用来存储应付金额
%>
<table border="1" width="450" rules="none" cellspacing="0" cellpadding="0">
    <tr height="50"><td colspan="5" align="center">购买的商品如下</td></tr>
    <tr align="center" height="30" bgcolor="lightgrey">
        <td width="25%">名称</td>
        <td>价格(元/斤)</td>
        <td>数量</td>
        <td>总价(元)</td>
        <td>移除(-1/次)</td>
    </tr>
    <%   if(buylist==null||buylist.size()==0){ %>
    <tr height="100"><td colspan="5" align="center">您的购物车为空！</td></tr>
    <%
        }
        else{
            for(int i=0;i<buylist.size();i++){
                GoodsSingle single=(GoodsSingle)buylist.get(i);
                String name=single.getName();          //获取商品名称
                float price=single.getPrice();         //获取商品价格
                int num=single.getNum();               //获取购买数量
                //计算当前商品总价，并进行四舍五入
                float money=((int)((price*num+0.05f)*10))/10f;
                total+=money;                          //计算应付金额
    %>
    <tr align="center" height="50">
        <td><%=name%></td>
        <td><%=price%></td>
        <td><%=num%></td>
        <td><%=money%></td>
        <td><a href="doCar?action=remove&name=<%=single.getName()%>">移除</a></td>
    </tr>
```

```
<%
        }
    }
%>
<tr height="50" align="center"><td colspan="5">应付金额：<%=total%></td></tr>
<tr height="50" align="center">
    <td colspan="2"><a href="show.jsp">继续购物</a></td>
    <td colspan="3"><a href="doCar?action=clear">清空购物车</a></td>
</tr>
</table>
```

至此，应用Servlet实现购物车的实例创建完成。在本实例中，应用了第5章实现的购物车实例中的MyTools和ShopCar工具JavaBean，以及GoodSingle值JavaBean，这就体现了JavaBean在程序开发中的可重复使用的特性。其中，本实例实现的ShopCar类，与第5章中实现的ShopCar类有些不同。类中只实现了buylist属性的set ××× ( )方法，并且去掉了实现清空购物车操作的clearCar( )方法，而将该操作直接在Servlet中实现。

本实例应用Servlet实现的购物车，实际上对购物车的增加商品和删除商品的操作仍然是在JavaBean中完成的，Servlet只是在接收用户请求后来调用该JavaBean实现操作，所以在第5章中实现购物车的ShopCar类可进行小的修改直接应用到本实例中。因为在Servlet中可以直接操作request和session对象，所以可以在Servlet中来获取存储在session中用来保存已购买商品的buylist集合对象，然后将该buylist集合对象传递给ShopCar类，因此在ShopCar类中需要创建一个方法来接收从Servlet中传递的buylist集合对象，也就是本实例设置的setBuylist( )方法；而对于清空购物车的操作，既然可在Servlet中直接获取存储在session中用来保存已购买商品的buylist集合对象，那么就可以直接调用List集合对象的clear( )方法来清除保存在buylist中的所有商品，就不必在ShopCar类中实现了。

在本实例中，Servlet只作为接收请求和转发请求的控制器，真正的业务仍然是通过调用实现购物车的JavaBean（ShopCar类）实现的，所以了解了第5章实现的购物车，本实例就不难理解了。这里读者主要应注意的就是JSP、JavaBean和Servlet在开发程序时各自的角色和作用，理解了这个结构，才能开发一个优秀的项目。

在Servlet中实现请求的转发，还可以通过javax.servlet.RequestDispatcher类的forward( )方法实现。使用方法如下。

```
RequestDispatcher rd=request.getRequestDispatcher(path);
    rd.forward(request,response);
```

其中，path表示要转发的目标资源。

6.7 小结

本章首先介绍了Servlet的一些基础知识，其中包括Servlet的技术简介、技术功能、技术特点、Servlet的生命周期等知识点；然后介绍了Servlet编程常用的接口和类，对这些接口和类中的重要方法通过表格的形式列出并解释；接下来介绍了Servlet的开发，包括Servlet的创建和Servlet的配置。本章最后应用Servlet开发了留言板和购物车两个实例。通过阅读本章，读者可以熟悉Servlet并且掌握Servlet的使用，为以后更深入地学习打好基础。

习 题

6-1　什么是Servlet？Servlet的技术特点是什么？Servlet与JSP有什么区别？

6-2　创建一个Servlet通常分为哪几个步骤？

6-3　运行Servlet需要在web.xml文件中进行哪些配置？

6-4　怎样设置Servlet的启动装入优先级别？

6-5　当访问一个Servlet时，以下Servlet中的哪个方法先被执行？

（A）destroy( )　　（B）doGet( )　　（C）service( )　　（D）init( )

6-6　假设在myServlet应用中有一个MyServlet类，在web.xml文件中对其进行如下配置。

```
<servlet>
    <servlet-name> myservlet </servlet-name>
    <servlet-class>com.yxq.servlet.MyServlet</servlet-class>
</servlet>
<servlet-mapping>
    <servlet-name> myservlet</servlet-name>
    <url-pattern>/welcome</url-pattern>
</servlet-mapping>
```

则以下可以访问到MyServlet的是哪项？

（A）http://localhost:8080/MyServlet。

（B）http://localhost:8080/myservlet。

（C）http://localhost:8080/com/yxq/servlet/MyServlet。

（D）http://localhost:8080/yxq /welcome。

上机指导

6-1　创建一个Servlet。要求通过在浏览器地址栏中访问该Servlet后，输出一个1行1列的表格，表格中的内容为“保护环境！爱护地球！”。

6-2　实现一个简单的登录程序。要求由Servlet接收用户输入的用户名和密码，然后输出到页面中。

PART07

第7章 JSP实用组件

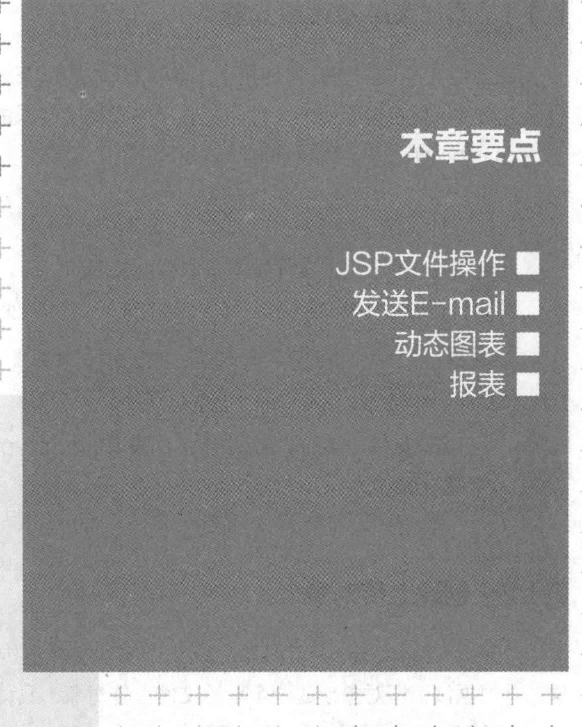

本章要点

- JSP文件操作
- 发送E-mail
- 动态图表
- 报表

■ 很多著名的公司为JSP开发了许多实用组件，这也大大扩展了JSP的功能。本章将介绍在应用JSP开发程序时，比较常用的对文件进行操作的组件、发送E-mail的组件、生成动态图书的组件和生成JSP报表的组件。通过本章的学习，读者应该掌握文件上传与下载的方法，掌握发送E-mail的方法，掌握利用JFreeChart生成动态图表的方法及应用iText组件生成JSP报表的方法。

7.1 JSP文件操作

Commons-FileUpload组件是Apache组织下的jakarta-commons项目组下的一个小项目，该组件可以方便地将multipart/form-data类型请求中的各种表单域解析出来，并实现一个或多个文件的上传，同时也可以限制上传文件的大小等内容。在使用Commons-FileUpload组件时，需要先下载该组件。该组件可以到http://commons.apache.org/fileupload/网站下载。

Commons-FileUpload组件需要commons-io包的支持，所以在下载Commons-FileUpload组件时，还需要连commons-io组件一起下载。

7.1.1 添加表单及表单元素

添加表单及表单元素

在上传文件页面中，添加用于上传文件的表单及表单元素。在该表单中，需要通过文件域指定要上传的文件。在表单中添加文件域的语法格式如下。

```
<input name="file" type="file" size="尺寸">
```

name属性：用于指定文件域的名称。

type属性：用于指定标记的类型，这里设置为file，表示文件域。

size属性：用于指定文件域中文本框的长度。

例如，在表单中添加一个名称为file的文件，可以使用下面的代码。

```
<input name="file" type="file" size="35">
```

在实现文件上传时，必须将form表单的enctype属性设置为“multipart/form-data”，否则将不能上传文件。

7.1.2 创建上传对象

创建上传对象

在应用Commons-FileUpload组件实现文件上传时，需要创建一个工厂对象，并根据该工厂对象创建一个新的文件上传对象，具体代码如下。

```
//基于磁盘文件项目创建一个工厂对象
DiskFileItemFactory factory = new DiskFileItemFactory();
//创建一个新的文件上传对象
ServletFileUpload upload = new ServletFileUpload(factory);
```

在使用上面的两行代码时，需要导入相应的类，具体的代码如下。

```
import org.apache.commons.fileupload.disk.DiskFileItemFactory;
import org.apache.commons.fileupload.servlet.ServletFileUpload;
```

7.1.3 解析上传请求

解析上传请求

创建一个文件上传对象后，就可以应用这个对象解析上传请求。在解析上传请求时，首先要获取全部的表单项，这可以通过文件上传对象的parseRequest( )

方法来实现。parseRequest( )方法原型如下。

```
public List parseRequest(HttpServletRequst request) throws FileUploadException
```

request：HttpServletRequest对象。

例如，应用该方法获取全部表单项，并保存到items中的具体代码如下。

```
List items = upload.parseRequest(request);          // 获取全部的表单项
```

通过parseRequest( )方法获取的全部表单项，将保存到List集合中，并且保存到List集合中的表单项，不管是文件域还是普通表单域，都当成FileItem对象处理。在进行文件上传时，可以通过FileItem对象的isFormField( )方法判断表单项是文件域还是普通表单域。如果该方法的返回值为true，则表示是一个普通表单域，否则是一个文件域。isFormField( )方法的原型如下。

```
public boolean isFormField( )
```

例如，应用isFormField( )方法判断文件域的具体代码如下。

```
if (!item.isFormField( )) {                    // 判断是否为文件域
    …  //此处省略了部分代码
}
```

在实现文件上传时，还需要获取上传文件的文件名，这可以通过FileItem类的getName( )方法实现，getName( )方法的原型如下。

```
public String getName( );
```

getName( )方法仅当该表单域是文件域时，才有效。

例如，通过getName( )方法获取上传文件的文件名的具体代码如下。

```
String fileName=item.getName( );              //获取文件名
```

在上传文件时，还可以通过getSize( )方法获取上传文件大小。getSize( )方法的原型如下。

```
public long getSize( )
```

例如，通过getSize( )方法获取上传文件大小的具体代码如下。

```
long upFileSize=item.getSize( );              //获取上传文件的大小
```

在上传文件时，还可以通过getContentType( )方法获取上传文件的类型。getContentType( )方法的原型如下。

```
java.lang.String getContentType( )
```

例如，通过getContentType( )方法获取上传文件类型的具体代码如下。

```
String type=item.getContentType( );           //获取文件类型
```

【例7-1】应用Commons-FileUpload组件将文件上传到服务器。

（1）创建index.jsp页面，在其中包含文件上传表单项，实现文件上传操作时，需要将form表单的enctype属性值设置为multipart/form-data。index.jsp页面的关键代码如下。

```
<!-- 定义表单 -->
<form action="UploadServlet" method="post"   enctype="multipart/form-data"
    name="form1" id="form1" onsubmit="return validate( )">
    <ul>
        <li>请选择要上传的附件：</li>
        <li>上传文件： <input type="file" name="file" /> <!-- 文件上传组件 --></li>
        <li><input type="submit" name="Submit" value="上传" />
        <input type="reset" name="Submit2" value="重置" /></li>
```

```
    </ul>
    <%
        //判断保存在request范围内的对象是否为空
        if (request.getAttribute("result") != null) {
            out.println("<script >alert('" + request.getAttribute("result")
                    + "');</script>");              //页面显示提示信息
        }
    %>
</form>
```

（2）当用户单击“上传”按钮时，系统将提交URL地址为UploadServlet的Servlet，在该Servlet中处理文件上传请求。关键代码如下。

```
public void doPost(HttpServletRequest request, HttpServletResponse response)
        throws ServletException, IOException {
    String adjunctname ;
    String fileDir = request.getRealPath("upload/");                //指定上传文件的保存地址
    String message = "文件上传成功";
    String address = "";
    if(ServletFileUpload.isMultipartContent(request)){               //判断是否是上传文件
      DiskFileItemFactory factory = new DiskFileItemFactory();
      factory.setSizeThreshold(20*1024);                             //设置内存中允许存储的字节数
      factory.setRepository(factory.getRepository());                //设置存放临时文件的目录
      //创建新的上传文件句柄
      ServletFileUpload upload = new ServletFileUpload(factory);
      int size = 2*1024*1024;                                        //指定上传文件的大小
      List formlists = null;                                         //创建保存上传文件的集合对象
      try {
          formlists = upload.parseRequest(request);                  //获取上传文件集合
      } catch (FileUploadException e) {
          e.printStackTrace();
      }
      Iterator iter = formlists.iterator();                          //获取上传文件迭代器
      while(iter.hasNext()){
          FileItem formitem = (FileItem)iter.next();                 //获取每个上传文件
          if(!formitem.isFormField()){                               //忽略不是上传文件的表单域
            String name = formitem.getName();                        //获取上传文件的名称
             if(formitem.getSize()>size){                            //如果上传文件大于规定的上传文件的大小
            message = "您上传的文件太大，请选择不超过2M的文件";
            break;                                                   //退出程序
          }
           //获取上传文件的大小
           String adjunctsize = new Long(formitem.getSize()).toString();
           //如果上传文件为空
           if((name == null) ||(name.equals(""))&&(adjunctsize.equals("0")))
             continue;                                  //退出程序
           adjunctname = name.substring(name.lastIndexOf("\\")+1,name.length());
           address = fileDir+"\\"+adjunctname;         //创建上传文件的保存地址
           File saveFile = new File(address);          //根据文件保存地址，创建文件
           try {
```

```
                formitem.write(saveFile);                    //向文件写数据
            } catch (Exception e) {
                e.printStackTrace();
            }
        }
    }
  }
  request.setAttribute("result", message);                //将提示信息保存在request对象中
  RequestDispatcher requestDispatcher = request
          .getRequestDispatcher("index.jsp");             //设置相应返回地址
  requestDispatcher.forward(request, response);
}
```

运行本实例，单击“浏览”按钮，选择要上传的文件，注意要上传的文件不能大于2M，如图7-1所示，单击“上传”按钮即可将该文件上传到服务器的指定文件夹中。

7.2 发送E-mail

随着Internet技术的飞速发展，网络已经成为人们生活中不可缺少的一部分，通过E-mail发送电子邮件也成为网络上人与人之间通信的一种方式。在JSP中可以应用Java Mail组件进行电子邮件的收发。

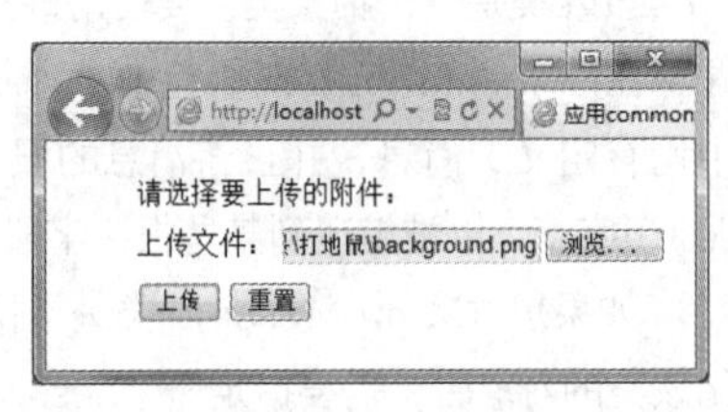

图7-1 文件下载页面

7.2.1 Java Mail组件简介

Java Mail是Sun公司发布用来处理E-mail的API，是一种可选的、用于读取、编写和发送电子消息的包（标准扩展）。使用Java Mail可以创建MUA（邮件用户代理“Mail User Agent”的简称）类型的程序，它类似于Eudora、Pine及Microsoft Outlook等邮件程序。其主要目的不是像发送邮件或提供MTA（邮件传输代理“Mail Transfer Agent”的简称）类型程序那样用于传输、发送和转发消息，而是可以与MUA类型的程序交互，以阅读和撰写电子邮件。MUA依靠MTA处理实际的发送任务。

Java Mail组件简介

7.2.2 Java Mail核心类简介

Java Mail API中提供很多用于处理E-mail的类，其中比较常用的有Session（会话）类、Message（消息）类、Address（地址）类、Authenticator（认证方式）类、Transport（传输）类、Store（存储）类和Folder（文件夹）类等7个类。这7个类都可以在Java Mail API的核心包mail.jar中找到。

1. Session类

Java Mail API中提供了Session类，用于定义保存诸如SMTP主机和认证信息的基本邮件会话。通过Session会话可以阻止恶意代码窃取其他用户在会话中的信息（包括用户名和密码等认证信息），从而让其他工作顺利执行。

Session类

每个基于Java Mail的程序都需要创建一个Session或多个Session对象。由于Session对象利用java.util.Properties对象获取诸如邮件服务器、用户名、密码等信息，以及其他可在整个应用程序中共享的信息，所以在创建Session对象前，需要先创建java.util.Properties对象。创建java.util.Properties对象的代码如下。

```
Properties props=new Properties();
```

创建Session对象可以通过以下两种方法，不过，通常情况下会使用第二种方法创建共享会话。

（1）使用静态方法创建Session的语句如下。

```
Session session = Session.getInstance(props, authenticator);
```

props为java.util. Properties类的对象，authenticator为Authenticator对象，用于指定认证方式。

（2）创建默认的共享Session的语句如下。

```
Session defaultSession = Session.getDefaultInstance(props, authenticator);
```

props为java.util. Properties类的对象，authenticator为Authenticator对象，用于指定认证方式。

如果在进行邮件发送时，不需要指定认证方式，可以使用空值（null）作为参数authenticator的值，例如，创建一个不需要指定认证方式的Session对象的代码如下。

```
Session mailSession=Session.getDefaultInstance(props,null);
```

2. Message类

Message类是电子邮件系统的核心类，用于存储实际发送的电子邮件信息。Message类是一个抽象类，要使用该抽象类可以使用其子类MimeMessage，该类保存在javax.mail.internet包中，可以存储MIME类型和报头（在不同的RFC文档中均有定义）消息，并且将消息的报头限制成只能使用US-ASCII字符，尽管非ASCII字符可以被编码到某些报头字段中。

Message类

如果想对MimeMessage类进行操作，首先要实例化该类的一个对象，在实例化该类的对象时，需要指定一个Session对象，这可以通过将Session对象传递给MimeMessage的构造方法来实现，例如，实例化MimeMessage类的对象message的代码如下。

```
MimeMessage msg = new MimeMessage(mailSession);
```

实例化MimeMessage类的对象msg后，就可以通过该类的相关方法设置电子邮件信息的详细信息。MimeMessage类中常用的方法包括以下几个。

（1）setText( )方法。

setText( )方法用于指定纯文本信息的邮件内容。该方法只有一个参数，用于指定邮件内容。setText( )方法的语法格式如下。

```
setText(String content)
```

content：纯文本的邮件内容。

（2）setContent( )方法。

setContent( )方法用于设置电子邮件内容的基本机制，多数应用在发送HTML等纯文本以外的信息。该方法包括两个参数，分别用于指定邮件内容和MIME类型。setContent( )方法的语法格式如下。

```
setContent(Object content, String type)
```

content：用于指定邮件内容。

type：用于指定邮件内容类型。

例如，指定邮件内容为“你现在好吗”，类型为普通的文本，代码如下。

message.setContent("你现在好吗", "text/plain");

（3）setSubject ( )方法。

setSubject( )方法用于设置邮件的主题。该方法只有一个参数，用于指定主题内容。setSubject( )方法的语法格式如下。

```
setSubject(String subject)
```

subject：用于指定邮件的主题。

（4）saveChanges( )方法。

saveChanges( )方法能够保证报头域同会话内容保持一致。saveChanges ( )方法的使用方法如下。

```
msg.saveChanges();
```

（5）setFrom()方法。

setFrom()方法用于设置发件人地址。该方法只有一个参数，用于指定发件人地址，该地址为InternetAddress类的一个对象。setFrom()方法的使用方法如下。

```
msg.setFrom(new InternetAddress(from));
```

创建InternetAddress类的对象的方法请参见下面的“Address类”部分。

（6）setRecipients()方法。

setRecipients()方法用于设置收件人地址。该方法有两个参数，分别用于指定收件人类型和收件人地址。setRecipients()方法的语法格式如下。

```
setRecipients(RecipientType type, InternetAddress addres);
```

type：收件人类型。可以使用以下3个常量来区分收件人的类型。

① Message.RecipientType.TO　//发送

② Message.RecipientType.CC　//抄送

③ Message.RecipientType.BCC　//暗送

addres：收件人地址，可以为InternetAddress类的一个对象或多个对象组成的数组。

例如，设置收件人的地址为“wgh8007@163.com”的代码如下。

```
address=InternetAddress.parse("wgh8007@163.com",false);
msg.setRecipients(Message.RecipientType.TO, toAddrs);
```

（7）setSentDate()方法。

setSentDate()方法用于设置发送邮件的时间。该方法只有一个参数，用于指定发送邮件的时间。setSentDate ()方法的语法格式如下。

```
setSentDate(Date date);
```

date：用于指定发送邮件的时间。

（8）getContent()方法。

getContent()方法用于获取消息内容，该方法无参数。

（9）writeTo()方法。

writeTo()方法用于获取消息内容（包括报头信息），并将其内容写到一个输出流中。该方法只有一个参数，用于指定输出流。writeTo()方法的语法格式如下。

```
writeTo(OutputStream os)
```

os：用于指定输出流。

3. Address类

Address类用于设置电子邮件的响应地址。Address类是一个抽象类，要使用该抽象类可以使用其子类InternetAddress，该类保存在javax.mail.internet包中，可以按照指定的内容设置电子邮件的地址。

Address类

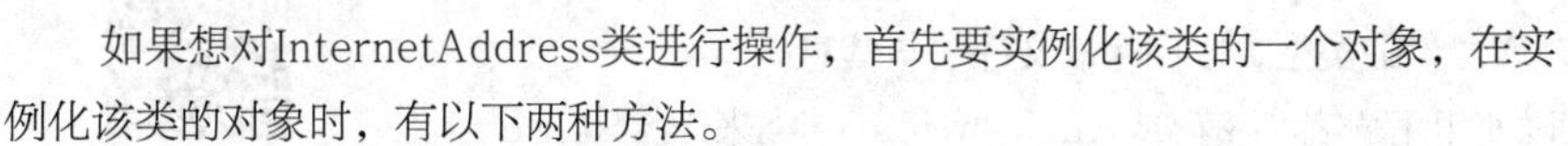

如果想对InternetAddress类进行操作，首先要实例化该类的一个对象，在实例化该类的对象时，有以下两种方法。

（1）创建只带有电子邮件地址的地址，可以把电子邮件地址传递给InternetAddress类的构造方法，代码如下。

```
InternetAddress address = new InternetAddress("wgh717@sohu.com");
```

（2）创建带有电子邮件地址并显示其他标识信息的地址，可以将电子邮件地址和附加信息同时传递给

InternetAddress类的构造方法，代码如下。

```
InternetAddress address = new InternetAddress("wgh717@sohu.com","Wang GuoHui");
```

Java Mail API没有提供检查电子邮件地址有效性的机制。如果需要读者可以自己编写检查电子邮件地址是否有效的方法。

4. Authenticator类

Authenticator类通过用户名和密码来访问受保护的资源。Authenticator类是一个抽象类，要使用该抽象类首先需要创建一个Authenticator的子类，并重载getPasswordAuthentication()方法，具体代码如下。

```
class WghAuthenticator extends Authenticator {
   public PasswordAuthentication getPasswordAuthentication() {
      String username = "wgh";                    //邮箱登录账号
      String pwd = "111";                         //登录密码
      return new PasswordAuthentication(username, pwd);
   }
}
```

Authenticator类

然后再通过以下代码实例化新创建的Authenticator的子类，并将其与Session对象绑定。

```
Authenticator auth = new WghAuthenticator ();
Session session = Session.getDefaultInstance(props, auth);
```

5. Transport类

Transport类

Transport类用于使用指定的协议（通常是SMTP）发送电子邮件。Transport类提供了以下两种发送电子邮件的方法。

（1）只调用其静态方法send()，按照默认协议发送电子邮件，代码如下。

```
Transport.send(message);
```

（2）首先从指定协议的会话中获取一个特定的实例，然后传递用户名和密码，再发送信息，最后关闭连接，代码如下。

```
Transport transport =sess.getTransport("smtp");
transport.connect(servername,from,password);
transport.sendMessage(message,message.getAllRecipients());
transport.close();
```

在发送多个消息时，建议采用第二种方法，因为它将保持消息间活动服务器的连接，而使用第一种方法时，系统将为每一个方法的调用建立一条独立的连接。

如果想要查看经过邮件服务器发送邮件的具体命令，可以用session.setDebug(true)方法设置调试标志。

6. Store类

Store类

Store类定义了用于保存文件夹间层级关系的数据库，以及包含在文件夹之中的信息，该类也可以定义存取协议的类型，以便存取文件夹与信息。

在获取会话后，就可以使用用户名和密码或Authenticator类来连接Store类。与Transport类一样，首先要告诉Store类将使用什么协议。

使用POP3协议连接Stroe类，代码如下。

```
Store store = session.getStore("pop3");
store.connect(host, username, password);
```

使用IMAP协议连接Stroe类，代码如下。

```
Store store = session.getStore("imap");
store.connect(host, username, password);
```

如果使用POP3协议，只可以使用INBOX文件夹，但是使用IMAP协议，则可以使用其他的文件夹。

在使用Store类读取完邮件信息后，需要及时关闭连接。关闭Store类的连接可以使用以下代码。

```
store.close();
```

Folder类

7. Folder类

Folder类定义了获取（fetch）、备份（copy）、附加（append）以及删除（delete）信息等的方法。

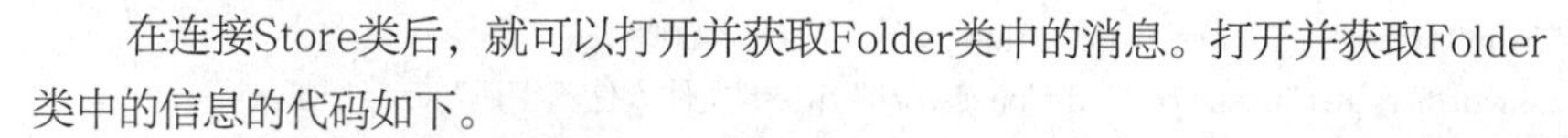

在连接Store类后，就可以打开并获取Folder类中的消息。打开并获取Folder类中的信息的代码如下。

```
Folder folder = store.getFolder("INBOX");
folder.open(Folder.READ_ONLY);
Message message[] = folder.getMessages();
```

在使用Folder类读取完邮件信息后，需要及时关闭对文件夹存储的连接。关闭Folder类的连接的语法格式如下。

```
folder.close(Boolean boolean);
```

boolean：用于指定是否通过清除已删除的消息来更新文件夹。

7.2.3 搭建Java Mail的开发环境

搭建Java Mail的开发环境

由于目前Java Mail还没有被加在标准的Java开发工具中，所以在使用前必须另外下载Java Mail API，以及Sun公司的JAF（JavaBeans Activation Framework），Java Mail的运行必须依赖于JAF的支持。

1. 下载并构建Java Mail API

Java Mail API是发送E-mail的核心API，它可以到网址“http://java.sun.com/products/javamail/ downloads/index.html”中下载，目前最新版本的文件名为javamail-1_4.zip。下载后解压缩到硬盘上，并在系统的环境变量CLASSPATH中指定activation.jar文件的放置路径，例如，将mail.jar文件复制到“C:\JavaMail”文件夹中，可以在环境变量CLASSPATH中添加以下代码。

```
C:\JavaMail\mail.jar;
```

如果不想更改环境变量，也可以把mail.jar放到实例程序的WEB-INF/lib目录下。

2. 下载并构建JAF

目前Java Mail API的所有版本都需要JAF的支持。JAF为输入的任意数据块提供了支持，并能相应地对其进行处理。

JAF可以到网址“http://java.sun.com/products/javabeans/jaf/downloads/index.html”中下载，当前最新版本的JAF文件名为jaf-1_1-fr.zip，下载后解压缩到硬盘上，并在系统的环境变量CLASSPATH中指定activation.jar文件的放置路径，例如，将activation.jar文件复制到“C:\JavaMail”文件夹中，可以在环

境变量CLASSPATH中添加以下代码。

```
C:\JavaMail\activation.jar;
```

如果不想更改环境变量，也可以把activation.jar放到实例程序的WEB-INF/lib目录下。

在JSP中应用Java Mail组件发送E-mail

7.2.4 在JSP中应用Java Mail组件发送E-mail

jspSmartUpload组件最常用的功能就是实现发送E-mail。本节将通过一个具体的实例介绍应用jspSmartUpload组件发送E-mail的方法。

【例7-2】发送普通文本格式的E-mail。

（1）编写发送E-mail页面sendmail.jsp，在该页面中添加用于收集邮件发送信息的表单及表单元素，关键代码如下。

```
<form name="form1" method="post" action="mydeal.jsp" onSubmit="return checkform(form1)">
收件人：<input name="to" type="text" id="to" title="收件人" size="60" readonly="yes" value="mingrisoft@mingrisoft.com">
发件人：<input name="from" type="text" id="from" title="发件人" size="60">
密码：<input name="password" type="password" id="password" title="发件人信箱密码" size="60">
主题：<input name="subject" type="text" id="subject" title="邮件主题" size="60">
内容：<textarea name="content" cols="59" rows="7" class="wenbenkuang" id="content" title="邮件内容"></textarea>
<input name="Submit" type="submit" class="btn_grey" value="发送">
<input name="Submit2" type="reset" class="btn_grey" value="重置">
</form>
```

（2）在进行邮件发送前，还需要保证邮件的收件人地址、发件人地址、发件人信箱密码、邮件主题和邮件内容不允许为空，这可以通过编写一个自定义的JavaScript函数实现，具体代码如下。

```
<script language="javascript">
function checkform(myform){
    for(i=0;i<myform.length;i++){
        if(myform.elements[i].value==""){
            alert(myform.elements[i].title+"不能为空！");
            myform.elements[i].focus();
            return false;
        }
    }
}
</script>
```

（3）编写发送邮件的处理页面mydeal.jsp，完整代码如下。

```
<%@ page contentType="text/html; charset=gb2312" language="java"  errorPage="" %>
<%@ page import="java.util.*" %>
<%@ page import ="javax.mail.*" %>
<%@ page import="javax.mail.internet.*" %>
<%@ page import="javax.activation.*" %>
<%
try{
    request.setCharacterEncoding("gb2312");
    String from=request.getParameter("from");
    String to=request.getParameter("to");
    String subject=request.getParameter("subject");
    String messageText=request.getParameter("content");
```

```
        String password=request.getParameter("password");
        //生成SMTP的主机名称
        int n =from.indexOf('@');
        int m=from.length() ;
        String mailserver ="smtp."+from.substring(n+1,m);
      //建立邮件会话
      Properties pro=new Properties();
      pro.put("mail.smtp.host",mailserver);
      pro.put("mail.smtp.auth","true");
      Session sess=Session.getInstance(pro);
      sess.setDebug(true);
      //新建一个消息对象
      MimeMessage message=new MimeMessage(sess);
      //设置发件人
      InternetAddress from_mail=new InternetAddress(from);
      message.setFrom(from_mail);
      //设置收件人
      InternetAddress to_mail=new InternetAddress(to);
      message.setRecipient(Message.RecipientType.TO ,to_mail);
      //设置主题
      message.setSubject(subject);
      //设置内容
      message.setText(messageText);
      //设置发送时间
      message.setSentDate(new Date());
      //发送邮件
      message.saveChanges(); //保证报头域同会话内容保持一致
      Transport transport =sess.getTransport("smtp");
      transport.connect(mailserver,from,password);
      transport.sendMessage(message,message.getAllRecipients());
      transport.close();
      out.println("<script language='javascript'>alert('邮件已发送！');window.location. href='sendmail.jsp';</script>");
   }catch(Exception e){
      System.out.println("发送邮件产生的错误："+e.getMessage());
      out.println("<script language='javascript'>alert('邮件发送失败！');window.loca-tion.href='sendmail.jsp';</script>");
   }
   %>
```

运行程序，将显示发送邮件页面，在该页面中输入收件人、发件人、发件人密码、主题及邮件内容，如图7-2所示，单击“发送”按钮即可将该邮件发送到收件人的邮箱中。

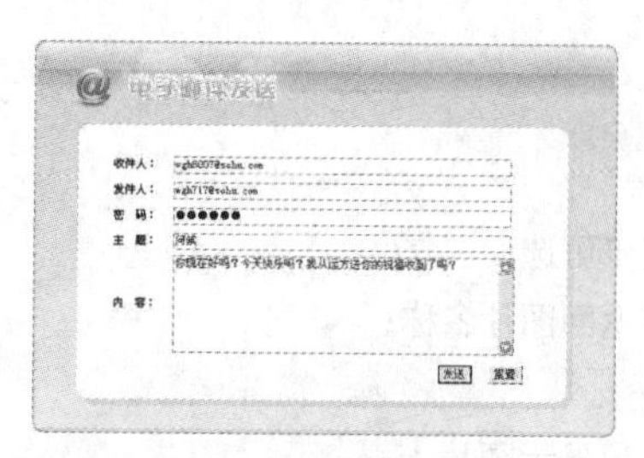

图7-2 发送邮件页面

如果将设置收件人的代码改为以下内容将可以实现邮件群发。

InternetAddress[] to_mail={new InternetAddress(to1),new InternetAddress(to2),new InternetAddress(to3)};

message.addRecipients(Message.RecipientType.TO ,to_mail);

在上面的代码中，to1、to2和to3表示单个的收件人地址。

7.3 JSP动态图表

JFreeChart是一个Java开源项目，是一款优秀的Java图表生成插件，它提供了在Java Application、Servlet和JSP下生成各种图片格式的图表，包括柱形图、饼形图、线图、区域图、时序图和多轴图等。

7.3.1 JFreeChart的下载与使用

JFreeChart的
下载与使用

JFreeChart是开源站点SourceForge.net上的一个Java项目，它是开放源代码的图形报表组件，我们可以在它的官方网站中下载。例如，输入其官方网站的主页地址“http://www.jfree.org/jfreechart/index.html”，将进入到其官方网站主页，在该页面单击DownLoad导航链接将进入下载页面，选择所要下载的产品JFreeChart即可进行下载，在本书编写时它的最新版本为1.0.19版本，本章内容将以此版本为例进行讲解。

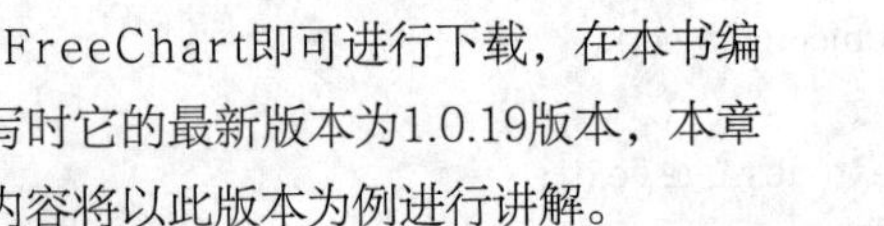

图7-3　jfreechart-1.0.19文件结构

在下载成功后将得到一个名称为“jfreechart-1.0.19.zip”的压缩包，此压缩包中包含JFreeChart组件源码、示例、支持类库等文件，将其解压缩后的文件结构如图7-3所示。

在该Web应用程序的web.xml文件中，</web-app>前面添加如下代码。

```
<servlet>
    <servlet-name>DisplayChart</servlet-name>
    <servlet-class>org.jfree.chart.servlet.DisplayChart</servlet-class>
</servlet>
<servlet-mapping>
    <servlet-name>DisplayChart</servlet-name>
    <url-pattern>/servlet/DisplayChart</url-pattern>
</servlet-mapping>
```

这样，就可以利用JFreeChart组件生成动态统计图表了。利用JFreeChart组件生成动态统计图表的基本步骤如下。

（1）创建绘图数据集合；

（2）创建JFreeChart实例；

（3）自定义图表绘制属性，该步可选；

（4）生成指定格式的图片，并返回图片名称；

（5）组织图片浏览路径；

（6）通过HTML中的<img>标记显示图片。

7.3.2 JFreeChart的核心类

JFreeChart的
核心类

在使用JFreeChart组件之前，首先应该了解该组件的核心类及其功能。JFreeChart核心类如表7-1所示。

表7-1中给出的各对象的关系如下。

JFreeChart中的图表对象用JFreeChart对象表示，图表对象由Title（标题或子标题）、Plot（图表的绘制结构）、BackGround（图表背景）、toolstip（图表提示条）等几个主要的对象组成；其中Plot对象又包括了Render（图表的绘制单元——绘图域）、Dataset（图表数据源）、domainAxis（x轴）、rangeAxis（y轴）等一系列对象组成，而Axis（轴）是由更细小的刻度、标签、间距、刻度单位等一系列对象组成的。

表7-1　JFreeChart核心类

方　法	说　明
JFreeChart	图表对象，生成任何类型的图表都要通过该对象，JFreeChart插件提供了一个工厂类ChartFactory，用来创建各种类型的图表对象
××× Dataset	数据集对象，用来保存绘制图表的数据，不同类型的图表对应着不同类型的数据集对象
××× Plot	绘图区对象，如果需要自行定义绘图区的相关绘制属性，需要通过该对象进行设置
××× Axis	坐标轴对象，用来定义坐标轴的绘制属性
××× Renderer	图片渲染对象，用于渲染和显示图表
××× URLGenerator	链接对象，用于生成Web图表中项目的鼠标单击链接
××× ToolTipGenerator	图表提示对象，用于生成图表提示信息，不同类型的图表对应着不同类型的图表提示对象

7.3.3 利用JFreeChart生成动态图表

利用JFreeChart可以很方便的生成柱形图表，下面通过一个具体实例进行介绍。

【例7-3】利用JFreeChart生成论坛版块人气指数排行的柱形图。

利用JFreeChart
生成动态图表

```
<%@ page language="java" pageEncoding="GB2312"%>
<%@ page import="org.jfree.chart.ChartFactory" %>
<%@ page import="org.jfree.chart.JFreeChart" %>
<%@ page import="org.jfree.data.category.DefaultCategoryDataset" %>
<%@ page import="org.jfree.chart.plot.PlotOrientation" %>
<%@ page import="org.jfree.chart.entity.StandardEntityCollection" %>
<%@ page import="org.jfree.chart.ChartRenderingInfo" %>
<%@ page import="org.jfree.chart.servlet.ServletUtilities" %>
<%@ page import="org.jfree.data.category.DefaultCategoryDataset"%>
<%@ page import="org.jfree.chart.StandardChartTheme"%>
<%@ page import="java.awt.Font"%>
<%
StandardChartTheme standardChartTheme = new StandardChartTheme("CN");     //创建主题样式
standardChartTheme.setExtraLargeFont(new Font("隶书", Font.BOLD, 20));    //设置标题字体
standardChartTheme.setRegularFont(new Font("微软雅黑",Font.PLAIN,15));    //设置图例的字体
standardChartTheme.setLargeFont(new Font("微软雅黑", Font.PLAIN, 15));    //设置轴向的字体
ChartFactory.setChartTheme(standardChartTheme);                           //设置主题样式
```

```
DefaultCategoryDataset dataset1=new DefaultCategoryDataset();
dataset1.addValue(200,"北京","ASP专区");
dataset1.addValue(150,"北京","PHP专区");
dataset1.addValue(450,"北京","Java专区");
dataset1.addValue(400,"吉林","ASP专区");
dataset1.addValue(200,"吉林","PHP专区");
dataset1.addValue(150,"吉林","Java专区");
dataset1.addValue(150,"深圳","ASP专区");
dataset1.addValue(350,"深圳","PHP专区");
dataset1.addValue(200,"深圳","Java专区");
//创建JFreeChart组件的图表对象
JFreeChart chart=ChartFactory.createBarChart3D(
                    "论坛版块人气指数排行图",     //图表标题
                    "版块名称",                  //x轴的显示标题
                    "人气指数",                  //y轴的显示标题
                    dataset1,                    //数据集
                    PlotOrientation.VERTICAL,    //图表方向(垂直)
                    true,                        //是否包含图例
                    false,                       //是否包含图例说明
                    false                        //是否包含连接
                    );
//设置图表的文件名
ChartRenderingInfo info = new ChartRenderingInfo(new StandardEntityCollection());
String fileName=ServletUtilities.saveChartAsPNG(chart,400,270,info,session);
String url=request.getContextPath()+"/servlet/DisplayChart?filename="+fileName;
%>
…    <!--此处省略了部分HTML代码-->
<img src="<%=url%>">
…    <!--此处省略了部分HTML代码-->
```

程序运行结果如图7-4所示。

【例7-4】利用JFreeChart生成论坛版块人气指数的饼形图。

```
<%@ page language="java" pageEncoding="GB2312"%>
<%@ page import="org.jfree.chart.ChartFactory" %>
<%@ page import="org.jfree.chart.JFreeChart" %>
<%@ page import="org.jfree.data.general.DefaultPieDataset" %>
<%@ page import="org.jfree.chart.entity.StandardEntityCollection" %>
<%@ page import="org.jfree.chart.ChartRenderingInfo" %>
<%@ page import="org.jfree.chart.servlet.ServletUtilities" %>
<%@ page import="org.jfree.data.category.DefaultCategoryDataset"%>
<%@ page import="org.jfree.chart.StandardChartTheme"%>
<%@ page import="java.awt.Font"%>
<%
StandardChartTheme standardChartTheme = new StandardChartTheme("CN");     //创建主题样式
standardChartTheme.setExtraLargeFont(new Font("隶书", Font.BOLD, 20));     //设置标题字体
standardChartTheme.setRegularFont(new Font("微软雅黑",Font.PLAIN,15));     //设置图例的字体
standardChartTheme.setLargeFont(new Font("微软雅黑", Font.PLAIN, 15));     //设置轴向的字体
ChartFactory.setChartTheme(standardChartTheme);                          //设置主题样式
DefaultPieDataset dataset1=new DefaultPieDataset();
dataset1.setValue("ASP专区",200);
```

```
dataset1.setValue("PHP专区",150);
dataset1.setValue("Java专区",450);
dataset1.setValue("DoNet专区",400);
//创建JFreeChart组件的图表对象
JFreeChart chart=ChartFactory.createPieChart(
                        "论坛版块人气指数比例图",     //图表标题
                        dataset1,                    //数据集
                        true,                        //是否包含图例
                        false,                       //是否包含图例说明
                        false                        //是否包含连接
                        );
//设置图表的文件名
ChartRenderingInfo info = new ChartRenderingInfo(new StandardEntityCollection());
String fileName=ServletUtilities.saveChartAsPNG(chart,400,270,info,session);
String url=request.getContextPath()+"/servlet/DisplayChart?filename="+fileName;
%>
…      <!--此处省略了部分HTML代码-->
<img src="<%=url%>">
…      <!--此处省略了部分HTML代码-->
```

程序运行结果如图7-5所示。

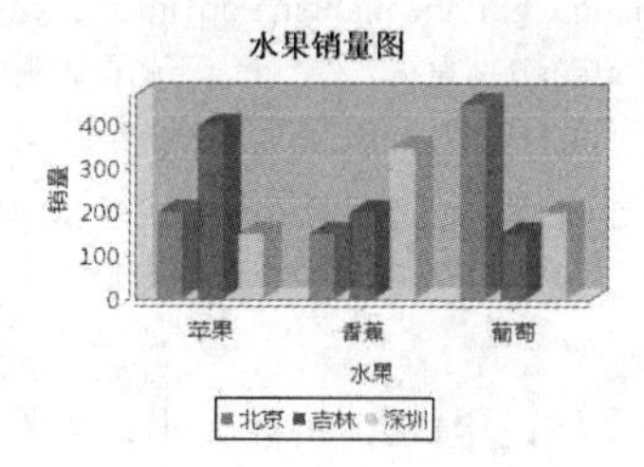

图7-4 例7-3运行结果

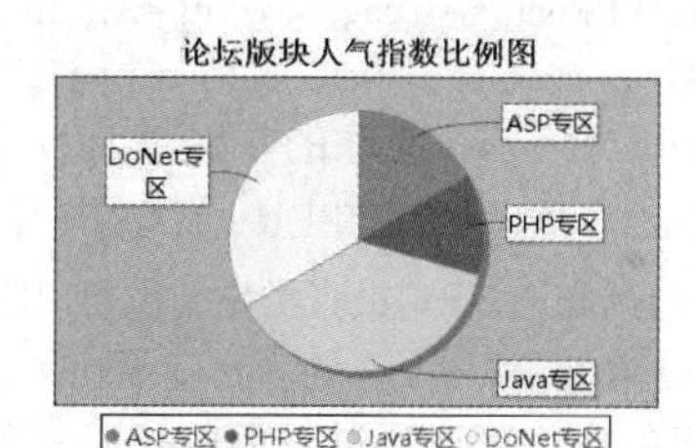

图7-5 例7-4运行结果

7.4 JSP报表

在企业的信息系统中，报表一直占据比较重要的作用。在JSP中可以通过iText组件生成报表。本节将重点介绍如何使用iText组件生成PDF报表。

7.4.1 iText组件简介

iText组件简介

iText是一个能够快速产生PDF文件的Java类库，是著名的开放源码站点sourceforge的一个项目。通过iText提供的Java类不仅可以生成包含文本、表格、图形等内容的只读文档，而且可以将XML、HTML文件转化为PDF文件。它的类库尤其与Java Servlet有很好的结合。使用iText与PDF能够使用户正确地控制Servlet的输出。

7.4.2 iText组件的下载与配置

iText组件的下载与配置

iText组件可以到http://sourceforge.net/projects/itext/?source=typ_redirect网站下载。在IE地址栏中输入上面的URL地址后，将进入到图7-6所示的下载界面。

图7-6　iText组件的下载界面

在图7-6中单击iText-5.5.6.jar下载最新版本的iText组件，其中，iText-5.5.6.jar适用Windows操作系统，而iText-5.5.6.tar.gz适用于Linux操作系统。下载iText-5.5.6.jar文件后，需要把itext-5.5.6.jar包放入项目目录下的WEB-INF/lib路径中，这样在程序中就可以使用iText类库了。如果生成的PDF文件中需要出现中文、日文、韩文字符，则需要访问http://itext.sourceforge.net/downloads/iTextAsian.jar下载iTextAsian.jar包。当然，如果想真正了解iText组件，阅读iText文档显得非常重要，读者在下载类库的同时，也可以下载类库文档。

建立com.lowagie.text.Document对象的实例

7.4.3　应用iText组件生成JSP报表

1. 建立com.lowagie.text.Document对象的实例

建立com.lowagie.text.Document对象的实例时，可以通过以下3个构造方法实现。

```
public Document();
public Document(Rectangle pageSize); //定义页面的大小
public Document(Rectangle pageSize,int marginLeft,int marginRight,int marginTop,int marginBottom);  /*定义页面的大小，参数marginLeft、marginRight、marginTop、marginBottom分别为左、右、上、下的页边距*/
```

其中，通过Rectangle类对象的参数可以设定页面大小、面背景色，以及页面横向/纵向等属性。iText组件定义了A0-A10、AL、LETTER、HALFLETTER、_11x17、LEDGER、NOTE、B0-B5、ARCH_A-ARCH_E、FLSA和FLSE等纸张类型，也可以制定纸张大小来自定义，程序代码如下。

```
Rectangle pageSize = new Rectangle(144,720);
```

在iText组件中，可以通过下面的代码实现将PDF文档设定成A4页面大小，当然，也可以通过Rectangle类中的rotate()方法将页面设置成横向。程序代码如下。

```
Rectangle rectPageSize = new Rectangle(PageSize.A4);   //定义A4页面大小
rectPageSize = rectPageSize.rotate();              //加上这句可以实现A4页面的横置
Document doc = new Document(rectPageSize,50,50,50,50);//其余4个参数设置了页面的4个边距
```

2. 设定文档属性

在文档打开之前，可以设定文档的标题、主题、作者、关键字、装订方式、创建者、生产者、创建日期等属性，调用的方法分别如下。

设定文档属性

```
public boolean addTitle(String title)
public boolean addSubject(String subject)
public boolean addKeywords(String keywords)
public boolean addAuthor(String author)
public boolean addCreator(String creator)
public boolean addProducer()
public boolean addCreationDate()
public boolean addHeader(String name, String content)
```

其中方法addHeader( )对于PDF文档无效，addHeader( )方法仅对HTML文档有效，用于添加文档的头信息。

3. 创建书写器（Writer）对象

创建书写器（Writer）对象

文档（document）对象建立好之后，还需要建立一个或多个书写器与对象相

关联，通过书写器可以将具体的文档存盘成需要的格式，例如，om.lowagie.text.PDF.PDFWriter可以将文档存成PDF格式，而com.lowagie.text.html.HTMLWriter可以将文档存成HTML格式。

【例7-5】书写器对象示例。

在JSP页面编写代码实现生成PDF的文档，并设置该文档的页面大小为B5、文档标题为“欢迎页”作者为wgh、文档内容为Welcome to BeiJing。

```
<%@ page language="java"  pageEncoding="gb2312"%>
<%@ page import="java.io.*,com.lowagie.text.*,com.lowagie.text.pdf.*"%>
<%
    response.reset();
    response.setContentType("application/pdf");                   //设置文档格式
    Rectangle rectPageSize = new Rectangle(PageSize.B5);         //定义A4页面大小
    Document document = new Document(rectPageSize);               //创建Document实例
    PdfWriter.getInstance(document,new FileOutputStream("welcomePage.pdf"));
    document.addTitle("欢迎页");
    document.addAuthor("wgh");
    document.open();                                               //打开文档
    document.add(new Paragraph("Welcome to BeiJing"));            //添加内容
    document.close();                                              //关闭文档
    //解决抛出IllegalStateException异常的问题
    out.clear();
    out = pageContext.pushBody();
%>
```

运行程序，将在服务器中生成名称为welcomePage.pdf的文件，打开该文件如图7-7所示，单击“文件”/“文档属性”菜单项，可以看到图7-8所示的“文档属性”对话框，在该对话框中可以看到刚刚设置的属性信息。

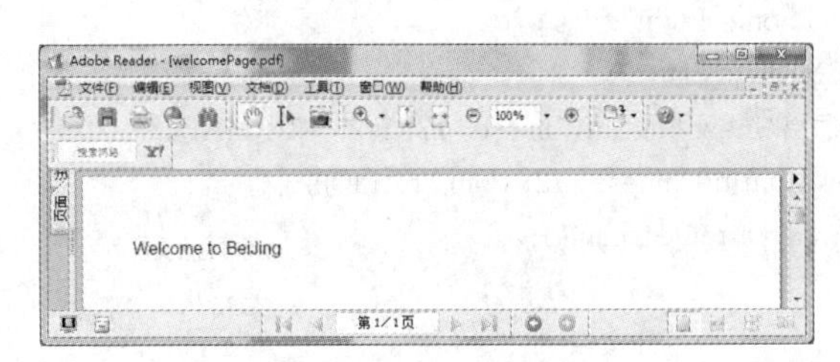

图7-7　例7-5运行结果

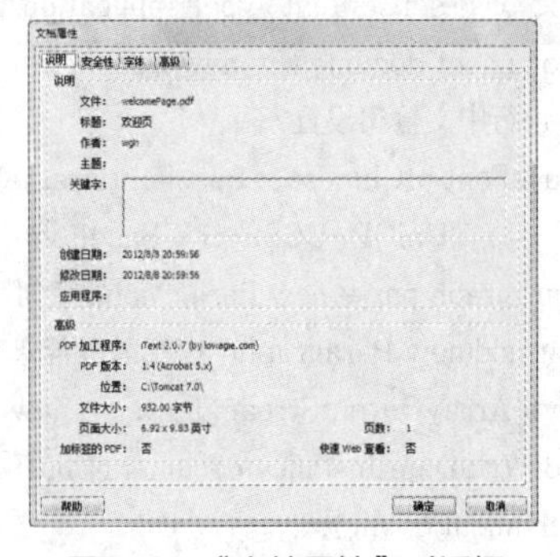

图7-8　“文档属性”对话框

需要注意的是，当在JSP中使用下面的代码时，

```
response.reset();
response.setContentType("application/pdf");
DataOutput output = new DataOutputStream(response.getOutputStream());
```

将抛出如下异常。

```
ERROR [Engine] StandardWrapperValve[jsp]: Servlet.service( ) for servlet jsp threw exceptionJava.lang.
IllegalStateException: getOutputStream( ) has already been called for this response
```

造成上述异常的原因是Web容器生成的Servlet代码中有“out.write("")”，这个和JSP中调用的response.getOutputStream( )产生冲突，即Servlet规范说明，不能既调用response.getOutputStream( )，又调用response.getWriter( )。无论先调用哪一个，在调用第二个时候都会抛出IllegalStateException异常，因为在JSP中，out变量是通过response.getWriter( )方法得到的，在程序中既用了response.getOutputStream，

又用了out变量，故出现以上错误。要解决该问题，可以在程序中添加以下代码即可。

```
out.clear();
out=pageContext.pushBody();
```

4．进行中文处理

进行中文处理

iText组件本身不支持中文，为了解决中文输出的问题，需要多下载一个iTextAsian.jar组件。下载后放入项目目录下的WEB-INF/lib路径中。使用这个中文包无非是实例化一个字体类，把字体类应用到相应的文字中，从而可以正常显示中文。

可以通过以下代码解决中文输出问题。

```
BaseFont bfChinese = BaseFont.createFont("STSong-Light", "UniGB-UCS2-H", BaseFont. NOT_EMBEDDED);
//用中文的基础字体实例化了一个字体类
Font FontChinese = new Font(bfChinese, 12, Font.NORMAL);
Paragraph par = new Paragraph("简单快乐",FontChinese);        //将字体类用到了一个段落中
document.add(par);                                            //将段落添加到了文档中
```

在上面的代码中，STSong-Light定义了使用的中文字体，UniGB-UCS2-H定义文字的编码标准和样式，GB代表编码方式为gb2312，H是代表横排字，V代表竖排字。

【例7-6】中文处理示例。

在JSP页面编写代码实现输出PDF的文档，文档内容为“宝剑锋从磨砺出 梅花香自苦寒来”。

```
<%@ page language="java"  pageEncoding="gb2312"%>
<%@ page import="java.io.*,com.lowagie.text.*,com.lowagie.text.pdf.*"%>
<%
 response.reset();
 response.setContentType("application/pdf");              //设置文档格式
 Document document = new Document();                      //创建Document实例
 //进行中文输出设置
 BaseFont bfChinese = BaseFont.createFont("STSong-Light",
          "UniGB-UCS2-H", BaseFont.NOT_EMBEDDED);
 Paragraph par = new Paragraph("宝剑锋从磨砺出",new Font(bfChinese, 12, Font.NORMAL));
 par.add(new Paragraph(" 梅花香自苦寒来",new Font(bfChinese, 12, Font.ITALIC)));
 ByteArrayOutputStream buffer = new ByteArrayOutputStream();
 PdfWriter.getInstance(document, buffer);
 document.open();                                         //打开文档
 document.add(par);                                       //添加内容
 document.close();                                        //关闭文档
 //解决抛出IllegalStateException异常的问题
 out.clear();
 out = pageContext.pushBody();
     DataOutput output = new DataOutputStream(response.getOutputStream());
 byte[] bytes = buffer.toByteArray();
 response.setContentLength(bytes.length);
 for (int i = 0; i < bytes.length; i++) {
    output.writeByte(bytes[i]);
 }
%>
```

运行结果如图7-9所示。

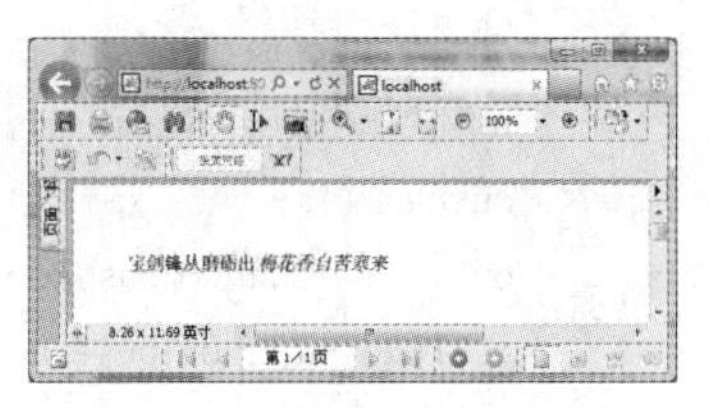

图7-9 例7-6运行结果

5. 创建表格

iText组件中创建表格的类包括com.lowagie.text.Table和com.lowagie.text.PDF.PDFPTable两种。对于比较简单的表格可以使用com.lowagie.text.Table类创建，但是如果要创建复杂的表格，就需要用到com.lowagie.text.PDF.PDFPTable类。

（1）com.lowagie.text.Table类。

com.lowagie.text.Table类的构造函数有3个。

创建表格

```
Table(int columns)
Table(int columns, int rows)
Table(Properties attributes)
```

参数columns、rows、attributes分别为表格的列数、行数、表格属性。创建表格时必须指定表格的列数，而对于行数可以不用指定。

创建表格之后，还可以设定表格的属性，如边框宽度、边框颜色、间距（padding space 即单元格之间的间距）大小等属性。

【例7-7】表格示例1。

使用com.lowagie.text.Table类来生成2行3列的带表头的表格。完整代码如下。

```
<%@ page language="java"  pageEncoding="gb2312"%>
<%@ page import="java.io.*,com.lowagie.text.*,com.lowagie.text.pdf.*"%>
<%
    response.reset();
    response.setContentType("application/pdf");          //设置文档格式
    Document document = new Document();                  //创建Document实例
    //进行表格设置
    Table table = new Table(3);                          //建立列数为3的表格
    table.setBorderWidth(2);                             //边框宽度设置为2
    table.setPadding(3);                                 //表格边距离为3
    table.setSpacing(3);
    Cell cell = new Cell("header");              //创建单元格作为表头
    cell.setHeader(true);                        //表示该单元格作为表头信息显示
    cell.setColspan(3);                          //合并单元格，使该单元格占用3个列
    table.addCell(cell);
    table.endHeaders();                          //表头添加完毕，必须调用此方法，否则跨页时，表头联显示
    cell = new Cell("cell1");                    //添加一个一行两列的单元格
    cell.setRowspan(2);                          //合并单元格，向下占用2行
    table.addCell(cell);
    table.addCell("cell2.1.1");
    table.addCell("cell2.2.1");
    table.addCell("cell2.1.2");
    table.addCell("cell2.2.2");
    ByteArrayOutputStream buffer = new ByteArrayOutputStream();
    PdfWriter.getInstance(document, buffer);
    document.open();                             //打开文档
    document.add(table);                         //添加内容
```

```
    document.close();                              //关闭文档
    //解决抛出IllegalStateException异常的问题
    out.clear();
    out = pageContext.pushBody();
        DataOutput output = new DataOutputStream(response.getOutputStream());

    byte[] bytes = buffer.toByteArray();
    response.setContentLength(bytes.length);

    for (int i = 0; i < bytes.length; i++) {
        output.writeByte(bytes[i]);
    }
%>
```

运行结果如图7-10所示。

如果想要设置单元内的文字居中显示，可以通过先创建一个Cell对象的实例，再设置该实例的setHorizontalAlignment属性为Cell.ALIGN_CENTER即可。例如，将例7-7所生成表格的表头文字居中显示，可以在语句"Cell cell = new Cell("header");"后面添加下面语句即可。

cell.setHorizontalAlignment(Cell.ALIGN_CENTER);　　//设置文字水平居中

（2）com.lowagie.text.PdfPTable类。

iText组件中一个文档（Document）中可以有很多个表格，一个表格可以有很多个单元格，一个单元格里面可以放很多个段落，一个段落里面可以放一些文字。但是，读者必须明确以下两点内容。

① 在iText组件中没有行的概念，一个表格里面直接放单元格，如果一个5列的表格中放进10个单元格，那么就是两行的表格；

② 如果一个5列的表格放入4个最基本的没有任何跨列设置的单元格，那么这个表格根本添加不到文档中，而且不会有任何提示。

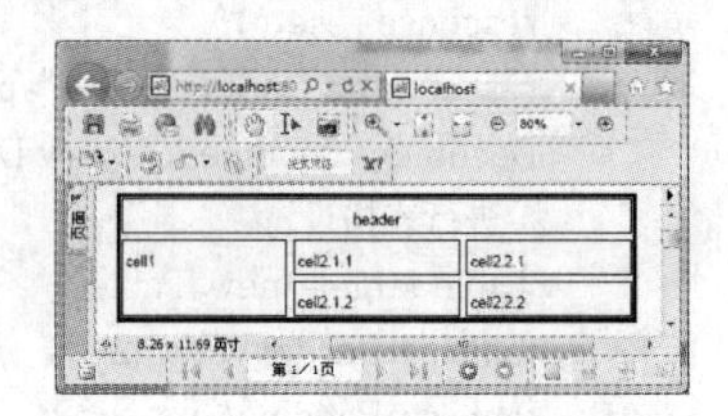

图7-10　例7-7运行结果

【例7-8】表格示例2。

使用com.lowagie.text.PdfPTable类来生成2行5列的表格。完整代码如下。

```
<%@ page language="java"  pageEncoding="gb2312"%>
<%@ page import="java.io.*,com.lowagie.text.*,com.lowagie.text.pdf.*"%>
<%
    response.reset();
    response.setContentType("application/pdf");              //设置文档格式
    Document document = new Document();                      //创建Document实例
    //生成2行5列的表格
    PdfPTable table = new PdfPTable(5);
    for (int i = 1; i < 11; i++) {
        PdfPCell cell = new PdfPCell();
        cell.addElement(new Paragraph("NO."+String.valueOf(i)));   //设置单元格的内容
        table.addCell(cell);
    }
    ByteArrayOutputStream buffer = new ByteArrayOutputStream();
```

```
    PdfWriter.getInstance(document, buffer);
    document.open();                                        //打开文档
    document.add(table);                                    //添加表格
    document.close();                                       //关闭文档
    //解决抛出IllegalStateException异常的问题
    out.clear();
    out = pageContext.pushBody();
        DataOutput output = new DataOutputStream(response.getOutputStream());
    byte[] bytes = buffer.toByteArray();
    response.setContentLength(bytes.length);
    for (int i = 0; i < bytes.length; i++) {
        output.writeByte(bytes[i]);
    }
%>
```

运行结果如图7-11所示。

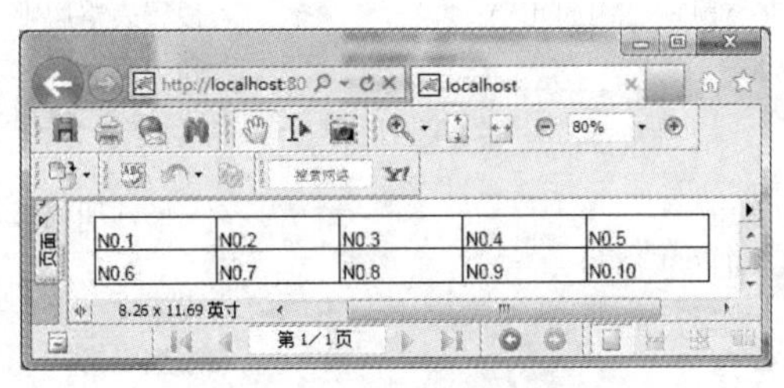

图7-11　例7-8运行结果

6. 图像处理

iText组件中处理图像的类为com.lowagie.text.Image，目前iText组件支持的图像格式有GIF、Jpeg、PNG、wmf等格式，对于不同的图像格式，iText组件用同样的构造函数自动识别图像格式，通过下面的代码可以分别获得gif、jpg、png图像的实例。

```
Image gif = Image.getInstance("face1.gif");
Image jpeg = Image.getInstance("bookCover.jpg");
Image png = Image.getInstance("ico01.png");
```

图像的位置主要是指图像在文档中的对齐方式、图像和文本的位置关系。iText组件中通过方法setAlignment(int alignment)设置图像的位置，当参数alignment为Image.RIGHT、Image.MIDDLE、Image.LEFT分别指右对齐、居中、左对齐；当参数alignment为Image.TEXTWRAP、Image.UNDERLYING分别指文字绕图形显示、图形作为文字的背景显示，也可以使这两种参数结合使用以达到预期的效果，如setAlignment(Image.RIGHT|Image.TEXTWRAP)显示的效果为图像右对齐，文字围绕图像显示。

图像处理

如果图像在文档中不按原尺寸显示，可以通过下面的方法进行设定。

```
public void scaleAbsolute(int newWidth, int newHeight)
public void scalePercent(int percent)
public void scalePercent(int percentX, int percentY)
```

方法scaleAbsolute(int newWidth, int newHeight)直接设定显示尺寸；方法scalePercent(int percent)设定显示比例，如scalePercent(50)表示显示的大小为原尺寸的50%；而方法scalePercent(int percentX, int percentY)则表示图像高宽的显示比例。

如果图像需要旋转一定角度之后在文档中显示，可以通过方法setRotation(double r)设定，参数r为弧度，如果旋转角度为30°，则参数r= Math.PI / 6。

【例7-9】图像处理示例。

在JSP页面编写代码实现输出PDF的文档，文档内容为一个两行一列的表格，其中第一行的内容为图片，第二行的内容为居中显示的文字harvest。完整代码如下。

```
<%@ page language="java" pageEncoding="gb2312"%>
<%@ page import="java.io.*,com.lowagie.text.*,com.lowagie.text.pdf.*"%>
<%
    response.reset();
    response.setContentType("application/pdf");
    Document document = new Document();
    //获取图片的路径
    String filePath=pageContext.getServletContext().getRealPath("harvest.jpg");
    Image jpg = Image.getInstance(filePath);
    jpg.setAlignment(Image.MIDDLE);                                //设置图片居中
    Table table=new Table(1);
    table.setAlignment(Table.ALIGN_MIDDLE);                        //设置表格居中
    table.setBorderWidth(0);                                       //将边框宽度设为0
    table.setPadding(3);                                           //表格边距离为3
    table.setSpacing(3);
    table.addCell(new Cell(jpg));                                  //将图片加载在表格中
    Cell cellword=new Cell("harvest");
    cellword.setHorizontalAlignment(Cell.ALIGN_CENTER);            //设置文字水平居中
    table.addCell(cellword);                                       //添加表格
    ByteArrayOutputStream buffer = new ByteArrayOutputStream();
    PdfWriter.getInstance(document, buffer);
    document.open();
    //通过表格进行输出图片的内容
    document.add(table);
    document.close();
    //解决抛出IllegalStateException异常的问题
    out.clear();
    out = pageContext.pushBody();
        DataOutput output = new DataOutputStream(response.getOutputStream());

    byte[] bytes = buffer.toByteArray();
    response.setContentLength(bytes.length);

    for (int i = 0; i < bytes.length; i++) {
        output.writeByte(bytes[i]);
    }
%>
```

程序运行结果如图7-12所示。

图7-12　例7-9运行结果

7.5 小结

本章首先介绍了文件上传下载组件jspSmartUpload，通过该组件可以实现将文件上传到服务器，以及从服务器上下载文件到本地的功能；然后介绍了Java Mail组件，通过该组件可以实现收发邮件的功能；接着介绍动态图表组件JFreeChart，使用该组件可以很方便地生成柱形、饼形等动态图表；本章最后介绍了生成报表组件iText，使用iText组件可以生成JSP报表。通过本章的学习，读者完全可以开发出文件上传与下载模块、邮件收发系统、图表分析模块和PDF报表模块等。

习 题

7-1 jSPSmartUpload、Java Mail、JFreeChart和iText组件的作用是什么?

7-2 怎么解决在实现文件下载时抛出getOutputStream( ) has already been called for this response异常的情况?

7-3 在使用JFreeChart组件时，需要进行哪些准备工作?

7-4 在使用iText组件时，如何将PDF文档设定成B5页面大小?

上机指导

7-1 编写JSP程序，实现批量上传文件到服务器。

7-2 编写JSP程序，实现下载指定文件。

7-3 编写JSP程序，实现发送HTML格式的邮件。

7-4 编写JSP程序，实现发送带附件的邮件。

7-5 编写生成不包含图例的柱形图的程序。

7-6 编写生成不包含图例的饼形图的程序。

7-7 编写JSP程序，生成PDF报表，内容为两行一列的表格，表格的第一行为居中显示的文字“图片（一）”，表格的第二行为一张JPG格式的图片。

PART08

第8章 JSP数据库应用开发

本章要点

- JDBC原理及驱动
- JDBC常用接口
- JDBC访问数据库
- 应用JDBC连接数据库
- 数据库的查询、添加、修改、删除
- 连接池技术

■ 数据库应用技术是开发Web应用程序的重要技术之一，多数Web应用程序都离不开数据库。本章将重点介绍如何在JSP中应用数据库开发技术。通过本章的学习，读者应了解JDBC技术，掌握JDBC中常用接口的应用、连接及访问数据库的方法或典型数据库的连接方法；掌握数据库操作技术以及连接池技术的应用。

8.1 数据库管理系统

数据库管理系统

JSP可以访问并操作很多种数据库管理系统，如SQL Server、MySQL、Oracle、Access、DB2、Sybase和PostgreSQL数据库等，下面介绍几种常用的数据库管理系统。

8.1.1 SQL Server 2008数据库

SQL Server 2008是一个重大的产品版本，它推出了许多新的特性和关键的改进，使得它成为至今为止最强大和最全面的SQL Server版本。SQL Server是使用客户机/服务器体系结构的关系型数据库管理系统（RDBMS）。1998年推出SQL Server的第一个Beta版本。1996年，微软公司推出了SQL Server6.5版本。1998年，推出了SQL Server7.0版本。2000年，推出了SQL Server 2000。2005年，推出了SQL Server 2005，2008年推出了SQL Server 2008。目前，SQL Server已经是世界上应用最普遍的大型数据库之一。

1. 安装SQL Server 2008必备

安装SQL Server 2008之前，首先要了解安装SQL Server 2008所需的必备条件，检查计算机的软硬件配置是否满足SQL Server 2008开发环境的安装要求，具体要求如表8-1所示。

表8-1 安装SQL Server 2008所需的必备条件

软 硬 件	描 述
软件	SQL Server 安装程序需要使用 Microsoft Windows Installer 4.5 或更高版本以及 Microsoft 数据访问组件 (MDAC) 2.8 SP1 或更高版本
处理器	1.4GHz处理器，建议使用2.0GHz或速度更快的处理器
RAM	最小512MB，建议使用1GB或更大的内存
可用硬盘空间	至少 2.0GB 的可用磁盘空间
CD-ROM驱动器或DVD-ROM	从磁盘进行安装时需要相应的 CD 或 DVD 驱动器
显示器	SQL Server 2008 图形工具需要使用 VGA 或更高分辨率：分辨率至少为1024像素×768 像素

2. 安装SQL Server 2008

安装SQL Server 2008

安装SQL Server 2008数据库的步骤如下。

（1）将SQL Server 2008安装盘放入光驱，光盘会自动运行；在打开的SQL Server安装中心窗体中，首先单击左侧的“安装”选项，然后单击“全新SQL Server独立安装或向现有安装添加功能”超链接，将打开“安装程序支持规则”窗口，单击“确定”按钮，打开“产品密钥”窗口，在该窗口中输入产品密钥。

（2）单击“下一步”按钮，进入“许可条款”窗口，在该窗口中选中“我接受许可条款”复选框，然后单击“下一步”按钮，打开“安装程序支持文件”窗口，在该窗口中单击“安装”按钮，安装程序支持文件。

（3）安装完程序支持文件后，窗体上会出现“下一步”按钮，单击“下一步”按钮，进入“安装程序支持规则”窗口，在该窗口中，如果所有规则都通过，则“下一步”按钮可用。

（4）单击“下一步”按钮，进入“功能选择”窗口，这里可以选择要安装的功能，如果全部安装，则可以单击“全选”按钮进行选择。

（5）单击“下一步”按钮，进入“实例配置”窗口，在该窗口中选择实例的命名方式并命名实例，然后选择实例根目录。

（6）单击“下一步”按钮，进入“磁盘空间要求”窗口，在该窗口中显示安装SQL Server 2008所需的磁盘空间，单击“下一步”按钮，进入“服务器配置”窗口，如图2.12所示，该窗口中，单击“对所有SQL Server服务使用相同的账户”按钮，以便为所有的SQL Server服务设置统一账户。

（7）单击“下一步”按钮，进入“数据库引擎配置”窗口，该窗口中选择身份验证模式，并输入密码；然后单击“添加当前用户”按钮，如图8-1所示。

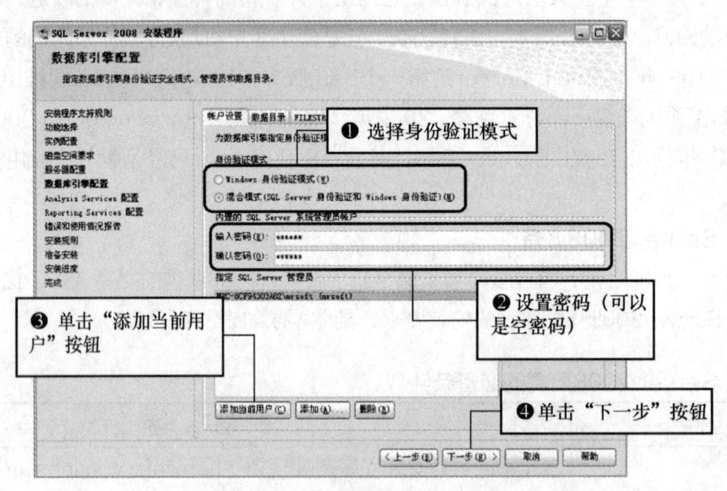

图8-1 “数据库引擎配置”窗口

（8）单击“下一步”按钮，进入“Analysis Services配置”窗口，该窗口中单击“添加当前用户”按钮，然后单击“下一步”按钮，进入“Reporting Services配置”窗口，在该窗口中选择“安装本机模式默认配置”单选按钮。

（9）单击“下一步”按钮，进入“错误和使用情况报告”窗口，在该窗口中设置是否将错误和使用情况报告发送到Microsoft，这里选择默认设置，然后单击“下一步”按钮，进入“安装规则”窗口，该窗口中，如果所有规则都通过，则“下一步”按钮可用。

（10）单击“下一步”按钮，进入“准备安装”窗口，在该窗口中显示准备安装的SQL Server 2008功能。单击“安装”按钮，进入“安装进度”窗口，在该窗口中将显示SQL Server 2008的安装进度。

（11）安装完成后，在“安装进度”窗口中显示安装的所有功能，然后单击“下一步”按钮，进入“完成”窗口，在该窗口中单击“关闭”按钮，即可完成SQL Server 2008的安装。

3. 创建数据库

在SQL Server 2008中，可以通过企业管理器创建数据库，下面将介绍如何在企业管理器中创建数据库。

（1）选择“开始”/“所有程序”/“Microsoft SQL Server 2008”/“SQL Server Management Studio”命令，启动SQL Server的企业管理器；在“对象资源管理器”中，展开“localhost”节点，并且选中“数据库”子节点；在该节点上单击鼠标右键，在弹出的快捷菜单中选择“新建数据库”菜单项，将打开“新建数据库”对话框。

（2）在“新建数据库”对话框的“数据库名称”文本框中，输入数据库名为db_database08，单击“确定”按钮，完成数据库的创建。此时，在对象资源管理器的数据库节点中，将显示新创建的数据库。

4. 创建数据表

创建好数据库后，就可以在该数据库中创建数据表了。在企业管理器中创建数据库的具体方法如下。

（1）在SQL Server企业管理器中，展开刚刚创建的数据库db_database08节点，在其子节点“表”上，单击鼠标右键，在弹出的快捷菜单中选择“新建表”菜单项，将打开表设计器。

（2）在表设计器的“列名”列中，输入字段名ID，在“数据类型”列中选择字段类型为int，同时，为了将该字段设置为自动编号，还需要在“列”选项卡中，将标识设置为“是”，按照该方法继续添加所需要的字段（如name和pwd）。

（3）字段添加完毕后，还可以为表设置主键，例如，将ID字段设置为主键的方法是，选中该字段，单击上方工具栏中图标即可。

（4）单击图标，保存该数据表，名称为tb_user。

8.1.2 MySQL数据库

MySQL是目前最为流行的开放源码的数据库，是完全网络化的跨平台的关系型数据库系统，它是由MySQL AB公司开发、发布并支持的。任何人都能从Internet下载MySQL软件，而无需支付任何费用，并且“开放源码”意味着任何人都可以使用和修改该软件，如果愿意，用户也可以研究源码并进行恰当的修改，以满足自己的需求，不过需要注意的是，这种“自由”是有范围的。

8.1.3 Oracle数据库

Oracle系统是由以RDBMS为核心的一批软件产品组成，可在多种硬件平台上运行，例如微机、工作站、小型机、中型机和大型机等，并且支持多种操作系统，用户的Oracle应用可以方便地从一种计算机配置移至另一种计算机配置上。Oracle的分布式结构可将数据和应用驻留在多台计算机上，并且相互间的通信是透明的。Oracle支持大数据库、多用户的高性能的事务处理，数据库的大小甚至可以上千兆。支持大量用户同时在同一数据上执行各种数据应用，并使数据争用最小，保证数据一致性。Oracle数据库系统维护具有很高的性能，甚至每天可24h连续工作，正常的系统操作（非计算机系统故障）不会中断数据库的使用。

8.1.4 Access数据库

Access数据库管理系统是Microsoft Office系统软件中的一个重要组成部分，它是一个关系型桌面数据库管理系统，可以用来建立中、小型的数据库应用系统，应用非常广泛。同时，由于Access数据库操作简单、使用方便等特点，许多小型的Web应用程序也采用Access数据库。

8.2 JDBC概述

JDBC是用于执行SQL语句的API类包，由一组用Java语言编写的类和接口组成。JDBC提供了一种标准的应用程序设计接口，通过它可以访问各类关系数据库。下面将对JDBC技术进行详细介绍。

JDBC概述

8.2.1 JDBC技术介绍

JDBC的全称为Java DataBase Connectivity，是一套面向对象的应用程序接口（API），制定了统一的访问各类关系数据库的标准接口，为各个数据库厂商提供了标准接口的实现。通过JDBC技术，开发人员可以用纯Java语言和标准的SQL语句编写完整的数据库应用程序，并且真正地实现了软件的跨平台性。在JDBC技术问世之前，各家数据库厂商执行各自的一套API，使得开发人员访问数据库非常困难，特别是在更换数据库时，需要修改大量代码，十分不方便。JDBC的发布获得了巨大的成功，很快就成为了Java访问数据库的标准，并且获得了几乎所有数据库厂商的支持。

JDBC是一种底层API，在访问数据库时需要在业务逻辑中直接嵌入SQL语句。由于SQL语句是面向关系的，依赖于关系模型，所以JDBC传承了简单直接的优点，特别是对于小型应用程序十分方便。需要注意的是，JDBC不能直接访问数据库，必须依赖于数据库厂商提供的JDBC驱动程序，通常情况下使用JDBC完成以下操作。

（1）同数据库建立连接；

（2）向数据库发送SQL语句；

（3）处理从数据库返回的结果。

JDBC具有下列优点。

（1）JDBC与ODBC十分相似，便于软件开发人员理解；

（2）JDBC使软件开发人员从复杂的驱动程序编写工作中解脱出来，可以完全专著于业务逻辑的开发；

（3）JDBC支持多种关系型数据库，大大增加了软件的可移植性；

（4）JDBC API是面向对象的，软件开发人员可以将常用的方法进行二次封装，从而提高代码的重用性。

与此同时，JDBC也具有下列缺点。

（1）通过JDBC访问数据库时速度将受到一定影响；

（2）虽然JDBC API是面向对象的，但通过JDBC访问数据库依然是面向关系的；

（3）JDBC提供了对不同厂家的产品的支持，这将对数据源带来影响。

8.2.2 JDBC驱动程序

JDBC驱动程序是用于解决应用程序与数据库通信的问题，它可以分为JDBC-ODBC Bridge、JDBC-Native API Bridge、JDBC-middleware和Pure JDBC Driver四种，下面分别进行介绍。

1. JDBC-ODBC Bridge

JDBC-ODBC Bridge是通过本地的ODBC Driver连接到RDBMS上。这种连接方式必须将ODBC二进制代码（许多情况下还包括数据库客户机代码）加载到使用该驱动程序的每个客户机上，因此，这种类型的驱动程序最适合于企业网，或者是利用Java编写的3层结构的应用程序服务器代码。

2. JDBC-Native API Bridge

JDBC-Native API Bridge驱动通过调用本地的native程序实现数据库连接，这种类型的驱动程序把客户机API上的JDBC调用转换为Oracle、Sybase、Informix、DB2或其他DBMS的调用。需要注意的是，和JDBC-ODBC Bridge驱动程序一样，这种类型的驱动程序要求将某些二进制代码加载到每台客户机上。

3. JDBC-middleware

JDBC-middleware驱动是一种完全利用Java编写的JDBC驱动，这种驱动程序将JDBC转换为与DBMS无关的网络协议，然后将这种协议通过网络服务器转换为DBMS协议，这种网络服务器中间件能够将纯Java客户机连接到多种不同的数据库上，使用的具体协议取决于提供者。通常情况下，这是最为灵活的JDBC驱动程序，有可能所有这种解决方案的提供者都提供适合于Intranet用的产品。为了使这些产品也支持Internet访问，它们必须处理Web所提出的安全性、通过防火墙的访问等方面的额外要求。几家提供者正将JDBC驱动程序加到他们现有的数据库中间件产品中。

4. Pure JDBC Driver

Pure JDBC Driver驱动是一种完全利用Java编写的JDBC驱动，这种类型的驱动程序将JDBC调用直接转换为DBMS所使用的网络协议。这将允许从客户机机器上直接调用DBMS服务器，是Intranet访问的一个很实用的解决方法。由于许多这样的协议都是专用的，因此数据库提供者自己将是主要来源，有几家提供者已在着手做这件事了。

8.3 JDBC中的常用接口

JDBC提供了许多接口和类，通过这些接口和类，可以实现与数据库的通信，本节将详细介绍一些常用的JDBC接口和类。

驱动程序接口
Driver

8.3.1 驱动程序接口Driver

每种数据库的驱动程序都应该提供一个实现java.sql.Driver接口的类，简称Driver类，在加载Driver类时，应该创建自己的实例并向java.sql.DriverManager类注册该实例。

通常情况下通过java.lang.Class类的静态方法forName(String className)，加载要连接数据库的Driver类，该方法的入口参数为要加载Driver类的完整包名。成功加载后，会将Driver类的实例注册到DriverManager类中，如果加载失败，将抛出ClassNotFoundException异常，即未找到指定Driver类的异常。

8.3.2 驱动程序管理器DriverManager

驱动程序管理器
DriverManager

java.sql.DriverManager类负责管理JDBC驱动程序的基本服务，是JDBC的管理层，作用于用户和驱动程序之间，负责跟踪可用的驱动程序，并在数据库和驱动程序之间建立连接。另外，DriverManager类也处理诸如驱动程序登录时间限制及登录和跟踪消息的显示等工作。成功加载Driver类并在DriverManager类中注册后，DriverManager类即可用来建立数据库连接。

当调用DriverManager类的getConnection( )方法请求建立数据库连接时，DriverManager类将试图定位一个适当的Driver类，并检查定位到的Driver类是否可以建立连接。如果可以，则建立连接并返回，如果不可以，则抛出SQLException异常。DriverManager类提供的常用方法如表8-2所示。

表8-2 DriverManager类提供的常用方法

方法名称	功能描述
getConnection(String url, String user, String password)	为静态方法，用来获得数据库连接，有3个入口参数，依次为要连接数据库的URL、用户名和密码，返回值类型为java.sql.Connection
setLoginTimeout(int seconds)	为静态方法，用来设置每次等待建立数据库连接的最长时间
setLogWriter(java.io.PrintWriter out)	为静态方法，用来设置日志的输出对象
println(String message)	为静态方法，用来输出指定消息到当前的JDBC日志流

8.3.3 数据库连接接口Connection

java.sql.Connection接口负责与特定数据库的连接，在连接的上下文中可以执行SQL语句并返回结果，还可以通过getMetaData( )方法获得由数据库提供的相关信息，例如数据表、存储过程和连接功能等信息。Connection接口提供的常用方法如表8-3所示。

数据库连接接口
Connection

表8-3　　　Connection接口提供的常用方法

方 法 名 称	功 能 描 述
createStatement( )	创建并返回一个Statement实例，通常在执行无参数的SQL语句时创建该实例
prepareStatement( )	创建并返回一个PreparedStatement实例，通常在执行包含参数的SQL语句时创建该实例，并对SQL语句进行了预编译处理
prepareCall( )	创建并返回一个CallableStatement实例，通常在调用数据库存储过程时创建该实例
setAutoCommit( )	设置当前Connection实例的自动提交模式，默认为true，即自动将更改同步到数据库中，如果设为false，需要通过执行commit( )或rollback( )方法手动将更改同步到数据库中
getAutoCommit( )	查看当前的Connection实例是否处于自动提交模式，如果是则返回true，否则返回false
setSavepoint( )	在当前事务中创建并返回一个Savepoint实例，前提条件是当前的Connection实例不能处于自动提交模式，否则将抛出异常
releaseSavepoint( )	从当前事务中移除指定的Savepoint实例
setReadOnly( )	设置当前Connection实例的读取模式，默认为非只读模式，不能在事务当中执行该操作，否则将抛出异常，有一个boolean型的入口参数，设为true则表示开启只读模式，设为false则表示关闭只读模式
isReadOnly( )	查看当前的Connection实例是否为只读模式，如果是则返回true，否则返回false
isClosed( )	查看当前的Connection实例是否被关闭，如果被关闭则返回true，否则返回false
commit( )	将从上一次提交或回滚以来进行的所有更改同步到数据库，并释放Connection实例当前拥有的所有数据库锁定
rollback( )	取消当前事务中的所有更改，并释放当前Connection实例拥有的所有数据库锁定；该方法只能在非自动提交模式下使用，如果在自动提交模式下执行该方法，将抛出异常；有一个入口参数为Savepoint实例的重载方法，用来取消Savepoint实例之后的所有更改，并释放对应的数据库锁定
close( )	立即释放Connection实例占用的数据库和JDBC资源，即关闭数据库连接

8.3.4　执行SQL语句接口Statement

执行SQL语句
接口Statement

java.sql.Statement接口用来执行静态的SQL语句，并返回执行结果。例如，对于insert、update和delete语句，调用executeUpdate(String sql)方法，而select语句则调用executeQuery(String sql)方法，并返回一个永远不能为null的ResultSet实例。Statement接口提供的常用方法如表8-4所示。

表8-4　Statement接口提供的常用方法

方 法 名 称	功 能 描 述
executeQuery(String sql)	执行指定的静态SELECT语句，并返回一个永远不能为null的ResultSet实例
executeUpdate(String sql)	执行指定的静态INSERT、UPDATE或DELETE语句，并返回一个int型数值，为同步更新记录的条数
clearBatch( )	清除位于Batch中的所有SQL语句，如果驱动程序不支持批量处理将抛出异常
addBatch(String sql)	将指定的SQL命令添加到Batch中，String型入口参数通常为静态的INSERT或UPDATE语句，如果驱动程序不支持批量处理将抛出异常

续表

方 法 名 称	功 能 描 述
executeBatch( )	执行Batch中的所有SQL语句，如果全部执行成功，则返回由更新计数组成的数组，数组元素的排序与SQL语句的添加顺序对应数组元素有以下几种情况：①大于或等于零的数，说明SQL语句执行成功，为影响数据库中行数的更新计数；②-2，说明SQL语句执行成功，但未得到受影响的行数；③-3，说明SQL语句执行失败，仅当执行失败后继续执行后面的SQL语句时出现。如果驱动程序不支持批量，或者未能成功执行Batch中的SQL语句之一，将抛出异常
close( )	立即释放Statement实例占用的数据库和JDBC资源，即关闭Statement实例

8.3.5 执行动态SQL语句接口PreparedStatement

执行动态SQL语句接口PreparedStatement

java.sql.PreparedStatement接口继承于Statement接口，是Statement接口的扩展，用来执行动态的sql语句，即包含参数的SQL语句。通过PreparedStatement实例执行的动态SQL语句，将被预编译并保存到PreparedStatement实例中，从而可以反复并且高效地执行该SQL语句。

需要注意的是，在通过set ××× ( )方法为SQL语句中的参数赋值时，必须通过与输入参数的已定义SQL类型兼容的方法，也可以通过setObject( )方法设置各种类型的输入参数。PreparedStatement的使用方法如下。

```
PreparedStatement ps = connection
    .prepareStatement("select * from table_name where id>? and (name=? or name=?)");
ps.setInt(1, 1);
ps.setString(2, "wgh");
ps.setObject(3, "sk");
ResultSet rs = ps.executeQuery( );
```

PreparedStatement接口提供的常用方法如表8-5所示。

表8-5　PreparedStatement接口提供的常用方法

方 法 名 称	功 能 描 述
executeQuery( )	执行前面包含参数的动态SELECT语句，并返回一个永远不能为null的ResultSet实例
executeUpdate( )	执行前面包含参数的动态INSERT、UPDATE或DELETE语句，并返回一个int型数值，为同步更新记录的条数
clearParameters( )	清除当前所有参数的值
set ××× ( )	为指定参数设置 ××× 型值
close( )	立即释放Statement实例占用的数据库和JDBC资源，即关闭Statement实例

8.3.6 执行存储过程接口CallableStatement

执行存储过程接口CallableStatement

java.sql.CallableStatement接口继承于PreparedStatement接口，是PreparedStatement接口的扩展，用来执行SQL的存储过程。

JDBC API定义了一套存储过程SQL转义语法，该语法允许对所有RDBMS通过标准方式调用存储过程。该语法定义了两种形式，分别是包含结果参数和不包含结果参数。如果使用结果参数，则必须将其注册为OUT型参数，参数是根据定义位置按顺序引用的，第一个参数的索引为1。

为参数赋值的方法使用从PreparedStatement中继承来的setXxx( )方法。在执行存储过程之前，必须注册所有OUT参数的类型；它们的值是在执行后通过getXxx()方法检索的。

CallableStatement可以返回一个或多个ResultSet实例。处理多个ResultSet对象的方法是从Statement中继承来的。

8.3.7 访问结果集接口ResultSet

java.sql.ResultSet接口类似于一个数据表，通过该接口的实例可以获得检索结果集，以及对应数据表的相关信息，例如列名和类型等，ResultSet实例通过执行查询数据库的语句生成。

访问结果集接口ResultSet

ResultSet实例具有指向其当前数据行的指针。最初，指针指向第一行记录的前方，通过next()方法可以将指针移动到下一行，因为该方法在没有下一行时将返回false，所以可以通过while循环来迭代ResultSet结果集。在默认情况下ResultSet对象不可以更新，只有一个可以向前移动的指针，因此，只能迭代它一次，并且只能按从第一行到最后一行的顺序进行。如果需要，可以生成可滚动和可更新的ResultSet对象。

ResultSet接口提供了从当前行检索不同类型列值的get ×××()方法，均有两个重载方法，可以通过列的索引编号或列的名称检索，通过列的索引编号较为高效，列的索引编号从1开始。对于不同的get ×××()方法，JDBC驱动程序尝试将基础数据转换为与get ×××()方法相应的Java类型，并返回适当的Java类型的值。

在JDBC 2.0 API（JDK 1.2）之后，为该接口添加了一组更新方法update ×××()，均有两个重载方法，可以通过列的索引编号或列的名称指定列，用来更新当前行的指定列，或者初始化要插入行的指定列，但是该方法并未将操作同步到数据库，需要执行updateRow()或insertRow()方法完成同步操作。

ResultSet接口提供的常用方法如表8-6所示。

表8-6 ResultSet接口提供的常用方法

方法名称	功能描述
first()	移动指针到第一行；如果结果集为空则返回false，否则返回true；如果结果集类型为TYPE_FORWARD_ONLY将抛出异常
last()	移动指针到最后一行；如果结果集为空则返回false，否则返回true；如果结果集类型为TYPE_FORWARD_ONLY将抛出异常
previous()	移动指针到上一行；如果存在上一行则返回true，否则返回false；如果结果集类型为TYPE_FORWARD_ONLY将抛出异常
next()	移动指针到下一行；指针最初位于第一行之前，第一次调用该方法将移动到第一行；如果存在下一行则返回true，否则返回false
beforeFirst()	移动指针到ResultSet实例的开头，即第一行之前；如果结果集类型为TYPE_FORWARD_ONLY将抛出异常
afterLast()	移动指针到ResultSet实例的末尾，即最后一行之后；如果结果集类型为TYPE_FORWARD_ ONLY将抛出异常
absolute()	移动指针到指定行；有一个int型入口参数，正数表示从前向后编号，负数表示从后向前编号，编号均从1开始；如果存在指定行则返回true，否则返回false；如果结果集类型为TYPE_ FORWARD_ONLY将抛出异常
relative()	移动指针到相对于当前行的指定行；有一个int型入口参数，正数表示向后移动，负数表示向前移动，视当前行为0；如果存在指定行则返回true，否则返回false；如果结果集类型为TYPE_FORWARD_ONLY将抛出异常
getRow()	查看当前行的索引编号；索引编号从1开始，如果位于有效记录行上则返回一个int型索引编号，否则返回0

续表

方法名称	功能描述
findColumn()	查看指定列名的索引编号；该方法有一个String型入口参数，为要查看列的名称，如果包含指定列，则返回int型索引编号，否则将抛出异常
isBeforeFirst()	查看指针是否位于ResultSet实例的开头，即第一行之前，如果是则返回true，否则返回false
isAfterLast()	查看指针是否位于ResultSet实例的末尾，即最后一行之后，如果是则返回true，否则返回false
isFirst()	查看指针是否位于ResultSet实例的第一行，如果是则返回true，否则返回false
isLast()	查看指针是否位于ResultSet实例的最后一行，如果是则返回true，否则返回false
close()	立即释放ResultSet实例占用的数据库和JDBC资源，当关闭所属的Statement实例时也将执行此操作

8.4 JDBC访问数据库过程

在对数据库进行操作时，首先需要连接数据库，在JSP中连接数据库大致可以分加载JDBC驱动程序、创建Connection对象的实例、执行SQL语句、获得查询结果和关闭连接等5个步骤，下面进行详细介绍。

加载JDBC驱动程序

1. 加载JDBC驱动程序

在连接数据库之前，首先加载要连接数据库的驱动到JVM（Java虚拟机），通过java.lang.Class类的静态方法forName(String className)实现，例如加载SQL Server2008驱动程序的代码如下。

```
try {
    Class.forName("com.microsoft.sqlserver.jdbc.SQLServerDriver");
} catch (ClassNotFoundException e) {
    System.out.println("加载数据库驱动时抛出异常，内容如下：");
    e.printStackTrace();
}
```

成功加载后，会将加载的驱动类注册给DriverManager类，如果加载失败，将抛出ClassNotFoundException异常，即未找到指定的驱动类，所以需要在加载数据库驱动类时捕捉可能抛出的异常。

通常将负责加载驱动的代码放在static块中，这样做的好处是只有static块所在的类第一次被加载时才加载数据库驱动，避免重复加载驱动程序，浪费计算机资源。

2. 创建数据库连接

java.sql.DriverManager（驱动程序管理器）类是JDBC的管理层，负责建立和管理数据库连接。通过DriverManager类的静态方法getConnection(String url、String user、String password)可以建立数据库连接，3个入口参数依次为要连接数据库的路径、用户名和密码，该方法的返回值类型为java.sql.Connection，典型代码如下。

创建数据库连接

```
Connection conn = DriverManager.getConnection(
    "jdbc:sqlserver://127.0.0.1:1433;DatabaseName=db_database08", "sa", "");
```

在上面的代码中，连接的是本地的SQL Server数据库，数据库名称为db_database08，登录用户为sa，密码为空。

3. 执行SQL语句

建立数据库连接（Connection）的目的是与数据库进行通信，实现方式为执行SQL语句，但是通过Connection实例并不能执行SQL语句，还需要通过Connection实例创建Statement实例，Statement实例又分为以下3种类型。

执行SQL语句

（1）Statement实例：该类型的实例只能用来执行静态的SQL语句；

（2）PreparedStatement实例：该类型的实例增加了执行动态SQL语句的功能；

（3）CallableStatement对象：该类型的实例增加了执行数据库存储过程的功能。

其中Statement是最基础的，PreparedStatement继承了Statement，并做了相应的扩展，而CallableStatement继承了PreparedStatement，又做了相应的扩展，从而保证在基本功能的基础上，各自又增加了一些独特的功能。

4. 获得查询结果

获得查询结果

通过Statement接口的executeUpdate( )或executeQuery( )方法，可以执行SQL语句，同时将返回执行结果。如果执行的是executeUpdate( )方法，将返回一个int型数值，代表影响数据库记录的条数，即插入、修改或删除记录的条数；如果执行的是executeQuery( )方法，将返回一个ResultSet型的结果集，其中不仅包含所有满足查询条件的记录，还包含相应数据表的相关信息，例如列的名称、类型和列的数量等。

5 关闭连接

关闭连接

在建立Connection、Statement和ResultSet实例时，均需占用一定的数据库和JDBC资源，所以每次访问数据库结束后，应该及时销毁这些实例，释放它们占用的所有资源，方法是通过各个实例的close( )方法，并且在关闭时建议按照以下的顺序进行。

```
resultSet.close();
statement.close();
connection.close();
```

采用上面的顺序关闭的原因在于Connection是一个接口，close( )方法的实现方式可能多种多样。如果是通过DriverManager类的getConnection( )方法得到的Connection实例，在调用close( )方法关闭Connection实例时会同时关闭Statement实例和ResultSet实例。但是通常情况下需要采用数据库连接池，在调用通过连接池得到的Connection实例的close( )方法时，Connection实例可能并没有被释放，而是被放回到了连接池中，又被其他连接调用，在这种情况下如果不手动关闭Statement实例和ResultSet实例，它们在Connection中可能会越来越多，虽然JVM的垃圾回收机制会定时清理缓存，但是如果清理得不及时，当数据库连接达到一定数量时，将严重影响数据库和计算机的运行速度，甚至导致软件或系统瘫痪。

8.5 典型JSP数据库连接

8.5.1 SQL Server 2008数据库的连接

SQL Server 2008
数据库的连接

SQL Server 2008数据库的驱动代码如下。

```
String driverClass="com.microsoft.sqlserver.jdbc.SQLServerDriver";
```

连接SQL Server 2008数据库需要用到的包只有sqljdbc.jar或者sqljdbc4.jar。

连接SQL Server 2008数据库的URL代码如下。

```
String url = "jdbc:sqlserver://127.0.0.1:1433;DatabaseName=db_database08";
```

在上面的URL中，“127.0.0.1”为数据库所在机器的IP地址，该IP代表本机，也可替换为“localhost”；“1433”为SQL Server 2008数据库默认的端口号；“db_database08”为数据库名。

【例8-1】在JSP中连接SQL Server 2008数据库db_databse08。

```
<%@ page language="java" import="java.util.*" pageEncoding="GB2312"%>
<%@ page import="java.sql.*"%>
…      <!--此处省略了部分HTML代码-->
连接SQL Server 2008数据库<br>
<%
String driverClass="com.microsoft.sqlserver.jdbc.SQLServerDriver";
String url = "jdbc:sqlserver://127.0.0.1:1433;DatabaseName=db_database08";
String username = "sa";
String password = "";
Class.forName(driverClass);                                              //加载数据库驱动
Connection conn=DriverManager.getConnection(url, username, password);   //建立连接
Statement stmt=conn.createStatement();
ResultSet rs = stmt.executeQuery("select * from tb_user");               //执行查询语句
while(rs.next()){                                                        //循环显示数据表中的数据
    out.println("<br>用户名："+rs.getString(2)+"   密码："+rs.getString(3));
}
rs.close();
stmt.close();
conn.close();
%>
</body></html>
```

程序运行结果如图8-2所示。

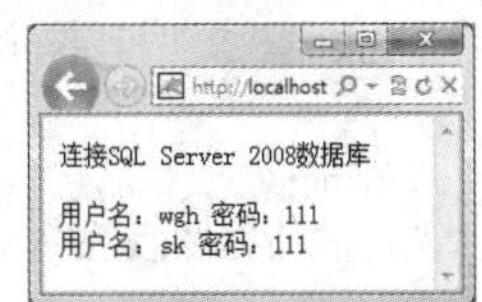

图8-2 例8-1运行结果

8.5.2 Access数据库的连接

Access数据库的连接

Access数据库的驱动代码如下。

```
String driverClass="sun.jdbc.odbc.JdbcOdbcDriver";
```

连接Access数据库需要通过JDBC-ODBC方式，不需要引入任何包。

连接Access数据库的URL代码如下。

```
String url = "jdbc:odbc:driver={Microsoft Access Driver (*.mdb)};DBQ=E:/db_database08.mdb";
```

由于在上面的URL中采用的是系统默认的连接Access数据库的驱动Microsoft Access Driver（*.mdb），所以不需要手动配置ODBC驱动；“E:/db_database08.mdb”为Access数据库的绝对存放路径，在实际程序中，可以通过request对象的相关方法获取数据库文件的存放路径。

【例8-2】在JSP中连接Access数据库db_databse08。

```
<%@ page language="java" import="java.sql.*" pageEncoding="GB2312"%>
…      <!--此处省略了部分HTML代码-->
连接Access数据库<br>
<%
String driverClass="sun.jdbc.odbc.JdbcOdbcDriver";
String path=request.getRealPath("");       //获取当前请求文件的绝对路径
```

```
String url = "jdbc:odbc:driver={Microsoft Access Driver (*.mdb)};DBQ="+path+"/db_dat-abase08.mdb";
String username = "";
String password = "";
Class.forName(driverClass);                                                    // 加载数据库驱动
Connection conn=DriverManager.getConnection(url, username, password);          //建立连接
Statement stmt=conn.createStatement();
ResultSet rs = stmt.executeQuery("select * from tb_user");                     //执行SQL语句
//此处省略了循环显示数据表中的数据及关闭数据库连接的代码，具体代码请参见例8-1
%>
</body></html>
```

程序运行结果如图8-3所示。

图8-3 例8-2运行结果

8.5.3 MySQL数据库的连接

MySQL数据库的驱动代码如下。

```
String driverClass="com.mysql.jdbc.Driver";
```

连接MySQL数据库需要用到的包为mysql-connector-java-5.1.20-bin.jar。

MySQL数据库的连接

连接MySQL数据库的URL代码如下。

```
String url="jdbc:mysql://127.0.0.1:3306/db_database08";
```

在上面的URL中，“127.0.0.1”为数据库所在机器的IP地址，该IP代表本机，也可替换为“localhost”；“3306”为MySQL数据库默认的端口号；“db_database08”为要连接的数据库名。

【例8-3】在JSP中连接MySQL数据库db_databse08。

```
<%@ page language="java" import="java.sql.*" pageEncoding="GB2312"%>
…       <!--此处省略了部分HTML代码-->
连接MySQL数据库<br>
<%
String driverClass="com.mysql.jdbc.Driver";
String url="jdbc:mysql://localhost:3306/db_database08";
String username = "root";
String password = "111";
Class.forName(driverClass);    // 加载数据库驱动
Connection conn=DriverManager.getConnection(url, username, password);   //建立连接
Statement stmt=conn.createStatement();
ResultSet rs = stmt.executeQuery("select * from tb_user");   //执行SQL语句
//此处省略了循环显示数据表中的数据及关闭数据库连接的代码，具体代码请参见例8-1
%>
</body></html>
```

程序运行结果如图8-4所示。

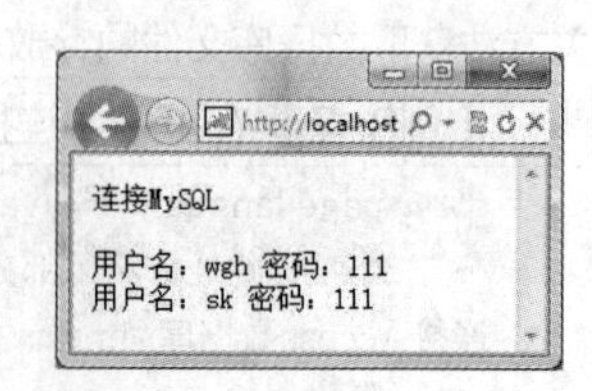

图8-4 例8-3运行结果

8.6 数据库操作技术

在开发Web应用程序时，经常需要对数据库进行操作，最常用的数据库操作技术，包括向数据库查询、添加、修改或删除数据库中的数据，这些操作既可以通过静态的SQL语句实现，也可以通过动态的SQL语句实现，还可以通过存储过程实现，具体采用的实现方式要根据实际情况而定。

8.6.1 查询操作

查询操作

JDBC中提供了两种实现数据查询的方法，一种是通过Statement对象执行静态的SQL语句实现；另一种是通过PreparedStatement对象执行动态的SQL语句实现。由于PreparedStatement类是Statement类的扩展，一个PreparedStatement对象包含一个预编译的SQL语句，该SQL语句可能包含一个或多个参数，这样应用程序可以动态地为其赋值，所以PreparedStatement对象执行的速度比Statement对象快。因此在执行较多的SQL语句时，建议使用PreparedStatement对象。

下面将通过两个实例分别应用这两种方法实现数据查询。

【例8-4】查询操作示例1。

应用Statement对象从数据表tb_user中查询name字段值为wgh的数据，代码如下。

```
<%@ page language="java" import="java.sql.*" pageEncoding="GB2312"%>
<%
//此处省略了创建数据库连接的代码
Statement stmt=conn.createStatement();
ResultSet rs = stmt.executeQuery("select * from tb_user where name='wgh'");
    while(rs.next()){
        out.println("用户名："+rs.getString(2)+"    密码："+rs.getString(3));
    }
rs.close();
stmt.close();
conn.close();
%>
```

【例8-5】查询操作示例2。

应用PrepareStatement对象从数据表tb_user中查询name字段值为wgh的数据，代码如下。

```
<%@ page language="java" import="java.sql.*" pageEncoding="GB2312"%>
<%
//此处省略了创建数据库连接的代码
PreparedStatement pStmt = conn.prepareStatement("select * from tb_user where name=?");
pStmt.setString(1,"wgh");
ResultSet rs = pStmt.executeQuery();
while(rs.next()){
    out.println("用户名："+rs.getString(2)+"    密码："+rs.getString(3));
}
rs.close();
pStmt.close();
conn.close();
%>
```

例8-4和例8-5的运行结果如图8-5所示。

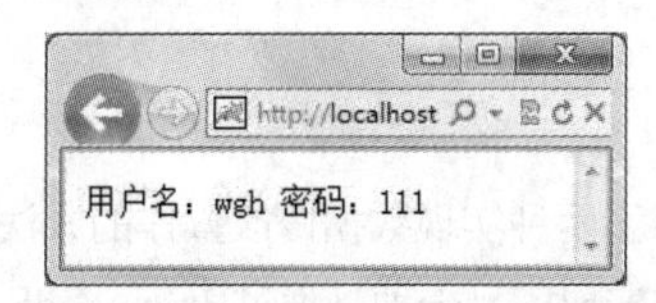

图8-5 例8-4和例8-5运行结果

如果要实现模糊查询，可以使用SQL语句中的like关键字实现，例如，要查询name字段中包括“w”的数据可以使用SQL语句“select * from tb_user where name like ‘%w%’”或“select * from tb_user where name like ?”实现。其中，使用后一方法时，需要将参数值设置为“%w%”。

8.6.2 添加操作

添加操作

与查询操作相同，JDBC中也提供了两种实现数据添加操作的方法，一种是通过Statement对象执行静态的SQL语句实现；另一种是通过PreparedStatement对象执行动态的SQL语句实现。

通过Statement对象和PreparedStatement对象实现数据添加操作的方法同实现查询操作的方法基本相同，所不同的就是执行的SQL语句及执行方法不同，实现数据添加操作时采用的是executeUpdate( )方法，而实现数据查询时使用的是executeQuery( )方法。实现数据添加操作使用的SQL语句为INSERT语句，其语法格式如下。

```
Insert [INTO] table_name[(column_list)] values(data_values)
```

语法中各参数说明如表8-7所示。

表8-7 INSERT语句的参数说明

参　数	描　述
[INTO]	可选项，无特殊含义，可以将它用在INSERT和目标表之前
table_name	要添加记录的数据表名称
column_list	是表中的字段列表，表示向表中哪些字段插入数据；如果是多个字段，字段之间用逗号分隔；不指定column_list，默认向数据表中所有字段插入数据
data_values	要添加的数据列表，各个数据之间使用逗号分隔；数据列表中的个数、数据类型必须和字段列表中的字段个数、数据类型相一致
values	引入要插入的数据值的列表；对于column_list（如果已指定）中或者表中的每个列，都必须有一个数据值；必须用圆括号将值列表括起来；如果VALUES列表中的值与表中的值和表中列的顺序不相同，或者未包含表中所有列的值，那么必须使用column_list明确地指定存储每个传入值的列

应用Statement对象向数据表tb_user中添加数据的关键代码如下。

```
Statement stmt=conn.createStatement( );
int rtn= stmt.executeUpdate("insert into tb_user (name,pwd) values('hope','111')");
```

利用PreparedStatement对象向数据表tb_user中添加数据的关键代码如下。

```
PreparedStatement pStmt = conn.prepareStatement("insert into tb_user (name,pwd) values(?,?)");
pStmt.setString(1,"dream");
pStmt.setString(2,"111");
int rtn= pStmt.executeUpdate( );
```

8.6.3 修改操作

修改操作

与添加操作相同，JDBC中也提供了两种实现数据修改操作的方法，一种是通过Statement对象执行静态的SQL语句实现；另一种是通过PreparedStatement对象执行动态的SQL语句实现。

通过Statement对象和PreparedStatement对象实现数据修改操作的方法同实现添加操作的方法基本相同，所不同的就是执行的SQL语句不同，实现数据修改操作使用的SQL语句为UPDATE语句，其语法格式如下。

```
UPDATE table_name
SET <column_name>=<expression>
    [···,<last column_name>=<last expression>]
[WHERE<search_condition>]
```

语法中各参数说明如表8-8所示。

表8-8　UPDATE语句的参数说明

参　　数	描　　述
table_name	需要更新的数据表名
SET	指定要更新的列或变量名称的列表
column_name	含有要更改数据的列的名称；column_name 必须驻留于 UPDATE 子句中所指定的表或视图中；标识列不能进行更新；如果指定了限定的列名称，限定符必须同 UPDATE 子句中的表或视图的名称相匹配
expression	变量、字面值、表达式或加上括号返回单个值的subSELECT语句；expression 返回的值将替换column_name中的现有值
WHERE	指定条件来限定所更新的行
<search_condition>	为要更新行指定需满足的条件，搜索条件也可以是连接所基于的条件，对搜索条件中可以包含的谓词数量没有限制

应用Statement对象修改数据表tb_user中name字段值为“dream”的记录，关键代码如下。

```
Statement stmt=conn.createStatement();
int rtn= stmt.executeUpdate("update tb_user set name='hope',pwd='222' where name='dream'");
```

利用PreparedStatement对象修改数据表tb_user中name字段值为“hope”的记录，关键代码如下。

```
PreparedStatement pStmt = conn.prepareStatement("update tb_user set name=?,pwd=? where name=?");
    pStmt.setString(1,"dream");
    pStmt.setString(2,"111");
    pStmt.setString(3,"hope");
    int rtn= pStmt.executeUpdate();
```

在实际应用中，经常是先将要修改的数据查询出来并显示到相应的表单中，然后将表单提交到相应处理页，在处理页中获取要修改的数据，并执行修改操作，完成数据修改。

8.6.4　删除操作

实现数据删除操作也可以通过两种方法实现。一种是通过Statement对象执行静态的SQL语句实现，另一种是通过PreparedStatement对象执行动态的SQL语句实现。

删除操作

通过Statement对象和PreparedStatement对象实现数据删除操作的方法同实现添加操作的方法基本相同，所不同的就是执行的SQL语句不同，实现数据删除操作使用的SQL语句为DELETE语句，其语法格式如下。

```
DELETE FROM <table_name >[WHERE<search condition>]
```

在上面的语法中，table_name用于指定要删除数据的表的名称；<search_condition>用于指定删除数据的限定条件。在搜索条件中对包含的谓词数量没有限制。

应用Statement对象从数据表tb_user中删除name字段值为“hope”的数据，关键代码如下。

```
Statement stmt=conn.createStatement( );
int rtn= stmt.executeUpdate("delete tb_user where name='hope'");
```

利用PreparedStatement对象从数据表tb_user中删除name字段值为“dream”的数据，关键代码如下。

```
PreparedStatement pStmt = conn.prepareStatement("delete from tb_user where name=?");
pStmt.setString(1,"dream");
int rtn= pStmt.executeUpdate( );
```

8.7 连接池技术

本节将详细介绍数据库连接池技术，以及数据库连接池的配置方法，通过JNDI（JNDI是一种将对象和名字绑定的技术，详细介绍参见8.7.3节）从连接池中获得数据库连接的方法。

8.7.1 连接池简介

连接池简介

通常情况下，在每次访问数据库之前都要先建立与数据库的连接，这将消耗一定的资源，并延长了访问数据库的时间，如果是访问量相对较低的系统还可以，如果访问量较高，将严重影响系统的性能。为了解决这一问题，引入了连接池的概念。所谓连接池，就是预先建立好一定数量的数据库连接，模拟存放在一个连接池中，由连接池负责对这些数据库连接进行管理。这样，当需要访问数据库时，就可以通过已经建立好的连接访问数据库了，从而免去了每次在访问数据库之前建立数据库连接的开销。

连接池还解决了数据库连接数量限制的问题。由于数据库能够承受的连接数量是有限的，当达到一定程度时，数据库的性能就会下降，甚至崩溃，而池化管理机制，通过有效地使用和调度这些连接池中的连接，则解决了这个问题（在这里我们不讨论连接池对连接数量限制的问题）。

数据库连接池的具体实施办法如下。

（1）预先创建一定数量的连接，存放在连接池中；

（2）当程序请求一个连接时，连接池是为该请求分配一个空闲连接，而不是去重新建立一个连接；当程序使用完连接后，该连接将重新回到连接池中，而不是直接将连接释放；

（3）当连接池中的空闲连接数量低于下限时，连接池将根据管理机制追加创建一定数量的连接；当空闲连接数量高于上限时，连接池将释放一定数量的连接。

在每次用完Connection后，要及时调用Connection对象的close( )或dispose( )方法显式关闭连接，以便连接可以及时返回到连接池中，非显式关闭的连接可能不会添加或返回到池中。

连接池具有下列优点。

（1）创建一个新的数据库连接所耗费的时间主要取决于网络的速度以及应用程序和数据库服务器的（网络）距离，而且这个过程通常是一个很耗时的过程，而采用数据库连接池后，数据库连接请求则可以直接通过连接池满足，而不需要为该请求重新连接、认证到数据库服务器，从而节省了时间；

（2）提高了数据库连接的重复使用率；

（3）解决了数据库对连接数量的限制。

与此同时，连接池具有下列缺点。

（1）连接池中可能存在多个与数据库保持连接但未被使用的连接，在一定程度上浪费了资源；

（2）要求开发人员和使用者准确估算系统需要提供的最大数据库连接的数量。

8.7.2 在Tomcat中配置连接池

在Tomcat中
配置连接池

在通过连接池技术访问数据库时，首先需要在Tomcat下配置数据库连接池，下面以SQL Server 2008为例介绍在Tomcat 7.0下配置数据库连接池的方法。

（1）将SQL Server数据库的JDBC驱动包sqljdbc.jar或者sqljdbc4.jar复制到Tomcat安装路径下的lib（Tomcat 5.5中为common\lib）文件夹中。

（2）配置数据源。在配置数据源时，可以将其配置到Tomcat安装目录下的conf\server.xml文件中，也可以将其配置到Web工程目录下的META-INF\context.xml文件中，建议采用后者，因为这样配置的数据源更有针对性，配置数据源的具体代码如下。

```
<Context>
    <Resource name="TestJNDI" type="javax.sql.DataSource" auth="Container"
        driverClassName="com.microsoft.sqlserver.jdbc.SQLServerDriver"    url="jdbc:sqlserver://127.0.0.1:14
33;DatabaseName=db_db_database08"
        username="sa" password="" maxActive="4" maxIdle="2" maxWait="6000" />
</Context>
```

在配置数据源时需要配置的<Resource>元素的属性及其说明如表8-9所示。

表8-9 <Resource>元素的属性及说明

属性名称	说明
name	设置数据源的JNDI名
type	设置数据源的类型
auth	设置数据源的管理者，有两个可选值Container和Application，Container表示由容器来创建和管理数据源，Application表示由Web应用来创建和管理数据源
driverClassName	设置连接数据库的JDBC驱动程序
url	设置连接数据库的路径
username	设置连接数据库的用户名
password	设置连接数据库的密码
maxActive	设置连接池中处于活动状态的数据库连接的最大数目，0表示不受限制
maxIdle	设置连接池中处于空闲状态的数据库连接的最大数目，0表示不受限制
maxWait	设置当连接池中没有处于空闲状态的连接时，请求数据库连接请求的最长等待时间（单位为ms），如果超出该时间将抛出异常，-1表示无限期等待

8.7.3 使用连接池技术访问数据库

使用连接池技术
访问数据库

JDBC2.0提供了javax.sql.DataSource接口，负责与数据库建立连接，在应用时不需要编写连接数据库代码，可以直接从数据源中获得数据库连接。在DataSource中预先建立了多个数据库连接，这些数据库连接保存在数据库连接池中，当程序访问数据库时，只需从连接池中取出空闲的连接，访问结束后，再将连接归还给连接池。DataSource对象由容器（例如Tomcat）提供，不能通过创建实例的方法来获得DataSource对象，需要利用Java的JNDI（Java Nameing and Directory Interface、Java命名和目录接口）来获得DataSource对象的引用。JNDI是一个应用程序设计的API，为开发人员提供了查询和访问各种命名和目录服务的通用的、统一的接口，类似JDBC，都是构建在抽象层上的。JNDI提供了一种统一的方式，可以用在网络上查找和访问JDBC服务中，通过指定一个资源名称，可以返回数据库连接建立所必须的信息。

【例8-6】应用连接池技术访问数据库db_database08，并显示数据表tb_user中的全部数据。

（1）将SQL Server数据库的JDBC驱动包sqljdbc4.jar复制到Tomcat安装路径下的lib（Tomcat 5.5中为common\lib）文件夹中。

（2）在Web工程目录下的META-INF\context.xml文件中输入以下代码配置数据源。

```
<Context>
    <Resource name="TestJNDI" type="javax.sql.DataSource" auth="Container"
        driverClassName="com.microsoft.sqlserver.jdbc.SQLServerDriver"
    url="jdbc:sqlserver://127.0.0.1:1433;DatabaseName=db_database08"
        username="sa" password="" maxActive="4" maxIdle="2" maxWait="6000" />
</Context>
```

（3）编写databasePool.jsp文件，用于通过数据库连接池访问db_database08数据库，并显示数据表tb_user中的全部数据，关键代码如下。

```
<%@ page language="java" import="javax.naming.*" pageEncoding="GB2312"%>
<%@ page import="javax.sql.*" %>
<%@ page import="java.sql.*" %>
<html>
<body>
<%
try {
    Context ctx = new InitialContext();
    ctx = (Context) ctx.lookup("java:comp/env");
    DataSource ds = (DataSource) ctx.lookup("TestJNDI");    //获取连接池对象
    Connection conn=ds.getConnection();
    Statement stmt=conn.createStatement();
    String sql="SELECT * FROM tb_user";
    ResultSet rs=stmt.executeQuery(sql);
    while(rs.next()){
        out.println("<br>用户名："+rs.getString(2)+"    密码："+rs.getString(3));
    }
    rs.close();
    stmt.close();
    conn.close();
} catch (NamingException e) {
    e.printStackTrace();
}
%>
</body>
</html>
```

程序运行结果如图8-6所示。

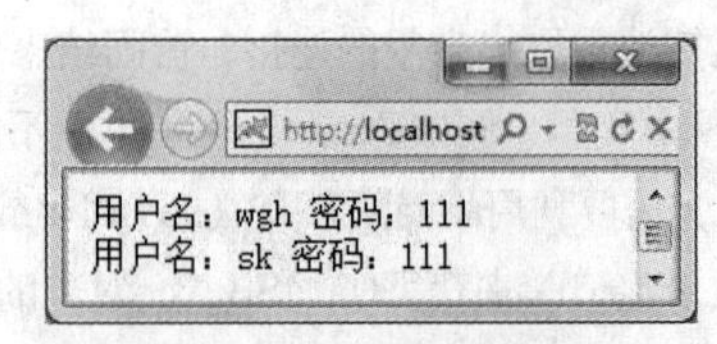

图8-6 例8-6运行结果

8.8 小结

本章首先介绍了JDBC技术以及JDBC中常用接口的应用，然后介绍了连接及访问数据库的方法以及各种常用数据库的连接方法，接着介绍对数据的查询、添加、修改和删除技术，最后还介绍了连接池技术的应用。这些技术都是应用JSP开发动态网站时必不可少的技术，读者应该重点掌握，并灵活应用。通过对本章的学习，读者完全可以编写出基于数据库的Web应用程序。

习题

8-1 在Windows 7操作系统中，通过JDBC连接SQL Server 2008数据库需要进行什么操作？

8-2 简述JDBC连接数据库的基本步骤。

8-3 写出SQL Server 2008数据库的驱动及连接本地机器上的数据库db_databse的URL地址。

8-4 执行动态SQL语句的接口是什么？

8-5 Statement实例又可以分为哪3种类型？功能分别是什么？

8-6 JDBC中提供的两种实现数据查询的方法分别是什么？

8-7 简述数据库连接池的优缺点。

8-8 如何在Tomcat中配置数据库连接池？

上机指导

8-1 编写一个简易的留言簿，实现添加留言并显示留言的功能，数据库采用SQL Server 2008。

8-2 编写一个连接MySQL数据库的程序，要求将前台表单填写的数据保存到数据表中。

8-3 编写一个连接Access数据库的程序，要求显示数据表中的全部数据，并在每条数据后添加用于修改和删除数据的超链接，并实现数据修改和删除功能。

8-4 编写程序，应用Tomcat连接池连接数据库，并向指定数据表中添加数据。

PART09

第9章 JSP与Ajax

本章要点

- Ajax使用的技术
- 传统的Ajax的工作编程
- jQuery的基本使用方法
- 使用jQuery发送GET和POST请求

■ 本章主要介绍JSP的相关技术，包括了解Ajax技术、实用XMLHttpRequest对象、传统Ajax的工作流程、jQuery实现Ajax以及Ajax开发需要注意的几个问题。通过本章的学习，读者应该掌握Ajax技术，并能够应用Ajax技术实现无刷新操作。

9.1 了解Ajax

9.1.1 什么是Ajax

了解Ajax

Ajax是Asynchronous JavaScript and XML的缩写，意思是异步的JavaScript与XML。Ajax并不是一门新的语言或技术，它是JavaScript、XML、CSS、DOM等多种已有技术的组合，可以实现客户端的异步请求操作，从而可以实现在不需要刷新页面的情况下与服务器进行通信，减少了用户的等待时间，减轻了服务器和带宽的负担，提供更好的服务响应。

9.1.2 Ajax开发模式与传统开发模式的比较

在Web 2.0时代以前，多数网站都采用传统的开发模式，而随着Web 2.0时代的到来，越来越多的网站都开始采用Ajax开发模式。为了让读者更好地了解Ajax开发模式，下面将对Ajax开发模式与传统开发模式进行比较。

在传统的Web应用模式中，页面中用户的每一次操作都将触发一次返回Web服务器的HTTP 请求，服务器进行相应的处理（获得数据、运行与不同的系统会话）后，返回一个HTML页面给客户端。如图9-1所示。

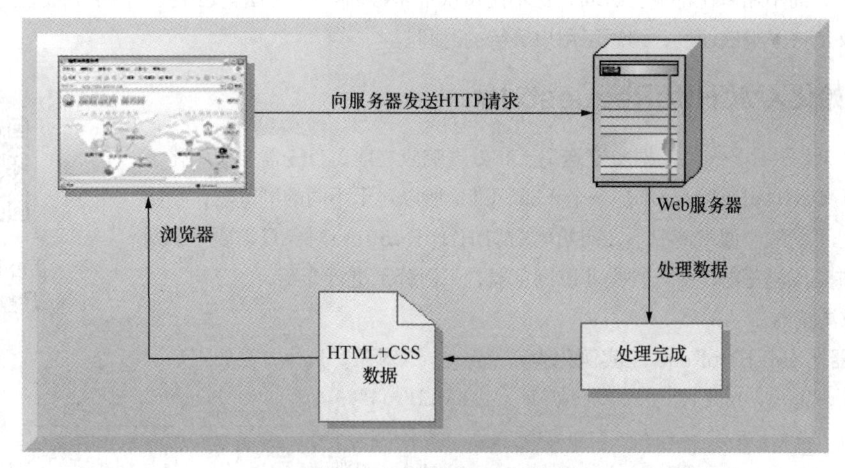

图9-1　Web应用的传统模型

而在Ajax应用中，页面中用户的操作将通过Ajax引擎与服务器端进行通信，然后将返回结果提交给客户端页面的Ajax引擎，再由Ajax引擎来决定将这些数据插入到页面的指定位置。如图9-2所示。

从图9-1和图9-2中可以看出，对于每个用户的行为，在传统的Web应用模型中，将生成一次HTTP请求，而在Ajax应用开发模型中，将变成对Ajax引擎的一次JavaScript调用。在Ajax应用开发模型中通过JavaScript实现在不刷新整个页面的情况下，对部分数据进行更新，从而降低了网络流量，给用户带来了更好的体验。

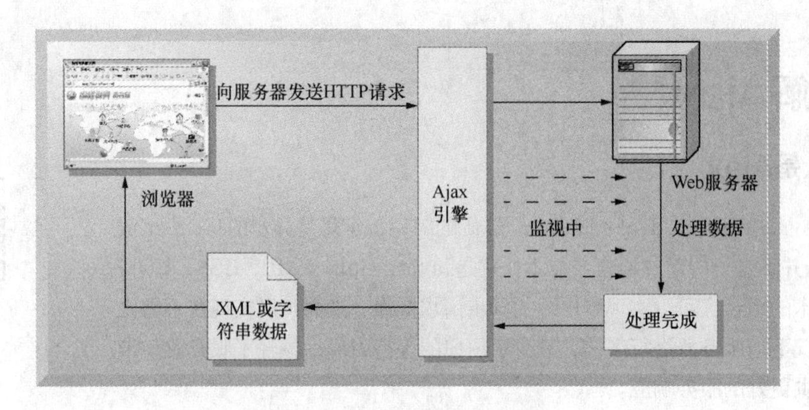

图9-2 Web应用的Ajax模型

9.2 使用XMLHttpRequest对象

Ajax是XMLHttpRequest对象和JavaScript、XML、CSS、DOM等多种技术的组合。其中，只有XMLHttpRequest对象是新技术，其他的均为已有技术。下面我们就对XMLHttpRequest对象进行详细介绍。

Ajax使用的技术中，最核心的技术就是XMLHttpRequest，它是一个具有应用程序接口的JavaScript对象，能够使用超文本传输协议（HTTP）连接一个服务器，是微软公司为了满足开发者的需要，于1999年在IE 5.0浏览器中率先推出的。通过XMLHttpRequest对象，Ajax可以像桌面应用程序一样只同服务器进行数据层面的交换，而不用每次都刷新页面，也不用每次都将数据处理的工作交给服务器来完成，这样既减轻了服务器负担又加快了响应速度，缩短了用户等待的时间。

9.2.1 初始化XMLHttpRequest对象

初始化XMLHttp
Request对象

在使用XMLHttpRequest对象发送请求和处理响应之前，首先需要初始化该对象，由于XMLHttpRequest不是一个W3C标准，所以对于不同的浏览器，初始化的方法也是不同的。通常情况下，初始化XMLHttpRequest对象只需要考虑两种情况，一种是IE浏览器，另一种是非IE浏览器，下面分别进行介绍。

（1）IE浏览器。

IE浏览器把XMLHttpRequest实例化为一个ActiveX对象。具体方法如下。

```
var http_request = new ActiveXObject("Msxml2.XMLHTTP");
```

或者

```
var http_request = new ActiveXObject("Microsoft.XMLHTTP");
```

在上面的语法中，Msxml2.XMLHTTP和Microsoft.XMLHTTP是针对IE浏览器的不同版本而进行设置的，目前比较常用的是这两种。

（2）非IE浏览器。

非IE浏览器（例如，Firefox、Opera、Safari等）把XMLHttpRequest对象实例化为一个本地JavaScript对象。具体方法如下。

```
var http_request = new XMLHttpRequest();
```

为了提高程序的兼容性，可以创建一个跨浏览器的XMLHttpRequest对象。创建一个跨浏览器的XMLHttpRequest对象其实很简单，只需要判断一下不同浏览器的实现方式，如果浏览器提供了XMLHttpRequest类，则直接创建一个实例，否则实例化一个ActiveX对象。具体代码如下。

```
if (window.XMLHttpRequest) {                                    //非IE浏览器
    http_request = new XMLHttpRequest( );
} else if (window.ActiveXObject) {                              //IE浏览器
    try {
        http_request = new ActiveXObject("Msxml2.XMLHTTP");
    } catch (e) {
        try {
            http_request = new ActiveXObject("Microsoft.XMLHTTP");
        } catch (e) {}
    }
}
```

在上面的代码中，调用window.ActiveXObject将返回一个对象，或是null，在if语句中，会把返回值看作是true或false（如果返回的是一个对象，则为true，否则返回null，则为false）。

由于JavaScript具有动态类型特性，而且XMLHttpRequest对象在不同浏览器上的实例是兼容的，所以可以用同样的方式访问XMLHttpRequest实例属性的方法，不需要考虑创建该实例的方法是什么。

9.2.2 XMLHttpRequest对象的常用方法

XMLHttpRequest对象提供了一些常用的方法，通过这些方法可以对请求进行操作。下面对XMLHttpRequest对象的常用方法进行介绍。

XMLHttp
Request对象
的常用方法

（1）open( )方法。

open( )方法用于设置进行异步请求目标的URL、请求方法以及其他参数信息，具体语法如下。

```
open("method","URL"[,asyncFlag[,"userName"[, "password"]]])
```

open( )方法的参数说明如表9-1所示。

表9-1　open( )方法的参数说明

参　　数	说　　明
method	用于指定请求的类型，一般为GET或POST
URL	用于指定请求地址，可以使用绝对地址或者相对地址，并且可以传递查询字符串
asyncFlag	为可选参数，用于指定请求方式，异步请求为true，同步请求为false，默认情况下为true
userName	为可选参数，用于指定请求用户名，没有时可省略
password	为可选参数，用于指定请求密码，没有时可省略

例如，设置异步请求目标为register.jsp，请求方法为GET，请求方式为异步的代码如下。

```
http_request.open("GET","register.jsp",true);
```

（2）send( )方法。

send( )方法用于向服务器发送请求。如果请求声明为异步，该方法将立即返回，否则将等到接收到响应为止。send( )方法的语法格式如下。

```
send(content)
```

content：用于指定发送的数据，可以是DOM对象的实例、输入流或字符串。如果没有参数需要传递可以设置为null。

例如，向服务器发送一个不包含任何参数的请求，可以使用下面的代码。

```
http_request.send(null);
```

（3）setRequestHeader()方法。

setRequestHeader()方法用于为请求的HTTP头设置值。setRequestHeader()方法的具体语法格式如下。

```
setRequestHeader("header", "value")
```

header：用于指定HTTP头。

value：用于为指定的HTTP头设置值。

setRequestHeader( )方法必须在调用open( )方法之后才能调用。

例如，在发送POST请求时，需要设置Content-Type请求头的值为“application/x-www-form-urlencoded”，这时就可以通过setRequestHeader()方法进行设置，具体代码如下。

```
http_request.setRequestHeader("Content-Type","application/x-www-form-urlencoded");
```

（4）abort()方法。

abort()方法用于停止或放弃当前异步请求。其语法格式如下。

```
abort()
```

（5）getResponseHeader()方法。

getResponseHeader()方法用于以字符串形式返回指定的HTTP头信息。其语法格式如下。

```
getResponseHeader("headerLabel")
```

headerLabel：用于指定HTTP头，包括Server、Content-Type和Date等。

例如，要获取HTTP头Content-Type的值，可以使用以下代码。

```
http_request.getResponseHeader("Content-Type")
```

上面的代码将获取到以下内容。

```
text/html;charset=UTF-8
```

（6）getAllResponseHeaders()方法。

getAllResponseHeaders( )方法用于以字符串形式返回完整的HTTP头信息，其中，包括Server、Date、Content-Type和Content-Length。getAllResponseHeaders()方法语法格式如下。

```
getAllResponseHeaders()
```

例如，应用下面的代码调用getAllResponseHeaders( )方法，将弹出图9-3所示的对话框显示完整的HTTP头信息。

```
alert(http_request.getAllResponseHeaders());
```

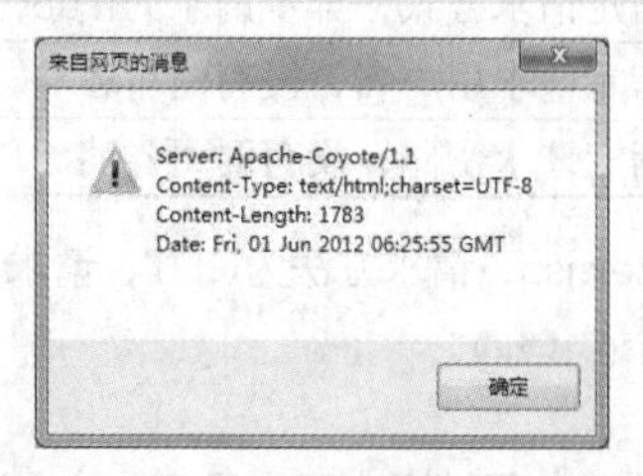

图9-3　获取的完整的HTTP头信息

9.2.3　XMLHttpRequest对象的常用属性

XMLHttpRequest对象提供了一些常用属性，通过这些属性可以获取服务器的响应状态及响应内容，下面将对XMLHttpRequest对象的常用属性进行介绍。

XMLHttp Request对象的常用属性

（1）onreadystatechange属性。

onreadystatechange属性用于指定状态改变时所触发的事件处理器。在Ajax

中，每个状态改变时都会触发这个事件处理器，通常会调用一个JavaScript函数。

例如，指定状态改变时触发JavaScript函数getResult的代码如下。

```
http_request.onreadystatechange = getResult;
```

在指定所触发的事件处理器时，所调用的JavaScript函数不能添加小括号及指定参数名。不过这里可以使用匿名函数。例如，要调用带参数的函数getResult( )，可以使用下面的代码。

```
http_request.onreadystatechange = function( ){
    getResult("添加的参数");                    //调用带参数的函数
};                                              //通过匿名函数指定要带参数的函数
```

（2）readyState属性。

readyState属性用于获取请求的状态。该属性共包括5个属性值，如表9-2所示。

表9-2　readyState属性的属性值

值	意　义	值	意　义
0	未初始化	1	正在加载
2	已加载	3	交互中
4	完成		

（3）responseText属性。

responseText属性用于获取服务器的响应，表示为字符串。

（4）responseXML属性。

responseXML属性用于获取服务器的响应，表示为XML。这个对象可以解析为一个DOM对象。

（5）status属性。

status属性用于返回服务器的HTTP状态码，常用的状态码如表9-3所示。

表9-3　status属性的状态码

值	意　义	值	意　义
200	表示成功	202	表示请求被接受，但尚未成功
400	错误的请求	404	文件未找到
500	内部服务器错误		

（6）statusText属性。

statusText属性用于返回HTTP状态码对应的文本，如OK或Not Fount（未找到）等。

9.3　传统Ajax的工作流程

通过前面的学习，相信大家已经对Ajax以及Ajax所使用的技术有所了解了。下面将介绍Ajax中如何发送请求与处理服务器响应。

9.3.1　发送请求

发送请求

Ajax可以通过XMLHttpRequest对象实现采用异步方式在后台发送请求。通常情况下，Ajax发送请求有两种，一种是发送GET请求，另一种是发送POST请求。但是无论发送哪种请求，都需要经过以下4个步骤。

（1）初始化XMLHttpRequest对象。为了提高程序的兼容性，需要创建一个跨浏览器的XMLHttpRequest对象，并且判断XMLHttpRequest对象的实例是否成功，如果不成功，则给予提示。具体代码如下。

```
http_request = false;
if (window.XMLHttpRequest) {                          // 非IE浏览器
    http_request = new XMLHttpRequest();               //创建XMLHttpRequest对象
} else if (window.ActiveXObject) {                    // IE浏览器
    try {
      http_request = new ActiveXObject("Msxml2.XMLHTTP");
                                                       //创建XMLHttpRequest对象
    } catch (e) {
      try {
       //创建XMLHttpRequest对象
         http_request = new ActiveXObject("Microsoft.XMLHTTP");
      } catch (e) {}
    }
  }
if (!http_request) {
    alert("不能创建XMLHttpRequest对象实例！");
    return false;
}
```

（2）为XMLHttpRequest对象指定一个返回结果处理函数（即回调函数），用于对返回结果进行处理，具体代码如下。

```
http_request.onreadystatechange = getResult;          //调用返回结果处理函数
```

使用XMLHttpRequest对象的onreadystatechange属性指定回调函数时，不能指定要传递的参数。如果要指定传递的参数，可以应用以下方法。

http_request.onreadystatechange = function( ){getResult(param)};

（3）创建一个与服务器的连接。在创建时，需要指定发送请求的方式（即GET或POST），以及设置是否采用异步方式发送请求。

例如，采用异步方式发送GET方式请求的具体代码如下。

```
http_request.open('GET', url, true);
```

例如，采用异步方式发送POST方式请求的具体代码如下。

```
http_request.open('POST', url, true);
```

在open( )方法中的url参数，可以是一个JSP页面的URL地址，也可以是Servlet的映射地址。也就是说，请求处理页，可以是一个JSP页面，也可以是一个Servlet。

在指定URL参数时，最好将一个时间戳追加到该URL参数的后面，这样可以防止因浏览器缓存结果而不能实时得到最新的结果。例如，可以指定URL参数为以下代码。

String url="deal.jsp?nocache="+new Date( ).getTime( );

（4）向服务器发送请求。XMLHttpRequest对象的send( )方法可以实现向服务器发送请求，该方法需要传递一个参数，如果发送的是GET请求，可以将该参数设置为null，如果发送的是POST请求，可以通过该参数指定要发送的请求参数。

向服务器发送GET请求的代码如下。

```
http_request.send(null);                                    //向服务器发送请求
```

向服务器发送POST请求的代码如下。

```
var param="user="+form1.user.value+"&pwd=
"+form1.pwd.value+"&email="+form1.email.value;              //组合参数
http_request.send(param);                                   //向服务器发送请求
```

需要注意的是：在发送POST请求前，还需要设置正确的请求头，具体代码如下。

```
http_request.setRequestHeader("Content-Type","application/x-www-form-urlencoded");
```

上面的这句代码，需要添加在http_request.send(param);语句之前。

9.3.2 处理服务器响应

当向服务器发送请求后，接下来就需要处理服务器响应了。在向服务器发送请求时，需要通过XMLHttpRequest对象的onreadystatechange属性指定一个回调函数，用于处理服务器响应。在这个回调函数中，首先需要判断服务器的请求状态，保证请求已完成，然后再根据服务器的HTTP状态码，判断服务器对请求的响应是否成功，如果成功，则获取服务器的响应反馈给客户端。

处理服务器响应

XMLHttpRequest对象提供了两个用来访问服务器响应的属性，一个是responseText属性，返回字符串响应，另一个是responseXML属性，返回XML响应。

（1）处理字符串响应。

字符串响应通常应用在响应不是特别复杂的情况下。例如，将响应显示在提示对话框中，或者响应只是显示成功或失败的字符串。

将字符串响应显示到提示对话框中的回调函数的具体代码如下。

```
function getResult() {
  if (http_request.readyState == 4) {              // 判断请求状态
    if (http_request.status == 200) {              // 请求成功，开始处理返回结果
      alert(http_request.responseText);            // 显示判断结果
    } else {                                       // 请求页面有错误
      alert("您所请求的页面有错误！");
    }
  }
}
```

如果需要将响应结果显示到页面的指定位置，也可以先在页面的合适位置添加一个<div>或<span>标记，将设置该标记的id属性（如div_result），然后在回调函数中应用以下代码显示响应结果。

```
document.getElementById("div_result").innerHTML=http_request.responseText;
```

（2）处理XML响应。

如果在服务器端需要生成特别复杂的响应，那么就需要应用XML响应。应用XMLHttpRequest对象的responseXML属性，可以生成一个XML文档，而且当前浏览器已经提供了很好的解析XML文档对象的方法。

例如，有一个保存图书信息的XML文档，具体代码如下。

```
<?xml version="1.0" encoding="UTF-8"?>
  <books>
    <book>
      <title>Java Web开发典型模块大全</title>
      <publisher>人民邮电出版社</publisher>
```

```
        </book>
        <book>
            <title>Java范例完全自学手册</title>
            <publisher>人民邮电出版社</publisher>
        </book>
    </books>
```

在回调函数中遍历保存图书信息的XML文档，并显示到页面中的代码如下。

```
function getResult( ) {
    if (http_request.readyState == 4) {                    //判断请求状态
        if (http_request.status == 200) {                  //请求成功，开始处理响应
            var xmldoc = http_request.responseXML;
            var str="";
            for(i=0;i<xmldoc.getElementsByTagName("book").length;i++){
                var book = xmldoc.getElementsByTagName("book").item(i);
                str=str+"《"+book.getElementsByTagName("title")[0].firstChild.data+"》由""+
book.getElementsByTagName('publisher')[0].firstChild.data+""出版<br>";
            }
            document.getElementById("book").innerHTML=str;        //显示图书信息
        } else {                                                   //请求页面有错误
            alert("您所请求的页面有错误！");
        }
    }
}
<div id="book"></div>
```

通过上面的代码获取的XML文档的信息如下。

```
《Java Web开发典型模块大全》由"人民邮电出版社"出版
《Java范例完全自学手册》由"人民邮电出版社"出版
```

9.3.3 一个完整的实例——检测用户名是否唯一

【例9-1】编写一个会员注册页面，并应用Ajax实现检测用户名是否唯一的功能。

（1）创建index.jsp文件，在该文件中添加一个用于收集用户注册信息的表单及表单元素，以及代表“检测用户名”按钮的图片，并在该图片的onClick事件中调用checkName( )方法，检测用户名是否被注册，关键代码如下。

```
<form method="post" action="" name="form1">
用户名：<input name="username" type="text" id="username" size="32">
<img src="images/checkBt.jpg" width="104" height="23" style="cursor:pointer;"
 onClick="checkUser(form1.username);">
密码：<input name="pwd1" type="password" id="pwd1" size="35"><
确认密码：<input name="pwd2" type="password" id="pwd2" size="35">
E-mail：<input name="email" type="text" id="email" size="45">
<input type="image" name="imageField" src="images/registerBt.jpg">
</form>
```

一个完整的实例——检测用户名是否唯一

（2）在页面的合适位置添加一个用于显示提示信息的<div>标记，并且通过CSS设置该<div>标记的样式，关键代码如下。

```
<div id="toolTip"></div>
```

（3）编写一个自定义的JavaScript函数createRequest( )，在该函数中，首先初始化XMLHttpRequest对象，然后指定处理函数，再创建与服务器的连接，最后向服务器发送请求。createRequest( )函数的具体

代码如下。

```
function createRequest(url) {
    http_request = false;
    if (window.XMLHttpRequest) {                        // 非IE浏览器
        http_request = new XMLHttpRequest();            //创建XMLHttpRequest对象
    } else if (window.ActiveXObject) {                  // IE浏览器
        try {
         http_request = new ActiveXObject("Msxml2.XMLHTTP");
                                                        //创建XMLHttpRequest对象
        } catch (e) {
          try {
              http_request = new ActiveXObject("Microsoft.XMLHTTP");
                                                        //创建XMLHttpRequest对象
          } catch (e) {}
        }
    }
    if (!http_request) {
      alert("不能创建XMLHttpRequest对象实例！");
      return false;
    }
    http_request.onreadystatechange = getResult;        //调用返回结果处理函数
    http_request.open('GET', url, true);                //创建与服务器的连接
    http_request.send(null);                            //向服务器发送请求
}
```

（4）编写回调函数getResult()，该函数主要根据请求状态对返回结果进行处理。在该函数中，如果请求成功，为提示框设置相应的提示内容，并且让该提示框显示。getResult()函数的具体代码如下。

```
function getResult() {
    if (http_request.readyState == 4) {                 // 判断请求状态
        if (http_request.status == 200) {               // 请求成功，开始处理返回结果
          document.getElementById("toolTip").innerHTML=http_request.responseText;
                                                        //设置提示内容
          document.getElementById("toolTip").style.display="block";
                                                        //显示提示框
        } else {                                        // 请求页面有错误
            alert("您所请求的页面有错误！");
        }
    }
}
```

（5）编写自定义的JavaScript函数checkuser()，用于检测用户名是否为空，当用户名不为空时，调用createRequest()函数发送异步请求检测用户名是否被注册。checkuser()函数的具体代码如下。

```
function checkUser(userName){
    if(userName.value==""){
        alert("请输入用户名！");userName.focus();return;
    }else{
        createRequest('checkUser.jsp?user='+ encodeURIComponent(userName.value));
    }
}
```

（6）编写检测用户名是否被注册的处理页checkUser.jsp，在该页面中判断输入的用户名是否注册，并

应用JSP内置对象out的println()方法输出判断结果。checkUser.jsp页面的具体代码如下。

```
<%@ page language="java" import="java.util.*" pageEncoding="UTF-8" %>
<%
    String[] userList={"明日科技","mr","mrsoft","wgh"};                    //创建一个一维数组
//获取用户名
    String user=new String(request.getParameter("user").
getBytes("ISO-8859-1"),"UTF-8");
    Arrays.sort(userList);                                                  //对数组排序
    int result=Arrays.binarySearch(userList,user);                          //搜索数组
    if(result>-1){
        out.println("很抱歉，该用户名已经被注册！");                         //输出检测结果
    }else{
        out.println("恭喜您，该用户名没有被注册！");                         //输出检测结果
    }
%>
```

运行本实例，在用户名文本框中输入mr，单击“检测用户名”按钮，将显示如图9-4所示的提示信息。

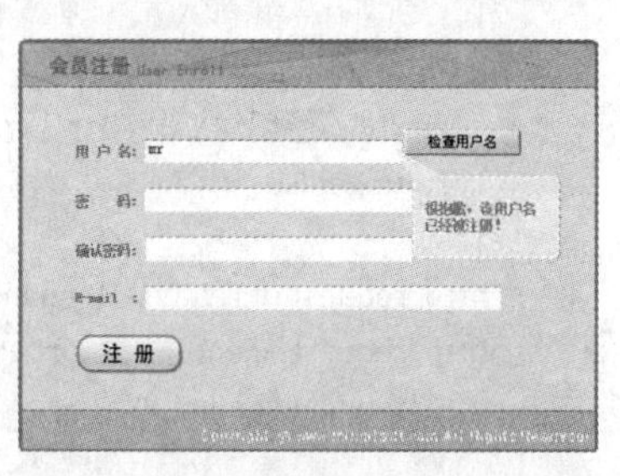

图9-4　用户名不为空时显示的效果

9.4　jQuery实现Ajax

通过前面的介绍，我们可以知道在Web中应用Ajax的工作流程比较烦琐，每次都需要编写大量的JavaScript代码。不过应用目前比较流行的jQuery可以简化Ajax。下面将具体介绍如何应用jQuery实现Ajax。

9.4.1　jQuery简介

jQuery简介

jQuery是一套简洁、快速、灵活的JavaScript脚本库，是由John Resig于2006年创建的，它帮助我们简化了JavaScript代码。JavaScript脚本库类似于Java的类库，我们将一些工具方法或对象方法封装在类库中，方便用户使用。jQuery因为它的简便易用，已被大量的开发人员推崇。

要在自己的网站中应用jQuery库，需要下载并配置它。

（1）下载和配置jQuery。

jQuery是一个开源的脚本库，我们可以在它的官方网站（http://jquery.com）中下载到最新版本的jQuery库。当前的版本是1.11.3，下载后将得到名称为jquery-1.11.3.min.js的文件。

将jQuery库下载到本地计算机后，还需要在项目中配置jQuery库。即将下载后的jquery-1.11.3.min.js文件放置到项目的指定文件夹中，通常放置在JS文件夹中，然后在需要应用jQuery的页面中使用下面的语句，将其引用到文件中。

```
<script language="javascript" src="JS/jquery-1.11.3.min.js"></script>
或者
<script src="JS/jquery-1.11.3.min.js" type="text/javascript"></script>
```

注意

引用jQuery的<script>标签，必须放在所有的自定义脚本文件的<script>之前，否则在自定义的脚本代码中应用不到jQuery脚本库。

（2）jQuery的工厂函数。

在jQuery中，无论我们使用哪种类型的选择符都需要从一个"$"符号和一对"( )"开始。在"( )"中通常使用字符串参数，参数中可以包含任何CSS选择符表达式。下面介绍几种比较常见的用法。

① 在参数中使用标记名。

$("div")：用于获取文档中全部的<div>。

② 在参数中使用ID。

$("#username")：用于获取文档中ID属性值为username的一个元素。

③ 在参数中使用CSS类名。

$(".btn_grey")：用于获取文档中使用CSS类名为btn_grey的所有元素。

我的第一个jQuery脚本

9.4.2 我的第一个jQuery脚本

【例9-2】应用jQuery弹出一个提示对话框。

（1）在Eclipse中创建动态Web项目，并在该项目的WebContent节点下创建一个名称为JS的文件夹，将jquery-1.11.3.min.js复制到该文件夹中。

默认情况下，在Eclipse创建的动态Web项目中，添加jQuery库以后，将出现红X，标识有语法错误，但是程序仍然可以正常运行。解决该问题的方法是：首先在Eclipse的主菜单中选择“窗口”/“首选项目”菜单项，将打开“首选项”对话框，并在“首选项”对话框的左侧选择“JavaScript”/“验证器”/“错误/警告”节点，然后将右侧的“Enable JavaScript Semantic Validation”复选框取消选取状态，并应用，接下来再找到项目的.project文件，将其中的以下代码删除。

```
<buildCommand>
    <name>org.eclipse.wst.jsdt.core.javascriptValidator</name>
    <arguments>
    </arguments>
</buildCommand>
```

并保存该文件，最后重新添加jQuery库就可以了。

（2）创建一个名称为index.jsp的文件，在该文件的<head>标记中引用jQuery库文件，关键代码如下。

```
<script type="text/javascript" src="JS/jquery-1.11.3.min.js"></script>
```

（3）在<body>标记中，应用HTML的<a>标记添加一个空的超链接，关键代码如下。

```
<a href="#">弹出提示对话框</a>
```

（4）编写jQuery代码，实现在单击页面中的超链接时，弹出一个提示对话框，具体代码如下。

```
<script>
$(document).ready(function( ){
    //获取超链接对象，并为其添加单击事件
    $("a").click(function( ){
        alert("我的第一个jQuery脚本！");
    });
});
</script>
```

实际上，上面的代码还可以更简单，也就是将$(document).ready用"$"符代替，替换后的代码如下。

```
<script>
$(function(){
    //获取超链接对象，并为其添加单击事件
    $("a").click(function(){
        alert("我的第一个jQuery脚本！");
    });
});
</script>
```

运行本实例，单击页面中的“弹出提示对话框”超链接，将弹出图9-5所示的提示对话框。

在第2章中，介绍JavaScript的事件时，我们知道，要实现例9-2的效果，还可以通过下面的代码实现。

```
<script>
window.onload=function(){
    $("a").click(function(){
        alert("我的第一个jQuery脚本！");
    });
}
</script>
```

这时，读者可能要问，这两种方法有什么区别，究竟哪种方法更好呢。下面我们就来介绍二者的区别。window.load( )方法是在页面所有的东西都载入完毕后才会执行，例如，图片和横幅等。而$(document).ready( )方法则是在DOM元素载入就绪后执行。在一个页面中可以放置多个$(document).ready( )方法，而window.load( )方法在页面上只允许放置一个（常规情况）。这两个方法可以同时在页面中执行，两者并不矛盾。不过，$(document).ready( )方法比window.load( )方法载入更快。

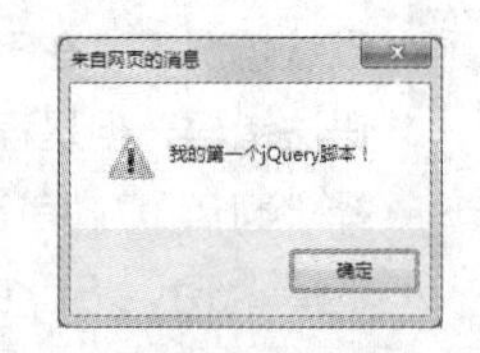

图9-5　弹出的提示对话框

9.4.3　应用load( )方法发送请求

应用load( )方法发送请求

load( )方法通过AJAX请求从服务器加载数据，并把返回的数据放置到指定的元素中。它的语法格式如下。

```
.load( url [, data] [, complete(responseText, textStatus, XMLHttpRequest)] )
```

url：用于指定要请求页面的URL地址。

data：可选参数，用于指定跟随请求一同发送的数据。因为load( )方法不仅可以导入静态的HTML文件，还可以导入动态脚本（例如JSP文件），当要导入动态文件时，就可以把要传递的数据通过该参数进行指定。

complete(responseText, textStatus, XMLHttpRequest)：用于指定调用load( )方法并得到服务器响应后，再执行的另外一个函数。如果不指定该参数，那么服务器响应完成后，则直接将匹配元素的HTML内容设置为返回的数据。该函数的三个参数中，responseText表示请求返回的内容；textStatus表示请求状态；XMLHttpRequest表示XMLHttpRequest对象。

例如，要请求名称为book.html的静态页面，可以使用下面的代码。

```
$("#getBook").load("book.html");
```

使用load( )方法发送请求时，有两种方式，一种是GET请求，另一种是POST请求。采用哪种请求方式，将由data参数的值决定。当load( )方法没有向服务器传递参数时，请求的方式就是GET；反之请求的方式就是POST。

【例9-3】应用jQuery在页面中显示实时走动的时间。

（1）在Eclipse中创建动态Web项目，并在该项目的WebContent节点下创建一个名称为JS的文件夹，将jquery-1.11.3.min.js复制到该文件夹中。

（2）创建一个名称为index.jsp的文件，在该文件的<head>标记中引用jQuery库文件，关键代码如下。

```
<script type="text/javascript" src="JS/jquery-1.11.3.min.js"></script>
```

（3）在<body>标记中，添加一个id为getTime的<div>标记，关键代码如下。

```
<div id="getTime">正在获取时间...</div>
```

（4）编写jQuery代码，实现每隔一秒钟请求一次getTime.jsp文件，获取当前系统时间，具体代码如下。

```
<script>
$(document).ready(function(){
        window.setInterval("$('#getTime').load('getTime.jsp',{});",1000);
});
</script>
```

（5）创建一个名称为getTime.jsp的文件，在该文件中，编写用于在页面中输出当前系统时间的JSP代码。getTime.jsp文件的具体代码如下。

```
<%@ page language="java" contentType="text/html; charset=UTF-8"    pageEncoding="UTF-8"%>
<%@page import="java.util.Date"%>
<%
    out.println(new java.text.SimpleDateFormat("YYYY-MM-dd HH:mm:ss").format(new Date()));      //输出系统时间
%>
```

运行本实例，在页面中将显示图9-6所示的走动的当前时间。

使用load( )方法请求HTML页面时，也可以只加载被请求文档中的一部分。这可以通过在请求的URL地址后面接一个空格，再加上要加载内容的jQuery选择器来实现。例如，要加载book.html页面中ID属性为javaweb的元素内容，可以使用下面的代码。

```
$("#getTime").load("book.html #javaweb");
```

如果在book.html文件的添加以下代码。

```
<ul id="javaweb">
    <li>Java Web开发实战宝典</li>
    <li>Java Web典型模块与项目实战</li>
</ul>
<ul id="java">
    <li>Java从入门到精通</li>
    <li>Java典型模块精解</li>
</ul>
```

在运行代码$("#getTime").load("book.html #javaweb");时，将显示图9-7所示的运行结果。

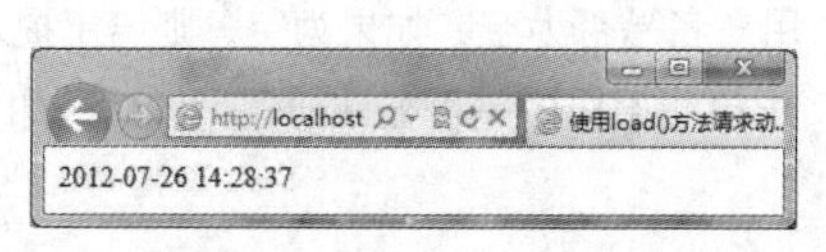

图9-6　显示走动的当前时间

图9-7　加载请求文档中的id属性为javaweb的<ul>标记

9.4.4　发送GET和POST请求

在jQuery中，虽然提供了load( )方法可以根据提供的参数发送GET和POST请求，但是该方法有一定的局限性，它是一个局部方法，需要在jQuery包装集上调用，并且会将返回的HTML加载到对象中，即使设置了回调函数也还是会加载。为此，jQuery还提供了全局的、专门用于发送GET请求和POST请求的get( )方法和post( )方法。

（1）get( )方法。

get( )方法

$.get( )方法用于通过GET方式来进行异步请求，它的语法格式如下。

```
$.get(url [, data] [, success(data, textStatus, jqXHR)] [, dataType] )
```

url：字符串类型的参数，用于指定请求页面的URL地址。

data：可选参数，用于指定发送至服务器的key/value数据。data参数会自动添加到url中。如果url中的某个参数又通过data参数进行传递，那么get( )方法是不会自动合并相同名称的参数的。

success(data,textStatus,jqXHR)：可选参数，用于指定载入成功后执行的回调函数。其中，data用于保存返回的数据；testStatus为状态码（可以是timeout、error、notmodified，success或parsererror）；jqXHR为XMLHTTPRequest对象。不过该回调函数只有当testStatus的值为success时才会执行。

dataType：可选参数，用于指定返回数据的类型。可以是xml、json、script或者html。默认值为html。

例如，使用get( )方法请求deal.jsp，并传递两个字符串类型的参数，可以使用下面的代码。

```
$.get("deal.jsp",{name:"无语",branch:"java"});
```

【例9-4】将例9-1的程序修改为采用jQuery的get( )方法发送请求的方式来实现。

① 在Eclipse中创建动态Web项目，并在该项目的WebContent节点下创建一个名称为JS的文件夹，将jquery-1.11.3.min.js复制到该文件夹中。

② 创建一个名称为index.jsp的文件，在该文件的<head>标记中引用jQuery库文件，关键代码如下。

```
<script type="text/javascript" src="JS/jquery-1.11.3.min.js"></script>
```

③ 在<body>标记中，添加一个用于收集用户注册信息的表单及表单元素，以及代表“检测用户名”按钮的图片，并为这个图片设置id属性，关键代码如下。

```
<form method="post" action="" name="form1">
用户名：<input name="username" type="text" id="username" size="32">
<img id="checkuser" src="images/checkBt.jpg"
        width="104" height="23" style="cursor: pointer;">
密码：<input name="pwd1" type="password" id="pwd1" size="35"><
确认密码：<input name="pwd2" type="password" id="pwd2" size="35">
E-mail：<input name="email" type="text" id="email" size="45">
<input type="image" name="imageField" src="images/registerBt.jpg">
</form>
```

④ 在页面的合适位置添加一个用于显示提示信息的<div>标记，并且通过CSS设置该<div>标记的样式。由于此处的代码与例9-1完全相同，所以这里不再给出。

⑤ 在引用jQuery库的代码下方，编写JavaScript代码，实现当DOM元素载入就绪后，为代表“检测用户名”的按钮图片添加单击事件，在该单击事件中，判断用户名是否为空，如果为空，则给出提示对话框，并让该文本框获得焦点，否则应用get()方法，发送异步请求检测用户名是否被注册。具体代码如下。

```
<script type="text/javascript">
    $(document).ready(function(){
        $("#checkuser").click(function(){
            if ($("#username").val()== "") {                //判断是否输入用户名
                alert("请输入用户名！");
                $("#username").focus();                     //让用户名文本框获得焦点
                return;
```

```
            } else {                                            //已经输入用户名时，检测用户名是否唯一
                $.get("checkUser.jsp",
                        {user:$("#username").val()},
                        function(data){
                            $("#toolTip").text(data);           //设置提示内容
                            $("#toolTip").show();               //显示提示框
                });
            }
        });
    });
</script>
```

⑥ 编写检测用户名是否被注册的处理页checkUser.jsp，在该页面中判断输入的用户名是否注册，并应用JSP内置对象out的println()方法输出判断结果。由于此处的代码与例9-1完全相同，这里不再给出。

运行本实例，在用户名文本框中输入mr，单击“检测用户名”按钮，将显示图9-4所示的提示信息。

从这个程序中，我们可以看到使用jQuery替代传统的Ajax，确实简单、方便了许多。它可使开发人员的精力不必集中于实现Ajax功能的繁琐步骤，而专注于程序的功能。

get( )方法通常用来实现简单的GET请求功能，对于复杂的GET请求需要使用$.ajax( )方法实现。例如，在get( )方法中指定的回调函数，只能在请求成功时调用，如果需要在出错时也要执行一个函数，那么就需要使用$.ajax( )方法实现。

（2）post()方法。

$.post()方法用于通过POST方式进行异步请求，它的语法格式如下。

```
$.post( url [, data] [, success(data, textStatus, jqXHR)] [, dataType] )
```

post( )方法

url：字符串类型的参数，用于指定请求页面的URL地址。

data：可选参数，用于指定发送到服务器的key/value数据，该数据将连同请求一同被发送到服务器。

success(data, textStatus, jqXHR)：可选参数，用于指定载入成功后执行的回调函数。在回调函数中含有两个参数，分别是data（返回的数据）和testStatus（状态码，可以是timeout、error、notmodified、success或parsererror）。不过该回调函数只有当testStatus的值为success时才会执行。

dataType：可选参数，用于指定返回数据的类型。可以是xml、json、script、text或html。默认值为html。

例如，使用post()方法请求deal.jsp，并传递两个字符串类型的参数和回调函数，可以使用下面的代码。

```
$.post("deal.jsp",{title:"祝福",content:"祝愿天下的所有母亲平安、健康......"},function(data){
    alert(data);
});
```

【例9-5】实现实时显示聊天内容。

① 在Eclipse中创建动态Web项目，并在该项目的WebContent节点下创建一个名称为JS的文件夹，将jquery-1.11.3.min.js复制到该文件夹中。

② 创建一个名称为index.jsp的文件，在该文件的<head>标记中引用jQuery库文件，关键代码如下。

```
<script type="text/javascript" src="JS/jquery-1.11.3.min.js"></script>
```

③ 在index.jsp页面的合适位置添加一个<div>标记，用于显示聊天内容，具体代码如下。

```
<div id="content" style="height:206px; overflow:hidden;">欢迎光临碧海聆音聊天室！</div>
```

④ 在引用jQuery库的代码下方，编写一个名称为getContent( )的自定义的JavaScript函数，用于发送GET请求读取聊天内容并显示。getContent( )函数的具体代码如下。

```
function getContent() {
    $.get("ChatServlet?action=get&nocache=" + new Date().getTime(),
        function(data) {
            $("#content").html(data);          //显示读取到的聊天内容
        });
}
```

⑤ 创建并配置一个聊天信息相关的Servlet实现类ChatServlet，并在该Servlet中，编写get( )方法获取全部聊天信息。get( )方法的具体代码如下。

```
public void get(HttpServletRequest request,HttpServletResponse response) throws
ServletException,IOException{
    response.setContentType("text/html;charset=UTF-8");   //设置响应的内容类型及编码方式
    response.setHeader("Cache-Control", "no-cache");        //禁止页面缓存
    PrintWriter out = response.getWriter();                 //获取输出流对象
    /*********************获取聊天信息*****************************/
    ServletContext application=getServletContext();         //获取application对象
    String msg="";
    if(null!=application.getAttribute("message")){
        Vector<String> v_temp=(Vector<String>)application.getAttribute("message");
        for(int i=v_temp.size()-1;i>=0;i--){
            msg=msg+"<br>"+v_temp.get(i);
        }
    }else{
        msg="欢迎光临碧海聆音聊天室！";
    }
    out.println(msg);                                       //输出生成后的聊天信息
    out.close();                                            //关闭输出流对象
}
```

⑥ 为了实现实时显示最新的聊天内容，当DOM元素载入就绪后，需要在index.jsp文件的引用jQuery库的代码下方编写下面的代码。

```
$(document).ready(function() {
    getContent();                                   //获取聊天内容
    window.setInterval("getContent();", 5000);      //每隔5秒钟获取一次聊天内容
});
```

⑦ 在index.jsp页面的合适位置添加用于获取用户昵称和说话内容的表单及表单元素，关键代码如下。

```
<form name="form1" method="post" action="">
    <input name="user" type="text" id="user" size="20"> 说:
<input name="speak" type="text" id="speak" size="50">
      <input id="send" type="button" class="btn_grey" value="发送">
</form>
```

⑧ 在引用jQuery库的代码下方，编写JavaScript代码，实现当DOM元素载入就绪后，为“发送”按钮添加单击事件，在该单击事件中，判断昵称和发送信息文本框是否为空，如果为空，则给出提示对话框，并让该文本框获得焦点，否则应用post( )方法，发送异步请求到服务器，保存聊天信息。具体代码如下。

```
$(document).ready(function() {
    $("#send").click(function() {
        if ($("#user").val() == "") {                  //判断昵称是否为空
            alert("请输入您的昵称！");
        }
        if ($("#speak").val() == "") {                 //判断说话内容是否为空
            alert("说话内容不可以为空！");
```

```
            $("speak").focus();                          //让说话内容文本框获得焦点
        }
        $.post("ChatServlet?action=send", {
            user : $("#user").val(),
            speak : $("#speak").val()
        });                                              //发送POST请求
        $("#speak").val("");                             //清空说话内容文本框的值
        $("#speak").focus();                             //让说话内容文本框获得焦点
    });
});
```

⑨ 在聊天信息相关的Servlet实现类ChatServlet中，编写send( )方法将聊天信息保存到application中。send()方法的具体代码如下。

```
public void send(HttpServletRequest request,HttpServletResponse response)
 throws ServletException, IOException {
    ServletContext application=getServletContext();          //获取application对象
    /**********************保存聊天信息****************************/
    response.setContentType("text/html;charset=UTF-8");
    String user=request.getParameter("user");           //获取用户昵称
    String speak=request.getParameter("speak");         //获取说话内容
    Vector<String> v=null;
    String message="["+user+"]说："+speak;              //组合说话内容
    if(null==application.getAttribute("message")){
        v=new Vector<String>();
    }else{
        v=(Vector<String>)application.getAttribute("message");
    }
    v.add(message);
    application.setAttribute("message", v);
                                                        //将聊天内容保存到application中
Random random = new Random();
request.getRequestDispatcher("ChatServlet?action=get&nocache="+ random.nextInt(10000)).forward(request, response);
}
```

运行本实例，在页面中将显示最新的聊天内容，如图9-8所示。如果当前聊天室内没有任何聊天内容，将显示“欢迎光临碧海聆音聊天室！”。当用户输入昵称及说话内容后，单击“发送”按钮，将发送聊天内容，并显示到上方的聊天内容列表中。

图9-8 实时显示聊天内容

9.4.5 服务器返回的数据格式

服务器端处理完客户端的请求后，会为客户端返回一个数据，这个返回数据的格式可以是很多种，在$.get( )方法和$.post( )方法中就可以设置服务器返回数据的格式。常用的格式有HTML、XML、JSON这三种格式。

（1）HTML片段。

如果返回的数据格式为HTML片段，在回调函数中数据不需要进行任何的处理就可以直接使用，而且在服务器端也不需要做过多的处理。例如，在例9-5中，读取聊天信息时，我们使用的是get( )方法与服务器进行交互，并在回调函数处理返回数据类型为HTML的数据。关键代码如下。

服务器返回的数据格式

```
$.get("ChatServlet?action=get&nocache=" + new Date().getTime(),
        function(date) {
            $("#content").html(date);        //显示读取到的聊天内容
    }
);
```

在上面的代码中，并没有使用get( )方法的第4个参数dataType来设置返回数据的类型，因为数据类型默认就是HTML片段。

如果返回数据的格式为HTML片段，那么返回数据data不需要进行任何的处理，直接应用在html( )方法中即可。在Servlet中也不必对处理后的数据进行任何加工，只需要设置响应的内容类型为text/html即可。例如，例9-5中获取聊天信息的Servlet代码，这里我们只是设置了响应的内容类型，以及将聊天内容输出到响应中。

```
response.setContentType("text/html;charset=UTF-8");
response.setHeader("Cache-Control", "no-cache");//禁止页面缓存
PrintWriter out = response.getWriter();
String msg="欢迎光临碧海聆音聊天室！";              // 这里定义一个变量模拟生成的聊天信息
out.println(msg);
out.close();
```

使用HTML片段作为返回数据类型，实现起来比较简单，但是它有一个致命的缺点，那就是这种数据结构方式不一定能在其他的Web程序中得到重用。

（2）XML数据。

XML（Extensible Markup Language）是一种可扩展的标记语言，它强大的可移植性和可重用性都是其他的语言所无法比拟的。如果返回数据的格式是XML文件，那么在回调函数中就需要对XML文件进行处理和解析数据。在程序开发时，经常应用attr()方法获取节点的属性；find()方法获取XML文档的文本节点。

【例9-6】将例9-5中，获取聊天内容修改为使用XML格式返回数据。

① 修改index.jsp页面中的读取聊天内容的方法getContent( )，设置get( )方法的返回数据的格式为XML，将返回的XML格式的聊天内容显示到页面中。修改后的代码如下。

```
function getContent() {
    $.get("ChatServlet?action=get&nocache=" + new Date().getTime(),
            function(data) {
                var msg="";                          //初始化聊天内容字符串
                $(data).find("message").each(function(){
                    msg+="<br>"+$(this).text();      //读取一条留言信息
                });
            $("#content").html(msg);                 //显示读取到的聊天内容
            },"XML");
}
```

② 修改ChatServlet中，获取全部聊天信息的get()方法，将聊天内容以XML格式输出，修改后的代码如下。

```
public void get(HttpServletRequest request,HttpServletResponse response) throws
        ServletException,IOException{
    response.setContentType("text/xml;charset=UTF-8");      //设置响应的内容类型及编码方式
    PrintWriter out = response.getWriter();                  //获取输出流对象
    out.println("<?xml version='1.0'?>");
    out.println("<chat>");
    /*********************获取聊天信息***************************/
    ServletContext application=getServletContext();          //获取application对象
    if(null!=application.getAttribute("message")){
```

```
        Vector<String> v_temp=(Vector<String>)application.getAttribute("message");
        for(int i=v_temp.size()-1;i>=0;i--){
            out.println("<message>"+v_temp.get(i)+"</message>");
        }
    }else{
        out.println("<message>欢迎光临碧海聆音聊天室！</message>");
    }
    out.println("</chat>");
    out.flush();
    out.close();                              //关闭输出流对象
}
```

运行本实例，同样可以得到图9-5所示的运行结果。

虽然XML的可重用性和可移植性比较强，但是XML文档的体积较大，与其他格式的文档相比，解析和操作XML文档要相对慢一些。

（3）JSON数据。

JSON（JavaScript Object Notation）是一种轻量级的数据交换格式。语法简洁，不仅易于阅读和编写，而且也易于机器的解析和生成，读取JSON文件的速度也非常的快。正是由于XML文档的体积过于庞大和它较为复杂的操作性，才诞生了JSON。与XML文档一样，JSON文件也具有很强的重用性，而且相对于XML文件而言，JSON文件的操作更加方便、体积更为小巧。

JSON由两个数据结构组成，一种是对象（“名称/值”形式的映射），另一种是数组（值的有序列表）。JSON没有变量或其他控制，只用于数据传输。

① 对象。

在JSON中，可以使用下面的语法格式来定义对象。

```
{"属性1":属性值1,"属性2":属性值2……"属性n":属性值n}
```

属性1~属性n：用于指定对象拥有的属性名。

属性值1~属性值n：用于指定各属性对应的属性值，其值可以是字符串、数字、布尔值（true/false）、null、对象和数组。

例如，定义一个保存人员信息的对象，可以使用下面的代码。

```
{
"name":"wgh",
"email":"wgh717@sohu.com",
"address":"长春市"
}
```

② 数组。

在JSON中，可以使用下面的语法格式来定义对象。

```
{"数组名":[
    对象1,对象2……,对象n
]}
```

数组名：用于指定当前数组名。

对象1~对象n：用于指定各数组元素，它的值为合法的JSON对象。

例如，定义一个保存会员信息的数组，可以使用下面的代码。

```
{"member":[
    {"name":"wgh","address":"长春市","email":"wgh717@sohu.com"},
{"name":"明日科技","address":"长春市","email":"mingrisoft@mingrisoft.com"}
]}
```

这段JSON数据在XML中的表现形式如下。

```
<?xml version="1.0" encoding="UTF-8"?>
<people>
    <name>明日科技</name>
    <address>长春市</branch>
    <email>mingrisoft@mingrisoft.com</email>
</people>
<people>
    <name>wgh</name>
    <address>长春市</branch>
    <email>wgh717@sohu.com</email>
</people>
```

在大数据量的时候，就可以看出JSON数据格式相对于XML格式的优势，而且JSON数据格式的结构更加清晰。

【例9-7】将例9-5中，获取聊天内容修改为使用JSON格式返回数据。

① 修改index.jsp页面中的读取聊天内容的方法getContent( )，设置get( )方法的返回数据的格式为JSON，并将返回的JSON格式的聊天内容显示到页面中。修改后的代码如下。

```
function getContent() {
  $.get("ChatServlet?action=get&nocache=" + new Date().getTime(),
            function(data) {
              var msg="";                              //初始化聊天内容字符串
              var chats=eval(data);
              $.each(chats,function(i){
                  msg+="<br>"+chats[i].message;    //读取一条留言信息
              });
            $("#content").html(msg);                    //显示读取到的聊天内容
           },"JSON");
}
```

② 修改ChatServlet中，获取全部聊天信息的get( )方法，将聊天内容以JSON格式输出，修改后的代码如下。

```
public void get(HttpServletRequest request,HttpServletResponse response)
throws ServletException,IOException{
    //设置响应的内容类型及编码方式
    response.setContentType("application/json;charset=UTF-8");
    PrintWriter out = response.getWriter();                          //获取输出流对象
    out.println("[");
    /**********************获取聊天信息*****************************/
    ServletContext application=getServletContext();             //获取application对象
    if(null!=application.getAttribute("message")){
        Vector<String> v_temp=(Vector<String>)application.getAttribute("message");
        String msg="";
        for(int i=v_temp.size()-1;i>=0;i--){
            msg+="{\"message\":\""+v_temp.get(i)+"\"},";
        }
        out.println(msg.substring(0, msg.length()-1));             //去除最后一个逗号
  }else{
        out.println("{\"message\":\"欢迎光临碧海聆音聊天室！\"}");
  }
  out.println("]");
```

```
    out.flush();
    out.close();                                    //关闭输出流对象
}
```

运行本实例，同样可以得到图9-5所示的运行结果。

9.4.6 使用$.ajax( )方法

使用$.ajax( )方法

在前面我们介绍了发送GET请求的get( )方法和发送POST请求的post( )方法，虽然这两个方法可以实现发送GET和POST请求，但是这两个方法，只是对请求成功的情况提供了回调函数，并未对失败的情况提供回调函数。如果需要实现对请求失败的情况提供回调函数，那么可以使用$.ajax( )方法。$.ajax( )方法是jQuery中最底层的Ajax实现方法。使用该方法可以设置更加复杂的操作，例如，error（请求失败后处理）和beforeSend（提前提交回调函数处理）等。使用$.ajax()方法用户可以根据功能需求自定义Ajax操作，$.ajax()方法的语法格式如下。

```
$.ajax( url [, settings] )
```

url：必选参数，用于发送请求的地址（默认为当前页）。

settings：可选参数，用于进行Ajax请求设置，包含许多可选的设置参数，都是以key/value形式体现的。常用的设置参数如表9-4所示。

表9-4 settings参数的常用设置参数

设置参数	说明
type	用于指定请求方式，可以设置为GET或者POST，默认值为GET
data	用于指定发送到服务器的数据。如果数据不是字符串，将自动转换为请求字符串格式。在发送GET请求时，该数据将附加在URL的后面。设置processData参数值为false，可以禁止自动转换。该设置参数的值必须为key/value格式。如果为数组，jQuery将自动为不同值对应同一个名称。例如{foo:["bar1","bar2"]}将转换为'&foo=bar1&foo=bar2'
dataType	用于指定服务器返回数据的类型。如果不指定，jQuery将自动根据HTTP包的MIME信息返回responseXML或responseText，并作为回调函数参数传递，可用值如下： text：返回纯文本字符串 xml：返回XML文档，可用jQuery进行处理 html：返回纯文本HTML信息（包含的<script>元素会在插入DOM后执行） script：返回纯文本JavaScript代码。不会自动缓存结果，除非设置了cache参数 json：返回JSON格式的数据 jsonp：JSONP格式。使用JSONP形式调用函数时，如果存在代码“url?callback=?”，那么jQuery将自动替换?为正确的函数名，以执行回调函数
async	设置发送请求的方式，默认是true，为异步请求方式，同步请求方式可以设置成false
beforeSend(jqXHR, settings)	用于设置一个发送请求前可以修改XMLHttpRequest对象的函数，例如，添加自定义HTTP头等
complete(jqXHR, textStatus)	用于设置一个请求完成后的回调函数，无论请求成功或失败，该函数均被调用
error(jqXHR, textStatus, errorThrown)	用于设置请求失败时调用的函数

续表

设 置 参 数	说　明
success(data，textStatus，jqXHR)	用于设置请求成功时调用的函数
global	用于设置是否触发全局AJAX事件。设置为true，触发全局AJAX事件，设置为false则不触发全局AJAX事件，默认值为true
timeout	用于设置请求超时的时间（单位为毫秒）。此设置将覆盖全局设置
cache	用于设置是否从浏览器缓存中加载请求信息，设置为true将会从浏览器缓存中加载请求信息。默认值为true，当dataType的值为script和jsonp时值为false
dataFilter(data,type)	用于指定将Ajax返回的原始数据进行预处理的函数。提供data和type两个参数：data是Ajax返回的原始数据，type是调用$.ajax( )时提供的dataType参数。函数返回的值将由jQuery进一步处理
contentType	用于设置发送信息数据至服务器时内容编码类型，默认值为application/x-www-form-urlencoded，该默认值适用于大多数应用场合
ifModified	用于设置是否仅在服务器数据改变时获取新数据。使用HTTP包的Last-Modified头信息判断，默认值为false

例如，将例9-7中，使用get()方法发送请求的代码，修改为使用$.ajax()方法发送请求，可以使用下面的代码。

```
$.ajax({
        url : "ChatServlet",                              //设置请求地址
        type : "GET",                                     //设置请求方式
        dataType : "json",                                //设置返回数据的类型
        data : {
            "action" : "get",
            "nocache" : new Date( ).getTime( )
        },                                                //设置传递的数据
        //设置请求成功时执行的回调函数
        success : function(data) {
            var msg = "";                                 //初始化聊天内容字符串
            var chats = eval(data);
            $.each(chats, function(i) {
                 msg += "<br>" + chats[i].message;        //读取一条留言信息
            });
            $("#content").html(msg);                      //显示读取到的聊天内容
        },
        //设置请求失败时执行的回调函数
        error : function( ) {
            alert("请求失败！");
        }
    });
```

9.5　Ajax开发需要注意的几个问题

9.5.1　安全问题

Ajax开发需要注意的几个问题

安全性是互联网服务日益重要的关注点。而Web天生就是不安全的。Ajax应用主要面临以下安全问题。

（1）JavaScript本身的安全性。

虽然JavaScript的安全性已逐步提高，提供了很多受限功能，包括访问浏览器

的历史记录、上传文件、改变菜单栏等。但是，当在Web浏览器中执行JavaScript代码时，用户允许任何人编写的代码运行在自己的机器上，这就为移动代码自动跨越网络来运行提供了方便条件，从而给网站带来了安全隐患。为了解决移动代码的潜在危险，浏览器厂商在一个sandbox（沙箱）中执行JavaScript代码，沙箱是一个只能访问很少计算机资源的密闭环境，从而使Ajax应用不能读取或写入本地文件系统。虽然这会给程序开发带来困难，但是，它提高了客户端JavaScript的安全性。

移动代码是指存放在一台机器上的代码，其自身可以通过网络传输到另外一台机器执行的代码。

（2）数据在网络上传输的安全问题。

当采用普通的HTTP请求时，请求参数的所有代码都是以明码的方式在网络上传输的。对于一些不太重要的数据，采用普通的HTTP请求即可满足要求，但是如果涉及到特别机密的信息，这样做则是不行的，因为一个正常的路由不会查看传输的任何信息，而对于一个恶意的路由，则可能会读取传输的内容。为了保证HTTP传输数据的安全，可以对传输的数据进行加密，这样即使被看到，危险也是不大的。虽然对传输的数据进行加密，可能会对服务器的性能有所降低，但对于敏感数据，以性能换取更高的安全，还是值得的。

（3）客户端调用远程服务的安全问题。

虽然Ajax允许客户端完成部分服务器的工作，并可以通过JavaScript来检查用户的权限，但是通过客户端脚本控制权限并不可取，一些解密高手可以轻松绕过JavaScript的权限检查，直接访问业务逻辑组件，从而对网站造成威胁。通常情况下，在Ajax应用中，应该将所有的Ajax请求都发送到控制器，由控制器负责检查调用者是否有访问资源的权限，而所有的业务逻辑组件都隐藏在控制器的后面。

9.5.2 性能问题

由于Ajax将大量的计算从服务器移到了客户端，这就意味着浏览器将承受更大的负担，而不再是只负责简单的文档显示。由于Ajax的核心语言是JavaScript，而JavaScript并不以高性能知名。另外，JavaScript对象也不是轻量级的，特别是DOM元素耗费了大量的内存。因此，如何提高JavaScript代码的性能对于Ajax开发者来说尤为重要。下面介绍几种优化Ajax应用执行速度的方法。

（1）优化for循环。

（2）尽量使用局部变量，而不使用全局变量。

（3）尽量少用eval，每使用eval都需要消耗大量的时间。

（4）将DOM节点附加到文档上。

（5）尽量减少点"."号操作符的使用。

9.5.3 浏览器兼容性问题

Ajax使用了大量的JavaScript和Ajax引擎，而这些内容需要浏览器提供足够的支持。目前多数浏览器都支持Ajax，除了IE 4.0及以下版本、Opera 7.0及以下版本、基本文本的浏览器、没有可视化实现的浏览器以及1997年以前的浏览器。虽然现在我们常用的浏览器都支持Ajax，但是提供XMLHttpRequest对象的方式不一样。所以使用Ajax的程序必须测试针对各个浏览器的兼容性。

9.5.4 中文编码问题

Ajax不支持多种字符集，它默认的字符集是UTF-8，所以在应用Ajax技术的程序中应及时进行编码转换，否则对于程序中出现的中文字符将变成乱码。一般情况下，有以下两种情况可以产生中文乱码。

（1）发送请求时出现中文乱码。

将数据提交到服务器有两种方法。一种是使用GET方法提交，另一种是使用POST方法提交。使用不同的方法提交数据，在服务器端接收参数时解决中文乱码的方法是不同的。具体解决方法如下。

① 当接收使用GET方法提交的数据时，要将编码转换为GBK或是GB2312。例如，将省份名称的编码转换为GBK的代码如下。

```
String selProvince=request.getParameter("parProvince");        //获取选择的省份
selProvince=new String(selProvince.getBytes("ISO-8859-1"),"GBK");
```

如果接收请求的页面编码为UTF-8，在接收页面则需要将接收到的数据转换为UTF-8编码，这时就会出现中文乱码。解决的方法是：在发送GET请求时，应用encodeURIComponent( )方法对要发送的中文进行编码。

② 由于应用POST方法提交数据时，默认的字符编码是UTF-8，所以当接收使用POST方法提交的数据时，要将编码转换为UTF-8。例如，将用户名的编码转换为UTF-8的代码如下。

```
String username=request.getParameter("user");        //获取用户名
username=new String(username.getBytes("ISO-8859-1"),"UTF-8");
```

（2）获取服务器的响应结果时出现中文乱码。

由于Ajax在接收responseText或responseXML的值时是按照UTF-8的编码格式进行解码的，所以如果服务器端传递的数据不是UTF-8格式，在接收responseText或responseXML的值时，就可能产生乱码。解决的办法是保证从服务器端传递的数据采用UTF-8的编码格式。

9.6 小结

本章首先介绍了什么是Ajax以及Ajax开发模式与传统开发的区别。然后详细介绍了如何使用XMLHttpRequest对象，XMLHttpRequest对象是Ajax的核心技术，需要重点掌握。接下来介绍了传统的Ajax的工作流程以及jQuery实现Ajax。最后介绍了Ajax开发需要注意的几个问题，希望读者充分掌握XMLHttpRequest对象，这对以后的开发比较重要。

习 题

9-1 什么是Ajax？简述Ajax中使用的技术。

9-2 如何创建一个跨浏览器的XMLHttpRequest对象？

9-3 如何解决当发送路径的参数中包括中文时，在服务器端接收参数值时产生乱码的问题？

9-4 如何解决返回到responseText或responseXML的值中包含中文时产生乱码的问题？

上机指导

9-1 编写用户注册页面，并且通过Ajax技术实现不刷新页面验证用户名是否唯一。

9-2 在页面中添加实时走动的系统时钟。

9-3 使用Ajax实现无刷新分页功能。

PART 10

第10章 JSP高级技术

本章要点

- EL表达式
- JSTL核心标签库
- 自定义标签库开发
- Struts 2、Spring、Hibernate技术

■ 本章主要介绍JSP高级程序设计的相关技术，包括表达式语言及JSTL标准标签库的应用，自定义标签库的开发，以及Java Web开发中应用的框架技术。通过本章的学习，读者可以掌握表达式语言和JSTL标准标签库的基本应用，并能够在JSTL中应用表达式语言；掌握自定义标签库的开发技术；了解Struts、Spring和Hibernate框架技术。

10.1 EL表达式

10.1.1 表达式语言

表达式语言

表达式语言简称为EL（Expression Language），下面称为EL表达式，它是JSP2.0中引入的一种计算和输出Java对象的简单语言。EL为不熟悉Java语言的页面开发人员提供了一个开发JSP应用程序的新途径。EL表达式具有以下特点。

（1）在EL表达式中可以获得命名空间（PageContext对象，它是页面中所有其他内置对象的最大范围的集成对象，通过它可以访问其他内置对象）；

（2）表达式可以访问一般变量，还可以访问JavaBean类中的属性以及嵌套属性和集合对象；

（3）在EL表达式中可以执行关系、逻辑和算术等运算；

（4）扩展函数可以与Java类的静态方法进行映射；

（5）在表达式中可以访问JSP的作用域（request、session、application以及page）。

EL表达式的
简单使用

10.1.2 EL表达式的简单使用

在JSP2.0之前，程序员只能使用下面的代码访问系统作用域的值。

```
<%=session.getAttribute("name")%>
```

或者使用下面的代码调用JavaBean中的属性值或方法。

```
<jsp:useBean id="dao" scope="page" class="com.UserInfoDao"></jsp:useBean>
<%dao.name;%>          <!--调用UserInfoDao类中name属性-->
<%dao.getName();%>       <!--调用UserInfoDao类中getName()方法-->
```

在EL表达式中允许程序员使用简单语法访问对象。例如，使用下面的代码访问系统作用域的值。

```
${name}
```

其中${name}为访问name变量的表达式，而通过表达式语言调用JavaBean中的属性值或方法的代码如下。

```
<jsp:useBean id="dao" scope="page" class="com.UserInfoDao"></jsp:useBean>
${dao.name}                         <!--调用UserInfoDao类中name属性-->
${dao.getName()}                    <!--调用UserInfoDao类中getName()方法-->
```

10.1.3 EL表达式的语法

EL表达式的
语法

EL表达式语法很简单，它最大的特点就是使用很方便。表达式语法格式如下。

```
${expression}
```

在上面的语法中，“${”符号是表达式起始点，因此，如果在JSP网页中要显示“${”字符串，必须在前面加上“\”符号，即“\${”，或者写成“${ ‘${ ’}”，也就是用表达式来输出“${”符号。在表达式中要输出一个字符串，可以将此字符串放在一对单引号或双引号内。例如，要在页面中输出字符串“长亭外，古道边”，可以使用下面的代码。

```
${"长亭外，古道边"}
```

由于EL表达式是JSP2.0以前没有的，所以为了和以前的规范兼容，可以通过在页面的前面加入以下语句声明是否忽略EL表达式。

<%@ page isELIgnored="true|false" %>

在上面的语法中，如果为true，则忽略页面中的EL表达式，否则为false，则解析页面中的EL表达式。

如果想在JSP页面中输出EL表达式，可以使用“\”符号，即在“${}”之间加“\”，例如“\${5+3}”，将在JSP页面中输出“${5+3}”，而不是5+3的结果8。

10.1.4 EL表达式的运算符

EL表达式的运算符

在JSP中，EL表达式提供了存取数据运算符、算术运算符、关系运算符、逻辑运算符、条件运算符及Empty运算符，下面进行详细介绍。

（1）存取数据运算符。

在EL表达式中可以使用运算符“[]”和“.”来取得对象的属性。例如，${user.name}或者${user[name]}都是表示取出对象user中的name属性值。

（2）算术运算符。

算术运算符可以作用在整数和浮点数上。EL表达式的算术运算符包括加（+）、减（-）、乘（*）、除（/或div）和求余（%或mod）等5个。

EL表达式无法像Java一样将两个字符串用“+”运算符连接在一起（"a"+"b"），所以${"a"+"b"}的写法是错误的。但是，可以采用${"a"}${"b"}这样的方法来表示。

（3）关系运算符。

关系运算符除了可以作用在整数和浮点数之外，还可以依据字母的顺序比较两个字符串的大小，这方面在Java中没有体现出来。EL表达式的关系运算符包括等于（==或eq）、不等于（!=或ne）、小于（<或lt）、大于（>或gt）、小于等于（<=或le）和大于等于（>=或ge）等6个。

在使用EL表达式关系运算符时，不能够写成如下格式。

```
${param.password1} == ${param.password2}
```

或

```
${${param.password1} == ${param.password2}}
```

而应写成如下格式。

```
${param.password1 == param.password2}
```

（4）逻辑运算符。

逻辑运算符可以作用在布尔值（Boolean），EL表达式的逻辑运算符包括与（&&或and）、或（||或or）和非（!或not）等3个。

（5）empty运算符。

empty运算符是一个前缀（prefix）运算符，即empty运算符位于操作数前方，被用来决定一个对象或变量是否为null或空。

（6）条件运算符。

EL表达式中可以利用条件运算符进行条件求值，其格式如下。

```
${条件表达式 ? 计算表达式1 : 计算表达式2}
```

在上面的语法中，如果条件表达式为真，则计算表达式1，否则计算表达式2。但是EL表达式中的条件运算符功能比较弱，一般可以用JSTL（JSTL是一个不断完善的开放源代码的JSP标准标签库，主要给Java Web开发人员提供一个标准的通用的标签库，关于JSTL的详细介绍参见9.6.2节）中的条件标签<c:if>或<c:choose>替代，如果处理的问题比较简单也可以使用。EL表达式中的条件运算符唯一的优点是在于其非常简单和方便，和Java语言里的用法完全一致。

上面所介绍的各运算符的优先级如图10-1所示。

[]
()
-(负号) not ! empty
* / div % mod
+(加号) -(减号)
< > <= >= lt gt le ge
== != eq ne
&& and
|| or
?:

高 → 低

图10-1　EL表达式各运算符的优先级

10.1.5　EL表达式中的隐含对象

为了能够获得Web应用程序中的相关数据，EL表达式中定义了一些隐含对象。这些隐含对象共有11个，分为以下3种。

（1）PageContext隐含对象。

EL表达式中的
隐含对象

PageContext隐含对象可以用于访问JSP内置对象，例如，request、response、out、session、config、servletContext等，如${PageContext.session}。

（2）访问环境信息的隐含对象。

EL表达式中定义的用于访问环境信息的隐含对象包括以下6个。

cookie：用于把请求中的参数名和单个值进行映射；

initParam：把上下文的初始参数和单一的值进行映射；

header：把请求中的header名字和单个值映射；

param：把请求中的参数名和单个值进行映射；

headerValues：把请求中的header名字和一个Array值进行映射；

paramValues：把请求中的参数名和一个Array值进行映射。

（3）访问作用域范围的隐含对象。

EL表达式中定义的用于访问作用域范围的隐含对象包括以下4个。

applicationScope：映射application范围内的属性值；

sessionScope：映射session范围内的属性值；

requestScope：映射request范围内的属性值；

pageScope：映射page范围内的属性值。

10.1.6　EL表达式中的保留字

EL表达式中的
保留字

EL表达式中定义了如表10-1所示的保留字，当在为变量命名时，应该避免使用这些保留字。

表10-1　EL表达式中的保留字

and	eq	gt	true	instanceof	div	or	ne
le	false	lt	empty	mod	not	ge	null

10.2　JSTL标准标签库

JSTL的全称是JavaServer Pages Standard Tag Library，是由Apache的Jakarta小组负责维护的，它是一个不断完善的开放源代码的JSP标准标签库，主要给Java Web开发人员提供一个标准的通用的标签库。通过JSTL，可以取代传统JSP程序中嵌入Java代码的做法，大大提高程序的可维护性。

JSTL标准标签库

JSTL主要包括以下5种标签库。

（1）核心标签库。

核心标签库主要用于完成JSP页面的基本功能，包含JSTL的表达式标签、流程控制标签、循环标签和URL操作共4种标签，如表10-2所示。

表10-2　核心标签库

名　称		描　述
表达式标签	<c:out>标签	<c:out>标签用于将计算的结果输出到JSP页面中，该标签可以替代<%=%>
	<c:set>标签	<c:set>标签用于定义和存储变量，它可以定义变量是在JSP会话范围内还是JavaBean的属性中，可以使用该标签在页面中定义变量，而不用在JSP页面中嵌入打乱HTML排版的Java代码
	<c:remove>标签	<c:remove>标签可以从指定的JSP范围中移除指定的变量
	<c:catch>标签	<c:catch>标签是JSTL中处理程序异常的标签，它还能够将异常信息保存在变量中
流程控制标签	<c:if>标签	这个标签可以根据不同的条件去处理不同的业务，也就是执行不同的程序代码
	<c:choose>标签	<c:choose>标签可以根据不同的条件去完成指定的业务逻辑，如果没有符合的条件会执行默认条件的业务逻辑。<c:choose>标签只能作为<c:when>和<c:otherwise>标签的父标签，可以在它之内嵌套这两个标签完成条件选择逻辑
	<c:when>标签	这是包含在<c:choose>标签的子标签，它根据不同的条件去执行相应的业务逻辑，可以存在多个<c:when>标签来处理不同条件的业务逻辑
	<c:otherwise>标签	<c:otherwise>标签也是一个包含在<c:choose>标签的子标签，用于定义<c:choose>标签中的默认条件处理逻辑，如果没有任何一个结果满足<c:when>标签指定的条件，将会执行这个标签主体中定义的逻辑代码
循环标签	<c:forEach>标签	<c:forEach>标签可以根据循环条件，遍历数组和集合类中的所有或部分数据
	<c:forTokens>标签	<c:forTokens>标签用于在JSP中遍历一个字符串中所有由定义符号所分隔的成员，当条件成立时，循环执行<c:forTokens>标签体中的代码段

续表

名称		描述
URL操作	<c:import>标签	<c:import>标签可以导入站内或其他网站的静态和动态文件到JSP页面中
	<c:redirect>标签	<c:redirect>标签可以将客户端发出的request请求重定向到其他URL服务端，由其他程序处理客户的请求。而在这期间可以对request请求中的属性进行修改或添加，然后把所有属性传递到目标路径
	<c:url>标签	<c:url>标签用于生成一个URL路径的字符串，这个生成的字符串可以赋予HTML的<a>标记实现URL的连接，或者用这个生成的URL字符串实现网页转发与重定向等。在使用该标签生成URL时还可以搭配<c:param>标签动态添加URL的参数信息
	<c:param>标签	<c:param>标签只用于为其他标签提供参数信息，它与<c:import>标签、<c:redirect>标签和<c:url>标签组合可以实现动态定制参数，从而使标签可以完成更复杂的程序应用

（2）格式标签库。

格式标签库提供了一个简单的标记集合国际化（I18N）标记，用于处理和解决国际化相关的问题，另外，格式标签库中还包含用于格式化数字和日期的显示格式的标签，如表10-3所示。

表10-3　格式标签库

名称	描述
<fmt:formatNumber>标签	<fmt:formatNumber>标签用于设置数字在不同国家区域的显示格式
<fmt:parseNumber>标签	<fmt:parseNumber>标签可以把字符串类型的数字解析成数字类型的数值，使其可以组合算术运算形成其他数值结果
<fmt:formatDate>标签	<fmt:formatDate>标签可以把字符串类型的数字解析成数字类型的数值，使其可以组合算术运算形成其他数值结果
<fmt:parseDate>标签	<fmt:parseDate>标签用于解析字符串为日期对象，被解析的字符串可以指定日期模式来灵活的表达日期对象
<fmt:setTimeZone>标签	<fmt:setTimeZone>标签用于设置默认时区，也可以将设置的时区存储在scope属性指定范围的变量中
<fmt:timeZone>标签	<fmt:timeZone>标签用于设置标签体内部的时区。应用该标签后，标签体内所有时间和日期都采用标签设置的时区，但它不会影响到标签外的时区设置
<fmt:setBundle>标签	<fmt:setBundle>标签用于读取绑定的消息资源文件，当JSP页面读取本地消息文本时，将从绑定的消息资源文件中读取相应的键值
<fmt:bundle>标签	<fmt:bundle>标签用于读取绑定的消息资源文件，该标签只对标签体之内的范围有效
<fmt:message>标签	<fmt:message>标签负责读取本地消息资源，它从指定的消息文本资源中读取对应的键值，并且可以将键值存储在指定范围的变量中
<fmt:param>标签	<fmt:param>标签主要用于为<fmt:message>标签读取的消息资源指定参数值（如果消息资源有参数）。它的使用很简单，只需要指定参数值便可
<fmt:setlocale>标签	<fmt:setlocale>标签主要用于设置语言区域
<fmt:requestEncoding>标签	<fmt:requestEncoding>标签主要用于设置请求的编码格式

（3）SQL标签。

SQL标签封装了数据库访问的通用逻辑，使用SQL标签，可以简化对数据库的访问。如果结合核心标签库，可以方便地获取结果集、迭代输出结果集中的数据结果，如表10-4所示。

表10-4　SQL标签库

名　称	描　述
<sql:setDataSource>标签	<sql:setDataSource>标签用于设置数据源。数据源包括数据库的驱动、连接数据库的用户名、密码和URL连接等属性
<sql:query>标签	<sql:query>标签用于通过SQL语句查询符合条件的数据
<sql:update>标签	<sql:update>标签用于使用update、delete和insert等SQL语句更新数据库记录，并返回影响的记录行数
<sql:param>标签	<sql:param>标签用于动态的为SQL语句指定参数值，这不同于普通的以变量填充参数的方式，使用<sql:param>标签指定SQL参数值可以防止SQL注入
<sql:dateParam>标签	<sql:dateParam>标签和<sql:param>标签功能相似，不过<sql:dateParam>主要用于为SQL语句填充日期类型的参数值
<sql:transaction>标签	<sql:transaction>标签用于在事务中处理SQL操作，如果SQL操作有错误将不会执行<sql:transaction>标签体中的所有SQL操作

（4）XML标签库。

XML标签库可以处理和生成XML的标记，使用这些标记可以很方便地开发基于XML的Web应用，如表10-5所示。

表10-5　XML标签库

名　称	描　述
<x:parse>标签	<x:parse>标签可以解析指定的XML内容
<x:out>标签	<x:out>标签和<c:out>标签类似，它们都是输出标签，<x:out>标签主要用于输出XML信息
<x:set>标签	<x:set>标签用于把从XML文件指定节点读取的属性值存储到指定范围的变量中
<x:if>标签	<x:if>标签根据XPath条件语句执行指定的JSP代码
<x:choose>标签	<x:choose>标签与其子标签<x:when>和<x:otherwise>用于完成条件判断
<x:when>标签	<x:when>标签为<x:choose>标签的子标签，用于根据指定的条件执行不同的程序代码
<x:otherwise>标签	<x:otherwise>标签是<x:choose>标签的默认执行标签，在没有满足条件的情况下会执行该标签体
<x:forEach>标签	<x:forEach>标签用于根据提供的XPath表达式，遍历XML文件的内容
<x:transform>标签	<x:transform>标签用于完成XML到XSLT样式的转换
<x:param>标签	<x:transform>标签用于为<x:transform>标签设定参数信息。如果执行文件转换的样式表使用了参数，可以使用<x:param>标签来定义这些参数

（5）函数标签库。

函数标签库提供了一系列字符串操作函数，用于分解和连接字符串、返回子串、确定字符串是否包含特定的子串等。

在使用这些标签之前必须在JSP页面的首行使用<%@ taglib%>指令定义标签库的位置和访问前缀。例如，使用核心标签库的taglib指令格式如下。

```
<%@ taglib prefix="c" uri="http://java.sun.com/jsp/jstl/core" %>
```

使用格式标签库的taglib指令格式如下。

```
<%@ taglib prefix="fmt" uri="http://java.sun.com/jsp/jstl/fmt"%>
```

使用SQL标签库的taglib指令格式如下。

```
<%@ taglib prefix="sql" uri="http://java.sun.com/jsp/jstl/sql"%>
```

使用XML标签库的taglib指令格式如下。

```
<%@ taglib prefix="xml" uri="http://java.sun.com/jsp/jstl/xml"%>
```

使用函数标签库的taglib指令格式如下。

```
<%@ taglib prefix="fn" uri="http://java.sun.com/jsp/jstl/functions"%>
```

下面将对JSTL中最常用的核心标签库的4种标签进行介绍。

10.2.1 表达式标签

表达式标签

表达式标签包括<c:out>、<c:set>、<c:remove>、<c:catch>等4个标签，下面分别介绍它们的语法及应用。

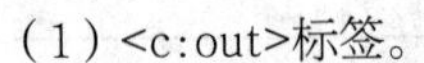

（1）<c:out>标签。

<c:out>标签用于将计算的结果输出到JSP页面中，该标签可以替代<%=%>。<c:out>标签的语法格式如下。

语法1：

```
<c:out value="value" [escapeXml="true|false"] [default="defaultValue"]/>
```

语法2：

```
<c:out value="value" [escapeXml="true|false"]>
    defalultValue
</c:out>
```

这两种语法格式的输出结果完全相同，它的属性说明如表10-6所示。

表10-6 <c:out>标签的属性

属　性	类　型	描　述	引用EL
value	Object	将要输出的变量或表达式	可以
escapeXml	boolean	转换特殊字符，默认值为true。例如“<”转换为“<”	不可以
default	Object	如果value属性值等于NULL，则显示default属性定义的默认值	不可以

【例10-1】<c:out>标签示例。

测试<c:out>标签的escapeXml属性及通过两种语法格式设置default属性时的显示结果，关键代码如下。

```
<%@ page language="java"  pageEncoding="GBK"%>
<%@ taglib prefix="c" uri="http://java.sun.com/jsp/jstl/core" %>
<!--此处省略了部分HTML代码-->
escapeXml属性值为false时：<c:out value="<hr>" escapeXml="false"/>
escapeXml属性值为true时：<c:out value="<hr>"/>
第一种语法格式：c:out value="${name}" default="name的值为空"/>
<br>
第二种语法格式：c:out value="${name}">
```

```
name的值为空
</c:out>
<!--此处省略了部分HTML代码-->
```

运行程序，将显示图10-2所示的运行结果。

（2）<c:set>标签。

<c:set>标签用于定义和存储变量，它可以定义变量是在JSP会话范围内还是JavaBean的属性中，可以使用该标签在页面中定义变量，而不用在JSP页面中嵌入打乱HTML排版的Java代码。<c:set>标签有4种语法格式。

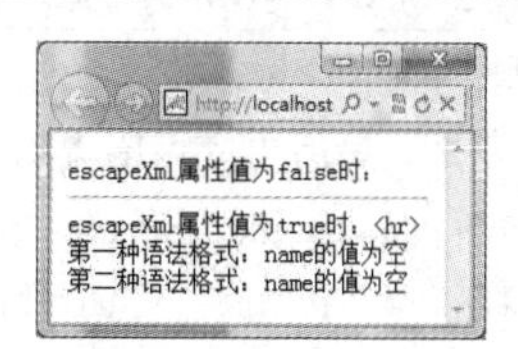

图10-2　测试<c:out>标签的运行结果

语法1：该语法格式在scope指定的范围内将变量值存储到变量中。

```
<c:set value="value" var="name" [scope="page|request|session|application"]/>
```

语法2：该语法格式在scope指定的范围内将标签主体存储到变量中。

```
<c:set var="name" [scope="page|request|session|application"]>
    标签主体
</c:set>
```

语法3：该语法格式将变量值存储在target属性指定的目标对象的propName属性中。

```
<c:set value="value" target="object" property="propName"/>
```

语法4：该语法格式将标签主体存储到target属性指定的目标对象的propName属性中。

```
<c:set target="object" property="propName">
    标签主体
</c:set>
```

以上语法格式所涉及的属性说明如表10-7所示。

表10-7　<c:set>标签的属性

属　性	类　型	描　述	引用EL
value	Object	将要存储的变量值	可以
var	String	存储变量值的变量名称	不可以
target	Object	存储变量值或者标签主体的目标对象，可以是JavaBean或Map集合对象	可以
property	String	指定目标对象存储数据的属性名	可以
scope	String	指定变量存在于JSP的范围，默认值是page	不可以

【例10-2】<c:set>标签示例。

应用<c:set>标签定义不同范围内的变量，并通过EL进行输出，关键代码如下。

```
<%@ page language="java"  pageEncoding="GBK"%>
<%@ taglib prefix="c" uri="http://java.sun.com/jsp/jstl/core" %>
<c:set var="name" value="编程词典网" scope="page"/>
<c:set var="hostpage" value="www.mrbccd.com" scope="session"/>
<c:out value="${name}"></c:out>    <!--应用EL输出定义的变量-->
<br>
<c:out value="${hostpage}"></c:out>
```

程序运行结果如图10-3所示。

（3）<c:remove>标签。

<c:remove>标签可以从指定的JSP范围中移除指定的变量，其语法格式如下。

```
<c:remove var="name" [scope="page|request|session|application"]/>
```

在上面语法中，var用于指定存储变量值的变量名称；scope用于指定变量存在于JSP的范围，可选值有page、request、session、application，默认值是page。

【例10-3】<c:remove>标签示例。

应用<c:set>标签定义一个page范围内的变量，然后应用通过EL输出该变量，再应用<c:remove>标签移除该变量，最后再应用EL输出该变量，关键代码如下。

```
<%@ page language="java"  pageEncoding="GBK"%>
<%@ taglib prefix="c" uri="http://java.sun.com/jsp/jstl/core" %>
<c:set var="name" value="编程词典网" scope="page"/>
移除前输出的变量name为：<c:out value="${name}"></c:out>
<c:remove var="name"/>
<br>
移除后输出的变量name为：<c:out value="${name}" default="变量name为空"></c:out>
```

程序运行结果如图10-4所示。

图10-3　例10-3运行结果

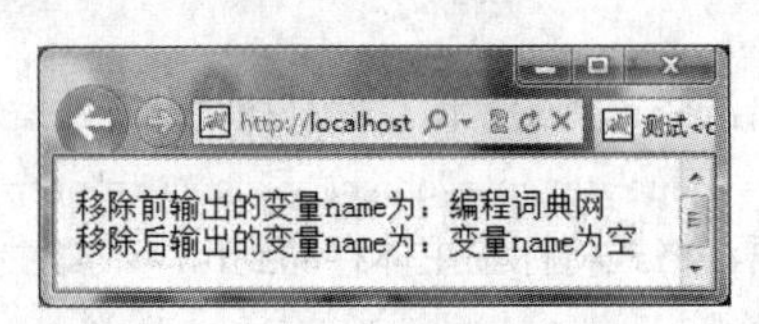

图10-4　例10-4运行结果

（4）<c:catch>标签。

<c:catch>标签是JSTL中处理程序异常的标签，它还能够将异常信息保存在变量中。<c:catch>标签的语法格式如下。

```
<c:catch [var="name"]>
……存在异常的代码
</c:catch>
```

在上面的语法中，var属性可以指定存储异常信息的变量。这是一个可选项，如果不需要保存异常信息，可以省略该属性。

10.2.2　条件标签

条件标签

条件标签在程序中会根据不同的条件去执行不同的代码来产生不同的运行结果，使用条件标签可以处理程序中的任何可能发生的事情。在JSTL中，条件标签包括<c:if>标签、<c:choose>标签、<c:when>标签和<c:otherwise>标签等4种，下面将详细介绍这些标签的语法及应用。

（1）<c:if>标签。

这个标签可以根据不同的条件去处理不同的业务，也就是执行不同的程序代码。它和Java基础中if语句的功能一样。<c:if>标签有两种语法格式。

语法1：该语法格式会判断条件表达式，并将条件的判断结果保存在var属性指定的变量中，而这个变量存在于scope属性所指定范围中。

```
<c:if test="condition" var="name" [scope=page|request|session|application]/>
```

语法2：该语法格式不但可以将test属性的判断结果保存在指定范围的变量中，还可以根据条件的判断结果去执行标签主体。标签主体可以是JSP页面能够使用的任何元素，例如HTML标记、Java代码或者嵌入其他JSP标签。

```
<c:if test="condition" var="name" [scope=page|request|session|application]>
    标签主体
</c:if>
```

以上语法格式所涉及的属性说明如表10-8所示。

表10-8　<c:if>标签的属性

属　性	类　型	描　　述	引用EL
test	Boolean	条件表达式，这是<c:if>标签必须定义的属性	可以
var	String	指定变量名，这个属性会指定test属性的判断结果将存放在哪个变量中，如果该变量不存在就创建它	不可以
scope	String	存储范围，该属性用于指定var属性所指定的变量的存在范围	不可以

【例10-4】<c:if>标签示例。

应用<c:if>标签判断用户名是否为空，如果为空则显示一个用于输入用户名的文本框及“提交”按钮，关键代码如下。

```
<%@ page language="java"  pageEncoding="GBK"%>
<%@ taglib prefix="c" uri="http://java.sun.com/jsp/jstl/core" %>
语法一：输出用户名是否为null<br>
    <c:if test="${param.user==null}" var="rtn" scope="page"/>
    <c:out value="${rtn}"/>
<br>语法二：如果用户名为空，则输出一个用于输入用户名的文本框及"提交"按钮<br>
<c:if test="${param.user==null}">
  <form action="" method="post">
    请输入用户名：<input type="text" name="user">
    <input type="submit" value="提交">
  </form>
</c:if>
```

运行本程序，当用户名为空时，将显示图10-5所示的运行结果，输入用户名后，单击“提交”按钮，将显示图10-6所示的运行结果。

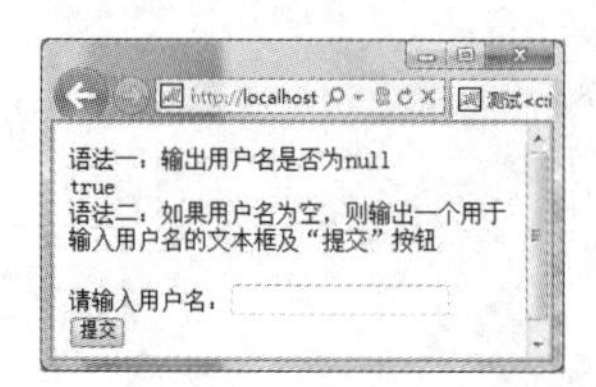

图10-5　用户名为空时的运行结果

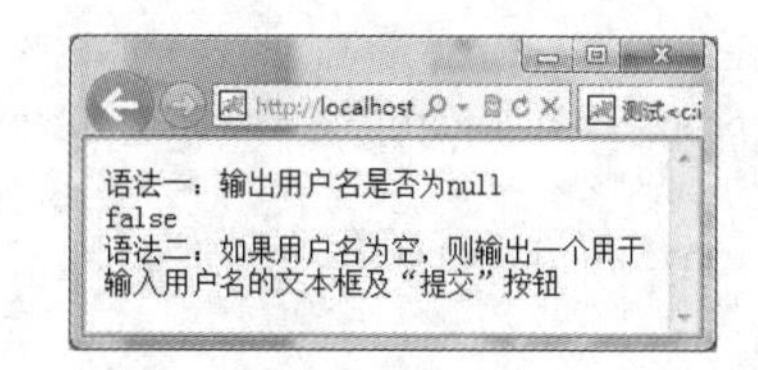

图10-6　用户名不为空时的运行结果

（2）<c:choose>标签。

<c:choose>标签可以根据不同的条件去完成指定的业务逻辑，如果没有符合的条件会执行默认条件的业务逻辑。<c:choose>标签只能作为<c:when>和<c:otherwise>标签的父标签，可以在它之内嵌套这两个标签完成条件选择逻辑。<c:choose>标签的语法格式如下。

```
<c:choose>
  <c:when>
    业务逻辑
  </c:when>
  …  <!--多个<c:when>标签-->
  <c:otherwise>
```

```
        业务逻辑
    </c:otherwise>
</c:choose>
```

<c:choose>标签中可以包含多个<c:when>标签来处理不同条件的业务逻辑，但是只能有一个<c:otherwise>标签来处理默认条件的业务逻辑。

（3）<c:when>标签。

这是包含在<c:choose>标签内的子标签，它根据不同的条件去执行相应的业务逻辑，可以存在多个<c:when>标签来处理不同条件的业务逻辑。

语法格式如下。

```
<c:when test="condition">
  标签主体
</c:when>
```

在上面的语法中，test属性用于指定条件表达式，该属性为<c:when>标签的必选 属性，可以引用EL表达式。

（4）<c:otherwise>标签。

<c:otherwise>标签也是一个包含在<c:choose>标签的子标签，用于定义<c:choose>标签中的默认条件处理逻辑，如果没有任何一个结果满足<c:when>标签指定的条件，将会执行这个标签主体中定义的逻辑代码。在<c:choose>标签范围内只能存在一个该标签的定义。<c:otherwise>标签的语法格式如下。

```
<c:otherwise>
标签主体
</c:otherwise>
```

<c:otherwise>标签必须定义在所有<c:when>标签的后面，也就是说它是<c:choose>标签的最后一个子标签。

【例10-5】<c:otherwise>标签示例。

应用<c:choose>标签、<c:when>标签和<c:otherwise>标签根据当前时间显示不同的问候，关键代码如下。

```
<%@ page language="java"  pageEncoding="GBK"%>
<%@ taglib prefix="c" uri="http://java.sun.com/jsp/jstl/core" %>
<c:set var="hours">
    <%=new java.util.Date().getHours()%>
</c:set>
<c:choose>
    <c:when test="${hours>6 && hours<11}" >上午好！ </c:when>
    <c:when test="${hours>11 && hours<17}">下午好！ </c:when>
    <c:otherwise>晚上好！ </c:otherwise>
</c:choose>
 现在时间是：${hours}时
```

运行结果如图10-7所示。

图10-7　例10-5运行结果

10.2.3 循环标签

循环标签

JSP页面开发经常需要使用循环标签生成大量的代码，例如，生成HTML表格等。JSTL标签库中提供了<c:forEach>和<c:forTokens>两个循环标签。

（1）<c:forEach>标签。

<c:forEach>标签可以枚举集合中的所有元素，也可以循环指定的次数，这可以根据相应的属性确定。<c:forEach>标签的语法格式如下。

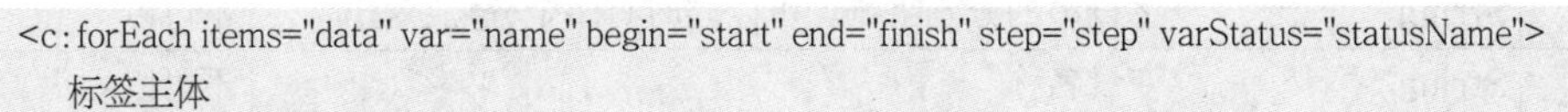

```
<c:forEach items="data" var="name" begin="start" end="finish" step="step" varStatus="statusName">
    标签主体
</c:forEach>
```

<c:forEach>标签中的属性都是可选项，可以根据需要使用相应的属性。其属性说明如表10-9所示。

表10-9　<c:forEach>标签的属性

属　性	类　型	描　述	引用EL
items	数组、集合类、字符串和枚举类型	被循环遍历的对象，多用于数组与集合类	可以
var	String	循环体的变量，用于存储items指定的对象的成员	不可以
begin	int	循环的起始位置	可以
end	int	循环的终止位置	可以
step	int	循环的步长	可以
varStatus	String	循环的状态变量	不可以

【例10-6】<c:forEach>标签示例。

应用<c: forEach >标签循环输出List集合中的内容，并通过<c: forEach >标签循环输出字符串“编程词典”6次，关键代码如下。

```
<%@ page language="java"  pageEncoding="GBK" import="java.util.*"%>
<%@ taglib prefix="c" uri="http://java.sun.com/jsp/jstl/core" %>
<%List list=new ArrayList();
list.add("无语");
list.add("冰儿");
list.add("wgh");
request.setAttribute("list",list);%>
利用&lt;c:forEach&gt;标签遍历List集合的结果如下：<br>
<c:forEach items="${list}" var="tag" varStatus="id">
    ${id.count } ${tag }<br>
</c:forEach>
<c:forEach begin="1" end="6" step="1" var="str">
    <c:out value="${str}"/>编程词典
</c:forEach>
```

运行程序将显示图10-8所示的运行结果。

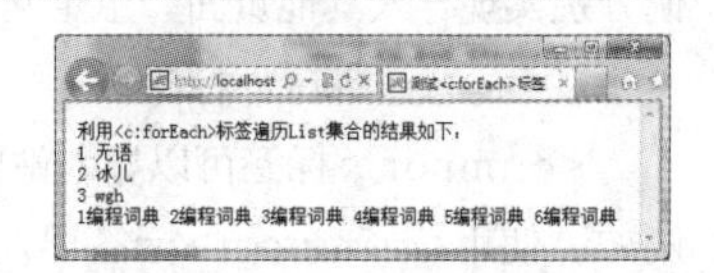

图10-8　例10-6运行结果

（2）<c:forTokens>标签。

<c:forTokens>标签可以用指定的分隔符将一个字符串分割开，根据分割的数量确定循环的次数。<c:forTokens>标签的语法格式如下。

```
<c:forTokens items="String" delims="char" [var="name"] [begin="start"] [end="end"] [step="len"]
[varStatus="statusName"]>
```

```
    标签主体
</c:forTokens>
```

<c:forTokens>标签的属性说明如表10-10所示。

表10-10　<c:forTokens>标签属性表

属　　性	类　　型	描　　述	引用EL
items	String	被循环遍历的对象，多用于数组与集合类	可以
delims	String	字符串的分割字符，可以同时有多个分隔字符	不可以
var	String	变量名称	不可以
begin	int	循环的起始位置	可以
end	int	循环的终止位置	可以
step	int	循环的步长	可以
varStatus	String	循环的状态变量	不可以

【例10-7】<c: forTokens >标签示例。

应用<c: forTokens >标签分割字符串并显示，关键代码如下。

```
<%@ page language="java"  pageEncoding="GBK"%>
<%@ taglib prefix="c" uri="http://java.sun.com/jsp/jstl/core" %>
<c:set var="sourceStr" value="无语|冰儿|wgh|简单|simpleRain"/>
原字符串：<c:out value="${sourceStr}"/>
<br>分割后的字符串：
<c:forTokens var="str" items="${sourceStr}" delims="|" varStatus="status">
    <c:out value="${str}"></c:out> ☆
    <c:if test="${status.last}">
        <br>总共输出<c:out value="${status.count}"></c:out>个元素。
    </c:if>
</c:forTokens>
```

运行程序将显示图10-9所示的运行结果。

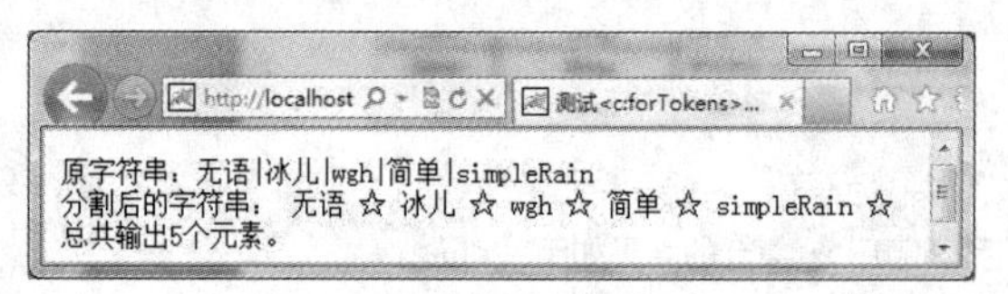

图10-9　例10-7运行结果

10.2.4　URL操作标签

URL操作标签

JSTL标签库宝库<c:import>、<c:redirect>和<c:url>共3种URL标签，它们分别实现导入其他页面、重定向和产生URL的功能。

（1）<c:import>标签。

<c:import>标签可以导入站内或其他网站的静态和动态文件到JSP页面中，例如，使用<c:import>标签导入其他网站的天气信息到自己的JSP页面中。与此相比，<jsp:include>只能导入站内资源，<c:import>的灵活性要高很多。<c:import>标签的语法格式如下。

语法1：

```
<c:import url="url" [context="context"] [var="name"]
 [scope="page|request|session|application"] [charEncoding="encoding"]>
标签主体
</c:import>
```

语法2：

```
<c:import url="url" varReader="name" [context="context"] [charEncoding="encoding"]/>
```

上面语法中涉及的属性说明如表10-11所示。

表10-11 <c:import>标签的属性

属　性	类　型	描　述	引用EL
url	String	被导入的文件资源的URL路径	可以
context	String	上下文路径，用于访问同一个服务器的其他Web工程，其值必须以“/”开头，如果指定了该属性，那么url属性值也必须以“/”开头	可以
var	String	变量名称，将获取的资源存储在变量中	不可以
scope	String	变量的存在范围	不可以
varReader	String	以Reader类型存储被包含文件内容	不可以
charEncoding	String	被导入文件的编码格式	可以

（2）<c:redirect>标签。

<c:redirect>标签可以将客户端发出的request请求重定向到其他URL服务端，由其他程序处理客户的请求。而在这期间可以对request请求中的属性进行修改或添加，然后把所有属性传递到目标路径。该标签有两种语法格式。

语法1：该语法格式没有标签主体，并且不添加传递到目标路径的参数信息。

```
<c:redirect url="url" [context="/context"]/>
```

语法2：该语法格式将客户请求重定向到目标路径，并且在标签主体中使用<c:param>标签传递其他参数信息。

```
<c:redirect url="url" [context="/context"]>
    ……<c:param>
</c:redirect>
```

上面语法中，url属性用于指定待定向资源的URL，它是标签必须指定的属性，可以使用EL；context属性用于在使用相对路径访问外部context资源时，指定资源的名字。

（3）<c:url>标签。

<c:url>标签用于生成一个URL路径的字符串，这个生成的字符串可以赋予HTML的<a>标记实现URL的连接，或者用这个生成的URL字符串实现网页转发与重定向等。在使用该标签生成URL时还可以搭配<c:param>标签动态添加URL的参数信息。<c:url>标签有两种语法格式。

语法1：

```
<c:url value="url" [var="name"] [scope="page|request|session|application"] [context=    "context"]/>
```

该语法将输出产生的URL字符串信息，如果指定了var和scope属性，相应的URL信息就不再输出，而是存储在变量中以备后用。

语法2：

```
<c:url value="url" [var="name"] [scope="page|request|session|application"] [context=    "context"]>
    <c:param>
</c:url>
```

该语法不仅实现了语法格式1的功能，而且还可以搭配<c:param>标签完成带参数的复杂URL信息。

语法中所涉及的属性说明如表10-12所示。

表10-12 <c:url>标签属性表

属　性	类　型	描　述	引用EL
url	String	生成的URL路径信息	可以
context	String	上下文路径，用于访问同一个服务器的其他Web工程，其值必须以“/”开头，如果指定了该属性，那么url属性值也必须以“/”开头	可以
var	String	变量名称，将获取的资源存储在变量中	不可以
scope	String	变量的存在范围	不可以
context	String	url属性的相对路径	可以

（4）<c:param>标签。

<c:param>标签只用于为其他标签提供参数信息，它与本节中的其他3个标签组合可以实现动态定制参数，从而使标签可以完成更复杂的程序应用。<c:param>标签的语法格式如下。

```
<c:param name="paramName" value="paramValue"/>
```

在上面的语法中，name属性用于指定参数名称，可以引用EL；value属性用于指定参数值。

10.3 自定义标签库的开发

自定义标签是程序员自己定义的JSP语言元素，它的功能类似于JSP自带的<jsp:forward>等标准动作元素。实际上自定义标签就是一个扩展的Java类，它是运行一个或者两个接口的JavaBean。当多个同类型的标签组合在一起时就形成了一个标签库，这时候还需要为这个标签库中的属性编写一个描述性的配置文件，这样服务器才能通过页面上的标签查找到相应的处理类。使用自定义标签可以加快Web应用开发的速度，提高代码重用性，使得JSP程序更加容易维护。引入自定义标签后的JSP程序更加清晰、简洁、便于管理维护以及日后的升级。

10.3.1 自定义标签的定义格式

自定义标签的定义格式

自定义标签在页面中通过XML语法格式来调用的。它们由一个开始标签和一个结束标签组成，具体定义格式如下。

（1）无标签体的标签。

无标签体的标签有两种格式，一种是没有任何属性的，另一种是带有属性的。例如下面的代码。

```
<wgh:displayDate/>                                  <!--无任何属性-->
<wgh:displayDate name="contact" type="com.UserInfo"/>      <!--带属性-->
```

在上面的代码中，wgh为标签前缀，displayDate为标签名称，name和type是自定义标签使用的两个属性。

（2）带标签体的标签。

自定义的标签中可包含标签体，例如下面的代码。

```
<wgh:iterate>Welcome to BeiJing</wgh:iterate>
```

10.3.2 自定义标签的构成

自定义标签的构成

自定义标签由实现自定义标签的Java类文件和自定义标签的TLD文件构成。

（1）实现自定义标签的Java类文件。

任何一个自定义标签都要有一个相应的标签处理程序，自定义标签的功能是由标签处理程序定义的。因此，自定义标签的开发主要就是标签处理程序的开发。标签处理程序的开发有固定的规范，即开发时需要实现特定接口的Java类，开发标签的Java类时，必须实现Tag或者BodyTag接口类（它们存储在javax.servlet.jsp.tagext包下）。BodyTag接口是继承了Tag接口的子接口，如果创建的自定义标签不带标签体，则可以实现Tag接口，如果创建的自定义标签包含标签体，则需要实现BodyTag接口。

（2）自定义标签的TLD文件。

自定义标签的TLD文件包含了自定义标签的描述信息，它把自定义标签与对应的处理程序关联起来。一个标签库对应一个标签库描述文件，一个标签库描述文件可以包含多个自定义标签声明。

自定义标签的TLD文件的扩展名必须是.tld。该文件存储在Web应用的WEB-INF目录下或者子目录下，并且一个标签库要对应一个标签库描述文件，而在一个描述文件中可以保存多个自定义标签的声明。

自定义标签的TLD文件的完整代码如下。

```
<?xml version="1.0" encoding="ISO-8859-1" ?>
<taglib xmlns="http://java.sun.com/xml/ns/j2ee"
    xmlns:xsi="http://www.w3.org/2001/XMLSchema-instance"
    xsi:schemaLocation="http://java.sun.com/xml/ns/j2ee web-jsptaglibrary_2_0.xsd"
    version="2.0">
    <description>A tag library exercising SimpleTag handlers.</description>
    <tlib-version>1.2</tlib-version>
     <jsp-version>1.2</jsp-version>
     <short-name>examples</short-name>
<tag>
     <description>描述性文字</description>
    <name>showDate</name>
     <tag-class>com.ShowDateTag</tag-class>
     <body-content>empty</body-content>
     <attribute>
         <name>value</name>
         <required>true</required>
     </attribute>
</tag>
</taglib>
```

在上面的代码中，<tag>标签用来提供在标签内的自定义标签的相关信息，在<tag>标签内包括许多子标签，如表10-13所示。

表10-13　<tag>标签

标 签 名 称	说　　明
description	标签的说明（可省略）
display-name	供工具程序显示用的简短名称（可省略）
icon	供工具程序使用的小图标
name	标签的名称，在同一个标签库内不可以有同名的标签，该元素指定的名称可以被JSP页面作为自定义标签使用
tag-class	映射类的完整名称，用于指定与name子标签对应的映射类的名称
tei-class	标签设计者定义的javax.servlet.jsp.tagext.TagExtraInfo的子类，用来指定返回变量的信息（可省略）
body-content	Body内容的类型，其值可以为empty、scriptless、tagdependent其中之一，其值为emply时，表示body必须是空；其值为tagdependent时，表示body的内容由标签的实现自行解读，通常是用在body内容是别的语言时，例如SQL语句

续表

标签名称	说　明
variable	声明一个由标签返回给调用网页的EL变量（可省略）
attribute	声明一个属性（可省略）
dynamic-attributes	此标签是否可以有动态属性，默认值为false；若为true，则TagHandler必须实现javax.servlet.jsp.tagext.DynamicAttrbutes的接口
example	此标签的使用范例（可省略）
tag-extension	提供此标签额外信息给程序（可省略或多于一个此标签）

通过<name>子标签和<tag-class>子标签可以建立自定义标签和映射类之间的对应关系。

10.3.3 在JSP文件中引用自定义标签

在JSP文件中
引用自定义标签

JSP文件中，可以通过下面的代码引用自定义标签。

```
<%@ taglib uri="tld uri"  prefix="taglib.prefix"%>
```

语句中的uri和prefix说明如下。

（1）uri属性。

uri属性指定了tld文件在Web应用中的存放位置，此位置可以采用以下两种方式指定。

① 在uri属性中直接指明tld文件的所在目录和对应的文件名，例如下面的代码。

```
<%@ taglib uri="/WEB-INF/showDate.tld"  prefix="taglib.prefix"%>
```

② 通过在web.xml文件中定义一个关于tld文件的uri属性，让JSP页面通过该uri属性引用tld文件，这样可以向JSP页面隐藏tld文件的具体位置，有利于JSP文件的通用性。例如在Web.xml中进行以下配置。

```
<jsp-config>
    <taglib>
    <taglib-uri> showDateUri</taglib-uri>
    <taglib-location>/WEB-INF/showDate.tld</taglib-location>
    </taglib>
</jsp-config>
```

在JSP页面中就可应用以下代码引用自定义标签。

```
<%@ taglib uri="showDateUri "  prefix="taglib.prefix"%>
```

（2）prefix属性。

prefix属性规定了如何在JSP页面中使用自定义标签，即使用什么样的前缀来代表标签，使用时标签名就是在tld文件中定义的<tag></tag>段中的<name>属性的取值，它要和前缀之间用冒号“:”隔开。

【例10-8】自定义标签示例。

创建用于显示当前系统日期的自定义标签，并在JSP页面中调用该标签显示当前系统日期，具体步骤如下。

（1）编写ShowDate.jsva类，该类继承TagSupport类，具体代码如下。

```
package com;
import javax.servlet.jsp.*;
import javax.servlet.jsp.tagext.*;
import java.util.*;
public class ShowDate extends TagSupport{
    public int doStartTag() throws JspException{
        JspWriter out=pageContext.getOut();
```

```
        try{
            //获取当前系统日期
            Date dt=new Date();
            java.sql.Date date=new java.sql.Date(dt.getTime());
            out.print(date);        //输出当前系统日期
        }catch(Exception e){
            System.out.println("显示系统日期时出现的异常："+e.getMessage());
        }
        return(SKIP_BODY);    //返回SKIP_BODY常量，表示将不对标签体进行处理
    }
}
```

说明 TagSupport类是Tag接口的实现类，该类以默认方法实现Tag接口，所以在开发自定义标签时继承TagSupport类，可以使开发自定义标签更容易。

（2）在WEB-INF目录下编写标签库描述文件showDate.tld，具体代码如下。

```
<?xml version="1.0" encoding="UTF-8" ?>
<taglib xmlns="http://java.sun.com/xml/ns/j2ee"
    xmlns:xsi="http://www.w3.org/2001/XMLSchema-instance"
    xsi:schemaLocation="http://java.sun.com/xml/ns/j2ee web-jsptaglibrary_2_0.xsd"
    version="2.0">
    <description>A tag library exercising SimpleTag handlers.</description>
    <tlib-version>1.2</tlib-version>
      <jsp-version>1.2</jsp-version>
    <short-name>date</short-name>
    <tag>
    <description>显示当前日期</description>
    <name>showDate</name>
      <tag-class>com.ShowDate</tag-class>
      <body-content>empty</body-content>
     </tag>
</taglib>
```

（3）在web.xml中加入对自定义标签库的引用，关键代码如下。

```
<jsp-config>
      <taglib>
      <taglib-uri> showDateUri</taglib-uri>
      <taglib-location>/WEB-INF/showDate.tld</taglib-location>
      </taglib>
</jsp-config>
```

（4）在userDefineTag.jsp文件中引用自定义标签显示当前系统日期，关键代码如下。

```
<%@ page language="java"  pageEncoding="GBK"%>
<%@ taglib uri="showDateUri" prefix="wghDate" %>
<html>
  <head><title>调用自定义标签显示当前系统日期</title></head>
 <body>
今天是<wghDate:showDate/>
</body>
</html>
```

运行程序，将显示图10-10所示的运行结果。

图10-10　例10-8运行结果

10.4　JSP框架技术

在开发JSP程序时，采用合适的开发框架可以很好地提高开发效率。Struts 2、Spring和Hibernate是Java Web开发中比较优秀的开源框架，这些框架各有特点，各自实现了不同的功能，在开发的过程中，如果能够将这些框架集成起来，将会使开发过程大大简化，很大程序上降低开发成本。下面将对Struts 2、Spring和Hibernate进行简要介绍。有兴趣的读者请参照这些方面的资源来学习，从而提高自己的开发能力。

10.4.1　Struts 2框架

Struts 2框架

Struts 2框架起源于WebWork框架，也是一个MVC框架。下面将对MVC原理、Struts 2框架的产生及其结构体系进行介绍。

1. 理解MVC的原理

MVC是一种程序设计理念，目前在Java Web应用中常用的流行框架有Struts、JSF、Tapestry和Spring MVC等，其中Struts框架的应用最为广泛。

到目前为止，Struts框架拥有两个主要的版本，分别为Struts 1.x与Struts 2.x版本，它们都是遵循MVC设计理念的开源Web框架。在2001年6月发布的Struts 1.0版本是基于MVC设计理念而开发的Java Web应用框架，其MVC架构如图10-11所示。

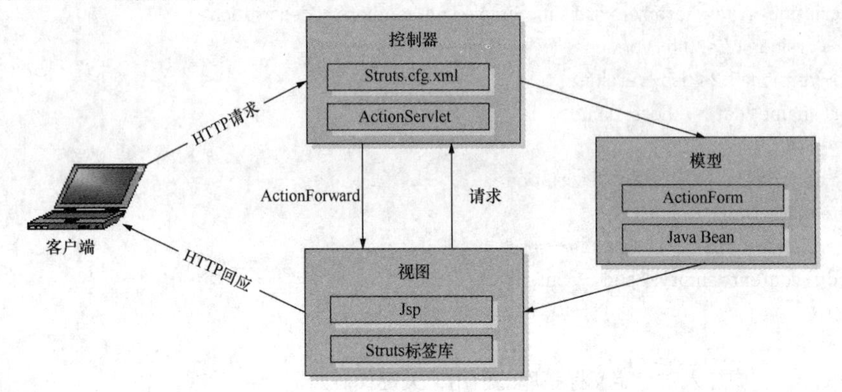

图10-11　Struts实现的MVC设计模式

（1）控制器。

在Struts 1的MVC架构中，使用中央控制器ActionServlet充当控制层，将请求分发配置在配置文件struts.cfg.xml文件中。当客户端发送一个HTTP请求时，将由Struts的中央控制器分发处理请求。处理后返回ActionForward对象将请求转发到指定的JSP页面回应客户端。

（2）模型。

模型层主要由Struts中的ActionForm对象及业务Java Bean实现，其中前者封装表单数据，能够与网页表单交互并传递数据；后者用于处理实际的业务请求，由Action调用。

（3）视图。

视图指用户看到并与之交互的界面，即Java Web应用程序的外观。在Struts 1框架中Struts提供的标签库增强了JSP页面的功能，并通过该标签库与JSP页面实现视图层。

由于Struts 1的架构是真正意义上的MVC架构模式，所以在其发布以后受到了广大开发人员的认可，在Java Web开发领域之中Struts 1拥有大量的用户。

2. Struts 2的结构体系

Struts 2是基于WebWork技术开发的全新Web框架，其结构体系如图10-12所示。

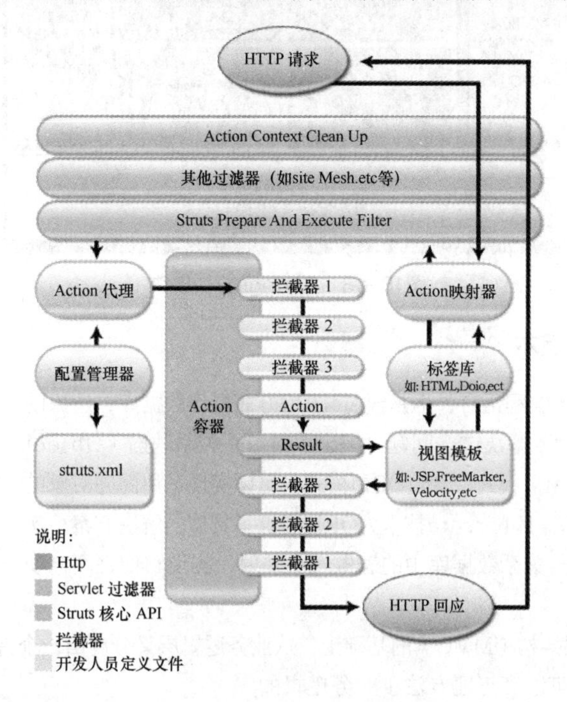

图10-12　Struts 2的结构体系

Struts 2通过过滤器拦截要处理的请求，当客户端发送一个HTTP请求时，需要经过一个过滤器链。这个过滤器链包括ActionContextClearUp过滤器、其他Web应用过滤器及StrutsPrepareAndExecuteFilter过滤器，其中StrutsPrepareAndExecuteFilter过滤器是必须配置的。

当StrutsPrepareAndExecuteFilter过滤器被调用时，Action映射器将查找需要调用的Action对象，并返回该对象的代理。然后Action代理将从配置管理器中，读取Struts 2的相关配置（struts.xml）。Action容器调用指定的Action对象，在调用之前需要经过Struts 2的一系列拦截器。拦截器与过滤器的原理相似，从图中可以看出两次执行顺序是相反的。

当Action处理请求后，将返回相应的结果视图（JSP和FreeMarker等），在这些视图之中可以使用Struts标签显示数据并控制数据逻辑。然后HTTP请求回应给浏览器，在回应的过滤中同样经过过滤器链。

10.4.2　Spring框架

Spring框架

Spring是一个开源的框架，由Rod Johnson创建，于2003年年初正式启动。它能够降低开发企业应用程序的复杂性，可以使用Spring替代EJB开发企业级应用，而不用担心工作量太大、开发进度难以控制和复杂的测试过程等问题。它以IoC（反向控制）和AOP（面向切面编程）两种先进的技术为基础，完美地简化了企业级开发的复杂度。

Spring框架主要由核心模块、上下文模块、AOP模块、DAO模块、Web模块等7大模块组成，它们提供了企业级开发需要的所有功能，而且每个模块都可以单独使用，也可以和其他模块组合使用，灵活且方便的部署可以使开发的程序更加简洁。Spring的7个模块的部署如图10-13所示。

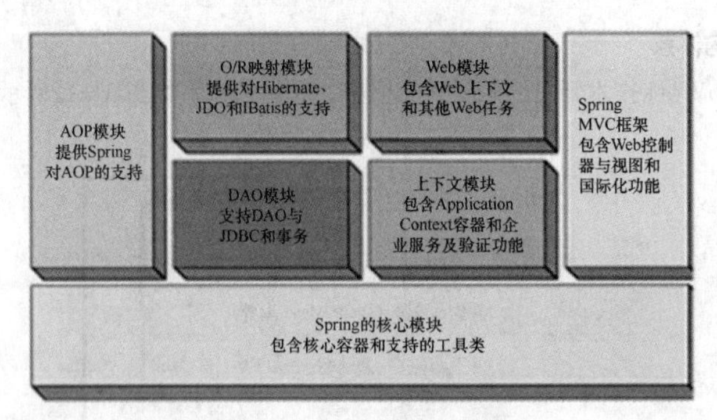

图10-13 Spring的7个模块

10.4.3 Hibernate技术

Hibernate技术

Java是一种面向对象的编程语言，但是通过JDBC方式操作数据库，运用的是面向过程的编程思想，为了解决这一问题，提出了对象—关系映射（Object Relational Mapping，ORM）模式。通过ORM模式，可以实现运用面向对象的编程思想操作关系型数据库。Hibernate技术为ORM提供了具体的解决方案，实际上就是将Java中的对象与关系数据库中的表做一个映射，实现它们之间自动转换的解决方案。

Hibernate在原有3层架构（MVC）的基础上，从业务逻辑层又分离出一个持久层，专门负责数据的持久化操作，使业务逻辑层可以真正地专注于业务逻辑的开发，不再需要编写复杂的SQL语句，增加了持久层的软件分层结构，如图10-14所示。

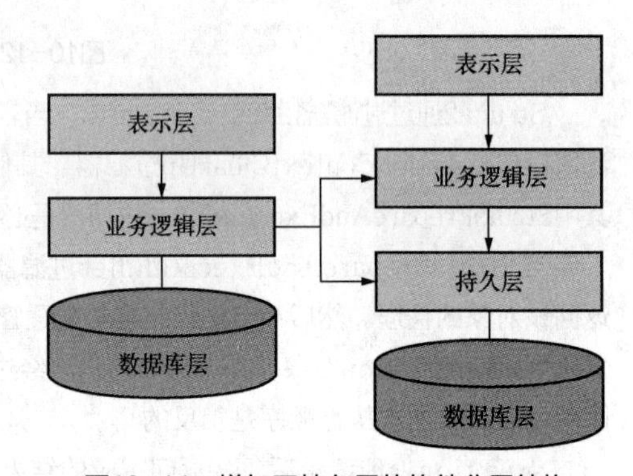

图10-14 增加了持久层的软件分层结构

Hibernate在Java对象与关系数据库之间起到了一个桥梁的作用，负责两者之间的映射，在Hibernate内部还封装了JDBC技术，向上一层提供面向对象的数据访问API接口。Hibernate特点如下。

（1）它负责协调软件与数据库的交互，提供了管理持久性数据的完整方案，让开发者能够专著于业务逻辑的开发，不再需要考虑所使用的数据库及编写复杂的SQL语句，使开发变得更加简单和高效；

（2）应用者不需要遵循太多的规则和设计模式，让开发人员能够灵活的运用；

（3）Hibernate支持各种主流的数据源，目前所支持的数据源包括DB2、MySQL、Oracle、Sybase、SQL Server、PostgreSQL、WebLogic Driver和纯Java驱动程序等；

（4）它是一个开放源代码的映射框架，对JDBC只做了轻量级的封装，让Java程序员可以随心所欲地运用面向对象的思想操纵数据库，无需考虑资源的问题。

10.5 小结

本章介绍了EL表达式及标签，使用EL表达式及标签可以取代传统JSP程序中嵌入Java代码的做法，大大提高程序的可维护性；最后对Java Web开发中比较优秀的开源框架Struts、Hibernate和Spring进行简要介绍，使用这些框架技术可以很好地提高开发效率，希望读者参考这方面的资料进行学习，从而提高自己的开发能力。

习 题

10-1　EL表达式的基本语法是什么？如何让JSP页面忽略EL表达式？

10-2　假如存在以下代码。

```
<% int num=6;
request.setAttribute("no",num); %>
```

则下面的EL表达式分别打印什么结果？

（1）${no<7}。　（2）${9-no}。

（3）${no div 0}。　（4）${empty no}。

（5）${'7' > no}。　（6）${no=="6"}。

10-3　JSTL包括哪几种标签库？

10-4　如何在JSP文件中引用自定义标签？

上机指导

10-1　编写用户登录程序，应用JSTL和EL表达式获取用户并验证用户名是否为空，如果不为空则显示登录成功，否则将页面重定向到用户登录首页。

10-2　编写程序，从数据库中查询数据，并保存到List集合中，再通过JSTL的循环标签显示到页面中。

10-3　编写自定义标签，并调用该标签显示当前的系统日期及系统时间。

PART 11

第11章 JSP综合开发实例——清爽夏日九宫格日记网

本章要点

- 基本开发流程
- 功能结构及系统流程
- 数据库设计
- 编写数据库连接及操作的类
- 配置解决中文乱码的过滤器
- 主界面的实现
- 日记列表模块的实现
- 日记模块的实现
- 编译与发布

■ 随着工作和生活节奏的不断加快，属于自己的私人时间也越来越少，日记这种传统的倾诉方式也逐渐被人们所淡忘，取而代之的是各种各样的网络日志。不过，最近网络中又出现了一种全新的日记方式——九宫格日记，它由九个方方正正的格子组成，让用户可以像做填空题那样对号入座，填写相应的内容，从而完成一篇日记，整个过程不过几分钟。九宫格日记因其便捷、省时等优点在网上迅速风行开来，倍受学生、年轻上班族所青睐。目前很多公司白领也在写九宫格日记。本章将以“清爽夏日九宫格日记”网为例介绍如何应用Java Web+Ajax+JQuery+MySQL实现九宫格日记网。

11.1 项目设计思路

配置使用说明

11.1.1 功能阐述

“清爽夏日九宫格日记网”主要包括显示九宫格日记列表、写九宫格日记和用户等3个功能模块。下面分别进行介绍。

显示九宫格日记列表主要用于分页显示全部九宫格日记、分页显示我的日记、展开和收缩日记图片、显示日记原图、对日记图片进行左转和右转以及删除自己的日记等。

写九宫格日记主要用于填写日记信息、预览生成的日记图片和保存日记图片。其中，在填写日记信息时，允许用户选择并预览自己喜欢的模板，以及选择预置日记内容等。

用户模块又包括以用户注册、用户登录、退出登录和找回密码等4个子功能，下面分别进行说明。

（1）用户注册主要用于新用户注册。在进行用户注册时，系统将采用Ajax实现无刷新的验证和保存注册信息。

（2）用户登录主要用于用户登录网站，登录后的用户可以查看自己的日记、删除自己的日记以及写九宫格日记等。

（3）退出登录主要用于登录用户退出当前登录状态。

（4）找回密码主要用于当用户忘记密码时，根据密码提示问题和答案找回密码。

11.1.2 系统预览

为了让读者对本系统有个初步的了解和认识，下面给出本系统的几个页面运行效果图。

分页显示九宫格日记列表如图11-1所示，该页面用于分页显示日记列表，包括展开和收缩日记图片、显示日记原图、对日记图片进行左转和右转等功能。当用户登录后，还可以查看和删除自己的日记。

写九宫格日记页面如图11-2所示，该页面用于填写日记信息，允许用户选择并预览自己喜欢的模板，以及选择预置日记内容等。

图11-1 分页显示九宫格日记列表页面

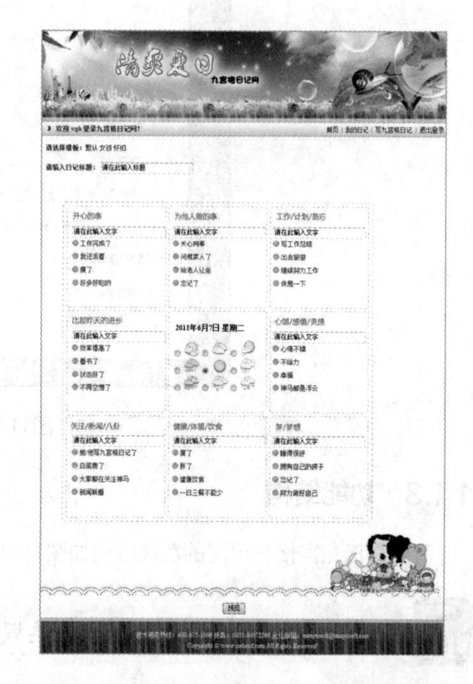

图11-2 写九宫格日记页面

预览九宫格日记页面如图11-3所示，该页面主要用于预览日记图片，如果用户满意，可以单击“保存”超级链接保存日记图片，否则可以单击“再改改”超级链接返回填写九宫格日记页面进行修改。

图11-3 预览九宫格日记页面

用户注册页面如图11-4所示，该页面用于实现用户注册。在该页面中，输入用户名后，将光标移出该文本框，系统将自动检测输入的用户名是否合法（包括用户名长度及是否被注册），如果不合法，将给出错误提示，同样，输入其他信息时，系统也将实时检测输入的信息是否合法。

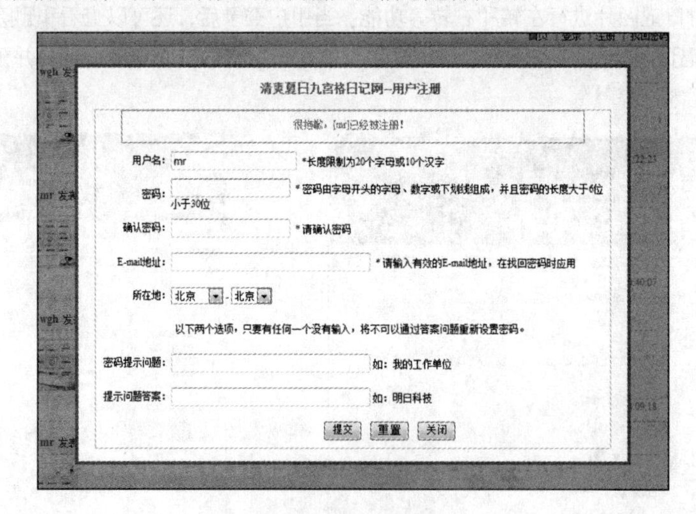

图11-4 用户注册页面

11.1.3 功能结构

清爽夏日九宫格日记网的功能结构如图11-5所示。

在图11-5中，用虚线框起来的部分为只有用户登录后，才可以有的功能。

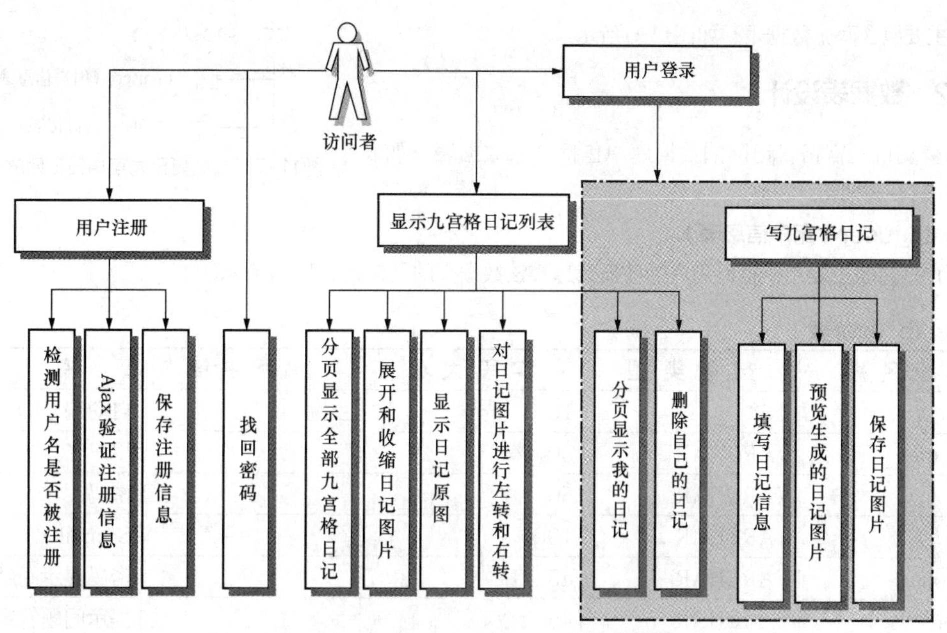

图11-5　清爽夏日九宫格日记网的功能结构图

11.1.4　文件夹组织结构

在进行清爽夏日九宫格日记网开发之前，要对系统整体文件夹组织架构进行规划。对系统中使用的文件进行合理的分类，分别放置于不同的文件夹下。通过对文件夹组织架构的规划，可以确保系统文件目录明确、条理清晰，同样也便于系统的更新和维护。本项目的文件夹组织架构规划如图11-6所示。

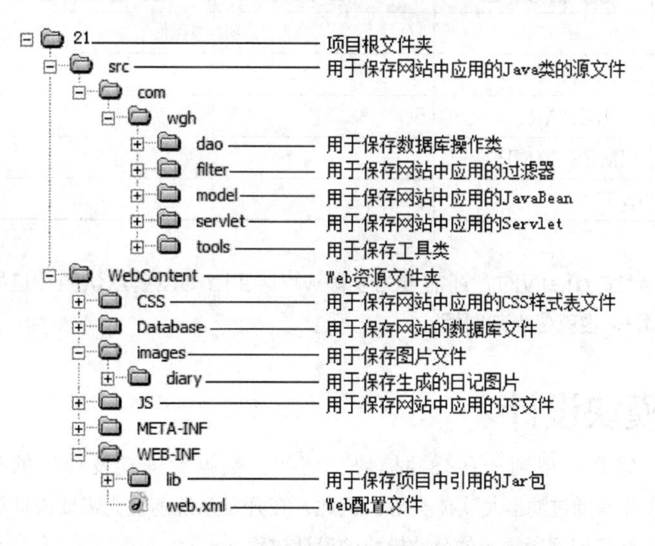

图11-6　清爽夏日九宫格日记网的文件夹组织结构

11.2　数据库设计

11.2.1　数据库设计

结合实际情况及对功能的分析，规划清爽夏日九宫格日记网的数据库，定义数据库名称为db_9griddiary，数据库主要包含两张数据表，如图11-7所示。

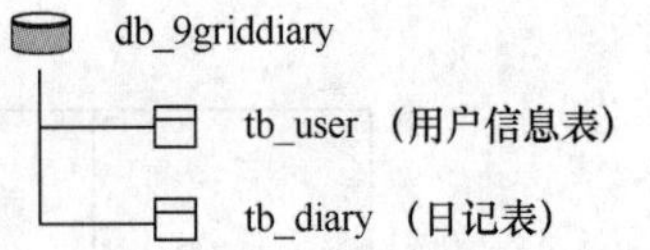

db_9griddiary
tb_user（用户信息表）
tb_diary（日记表）

图11-7 清爽夏日九宫格日记网的数据库

11.2.2 数据表设计

清爽夏日九宫格日记网的数据库中包括两张数据表，如表11-1和表11-2所示。

1. tb_user（用户信息表）

用户信息表主要用于存储用户的注册信息。该数据表的结构如表11-1所示。

表11-1 tb_user表

字段名称	数据类型	字段大小	是否主键	说明
id	INT	10	主键	自动编号ID
username	VARCHAR	50		用户名
pwd	VARCHAR	50		密码
email	VARCHAR	100		E-mail
question	VARCHAR	45		密码提示问题
answer	VARCHAR	45		提示问题答案
city	VARCHAR	30		所在地

2. tb_diary（日记表）

日记表主要用于存储日记的相关信息。该数据表的结构如表11-2所示。

表11-2 tb_diary表

字段名称	数据类型	字段大小	是否主键	说明
id	INT	10	主键	自动编号ID
title	VARCHAR	60		标题
address	VARCHAR	50		日记保存的地址
writeTime	TIMESTAMP			写日记时间
userid	INT	10		用户ID

在设置数据表tb_diary时，还需要为字段writeTime设置默认值，这里为CURRENT_TIMESTAMP，也就是当前时间。

11.3 公共模块设计

在开发过程中，经常会用到一些公共模块，例如，数据库连接及操作的类、保存分页代码的JavaBean、解决中文乱码的过滤器及实体类等。因此，在开发系统前首先需要设计这些公共模块。下面将具体介绍清爽夏日九宫格日记网所需要的公共模块的设计过程。

11.3.1 编写数据库连接及操作的类

数据库连接及操作类通常包括连接数据库的方法getConnection( )、执行查询语句的方法executeQuery( )、执行更新操作的方法executeUpdate( )、关闭数据库连接的方法close( )。下面将详细介绍如何编写清爽夏日九宫格日记网的数据库连接及操作的类ConnDB。

（1）指定类ConnDB保存的包，并导入所需的类包，本例将其保存到com.wgh.tools包中，代码如下。

```
package com.wgh.tools;                          //将该类保存到com.wgh.tools包中
import java.io.InputStream;                     //导入java.io.InputStream类
import java.sql.*;                              //导入java.sql包中的所有类
import java.util.Properties;                    //导入java.util.Properties类
```

包语句以关键字package后面紧跟一个包名称，然后以分号“;”结束；包语句必须出现在import语句之前；一个.java文件只能有一个包语句。

（2）定义ConnDB类，并定义该类中所需的全局变量及构造方法，代码如下。

```
public class ConnDB {
    public Connection conn = null;                       // 声明Connection对象的实例
    public Statement stmt = null;                        // 声明Statement对象的实例
    public ResultSet rs = null;                          // 声明ResultSet对象的实例
    private static String propFileName = "connDB.properties";
    // 指定资源文件保存的位置
    private static Properties prop = new Properties();
    // 创建并实例化Properties对象的实例
    private static String dbClassName = "com.mysql.jdbc.Driver";
    // 定义保存数据库驱动的变量
    private static String dbUrl = "jdbc:mysql://127.0.0.1:3306/db_9griddiary?
    user=root&password=111&useUnicode=true";
    public ConnDB() {                                    // 构造方法
        try {                                            // 捕捉异常
            // 将Properties文件读取到InputStream对象中
            InputStream in = getClass().getResourceAsStream(propFileName);
            prop.load(in);                                         // 通过输入流对象加载Properties文件
            dbClassName = prop.getProperty("DB_CLASS_NAME");       // 获取数据库驱动
            // 获取连接的URL
            dbUrl = prop.getProperty("DB_URL", dbUrl);
        } catch (Exception e) {
            e.printStackTrace();                                   // 输出异常信息
        }
    }
}
```

（3）为了方便程序移植，这里将数据库连接所需信息保存到properties文件中，并将该文件保存在com.wgh.tools包中。connDB.properties文件的内容如下。

```
DB_CLASS_NAME=com.mysql.jdbc.Driver
DB_URL=jdbc:mysql://127.0.0.1:3306/db_9griddiary?user=root&password=111&useUnicode=true
```

properties文件为本地资源文本文件，以“消息/消息文本”的格式存放数据。使用Properties对象时，首先需创建并实例化该对象，代码如下。

private static Properties prop = new Properties( );

再通过文件输入流对象加载Properties文件，代码如下。

prop.load(new FileInputStream(propFileName));

最后通过Properties对象的getProperty方法读取properties文件中的数据。

（4）创建连接数据库的方法getConnection( )，该方法返回Connection对象的一个实例。getConnection( )方法的代码如下。

```
    public static Connection getConnection() {
        Connection conn = null;
        try {                                    // 连接数据库时可能发生异常因此需要捕捉该异常
            Class.forName(dbClassName).newInstance();// 装载数据库驱动
            conn = DriverManager.getConnection(dbUrl);
                                                 // 建立与数据库URL中定义的数据库的连接
        } catch (Exception ee) {
            ee.printStackTrace();                // 输出异常信息
        }
        if (conn == null) {
            System.err.println("警告: DbConnectionManager.getConnection() 获得数据库链接失败.\r\n链接类型:" +
dbClassName + "\r\n链接位置:" + dbUrl);
                                                 // 在控制台上输出提示信息
        }
        return conn;                             // 返回数据库连接对象
    }
```

（5）创建执行查询语句的方法executeQuery，返回值为ResultSet结果集。executeQuery方法的代码如下。

```
    public ResultSet executeQuery(String sql) {
        try {                               // 捕捉异常
            conn = getConnection();
                        // 调用getConnection()方法构造Connection对象的一个实例conn
            stmt = conn.createStatement(ResultSet.TYPE_SCROLL_INSENSITIVE,
                    ResultSet.CONCUR_READ_ONLY);
            rs = stmt.executeQuery(sql);
        } catch (SQLException ex) {
            System.err.println(ex.getMessage());    // 输出异常信息
        }
        return rs;                                  // 返回结果集对象
    }
```

（6）创建执行更新操作的方法executeUpdate( )，返回值为int型的整数，代表更新的行数。executeQuery()方法的代码如下。

```
    public int executeUpdate(String sql) {
        int result = 0;                     // 定义保存返回值的变量
        try {                               // 捕捉异常
            conn = getConnection();
                // 调用getConnection()方法构造Connection对象的一个实例conn
            stmt = conn.createStatement(ResultSet.TYPE_SCROLL_INSENSITIVE,
                    ResultSet.CONCUR_READ_ONLY);
            result = stmt.executeUpdate(sql);       // 执行更新操作
        } catch (SQLException ex) {
            result = 0;                             // 将保存返回值的变量赋值为0
        }
        return result;                              // 返回保存返回值的变量
    }
```

（7）创建关闭数据库连接的方法close( )。close( )方法的代码如下。

```
    public void close() {
        try {                                          // 捕捉异常
            if (rs != null) {                          // 当ResultSet对象的实例rs不为空时
                rs.close();                            // 关闭ResultSet对象
            }
            if (stmt != null) {                        // 当Statement对象的实例stmt不为空时
                stmt.close();                          // 关闭Statement对象
            }
            if (conn != null) {                        // 当Connection对象的实例conn不为空时
                conn.close();                          // 关闭Connection对象
            }
        } catch (Exception e) {
            e.printStackTrace(System.err);             // 输出异常信息
        }
    }
```

11.3.2 编写保存分页代码的JavaBean

由于在清爽夏日九宫格日记网中，需要对日记列表进行分页显示，所以需要编写一个保存分页代码的JavaBean。保存分页代码的JavaBean的具体编写步骤如下。

（1）编写用于保存分页代码的JavaBean，名称为MyPagination，保存在“com.wgh.tools”包中，并定义一个全局变量list和3个局部变量，关键代码如下。

```
public class MyPagination {
    public List<Diary> list=null;
    private int recordCount=0;                 //保存记录总数的变量
    private int pagesize=0;                    //保存每页显示的记录数的变量
    private int maxPage=0;                     //保存最大页数的变量
}
```

（2）在JavaBean“MyPagination”中添加一个用于初始化分页信息的方法getInitPage()，该方法包括3个参数，分别是用于保存查询结果的List对象list、用于指定当前页面的int型变量Page和用于指定每页显示的记录数的int型变量pagesize。该方法的返回值为保存要显示记录的List对象。具体代码如下。

```
public List<Diary> getInitPage(List<Diary> list,int Page,int pagesize){
        List<Diary> newList=new ArrayList<Diary>();
        this.list=list;
        recordCount=list.size();                        //获取list集合的元素个数
        this.pagesize=pagesize;
        this.maxPage=getMaxPage();                      //获取最大页数
        try{                                            //捕获异常信息
        for(int i=(Page-1)*pagesize;i<=Page*pagesize-1;i++){
            try{
              if(i>=recordCount){break;}                //跳出循环
            }catch(Exception e){}
              newList.add((Diary)list.get(i));
        }
        }catch(Exception e){
            e.printStackTrace();                        //输出异常信息
```

```
    }
        return newList;
    }
```

（3）在JavaBean“MyPagination”中添加一个用于获取指定页数据的方法getAppointPage( )，该方法只包括一个用于指定当前页数的int型变量Page。该方法的返回值为保存要显示记录的List对象。具体代码如下。

```
public List<Diary> getAppointPage(int Page){            //获取指定页的数据
    List<Diary> newList=new ArrayList<Diary>( );
    try{
        for(int i=(Page-1)*pagesize;i<=Page*pagesize-1;i++){
                                                        //通过for循环获取当前页的数据
        try{
            if(i>=recordCount){break;}                  //跳出循环
        }catch(Exception e){}
            newList.add((Diary)list.get(i));
    }
    }catch(Exception e){
        e.printStackTrace( );                           //输出异常信息
    }
    return newList;
}
```

（4）在JavaBean“MyPagination”中添加一个用于获取最大记录数的方法getMaxPage( )，该方法无参数，其返回值为最大记录数。具体代码如下。

```
public int getMaxPage( ){
    int maxPage=(recordCount%pagesize==0)?(recordCount/pagesize):(recordCount/pagesize+1);
    return maxPage;
}
```

（5）在JavaBean“MyPagination”中添加一个用于获取总记录数的方法getRecordSize( )，该方法无参数，其返回值为总记录数。具体代码如下。

```
public int getRecordSize( ){
    return recordCount;
}
```

（6）在JavaBean“MyPagination”中添加一个用于获取当前页数的方法getPage( )，该方法只有一个用于指定从页面中获取页数的参数，其返回值为处理后的页数。具体代码如下。

```
public int getPage(String str){
    if(str==null){                  //当页数等于null时，让其等于0
        str="0";
    }
    int Page=Integer.parseInt(str);
    if(Page<1){                     //当页数小于1时，让其等于1
        Page=1;
    }else{
        if(((Page-1)*pagesize+1)>recordCount){   //当页数大于最大页数时，让其等于最大页数
            Page=maxPage;
        }
    }
    return Page;
}
```

（7）在JavaBean“MyPagination”中添加一个用于输出记录导航的方法printCtrl( )，该方法包括3个参数，分别为int型的Page（当前页数）、String类型的url（URL地址）和String类型的para（要传递的参数），其返回值为输出记录导航的字符串。具体代码如下。

```
public String printCtrl(int Page,String url,String para){
    String strHtml="<table width='100%'  border='0' cellspacing='0' cellpadding='0'><tr> <td height='24' align='right'>当前页数：【"+Page+"/"+maxPage+"】 ";
    try{
    if(Page>1){
        strHtml=strHtml+"<a href='"+url+"&Page=1"+para+"'>第一页</a>  ";
        strHtml=strHtml+"<a href='"+url+"&Page="+(Page-1)+para+"'>上一页</a>";
    }
    if(Page<maxPage){
        strHtml=strHtml+"<a href='"+url+"&Page="+(Page+1)+para+"'>下一页</a>  <a href='"+url+"&Page="+maxPage+para+"'>最后一页 </a>";
    }
    strHtml=strHtml+"</td> </tr>  </table>";
    }catch(Exception e){
        e.printStackTrace();
    }
    return strHtml;
}
```

11.3.3 配置解决中文乱码的过滤器

在程序开发时，通常有两种方法解决程序中经常出现的中文乱码问题，一种是通过编码字符串处理类，对需要的内容进行转码；另一种是配置过滤器。其中，第二种方法比较方便，只需要在开发程序时配置正确即可。下面将介绍本系统中配置解决中文乱码过滤器的具体步骤。

（1）编写CharacterEncodingFilter类，让它实现Filter接口，成为一个Servlet过滤器，在实现doFilter( )接口方法时，根据配置文件中设置的编码格式参数分别设置请求对象的编码格式和响应对象的内容类型参数。

```
public class CharacterEncodingFilter implements Filter {
    protected String encoding = null;                        // 定义编码格式变量
    protected FilterConfig filterConfig = null;              // 定义过滤器配置对象
    public void init(FilterConfig filterConfig) throws ServletException {
        this.filterConfig = filterConfig;                    // 初始化过滤器配置对象
        this.encoding = filterConfig.getInitParameter("encoding");
                                                             // 获取配置文件中指定的编码格式
    }
    // 过滤器的接口方法，用于执行过滤业务
    public void doFilter(ServletRequest request, ServletResponse response,
            FilterChain chain) throws IOException, ServletException {
        if (encoding != null) {
            request.setCharacterEncoding(encoding);      // 设置请求的编码
            // 设置响应对象的内容类型（包括编码格式）
            response.setContentType("text/html; charset=" + encoding);
        }
        chain.doFilter(request, response);               // 传递给下一个过滤器
    }
```

```
    public void destroy() {
        this.encoding = null;
        this.filterConfig = null;
    }
}
```

（2）在web-inf.xml文件中配置过滤器，并设置编码格式参数和过滤器的URL映射信息。关键代码如下。

```
<filter>
  <filter-name>CharacterEncodingFilter</filter-name>        <!---指定过滤器类文件->
  <filter-class>com.wgh.filter.CharacterEncodingFilter</filter-class>
  <init-param>
    <param-name>encoding</param-name>
    <param-value>UTF-8</param-value>                <!---指定编码为UTF-8编码->
  </init-param>
</filter>
<filter-mapping>
  <filter-name>CharacterEncodingFilter</filter-name>
  <url-pattern>/*</url-pattern>
  <!---设置过滤器对应的请求方式->
  <dispatcher>REQUEST</dispatcher>
  <dispatcher>FORWARD</dispatcher>
</filter-mapping>
```

11.3.4 编写实体类

实体类就是由属性及属性所对应的getter和setter方法组成的类。实体类通常与数据表相关联。在清爽夏日九宫格日记网中，共涉及到两张数据表，分别是用户信息表和日记表。通过这两张数据表可以得到用户信息和日记信息，根据这些信息可以得出用户实体类和日记实体类。由于实体类的编写方法基本类似，所以这里将以日记实体类为例进行介绍。

编写Diary类，在该类添加id、title、address、writeTime、userid和username属性，并为这些属性添加对应的getter和setter方法，关键代码如下。

```
import java.util.Date;
public class Diary {
    private int id = 0;                       // 日记ID号
    private String title = "";                // 日记标题
    private String address = "";              // 日记图片地址
    private Date writeTime = null;            // 写日记的时间
    private int userid = 0;                   // 用户ID
    private String username = "";             // 用户名
    public int getId() {                      //id属性对应的getter方法
        return id;
    }

    public void setId(int id) {               //id属性对应的setter方法
        this.id = id;
    }
    //此处省略了其他属性对应的getter和setter方法
}
```

11.4 主界面设计

11.4.1 主界面概述

当用户访问清爽夏日九宫格日记网时，首先进入的是网站的主界面。清爽夏日九宫格日记网的主界面主要包括以下4部分内容。

（1）Banner信息栏：主要用于显示网站的Logo。

（2）导航栏：主要用于显示网站的导航信息及欢迎信息。其中导航条目将根据是否登录而显示不同的内容。

（3）主显示区：主要用于分页显示九宫格日记列表。

（4）版权信息栏：主要用于显示版权信息。

下面看一下本项目中设计的主界面，如图11-8所示。

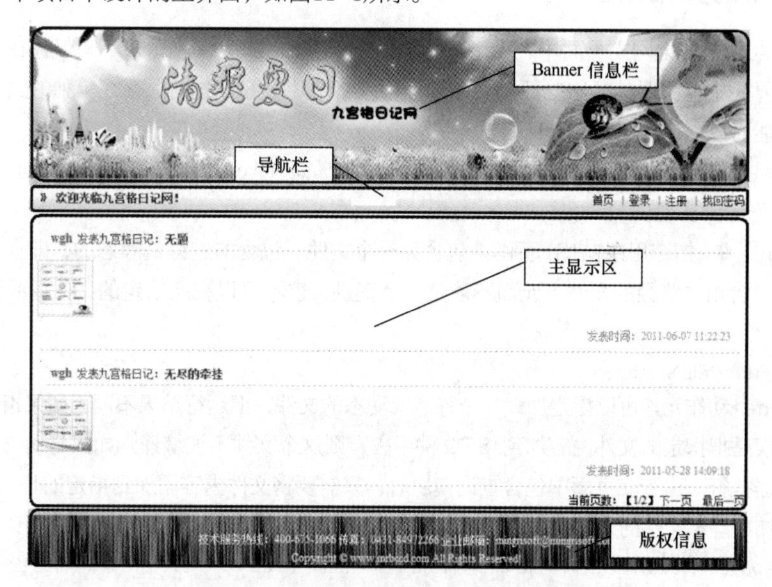

图11-8 清爽夏日九宫格日记网的主界面

11.4.2 让采用DIV+CSS布局的页面内容居中

清爽夏日九宫格日记网采用DIV+CSS布局。在采用DIV+CSS布局的网站中，一个首要问题就是如何让页面内容居中。下面将介绍具体的实现方法。

（1）在页面的<body>标记的下方添加一个<div>标记（使用该<div>标记将页面内容括起来），并设置其id属性，这里将其设置为box，关键代码如下。

```
<div id="box">
    <!—页面内容-->
</div>
```

（2）设置CSS样式。这里通过在链接的外部样式表文件中进行设置。

```
body{
    margin:0px;             /*设置外边距*/
    padding:0px;            /*设置内边距*/
    font-size: 9pt;         /*设置字体大小*/
}
```

```
#box{
    margin:0 auto auto auto;                    /*设置外边距*/
    width:800px;                                /*设置页面宽度*/
    clear:both;                                 /*设置两侧均不可以有浮动内容*/
    background-color: #FFFFFF;                  /*设置背景颜色*/
}
```

在JSP页面中，一定要包含以下代码，否则页面内容将不居中。
<!DOCTYPE html PUBLIC "-//W3C//DTD HTML 4.01 Transitional//EN" "http://www.w3.org/TR/html4/loose.dtd">

11.4.3 主界面的实现过程

在清爽夏日九宫格日记网主界面中，Banner信息栏、导航栏和版权信息并不是仅存在于主界面中，其他功能模块的子界面中也需要包括这些部分。因此，可以将这几个部分分别保存在单独的文件中，这样，在需要放置相应功能时只需包含这些文件即可。

在JSP页面中包含文件有两种方法：一种是应用<%@ include %>指令实现，另一种是应用<jsp:include>动作元素实现。

<%@ include %>指令用来在JSP页面中包含另一个文件。包含的过程是静态的，即在指定文件属性值时，只能是一个包含相对路径的文件名，而不能是一个变量，也不可以在所指定的文件后面添加任何参数。其语法格式如下。

```
<%@ include file="fileName"%>
```

<jsp:include>动作元素可以指定加载一个静态或动态的文件，但运行结果不同。如果指定为静态文件，那么这种指定仅仅是把指定的文件内容加到JSP文件中去，则这个文件不被编译。如果是动态文件，那么这个文件将会被编译器执行。由于在页面中包含查询模块时，只需要将文件内容添加到指定的JSP文件中即可，所以此处可以使用加载静态文件的方法包含文件。应用<jsp:include>动作元素加载静态文件的语法格式如下。

```
<jsp:include page="{relativeURL | <%=expression%>}" flush="true"/>
```

使用<%@ include %>指令和<jsp:include>动作元素包含文件的区别是：使用<%@ include %>指令包含的页面，是在编译阶段将该页面的代码插入到了主页面的代码中，最终包含页面与被包含页面生成了一个文件。因此，如果被包含页面的内容有改动，需重新编译该文件。而使用<jsp:include>动作元素包含的页面是可以动态改变的，它是在JSP文件运行过程中被确定的，程序执行的是两个不同的页面，即在主页面中声明的变量，在被包含的页面中是不可见的。由此可见，当被包含的JSP页面中包含动态代码时，为了不和主页面中的代码相冲突，需要使用<jsp:include>动作元素包含文件。应用<jsp:include>动作元素包含查询页面的代码如下。

```
<jsp:include page="search.jsp"  flush="true"/>
```

考虑到本系统中需要包含的多个文件之间相对比较独立，并且不需要进行参数传递，属于静态包含，因此采用<%@ include %>指令实现。

应用<%@ include %>指令包含文件的方法进行主界面布局的代码如下。

```
<%@ page language="java" contentType="text/html; charset=UTF-8" pageEncoding="UTF-8"%>
<!DOCTYPE html PUBLIC "-//W3C//DTD HTML 4.01 Transitional//EN" "http://www.w3.org/TR/html4/loose.dtd">
<html>
<head>
<meta http-equiv="Content-Type" content="text/html; charset=UTF-8">
<title>显示九宫格日记列表</title>
```

```
</head>
<body bgcolor="#F0F0F0">
    <div id="box">
        <%@ include file="top.jsp" %>
        <%@ include file="register.jsp" %>
        <!—显示九宫格日记列表的代码-->
        <%@ include file="bottom.jsp" %>
    </div>
</body>
</html>
```

11.5 用户模块设计

11.5.1 用户模块概述

在清爽夏日九宫格日记网中，如果用户没有注册为网站的用户，则只能浏览他人的九宫格日记。如果想要发表自己的日记，则要注册为网站的用户。当用户成功注册为网站的用户后，就可以登录到本网站，并发表自己的日记，当用户忘记自己的密码时，还可以通过"找回密码"功能找回自己的密码。用户注册模块的运行结果如图11-9所示。

用户注册成功后将可以单击导航栏中的"登录"超级链接打开用户登录窗口，该窗口为灰色半透明背景的无边框窗口，填写正确的用户名和密码后，如图11-10所示，单击"登录"按钮，即可以登录到网站。用户登录后在导航栏中，将显示"我的日记"和"写九宫格日记"超级链接。

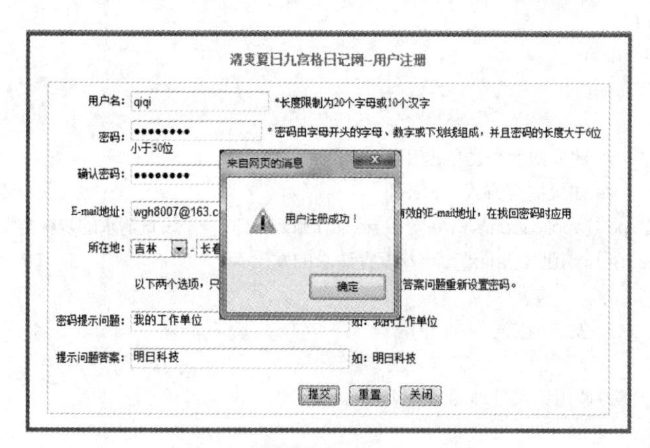

图11-9 用户注册页面的运行结果

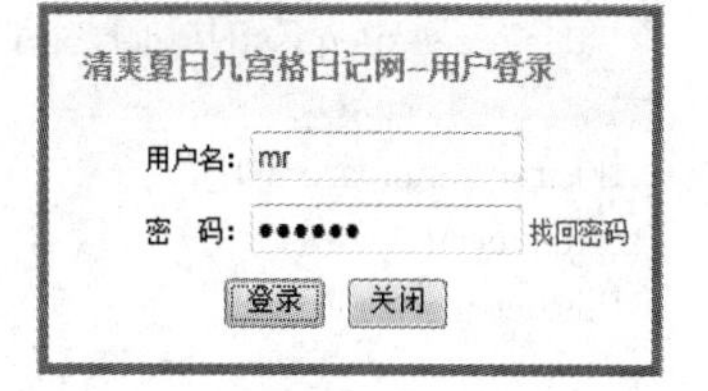

图11-10 用户登录页面的运行结果

11.5.2 实现Ajax重构

Ajax的实现主要依赖于XMLHttpRequest对象，但是在调用其进行异步数据传输时，由于XMLHttpRequest对象的实例在处理事件完成后就会被销毁，所以如果不对该对象进行封装处理，在下次需要调用它时就得重新构建，而且每次调用都需要写一大段的代码，使用起来很不方便。虽然，现在很多开源的Ajax框架都提供了对XMLHttpRequest对象的封装方案，但是如果应用这些框架，通常需要加载很多额外的资源，这势必会浪费很多服务器资源。不过JavaScript脚本语言支持OO（面向对象）编码风格，通过它可以将Ajax所必需的功能封装在对象中。

Ajax重构大致可以分为以下3个步骤。

（1）创建一个单独的JS文件，名称为AjaxRequest.js，并且在该文件中编写重构Ajax所需的代码，具体代码如下。

```
var net=new Object();                          //定义一个全局的变量
//编写构造函数
net.AjaxRequest=function(url,onload,onerror,method,params){
 this.req=null;
 this.onload=onload;
 this.onerror=(onerror) ? onerror : this.defaultError;
 this.loadDate(url,method,params);
}
//编写用于初始化XMLHttpRequest对象并指定处理函数，最后发送HTTP请求的方法
net.AjaxRequest.prototype.loadDate=function(url,method,params){
 if (!method){
  method="GET";                               //设置默认的请求方式为GET
 }
 if (window.XMLHttpRequest){                  //非IE浏览器
  this.req=new XMLHttpRequest();              //创建XMLHttpRequest对象
 } else if (window.ActiveXObject){            //IE浏览器
  this.req=new ActiveXObject("Microsoft.XMLHTTP");   //创建XMLHttpRequest对象
 }
 if (this.req){
  try{
   var loader=this;
   this.req.onreadystatechange=function(){
    net.AjaxRequest.onReadyState.call(loader);
   }

   this.req.open(method,url,true);            // 建立对服务器的调用
   if(method=="POST"){                        // 如果提交方式为POST
    this.req.setRequestHeader("Content-Type","application/x-www-form-urlencoded");  // 设置请求的内容类型
    this.req.setRequestHeader("x-requested-with", "ajax");   //设置请求的发出者
   }
   this.req.send(params);                     // 发送请求
  }catch (err){
   this.onerror.call(this);                   //调用错误处理函数
  }
 }
}

//重构回调函数
net.AjaxRequest.onReadyState=function(){
 var req=this.req;
 var ready=req.readyState;                    //获取请求状态
 if (ready==4){                               //请求完成
     if (req.status==200 ){                   //请求成功
      this.onload.call(this);
     }else{
      this.onerror.call(this);                //调用错误处理函数
     }
```

```
    }
}
//重构默认的错误处理函数
net.AjaxRequest.prototype.defaultError=function(){
    alert("错误数据\n\n回调状态:" + this.req.readyState + "\n状态: " + this.req.status);
}
```

（2）在需要应用Ajax的页面中应用以下的语句包括步骤（1）中创建的JS文件。

```
<script language="javascript" src="AjaxRequest.js"></script>
```

（3）在应用Ajax的页面中编写错误处理的方法、实例化Ajax对象的方法和回调函数，具体代码如下。

```
/******************实例化Ajax对象的方法********************************/
function loginSubmit(form2){
    if(form2.username.value==""){              //验证用户名是否为空
      alert("请输入用户名！");form2.username.focus();return false;
    }
    if(form2.pwd.value==""){                   //验证密码是否为空
      alert("请输入密码！");form2.pwd.focus();return false;
    }
//将登录信息连接成字符串，作为发送请求的参数
   var param="username="+form2.username.value+"&pwd="+form2.pwd.value;
   var loader=new net.AjaxRequest("UserServlet?action=login",deal_login,onerror,"POST",encodeURI(param));
}
/******************错误处理的方法********************************/
function onerror(){
    alert("您的操作有误");
}
/************************回调函数****************************************/
function deal_login(){
   /***************显示提示信息*******************/
   var h=this.req.responseText;
   h=h.replace(/\s/g,"");                        //去除字符串中的Unicode空白
   alert(h);
   if(h=="登录成功！"){
      window.location.href="DiaryServlet?action=listAllDiary";
   }else{
      form2.username.value="";  //清空用户名文本框
      form2.pwd.value="";       //清空密码文本框
      form2.username.focus();   //让用户名文本框获得焦点
   }
}
```

11.5.3 用户注册的实现过程

在实现用户注册功能时主要可以分为设计用户注册页面、验证输入信息的有效性和保存用户注册信息3部分，下面分别进行介绍。

1. 设计用户注册页面

用户注册页面采用灰色的半透明背景的无边框窗口实现，这样可以改善用户的视觉效果。设计用户注册页面的具体步骤如下。

（1）创建register.jsp页面，并在该页面中添加一个<div>标记，设置其id属性为register，并设置该

<div>标记的style属性，用于控制<div>标记的宽度、高度、背景颜色、内边距、定位方式和显示方式。<div>标记的具体代码如下。

```
    <div id="register" style="width:663; height:421; background-color:#546B51; padding:4px; position:absolute;
z-index:11;display:none;">
    </div>
```

由于要实现<div>标记居中显示，所以此处需要设置定位方式为绝对定位。另外，该<div>标记在默认的情况下，是不需要显示的，所以需要设置显示方式为none（即不显示）。不过，为了设计方便，在设计时，可以先设置为block（即显示）。

（2）在id为register的<div>标记中，应用表格对页面进行布局，并在适当的位置添加如表11-3所示的表单及表单元素，用于收集用户信息。

表11-3　用户注册页面所涉及的表单及表单元素

名　称	元素类型	重要属性	含　义
form1	form	action="" method="post"	表单
user	text	onBlur="checkUser(this.value)"	用户名
pwd	password	onBlur="checkPwd(this.value)"	密码
repwd	password	onBlur="checkRepwd(this.value)"	确认密码
email	text	size="35" onBlur="checkEmail(this.value)"	E-mail地址
province	select	id="province" onChange="getCity(this.value)"	省份
city	select	id="city"	市县
question	text	size="35" onBlur="checkQuestion(this.value,this.form.answer.value)"	密码提示问题
answer	text	size="35" onBlur="checkQuestion(this.form.question.value,this.value)"	提示问题答案
btn_sumbit	button	value="提交" onClick="save()"	“提交”按钮
btn_reset	button	value="重置" onClick="form_reset(this.form)"	“重置”按钮
btn_close	button	value="关闭" onClick="Myclose('register')"	“关闭”按钮

设计完成的用户注册页面如图11-11所示。

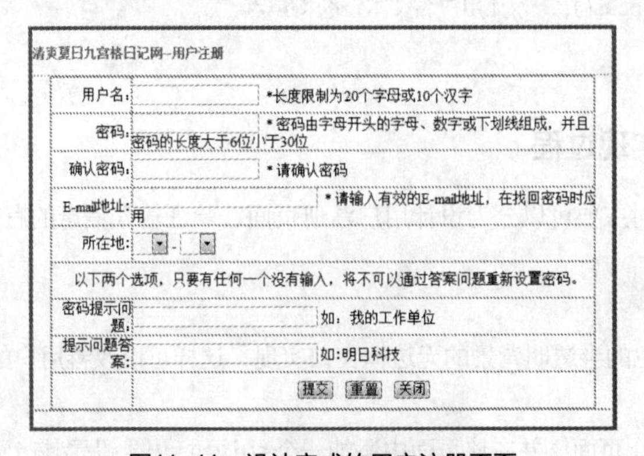

图11-11　设计完成的用户注册页面

（3）实现级联显示选择所在地的省份和市县的下拉列表，具体步骤如下。

编写实例化用于异步获取省份的Ajax对象的方法和回调函数，具体代码如下。

```
function getProvince(){
    var loader=new net.AjaxRequest("UserServlet?action=getProvince&nocache="+new Date().getTime(),deal_getProvince,onerror,"GET");
}
function deal_getProvince(){
    provinceArr=this.req.responseText.split(",");        //将获取的省份名称字符串分隔为数组
    for(i=0;i<provinceArr.length;i++){                   //通过循环将数组中的省份名称添加到下拉列表中
        document.getElementById("province").options[i]=new Option(provinceArr[i],provinceArr[i]);
    }
    if(provinceArr[0]!=""){
        getCity(provinceArr[0]);                          //获取市县
    }
}
```

编写实例化用于异步获取市县的Ajax对象的方法和回调函数，以及错误处理函数，具体代码如下。

```
function getCity(selProvince){
    var loader=new net.AjaxRequest("UserServlet?action=getCity&parProvince="+selProvince+"&nocache="+new Date().getTime(),deal_getCity,onerror,"GET");
}
function deal_getCity(){
    cityArr=this.req.responseText.split(",");            //将获取的市县名称字符串分隔为数组
    document.getElementById("city").length=0;             //清空下拉列表
    for(i=0;i<cityArr.length;i++){                        //通过循环将数组中的市县名称添加到下拉列表中
        document.getElementById("city").options[i]=new Option(cityArr[i],cityArr[i]);
    }
}
function onerror(){                                       //错误处理函数
    alert("出错了");
}
```

在页面中添加设置省份的下拉列表（名称为province）和设置市的下拉列表（名称为city），并在省份下拉列表的onChange事件中，调用getCity()方法获取省份对应的市县，具体代码如下。

```
<select name="province" id="province" onChange="getCity(this.value)">
</select>
-
<select name="city" id="city">
</select>
```

编写处理用户信息的Servlet实现类UserServlet，在该Servlet中的doPost()方法中，编写以下代码用于根据传递的action参数，执行不同的处理方法从而获取省份和市信息。

```
String action=request.getParameter("action");            //获取action参数的值
if("getProvince".equals(action)){                         //获取省份信息
    this.getProvince(request,response);
}else if("getCity".equals(action)){                       //获取市县信息
    this.getCity(request, response);
}
```

在UserServlet中，编写getProvince()方法。在该方法中，从保存省份信息的Map集合中获取全部的省份信息，并将获取的省份信息连接为一个以逗号分隔的字符串输出到页面上。getProvince()方法的具

体代码如下。

```
public void getProvince(HttpServletRequest request,
        HttpServletResponse response) throws ServletException, IOException {
        String result = "";
        CityMap cityMap = new CityMap();                    // 实例化保存省份信息的CityMap类的实例
        Map<String, String[]> map = cityMap.model;          // 获取省份信息保存到Map中
        Set<String> set = map.keySet();                     // 获取Map集合中的键，并以Set集合返回
        Iterator it = set.iterator();
        while (it.hasNext()) {
                                                            // 将获取的省份连接为一个以逗号分隔的字符串
            result = result + it.next() + ",";
        }
        result = result.substring(0, result.length() - 1);  // 去除最后一个逗号
        response.setContentType("text/html");
        PrintWriter out = response.getWriter();
        out.print(result);          // 输出获取的省份字符串
        out.flush();
        out.close();                // 关闭输出流对象
    }
```

在UserServlet中，编写getCity( )方法。在该方法中，从保存省份信息的Map集合中获取指定省份对应的市县信息，并将获取的市县信息连接为一个以逗号分隔的字符串输出到页面上。getCity()方法的具体代码如下。

```
public void getCity(HttpServletRequest request,
        HttpServletResponse response) throws ServletException, IOException {
    String result="";
    String selProvince=new String(request.getParameter("parProvince").getBytes("ISO-8859-1"),"GBK");
    CityMap cityMap=new CityMap();                  //实例化保存省份信息的CityMap类的实例
    Map<String,String[]> map=cityMap.model;         //获取省份信息保存到Map中
    Set<String> set=map.keySet();                   //获取Map集合中的键，并以Set集合返回
    String[]arrCity= map.get(selProvince);          //获取指定键的值
    for(int i=0;i<arrCity.length;i++){
                                                    //将获取的市县连接为一个以逗号分隔的字符串
        result=result+arrCity[i]+",";
    }
    result=result.substring(0, result.length()-1);  //去除最后一个逗号
    response.setContentType("text/html");
    PrintWriter out = response.getWriter();
    out.print(result);                              //输出获取的市县字符串
    out.flush();
    out.close();
}
```

（4）编写自定义的JavaScript函数Regopen( )，用于居中显示用户注册页面。Regopen( )函数的具体代码如下。

```
//显示用户注册页面
function Regopen(divID){
    getProvince();                                  //获取省和直辖市
  var notClickDiv=document.getElementById("notClickDiv");
                                                    //获取id为notClickDiv的层
     notClickDiv.style.display='block';             //设置层显示
```

```
    document.getElementById("notClickDiv").style.width=document.body.clientWidth;
    document.getElementById("notClickDiv").style.height=document.body.clientHeight;
    divID=document.getElementById(divID);                     //根据传递的参数获取操作的对象
    divID.style.display='block';                              //显示用户注册页面
    divID.style.left=(document.body.clientWidth-663)/2;       //设置页面的左边距
    divID.style.top=(document.body.clientHeight-441)/2;       //设置页面的顶边距
}
```

在JavaScript中应用document对象的getElementById( )方法获取元素后，可以通过该元素的style属性的子属性display控制元素的显示或隐藏。如果想显示该元素，则设置其属性为block，否则设置为none。

（5）在网站导航栏中设置用于显示用户注册页面的超链接，并在其onClick事件中调用Regopen( )函数，具体代码如下。

```
<a href="#" onClick="Regopen('register')">注册</a>
```

（6）编写自定义的JavaScript函数Myclose()，用于隐藏用户注册页面。Myclose()函数的具体代码如下。

```
//隐藏用户注册页面
function Myclose(divID){
    document.getElementById(divID).style.display='none';          //隐藏用户注册页面
     document.getElementById("notClickDiv").style.display='none';
//设置id为notClickDiv的层隐藏
}
```

Myclose( )函数将在用户注册页面的“关闭”按钮的onClick事件中调用。具体调用方法，请参见表11.3中“关闭”按钮的属性设置。

2. 验证输入信息的有效性

为了保证用户输入信息的有效性，在用户填写信息时，还需要及时验证输入信息的有效性。在本网站中，需要验证的信息包括用户名、密码、确认密码、E-mail地址、密码提示问题和提示问题答案，下面介绍具体的实现步骤。

（1）在验证输入信息的有效性时，首先需要定义以下6个JavaScript全局变量，用于记录各项数据的验证结果。

```
<script language="javascript">
var flag_user=true;                //记录用户是否合法
var flag_pwd=true;                 //记录密码是否合法
var flag_repwd=true;               //确认密码是否通过
var flag_email=true;               //记录E-mail地址是否合法
var flag_question=true;            //记录密码提示问题是否输入
var flag_answer=true;              //记录提示问题答案是否输入
</script>
```

（2）在用户名所在行的上方添加一个只有一个单元格的新行，id为tr_user，用于当用户名输入不合法时，显示提示信息。并且在该行的单元格中插入一个id为div_user的<div>标记。具体代码如下。

```
<tr id="tr_user" style="display:none">
  <td height="40" colspan="2" align="center">
<div id="div_user" style="border:#FF6600 1px solid; color:#FF0000; width:90%; height:29px; padding-top:8px;)"></div>
```

```
        </td>
    </tr>
```

（3）编写自定义的JavaScript函数checkUser( )，用于验证用户名是否合法，并且未被注册。checkUser( )函数的具体代码如下。

```
function checkUser(str){
    if(str==""){                                                            //当用户名为空时
        document.getElementById("div_user").innerHTML="请输入用户名！";        //设置提示文字
        document.getElementById("tr_user").style.display='block';           //显示提示信息
        flag_user=false;
    }else if(!checkeUser(str)){                                             //判断用户名是否符合要求
       document.getElementById("div_user").innerHTML="您输入的用户名不合法！";
                                                                            //设置提示文字
       document.getElementById("tr_user").style.display='block';            //显示提示信息
       flag_user=false;
   }else{                            //进行异步操作，判断用户名是否被注册
        var loader=new net.AjaxRequest("UserServlet?action=checkUser&username="+str+"&nocache="+new Date(
).getTime(),deal,onerror,"GET");
    }
}
```

在上面代码中调用的checkeUser( )函数为自定义的JavaScript函数，该函数的完整代码被保存到JS/wghFunction.js文件中。

（4）编写用于处理用户信息的Servlet“UserServlet”，在该Servlet中的doPost( )方法中，编写以下代码用于根据传递的action参数，执行不同的处理方法。关键代码如下。

```
if ("checkUser".equals(action)) {                    //检测用户名是否被注册
    this.checkUser(request, response);
}else if("save".equals(action)){                     //保存用户注册信息
    this.save(request,response);
}
```

（5）在处理用户信息的Servlet“UserServlet”中，编写action参数checkUser对应的方法checkUser( )，用于判断输入的用户名是否被注册。在该方法中，首先获取输入的用户名，然后调用UserDao类的checkUser( )方法判断用户是否被注册，最后输出检测结果。checkUser( )方法的具体代码如下。

```
public void checkUser(HttpServletRequest request,
        HttpServletResponse response) throws ServletException, IOException {
    String username = request.getParameter("username");        //获取用户名
    String sql = "SELECT * FROM tb_user WHERE username='" + username + "'";
    String result = userDao.checkUser(sql);
                            //调用UserDao类的checkUser( )方法判断用户是否被注册
    response.setContentType("text/html");
    PrintWriter out = response.getWriter();
    out.print(result);                          // 输出检测结果
    out.flush();
    out.close();
}
```

（6）在UserDao类中编写checkUser( )方法，用于判断用户是否被注册，具体代码如下。

```
public String checkUser(String sql) {
    ResultSet rs = conn.executeQuery(sql);                  // 执行查询语句
    String result = "";
    try {
        if (rs.next()) {
            result = "很抱歉，[" + rs.getString(2) + "]已经被注册！";
        } else {
            result = "1";                                   // 表示用户没有被注册
        }
    } catch (SQLException e) {
        e.printStackTrace();                                //输出异常信息
    } finally {
        conn.close();                                       // 关闭数据库连接
    }
    return result;                                          //返回判断结果
}
```

（7）编写用于检测用户名是否被注册的Ajax对象的回调函数deal()，用于根据检测结果控制是否显示提示信息。在该函数中，首先获取返回的检测结果，然后去除返回的检测结果中的Unicode空白符，最后判断返回的检测结果是否为1，如果为1，表示该用户名没有被注册，不显示提示信息行，否则表示该用户名已经被注册，显示错误提示信息。deal()函数的具体代码如下。

```
function deal(){
    result=this.req.responseText;                                   //获取返回的检测结果
    result=result.replace(/\s/g,"");                                //去除Unicode空白符
    if(result=="1"){                                                //当用户名没有被注册
      document.getElementById("div_user").innerHTML="";             //清空提示文字
      document.getElementById("tr_user").style.display='none';
                                                                    //隐藏提示信息显示行
      flag_user=true;
   }else{                                                           //当用户名已经被注册
     document.getElementById("div_user").innerHTML=result;          //设置提示文字
     document.getElementById("tr_user").style.display='block';      //显示提示信息
     flag_user=false;
   }
}
```

（8）编写一个用户注册页面应用的全部Ajax对象的错误处理函数onerror()，在该函数中将弹出一个错误提示框。onerror()函数的具体代码如下。

```
function onerror(){        //错误处理函数
    alert("出错了");
}
```

（9）在“用户名”文本框的onBlur（失去焦点）事件中调用checkUser()函数验证用户名。具体代码如下。

```
<input name="user" type="text" onBlur="checkUser(this.value)">
```

（10）验证输入的密码和确认密码是否符合要求。

首先，在“密码”文本框的上方添加一个只有一个单元格的新行，id为tr_pwd，用于当输入的密码或是确认密码不符合要求时，显示提示信息。并且在该行的单元格中插入一个id为div_pwd的<div>标记。具体代码如下。

```
<tr id="tr_pwd" style="display:none">
  <td height="40" colspan="2" align="center">
<div id="div_pwd" style="border:#FF6600 1px solid; color:#FF0000; width:90%; height:29px; padding-top:8px; background-image:url(images/div_bg.jpg)"></div>
```

```
    </td>
    </tr>
```

然后，编写自定义的JavaScript函数checkPwd( )，用于判断输入的密码是否合法，并根据判断结果显示相应的提示信息。checkPwd( )函数的具体代码如下。

```
function checkPwd(str){
    if(str==""){                                                          //当密码为空时
        document.getElementById("div_pwd").innerHTML="请输入密码！";          //设置提示文字
        document.getElementById("tr_pwd").style.display='block';             //显示提示信息
        flag_pwd=false;
    }else if(!checkePwd(str)){                                            //当密码不合法时
        document.getElementById("div_pwd").innerHTML="您输入的密码不合法！"; //设置提示文字
        document.getElementById("tr_pwd").style.display='block';             //显示提示信息
      flag_pwd=false;
    }else{    //当密码合法时
        document.getElementById("div_pwd").innerHTML="";                  //清空提示文字
        document.getElementById("tr_pwd").style.display='none';           //隐藏提示信息显示行
        flag_pwd=true;
    }
}
```

在上面代码中调用的checkePwd ( )函数为自定义的JavaScript函数，该函数的完整代码被保存到JS/wghFunction.js文件中。

接下来，再编写自定义的JavaScript函数checkRepwd( )，用于判断确认密码与输入的密码是否一致，并根据判断结果显示相应的提示信息。checkRepwd( )函数的具体代码如下。

```
function checkRepwd(str){
    if(str==""){                                                          //当确认密码为空时
        document.getElementById("div_pwd").innerHTML="请确认密码！";          //设置提示文字
        document.getElementById("tr_pwd").style.display='block';             //显示提示信息
        flag_repwd=false;
    }else if(form21.pwd.value!=str){                                  //当确认密码与输入的密码不一致时
        document.getElementById("div_pwd").innerHTML="两次输入的密码不一致！";  //设置提示文字
        document.getElementById("tr_pwd").style.display='block';          //显示提示信息
        flag_repwd=false;
    }else{    //当两次输入的密码一致时
        document.getElementById("div_pwd").innerHTML="";                  //清空提示文字
        document.getElementById("tr_pwd").style.display='none';           //隐藏提示信息显示行
        flag_repwd=true;
    }
}
```

最后，在“密码”文本框和“确认密码”文本框的onBlur（失去焦点）事件中分别调用checkPwd( )函数和checkRepwd( )函数。具体代码如下。

```
<input name="pwd" type="password" onBlur="checkPwd(this.value)">
<input name="repwd" type="password" onBlur="checkRepwd(this.value)">
```

（11）按照步骤（10）介绍的方法实现验证输入的E-mail地址、密码提示问题和提示问题是否符合要求。

添加数据验证后的用户注册页面如图11-12所示。

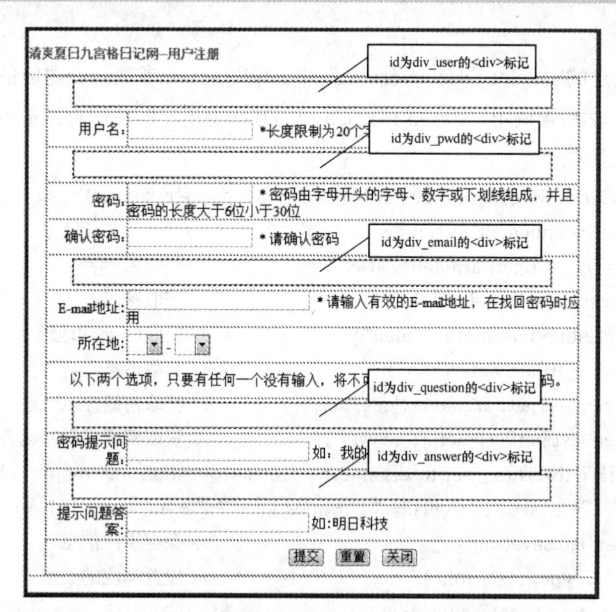

图11-12　添加数据验证后的用户注册页面

3. 保存用户注册信息

将用户注册信息保存到数据库的具体步骤如下。

（1）编写自定义的JavaScript函数save( )，用于实现实例化Ajax对象。在该函数中，首先判断用户名、密码、确认密码、E-mail地址是否为空，如果不为空，再根据全局变量的值判断输入的数据是否符合要求，如果符合要求，将各参数连接为一个字符串，作为POST传递的参数，并实例化Ajax对象，否则弹出错误提示信息。save()函数的具体代码如下。

```
function save(){
    if(form21.user.value==""){                          //当用户名为空时
        alert("请输入用户名！");form21.user.focus();return;
    }
    if(form21.pwd.value==""){                           //当密码为空时
        alert("请输入密码！");form21.pwd.focus();return;
    }
    if(form21.repwd.value==""){                         //当没有输入确认密码时
        alert("请确认密码！");form21.repwd.focus();return;
    }
    if(form21.email.value==""){                         //当E-mail地址为空时
        alert("请输入E-mail地址！");form21.email.focus();return;
    }
//所有数据都符合要求时
    if(flag_user && flag_pwd && flag_repwd && flag_email && flag_question && flag_answer){
        var param="user="+form21.user.value+"&pwd="+form21.pwd.value+"&email="+form21.email.
value+"&question="+
      form21.question.value+"&answer="+form21.answer.value+"&city="+form21.city.value;      //组合参数
        var loader=new net.AjaxRequest("UserServlet?action=save&nocache="+new Date().getTime(),deal_
save,onerror,"POST",param);
```

```
    }else{
        alert("您填写的注册信息不合法，请确认！");
    }
}
```

（2）在处理用户信息的Servlet“UserServlet”中，编写action参数save对应的方法save( )。在该方法中，首先获取用户信息，然后再调用UserDao类的save( )方法将用户信息保存到数据表中，最后输出执行结果。save( )方法的具体代码如下。

```
public void save(HttpServletRequest request, HttpServletResponse response)
        throws ServletException, IOException {
    String username = request.getParameter("user");             // 获取用户名
    String pwd = request.getParameter("pwd");                   // 获取密码
    String email = request.getParameter("email");               // 获取E-mail地址
    String city = request.getParameter("city");                 // 获取市县
    String question = request.getParameter("question");         // 获取密码提示问题
    String answer = request.getParameter("answer");             // 获取密码提示问题答案
    String sql = "INSERT INTO tb_user (username,pwd,email,question,answer,city) VALUE ('"
        + username+"','"+ pwd+ "','"+ email+ "','"+ question+ "','" + answer + "','" + city + "')";
    String result = userDao.save(sql);                          // 保存用户信息
    response.setContentType("text/html");                       // 设置响应的类型
    PrintWriter out = response.getWriter();
    out.print(result);                                          // 输出执行结果
    out.flush();
    out.close();                                                // 关闭输出流对象
}
```

（3）在UserDao类中编写save( )方法，用于保存用户的注册信息，具体代码如下。

```
public String save(String sql) {
        int rtn = conn.executeUpdate(sql);              // 执行更新语句
        String result = "";
        if (rtn > 0) {
            result = "用户注册成功！";
        } else {
            result = "用户注册失败！";
        }
        conn.close();                                   //关闭数据库的连接
        return result;                                  //返回执行结果
}
```

（4）编写保存用户注册信息的Ajax对象的回调函数deal_save( )，用于显示保存用户信息的结果，并重置表单，同时还需要隐藏用户注册页面。deal_save( )函数的具体代码如下。

```
function deal_save(){
    alert(this.req.responseText);               //弹出提示信息
    form_reset(form1);                          //重置表单
    Myclose("register");                        //隐藏用户注册页面
}
```

11.5.4 用户登录的实现过程

用户登录页面采用灰色的半透明背景的无边框窗口实现，这样可以改善用户的视觉效果。实现用户登录页面的具体步骤如下。

（1）创建top.jsp页面，并在该页面中添加一个<div>标记，设置其id属性为login，并在<div>标记中添加一个表单及表单元素，用于收集用户登录信息，关键代码如下。

```
<div id="login">
<form name="form2" method="post" action="" id="form2">
    <div id="loginTitle">清爽夏日九宫格日记网--用户登录</b></div>
    <div id="loginContent" style="background-color:#FFFEF9; margin:0px;">
    <ul id="loginUl"><li>
    用户名：<input type="text" name="username" style="width:120px" onkeydown="if(event.keyCode==13){this.
form.pwd.focus( );}">
    </li><li>
    密码：<input type="password" name="pwd"  style="width:120px" onkeydown="if(event.keyCode==13)
{loginSubmit(this.form)}"> <a href="forgetPwd_21.jsp">忘记密码</a>
    </li><li style="padding-left:40px;">
    <input name="Submit" type="button"  onclick="loginSubmit(this.form)" value="登录">
  <input name="Submit2" type="button" value="关闭" onClick="myClose(login)">
    </li></ul>
    </div>
     <div style="background-color:#FEFEFC;height:10px;"></div>
</form>
 </div>
```

（2）编写CSS样式，用于设置id为login的<div>标记的样式，这里主要用于设置布局方式、宽度、高度、显示方式等。具体代码如下。

```
#login{
    position:absolute;                          /*设置布局方式*/
    width:280px;                                /*设置宽度*/
    padding:4px;                                /*设置内边距*/
    height:156px;                               /*设置高度*/
    display:none;                               /*设置显示方式*/
    z-index:10;                                 /*设置层叠顺序*/
    background-color:#546B51;                   /*设置背景颜色*/
}
```

（3）编写自定义的JavaScript函数Myopen( )，用于居中显示用户登录页面。Myopen( )函数的具体代码如下。

```
function Myopen(divID){                         //根据传递的参数确定显示的层
    var notClickDiv=document.getElementById("notClickDiv");
                                                //获取id为notClickDiv的层
   notClickDiv.style.display='block';           //设置层显示
    document.getElementById("notClickDiv").style.width=document.body.clientWidth;
    document.getElementById("notClickDiv").style.height=document.body.clientHeight;
  document.getElementById(divID).style.display='block';
                                                //设置由divID所指定的层显示
  //设置由divID所指定的层的左边距
  document.getElementById(divID).style.left=(document.body.clientWidth-240)/2;
  //设置由divID所指定的层的顶边框
  document.getElementById(divID).style.top=(document.body.clientHeight-139)/2;
}
```

（4）在网站导航栏中设置用于显示用户登录页面的超级链接，并在其onClick事件中调用Myopen( )函数，具体代码如下。

```
<a href="#" onClick="Myopen('login')">登录</a>
```

（5）编写自定义的JavaScript函数Myclose()，用于隐藏用户登录页面。Myclose()函数的具体代码如下。

```
function myClose(divID){
   divID.style.display='none';                          //设置id为login的层隐藏
    document.getElementById("notClickDiv").style.display='none';
                                                         //设置id为notClickDiv的层隐藏
}
```

（6）编写自定义的JavaScript函数loginSubmit()，用于实现实例化Ajax对象。在该函数中，首先判断用户名和密码是否为空，如果不为空，再将各参数连接为一个字符串，作为POST传递的参数，并实例化Ajax对象，否则弹出错误提示信息。loginSubmit()函数的具体代码如下。

```
function loginSubmit(form2){
   if(form2.username.value==""){              //验证用户名是否为空
      alert("请输入用户名！");form2.username.focus();return false;
   }
   if(form2.pwd.value==""){                   //验证密码是否为空
      alert("请输入密码！");form2.pwd.focus();return false;
   }
   //将登录信息连接成字符串，作为发送请求的参数
   var param="username="+form2.username.value+"&pwd="+form2.pwd.value;
   var loader=new net.AjaxRequest("UserServlet?action=login",deal_login,onerror,"POST",encodeURI(param));
}
```

（7）编写一个用户登录页面应用的Ajax对象的错误处理函数onerror()，在该函数中将弹出一个错误提示框。onerror()函数的具体代码如下。

```
function onerror(){
   alert("您的操作有误");
}
```

（8）在处理用户信息的Servlet“UserServlet”中，编写action参数login对应的方法login()。在该方法中，首先获取用户登录信息，然后再调用UserDao类的login()方法验证登录信息，最后根据验证结果保存不同的信息并重定向页面到userMessage.jsp页面。login()方法的具体代码如下。

```
private void login(HttpServletRequest request, HttpServletResponse response)
        throws ServletException, IOException {
    User f = new User();
    f.setUsername(request.getParameter("username"));          // 获取并设置用户名
    f.setPwd(request.getParameter("pwd"));                    // 获取并设置密码
    int r = userDao.login(f);
    if (r > 0) {  // 当用户登录成功时
        HttpSession session = request.getSession();
        session.setAttribute("userName", f.getUsername());    // 保存用户名
        session.setAttribute("uid", r);                        // 保存用户ID
        request.setAttribute("returnValue", "登录成功！");      // 保存提示信息
        request.getRequestDispatcher("userMessage.jsp").forward(request,response);      // 重定向页面
    } else {   // 当用户登录不成功时
        request.setAttribute("returnValue", "您输入的用户名或密码错误，请重新输入！");
        request.getRequestDispatcher("userMessage.jsp").forward(request,response);      // 重定向页面
    }
}
```

（9）在UserDao类中编写login()方法，用于验证用户的登录信息。该方法返回1，表示登录成功，否则表示登录失败。具体代码如下。

```
public int login(User user) {
    int flag = 0;
String sql = "SELECT * FROM tb_user where userName='"+ user.getUsername() + "'";
ResultSet rs = conn.executeQuery(sql);                    // 执行SQL语句
try {
    if (rs.next()) {
            String pwd = user.getPwd();                    // 获取密码
            int uid = rs.getInt(1) ;                       // 获取第一列的数据
            if (pwd.equals(rs.getString(3))) {
                flag = uid;
                rs.last();                                 // 定位到最后一条记录
                int rowSum = rs.getRow();                  // 获取记录总数
                rs.first();                                // 定位到第一条记录
                if (rowSum != 1) {
                    flag = 0;
                }
            } else {
                flag = 0;
            }
        } else {
            flag = 0;
        }
    } catch (SQLException ex) {
        ex.printStackTrace();                              // 输出异常信息
        flag = 0;
    } finally {
        conn.close();                                      // 关闭数据库连接
    }
    return flag;
}
```

说明 **在验证用户身份时先判断用户名，再判断密码，可以防止用户输入恒等式后直接登录网站。**

（10）编写userMessage.jsp页面，用于显示登录结果，具体代码如下。

```
<%@ page language="java" contentType="text/html; charset=UTF-8" pageEncoding="UTF-8"%>
${requestScope.returnValue}
```

（11）编写用户登录的Ajax对象的回调函数deal_login()，用于显示登录结果。当登录成功时，重定向页面到主界面，否则清空用户名和密码文本框，并让用户名文本框获得焦点。deal_login()函数的具体代码如下。

```
function deal_login(){
    /*****************显示提示信息*******************************/
    var h=this.req.responseText;
    h=h.replace(/\s/g,"");                  //去除字符串中的Unicode空白
    alert(h);
    if(h=="登录成功！"){
        window.location.href="DiaryServlet?action=listAllDiary";
    }else{
```

```
        form2.username.value="";                    //清空用户名文本框
        form2.pwd.value="";                         //清空密码文本框
        form2.username.focus();                     //让用户名文本框获得焦点
    }
}
```

11.5.5 退出登录的实现过程

用户登录系统后，如果想退出登录，可以单击导航栏中的“退出登录”超级链接。实现退出登录的具体过程如下。

（1）在导航栏中添加“退出登录”的超级链接，具体代码如下。

```
<a href="UserServlet?action=exit">退出登录</a>
```

（2）在处理用户信息的Servlet“UserServlet”中，编写action参数exit对应的方法exit( )。在该方法中，首先获取HttpSession的对象，然后执行invalidate( )方法销毁Session，最后重定向页面到主界面。exit( )方法的具体代码如下。

```
private void exit(HttpServletRequest request, HttpServletResponse response)throws ServletException, IOException {
        HttpSession session = request.getSession();                    // 获取HttpSession的对象
        session.invalidate();                                          // 销毁session
    request.getRequestDispatcher("DiaryServlet?action=listAllDiary").forward(request, response); // 重定向页面
}
```

11.5.6 忘记密码的实现过程

如果用户忘记了登录密码，可以通过“找回密码”功能获取密码。当用户在导航栏中单击“找回密码”超级链接，将进入到找回密码第一步页面，在该页面中输入用户名，例如qiqi，如图11-13所示，单击“下一步”按钮，将进入到找回密码第二步页面，在该页面中将显示注册时设置的密码的提示问题，如果注册时没有设置密码提示问题，则不能完成找回密码操作，输入密码提示问题的答案后，如图11-14所示，单击“下一步”按钮，将以对话框的形式给出原密码，如图11-15所示。

图11-13 找回密码第一步的运行结果

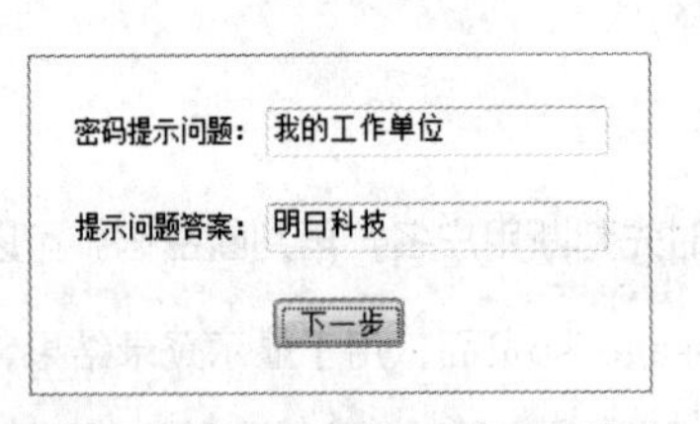

图11-14 找回密码第二步的运行结果

图11-15 显示原密码

找回密码的具体实现步骤如下。

（1）编写找回密码第一步页面forgetPwd_21.jsp，在该页面中添加用于收集用户名的表单及表单元素，关键代码如下。

```
<form name="form_forgetPwd" method="post" action="UserServlet?action=forgetPwd1" onsubmit="return checkForm(this)">
请输入用户名：<input type="text" name="username">
    <input name="Submit" type="submit"  value="下一步">
</form>
```

（2）在处理用户信息的Servlet“UserServlet”中，编写action参数forgetPwd1对应的方法forgetPwd1( )。在该方法中，首先获取用户名，然后执行UserDao类的找回密码第一步对应的方法forgetPwd1( )获取密码提示问

题，最后根据执行结果显示不同的处理结果。如果找到相应的密码提示问题，则保存密码提示问题和用户名到request参数中，并重定向页面到找回密码第二步页面。forgetPwd1()方法的具体代码如下。

```
private void forgetPwd1(HttpServletRequest request,
        HttpServletResponse response) throws ServletException, IOException {
    String username = request.getParameter("username");  // 获取用户名
    String question = userDao.forgetPwd1(username);  // 执行找回密码第一步对应的方法获取密码提示问题
    PrintWriter out = response.getWriter();
    if ("".equals(question)) {                        // 判断密码提示问题是否为空
        out.println("<script>alert('您没有设置密码提示问题，不能找回密码！');history.back();</script>");
    } else if ("您输入的用户名不存在！".equals(question)) {
        out.println("<script>alert('您输入的用户名不存在！');history.back();</script>");
    } else {                                          // 获取密码提示问题成功
        request.setAttribute("question", question);            // 保存密码提示问题
        request.setAttribute("username", username);
                                                      // 保存用户名
        request.getRequestDispatcher("forgetPwd_2.jsp").forward(request, response);  // 重定向页面
    }
}
```

（3）在UserDao类中编写forgetPwd1()方法，用于获取密码提示问题。具体代码如下。

```
public String forgetPwd1(String username) {
    String sql = "SELECT question FROM tb_user WHERE username='" + username+ "'";
    ResultSet rs = conn.executeQuery(sql);        // 执行SQL语句
    String result = "";
    try {
        if (rs.next()) {
            result = rs.getString(1);             // 获取第一列的数据
        } else {
            result = "您输入的用户名不存在！";        // 表示输入的用户名不存在
        }
    } catch (SQLException e) {
        e.printStackTrace();                      // 输出异常信息
        result = "您输入的用户名不存在！";            // 表示输入的用户名不存在
    } finally {
        conn.close();                             // 关闭数据库连接
    }
    return result;
}
```

（4）编写找回密码第二步页面forgetPwd_2.jsp，在该页面中添加一个表单及表单元素，用于显示和获取密码提示问题及提示问题答案，关键代码如下。

```
<form name="form_forgetPwd" method="post" action="UserServlet?action=forgetPwd2" onsubmit="return checkForm(this)">
    密码提示问题：<input type="hidden" name="username" value="${requestScope.username}">
    <input type="text" name="question" value="${requestScope.question}" readonly="readonly">
    提示问题答案：<input type="text" name="answer" value="">
    <input name="Submit" type="submit" value="下一步">
</form>
```

（5）在处理用户信息的Servlet"UserServlet"中，编写action参数forgetPwd2对应的方法forgetPwd2()。在该方法中，首先获取用户名，然后执行UserDao类的找回密码第二步对应的方法forgetPwd2()获取密码提示问

题，最后根据执行结果显示不同的处理结果。如果找到相应的密码提示问题，则保存密码提示问题和用户名到request参数中，并重定向页面到找回密码第二步页面。forgetPwd2()方法的具体代码如下。

```
private void forgetPwd2(HttpServletRequest request,
        HttpServletResponse response) throws ServletException, IOException {
    String username = request.getParameter("username");    // 获取用户名
    String question = request.getParameter("question");    // 获取密码提示问题
    String answer = request.getParameter("answer");         // 获取提示问题答案
    // 执行找回密码第二步的方法判断提示问题答案是否正确
    String pwd = userDao.forgetPwd2(username, question, answer);
    PrintWriter out = response.getWriter();
    if ("您输入的密码提示问题答案错误！".equals(pwd)) {      // 提示问题答案错误
        out.println("<script>alert('您输入的密码提示问题答案错误！');history.back();</script>");
    } else {                                                // 提示问题答案正确，返回密码
        out.println("<script>alert('您的密码是：\\r\\n"+ pwd
                + "\\r\\n请牢记！');window.location.href='DiaryServlet?action=listAllDiary';</script>");
    }
}
```

（6）在UserDao类中编写forgetPwd2()方法，用于判断提示问题答案是否正确，如果正确则返回原密码，否则返回错误提示信息。forgetPwd2()方法的具体代码如下。

```
public String forgetPwd2(String username, String question, String answer) {
    String sql = "SELECT pwd FROM tb_user WHERE username='" + username
            + "' AND question='" + question + "' AND answer='" + answer+ "'";
    ResultSet rs = conn.executeQuery(sql);          // 执行SQL语句
    String result = "";
    try {
        if (rs.next()) {
            result = rs.getString(1);               // 获取第一列的数据
        } else {
            result = "您输入的密码提示问题答案错误！";
                                                    // 表示输入的密码提示问题答案错误
        }
    } catch (SQLException e) {
        e.printStackTrace();                        // 输出异常信息
    } finally {
        conn.close();                               // 关闭数据库连接
    }
    return result;
}
```

11.6 显示九宫格日记列表模块设计

11.6.1 显示九宫格日记列表概述

用户访问网站时，首先进入的是网站的主界面，在主界面的主显示区中，将以分页的形式显示九宫格日记列表。显示九宫格日记列表主要用于分页显示全部九宫格日记、分页显示我的日记、展开和收缩日记图片、显示日记原图、对日记图片进行左转和右转以及删除我的日记等。其中，分页显示我的日记和删除我的日记功能，只有在用户登录后才可以使用。

11.6.2 展开和收缩图片

在显示九宫格日记列表时，默认情况下显示的是日记图片的缩略图。将鼠标移动到该缩略图上时，鼠标将显示为一个带“+”号的放大镜，如图11-16所示。单击该缩略图，可以展开该缩略图，此时鼠标将显示为带“-”号的放大镜，如图11-17所示，单击日记图片或“收缩”超级链接，可以将该图片再次显示为图11-16所示的缩略图。

图11-16 日记图片的缩略图

图11-17 展开日记图片

在实现展开和收缩图片时，主要应用JavaScript对图片的宽度、高度、图片来源、鼠标样式等属性进行设置。下面将对这些属性进行详细介绍。

1. 设置图片的宽度

通过document对象的getElementById( )方法获取图片对象后，可以通过设置其width属性来设置图片的宽度，具体的语法如下。

```
imgObject.width=value;
```

其中imgObject为图片对象，可以通过document对象的getElementById( )方法获取；value为宽度值，单位为像素值或百分比。

2. 设置图片的高度

通过document对象的getElementById( )方法获取图片对象后，可以通过设置其height属性来设置图片的高度，具体的语法如下。

```
imgObject.height=value;
```

其中imgObject为图片对象，可以通过document对象的getElementById( )方法获取；value为高度值，单位为像素值或百分比。

3. 设置图片的来源

通过document对象的getElementById( )方法获取图片对象后，可以通过设置其src属性来设置图片的来源，具体的语法如下。

```
imgObject.src=path;
```

其中imgObject为图片对象，可以通过document对象的getElementById( )方法获取；path为图片的来源URL，可以使用相对路径，也可以使用HTTP绝对路径。

4. 设置鼠标样式

通过document对象的getElementById( )方法获取图片对象后，可以通过设置其style属性的子属性cursor来设置鼠标样式，具体的语法如下。

```
imgObject.style.cursor=uri;
```

其中imgObject为图片对象，可以通过document对象的getElementById( )方法获取；uri为ICO图标的路径，这里需要使用url()函数将图标文件的路径括起来。

由于在清爽夏日九宫格日记网中，需要展开和收缩的图片不只一个，所以这里需要编写一个自定义的

JavaScript函数zoom()来完成图片的展开和收缩。zoom()函数的具体代码如下。

```
<script language="javascript">
//展开或收缩图片的方法
function zoom(id,url){
    document.getElementById("diary"+id).style.display = "";    //显示图片
    if(flag[id]){                                               //用于展开图片
        document.getElementById("diary"+id).src="images/diary/"+url+".png";
                                                                //设置要显示的图片
        document.getElementById("diary"+id).style.cursor="url(images/ico02.ico)";
                                                                //为图片添加自定义鼠标样式
        document.getElementById("control"+id).style.display="";
                                                                //显示控制工具栏
        document.getElementById("diaryImg"+id).style.width=401;
                                                                //设置日记图片的宽度
        document.getElementById("diaryImg"+id).style.height=436;
                                                                //设置日记图片的高度
        document.getElementById("canvas"+id).style.cursor="url(images/ico02.ico)";
                                                                //为画布添加自定义鼠标样式
        document.getElementById("diary"+id).width=400;          //设置图片的宽度
        document.getElementById("diary"+id).height=400;         //设置图片的高度
        flag[id]=false;
    }else{                                                      //用于收缩图片
        document.getElementById("diary"+id).src="images/diary/"+url+"scale.jpg";  //设置图片显示为缩略图
        document.getElementById("control"+id).style.display="none";
                                                                //设置控制工具栏不显示
        document.getElementById("diary"+id).style.cursor="url(images/ico021.ico)";
                                                                //为图片添加自定义鼠标样式
        document.getElementById("diaryImg"+id).style.width=60;
                                                                //设置日记图片的宽度
        document.getElementById("diaryImg"+id).style.height=60;
                                                                //设置日记图片的高度
        document.getElementById("canvas"+id).style.cursor="url(images/ico021.ico)";
                                                                //为画布添加自定义鼠标样式
        document.getElementById("diary"+id).width=60;
                                                                //设置图片的宽度
        document.getElementById("diary"+id).height=60;
                                                                //设置图片的高度
        flag[id]=true;
        document.getElementById("canvas"+id).style.display="none";
                                                                //设置面板不显示

    }
}
var i=0;                                                        //标记变量，用于记录当前页共几条日记
</script>
```

为了分别控制每张图片的展开和收缩状态，还需要设置一个记录每张图片状态的标记数组，并在页面载入后，通过while循环将每个数组元素的值都设置为true，具体代码如下。

```
<script type="text/javascript">
var flag=new Array(i);              //定义一个标记数组
```

```
window.onload = function(){
    while(i>0){
        flag[i]=true;                //初始化一维数组的各个元素
        i--;
    }
}
</script>
```

在图片的上方添加“收缩”超级链接，并在其onClick事件中调用zoom()方法，关键代码如下。

```
<a href="#" onClick="zoom('${id.count }','${diaryList.address }')">收缩</a>
```

同时，还需要在图片和面板的onClick事件中调用zoom()方法，关键代码如下。

```
<img id="diary${id.count }" src="images/diary/${diaryList.address }scale.jpg"
        style="cursor: url(images/ico021.ico);" onClick="zoom('${id.count }','${diaryList.address }')">
<canvas id="canvas${id.count }" style="display:none;" onClick="zoom('${id.count }','${diaryList.address }')"></
canvas>
```

说明 上面代码中的面板主要是用于对图片进行左转和右转时使用的。

11.6.3 查看日记原图

在将图片展开后，可以通过单击“查看原图”超级链接，查看日记的原图，如图11-18所示。

在实现查看日记原图时，首先需要获取请求的URL地址，然后在页面中添加一个“查看原图”的超级链接，并将该URL地址和图片相对路径组合成HTTP绝对路径作为超链接的地址，具体代码如下。

```
<%String url=request.getRequestURL().toString();
url=url.substring(0,url.lastIndexOf("/"));%>
<a href="<%=url %>/images/diary/${diaryList.address }.png"
target="_blank">查看原图</a>
```

图11-18 查看原图

11.6.4 对日记图片进行左转和右转

在清爽夏日九宫格日记网中，还提供了对展开的日记图片进行左转和右转功能。例如，展开标题为“心情不错”的日记图片，如图11-19所示，单击“左转”超级链接，将显示图11-20所示的效果。

图11-19 没有进行旋转的图片

图11-20 向左转一次的效果

在实现对图片进行左转和右转时，这里应用了Google公司提供的excanvas插件。该插件的下载地址是：http://groups.google.com/group/google-excanvas/download?s=files。应用excanvas插件对图片进行左转和右转的具体步骤如下。

（1）下载excanvas插件，并将其中的excanvas-modified.js文件复制到项目的JS文件夹中。

（2）在需要对图片进行左转和右转的页面中应用以下代码包含该JS文件，本项目中为listAllDiary.jsp文件。

```
<script type="text/javascript" src="JS/excanvas-modified.js"></script>
```

（3）编写JavaScript代码，应用excanvas插件对图片进行左转和右转，由于在本网站中，需要进行旋转的图片有多个，所以这里需要通过循环编写多个旋转方法，方法名由字符串“rotate+ID号”组成。具体代码如下。

```
<script type="text/javascript">
i++;                                    //标记变量，用于记录当前页共几条日记
function rotate${id.count }(){
    var param${id.count } = {
        right: document.getElementById("rotRight${id.count }"),
        left: document.getElementById("rotLeft${id.count }"),
        reDefault: document.getElementById("reDefault${id.count }"),
        img: document.getElementById("diary${id.count }"),
        cv: document.getElementById("canvas${id.count }"),
        rot: 0
    };
    var rotate = function(canvas,img,rot){
        var w = 400;                        //设置图片的宽度
        var h = 400;                        //设置图片的高度
        //角度转为弧度
        if(!rot){
            rot = 0;
        }
        var rotation = Math.PI * rot / 180;
        var c = Math.round(Math.cos(rotation) * 1000) / 1000;
        var s = Math.round(Math.sin(rotation) * 1000) / 1000;
        //旋转后canvas面板的大小
        canvas.height = Math.abs(c*h) + Math.abs(s*w);
        canvas.width = Math.abs(c*w) + Math.abs(s*h);
        //绘图开始
        var context = canvas.getContext("2d");
        context.save();
        //改变中心点
        if (rotation <= Math.PI/2) {            //旋转角度小于等于90度时
          context.translate(s*h,0);
        } else if (rotation <= Math.PI) {       //旋转角度小于等于180度时
          context.translate(canvas.width,-c*h);
        } else if (rotation <= 21.5*Math.PI) {  //旋转角度小于等于270度时
          context.translate(-c*w,canvas.height);
        } else {
          rot=0;
          context.translate(0,-s*w);
        }
        //旋转90°
        context.rotate(rotation);
        //绘制
```

```
            context.drawImage(img, 0, 0, w, h);
            context.restore();
            img.style.display = "none";                    //设置图片不显示
        }
        var fun = {
            right: function(){                             //向右转的方法
                param${id.count }.rot += 90;
                rotate(param${id.count }.cv, param${id.count }.img, param${id.count }.rot);
                if(param${id.count }.rot === 270){
                    param${id.count }.rot = -90;
                }else if(param${id.count }.rot > 270){
                    param${id.count }.rot = -90;
                    fun.right();                           //调用向右转的方法
                }
            },

            reDefault: function(){                         //恢复默认的方法
                param${id.count }.rot = 0;
                rotate(param${id.count }.cv, param${id.count }.img, param${id.count }.rot);
            },

            left: function(){                              //向左转的方法
                param${id.count }.rot -= 90;
                if(param${id.count }.rot <= -90){
                    param${id.count }.rot = 270;
                }
                rotate(param${id.count }.cv, param${id.count }.img, param${id.count }.rot);    //旋转指定角度
            }
        };
        param${id.count }.right.onclick = function(){              //向右转
            param${id.count }.cv.style.display="";                 //显示画图面板
            fun.right();
            return false;
        };
        param${id.count }.left.onclick = function(){               //向左转
            param${id.count }.cv.style.display="";                 //显示画图面板
            fun.left();
            return false;
        };
        param${id.count }.reDefault.onclick = function(){          //恢复默认
            fun.reDefault();                                       //恢复默认
            return false;
        };
    }
</script>
```

（4）在页面中图片的上方添加“左转”“右转”和“恢复默认”的超级链接。其中，“恢复默认”的超级链接设置为不显示，该超级链接是为了在收缩图片时，将旋转恢复为默认而设置的，关键代码如下。

```
<a id="rotLeft${id.count }" href="#" >左转</a>
<a id="rotRight${id.count }" href="#">右转</a>
<a id="reDefault${id.count }" href="#" style="display:none">恢复默认</a>
```

（5）在页面中插入显示日记图片的<img>标记和面板标记<canvas>，关键代码如下。

```
<img id="diary${id.count }" src="images/diary/${diaryList.address }scale.jpg"
                style="cursor: url(images/ico021.ico);">
<canvas id="canvas${id.count }" style="display:none;"></canvas>
```

（6）在页面的底部，还需要实现当页面载入完成后，通过while循环执行旋转图片的方法，具体代码如下。

```
<script type="text/javascript">
window.onload = function(){
    while(i>0){
        eval("rotate"+i)();                    //执行旋转图片的方法
        i--;
    }
}
</script>
```

11.6.5 显示全部九宫格日记的实现过程

用户访问清爽夏日九宫格日记网时，进入的页面就是显示全部九宫格日记页面。在该页面将分页显示最新的50条九宫格日记，具体的实现过程如下。

（1）编写处理日记信息的Servlet“DiaryServlet”，在该类中，首先需要在构造方法中实例化DiaryDao类（该类用于实现与数据库的交互），然后编写doGet( )和doPost( )方法，在这两个方法中根据request的getParameter( )方法获取的action参数值执行相应方法，由于这两个方法中的代码相同，所以只需在第一个方法doPost( )中写相应代码，在另一个方法doGet( )中调用doPost( )方法即可。

```
public class DiaryServlet extends HttpServlet {
    MyPagination pagination = null;          // 数据分页类的对象
    DiaryDao dao = null;                     // 日记相关的数据库操作类的对象
    public DiaryServlet() {
        super();
        dao = new DiaryDao();                // 实例化日记相关的数据库操作类的对象
    }
    protected void doPost(HttpServletRequest request,
            HttpServletResponse response) throws ServletException, IOException {
        String action = request.getParameter("action");
        if ("preview".equals(action)) {
            preview(request, response);                  // 预览九宫格日记
        } else if ("save".equals(action)) {
            save(request, response);                     // 保存九宫格日记
        } else if ("listAllDiary".equals(action)) {
            listAllDiary(request, response);             // 查询全部九宫格日记
        } else if ("listMyDiary".equals(action)) {
            listMyDiary(request, response);              // 查询我的日记
        } else if ("delDiary".equals(action)) {
            delDiary(request, response);                 // 删除我的日记
        }
    }
    protected void doGet(HttpServletRequest request,
            HttpServletResponse response) throws ServletException, IOException {
        doPost(request, response);                       // 执行doPost()方法
    }
}
```

（2）在处理日记信息的Servlet“DiaryServlet”中，编写action参数listAllDiary对应的方法listAllDiary( )。在该方法中，首先获取当前页码，并判断是否为页面初次运行，如果是初次运行，则调用Dao类中的queryDiary( )方法获取日记内容，并初始化分页信息，否则获取当前页面，并获取指定页数据，最后保存当前页的日记信息等，并重定向页面。listAllDiary( )方法的具体代码如下。

```
public void listAllDiary(HttpServletRequest request,
        HttpServletResponse response) throws ServletException, IOException {
    String strPage = (String) request.getParameter("Page");              // 获取当前页码
    int Page = 1;
    List<Diary> list = null;
    if (strPage == null) {                                                // 当页面初次运行
        String sql = "select d.*,u.username from tb_diary d inner join tb_user u on u.id=d.userid order by d.writeTime DESC limit 50";
        pagination = new MyPagination();
        list = dao.queryDiary(sql);                                       // 获取日记内容
        int pagesize = 4;                                                 // 指定每页显示的记录数
        list = pagination.getInitPage(list, Page, pagesize);              // 初始化分页信息
        request.getSession().setAttribute("pagination", pagination);
    } else {
        pagination = (MyPagination) request.getSession().getAttribute(
                "pagination");
        Page = pagination.getPage(strPage);                               // 获取当前页码
        list = pagination.getAppointPage(Page);                           // 获取指定页数据
    }
    request.setAttribute("diaryList", list);                              // 保存当前页的日记信息
    request.setAttribute("Page", Page);                                   // 保存的当前页码
    request.setAttribute("url", "listAllDiary");                          // 保存当前页面的URL
    request.getRequestDispatcher("listAllDiary.jsp").forward(request,response);    // 重定向页面
}
}
```

（3）在对日记进行操作的DiaryDao类中，编写用于查询日记信息的方法queryDiary( )，在该方法中，首先执行查询语句，然后应用while循环将获取的日记信息保存到List集合中，最后返回该List集合，具体代码如下。

```
public List<Diary> queryDiary(String sql) {
    ResultSet rs = conn.executeQuery(sql);                  // 执行查询语句
    List<Diary> list = new ArrayList<Diary>();
    try {                                                   // 捕获异常
        while (rs.next()) {
            Diary diary = new Diary();
            diary.setId(rs.getInt(1));                      // 获取并设置ID
            diary.setTitle(rs.getString(2));                // 获取并设置日记标题
            diary.setAddress(rs.getString(3));              // 获取并设置图片地址
            Date date;
            try {
                date = DateFormat.getDateTimeInstance().parse(rs.getString(4));
                diary.setWriteTime(date);                   // 设置写日记的时间
            } catch (ParseException e) {
                e.printStackTrace();                        // 输出异常信息到控制台
            }
            diary.setUserid(rs.getInt(5));                  // 获取并设置用户ID
```

```
            diary.setUsername(rs.getString(6));                    //获取并设置用户名
            list.add(diary);                                        //将日记信息保存到list集合中
        }
    } catch (SQLException e) {
        e.printStackTrace();                                         //输出异常信息
    } finally {
        conn.close();                                                //关闭数据库连接
    }
    return list;
}
```

（4）编写listAllDiary.jsp文件，用于分页显示全部九宫日记，具体的实现过程如下。

引用JSTL的核心标签库和格式与国际化标签库，并应用<jsp:useBean>指令引入保存分页代码的JavaBean“MyPagination”，具体代码如下。

```
<%@ taglib uri="http://java.sun.com/jsp/jstl/core" prefix="c"%>
<%@ taglib uri="http://java.sun.com/jsp/jstl/fmt" prefix="fmt"%>
<jsp:useBean id="pagination" class="com.wgh.tools.MyPagination" scope="session"/>
```

应用JSTL的<c:if>标签判断是否存在日记列表，如果存在，则应用JSTL的<c:forEach>标签循环显示指定条数的日记信息。具体代码如下。

```
<c:if test="${!empty requestScope.diaryList}">
<c:forEach items="${requestScope.diaryList}" var="diaryList" varStatus="id">
    <div style="border-bottom-color:#CBCBCB;padding:5px;border-bottom-style:dashed;border-bottom-width: 1px;margin: 10px 20px;color:#0F6548">
    <font color="#CE6A1F" style="font-weight: bold;font-size:14px;">${diaryList.username}</font>  发表九宫格日记：<b>${diaryList.title}</b></div>
    <div style="margin:10px 10px 0px 10px;background-color:#FFFFFF; border-bottom-color:#CBCBCB;border-bottom-style:dashed;border-bottom-width: 1px;">
        <div id="diaryImg${id.count }" style="border:1px #dddddd solid;width:60px;background-color:#EEEEEE;">
            <div id="control${id.count }" style="display:none;padding: 10px;">
                <%String url=request.getRequestURL().toString();
                url=url.substring(0,url.lastIndexOf("/"));%>
                <a href="#" onClick="zoom('${id.count }','${diaryList.address }')">收缩</a>  
                 <a href="<%=url %>/images/diary/${diaryList.address }.png" target="_blank">查看原图</a>
                  <a id="rotLeft${id.count }" href="#" >左转</a>
                  <a id="rotRight${id.count }" href="#">右转</a>
                <a id="reDefault${id.count }" href="#" style="display:none">恢复默认</a>
            </div>
            <img id="diary${id.count }" src="images/diary/${diaryList.address }scale.jpg"
                style="cursor: url(images/ico021.ico);"
                onClick="zoom('${id.count }','${diaryList.address }')">
        <canvas id="canvas${id.count }" style="display:none;" onClick="zoom('${id.count }','${diaryList.address }')">
        </canvas>
        </div>
        <div style="padding:10px;background-color:#FFFFFF;text-align:right;color:#999999;">
            发表时间：<fmt:formatDate value="${diaryList.writeTime}" type="both" pattern="yyyy-MM-dd HH:mm:ss"/>
            <c:if test="${sessionScope.userName==diaryList.username}">
            <a href="DiaryServlet?action=delDiary&id=${diaryList.id }&url=${requestScope.url}&imgName=${diaryList.address }">[删除]</a>
            </c:if>
```

```
            </div>
        </div>
    </c:forEach>
    </c:if>
```

应用JSTL的<c:if>标签判断是否存在日记列表，如果不存在，则显示提示信息“暂无九宫格日记！”。具体代码如下。

```
    <c:if test="${empty requestScope.diaryList}">
    暂无九宫格日记!
    </c:if>
```

在页面的底部添加分页控制导航栏，具体代码如下。

```
        <div style="background-color: #FFFFFF;">
         <%=pagination.printCtrl(Integer.parseInt(request.getAttribute("Page").toString( )),"DiaryServlet?action="+reque
st.getAttribute("url"),"")%>
        </div>
```

11.6.6 我的日记的实现过程

用户注册并成功登录到清爽夏日九宫格日记网后，就可以查看自己的日记。例如，用户wgh登录后，单击导航栏中的“我的日记”超级链接，将显示如图11-21所示的运行结果。

图11-21 我的日记的运行结果

由于我的日记功能和显示全部九宫格日记功能的实现方法类似，所不同的是查询日记内容的SQL语句不同，所以在本网站中，我们将操作数据库所用的Dao类及显示日记列表的JSP页面使用同一个。下面我们就给出在处理日记信息的Servlet“DiaryServlet”中，查询我的日记功能所需要的action参数listMyDiary对应的方法的具体内容。

在该方法中，首先获取当前页码，并判断是否为页面初次运行，如果是初次运行，则调用Dao类中的queryDiary( )方法获取日记内容（此时需要应用内联接查询对应的日记信息），并初始化分页信息，否则获取当前页面，并获取指定页数据，最后保存当前页的日记信息等，并重定向页面。listMyDiary( )方法的具体代码如下。

```
    private void listMyDiary(HttpServletRequest request,
            HttpServletResponse response) throws ServletException, IOException {
        HttpSession session = request.getSession( );
        String strPage = (String) request.getParameter("Page");
                                                                // 获取当前页码
        int Page = 1;
        List<Diary> list = null;
        if (strPage == null) {
            int userid = Integer.parseInt(session.getAttribute("uid")
                    .toString( ));                              // 获取用户ID号
            String sql = "select d.*,u.username from tb_diary d inner join tb_user u on u.id=d.userid  where d.userid="
                    + userid + " order by d.writeTime DESC";
                                                                // 应用内联接查询日记信息
            pagination = new MyPagination( );
```

```
            list = dao.queryDiary(sql);                              // 获取日记内容
            int pagesize = 4;                                        // 指定每页显示的记录数
            list = pagination.getInitPage(list, Page, pagesize);     // 初始化分页信息
            request.getSession().setAttribute("pagination", pagination);
                                                                     // 保存分页信息
        } else {
            pagination = (MyPagination) request.getSession().getAttribute(
                    "pagination");                                   // 获取分页信息
            Page = pagination.getPage(strPage);
            list = pagination.getAppointPage(Page);                  // 获取指定页数据
        }
        request.setAttribute("diaryList", list);                     // 保存当前页的日记信息
        request.setAttribute("Page", Page);                          // 保存的当前页码
        request.setAttribute("url", "listMyDiary");                  // 保存当前页的URL地址
        request.getRequestDispatcher("listAllDiary.jsp").forward(request,response);   // 重定向页面到listAllDiary.jsp
    }
```

11.6.7 删除我的日记的实现过程

用户注册并成功登录到清爽夏日九宫格日记网后，就可以删除自己发表的日记。在删除日记时，不仅将数据库中对应的记录删除，而且将服务器中保存的日记图片也一起删除，下面介绍具体的实现过程。

（1）在处理日记信息的Servlet“DiaryServlet”中，编写action参数delDiary对应的方法delDiary( )。在该方法中，首先获取要删除的日记信息，并调用DiaryDao类的delDiary( )方法从数据表中删除日记信息，然后判断删除日记是否成功，如果成功再删除对应日记的图片和缩略图，并弹出删除日记成功的提示对话框，否则弹出删除日记失败的提示对话框。delDiary( )方法的具体代码如下。

```
private void delDiary(HttpServletRequest request,
        HttpServletResponse response) throws ServletException, IOException {
    int id = Integer.parseInt(request.getParameter("id"));
                                                                 // 获取要删除的日记的ID
    String imgName = request.getParameter("imgName");            // 获取图片名
    String url = request.getParameter("url");                    // 获取返回的URL地址
    int rtn = dao.delDiary(id);                                  // 删除日记
    PrintWriter out = response.getWriter();
    if (rtn > 0) {                                               // 当删除日记成功时
        /************* 删除日记图片及缩略图 *****************/
        String path = getServletContext().getRealPath("\\")+ "images\\diary\\";
        java.io.File file = new java.io.File(path + imgName + "scale.jpg");
                                                                 // 获取缩略图
        file.delete();                                           //删除指定的文件
        file = new java.io.File(path + imgName + ".png");        // 获取日记图片
        file.delete();                                           //删除指定的文件
        /*******************************/
        out
            .println("<script>alert('删除日记成功！');window.location.href='DiaryServlet?action="
                    + url + "';</script>");
    } else {                                                     // 当删除日记失败时
        out
            .println("<script>alert('删除日记失败，请稍后重试！');history.back();</script>");
    }
}
```

（2）在对日记进行操作的DiaryDao类中，编写用于删除日记信息的方法delDiary( )，在该方法中，首先编写删除数据所用的SQL语句，然后执行该语句，最后返回执行结果，具体代码如下。

```
public int delDiary(int id) {
    String sql = "DELETE FROM tb_diary WHERE id=" + id;
    int ret = 0;
    try {
        ret = conn.executeUpdate(sql);          // 执行更新语句
    } catch (Exception e) {
        e.printStackTrace();                    // 输出异常信息
    } finally {
        conn.close();                           // 关闭数据连接
    }
    return ret;
}
```

11.7 写九宫格日记模块设计

11.7.1 写九宫格日记概述

用户注册并成功登录到清爽夏日九宫格日记网后，就可以写九宫格日记了。写九宫格日记主要由填写日记信息、预览生成的日记图片和保存日记图片三部分组成。写九宫格日记的基本流程如图11-22所示。

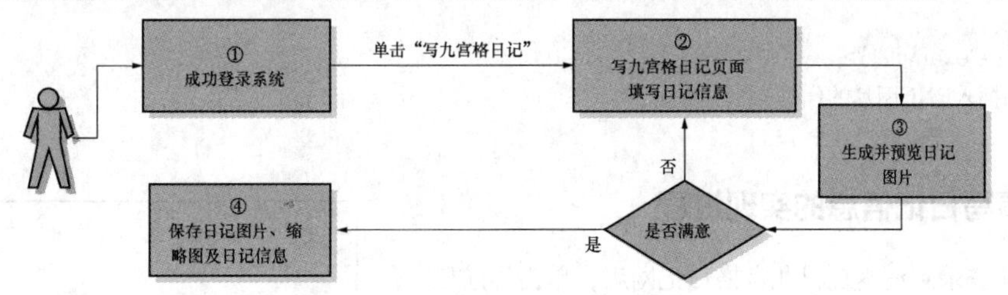

图11-22　写九宫格日记的基本流程

11.7.2 应用JQuery让PNG图片在IE 6下背景透明

在网页中，常用的可以将背景设置为透明的图片格式有GIF和PNG两种。不过GIF格式的图片质量相对差些，有时在图片的边缘会有锯齿，这时就需要使用PNG格式的图片。默认情况下，IE 6浏览器不支持PNG图片的背景透明（当网页中插入背景透明的PNG图片时，其背景将带有蓝灰色的背景，如图11-23所示），而IE 7和IE 8就可以支持（运行效果如图11-24所示）。考虑到现在还有很多人在使用IE 6浏览器，所以需要通过编码解决这一问题。

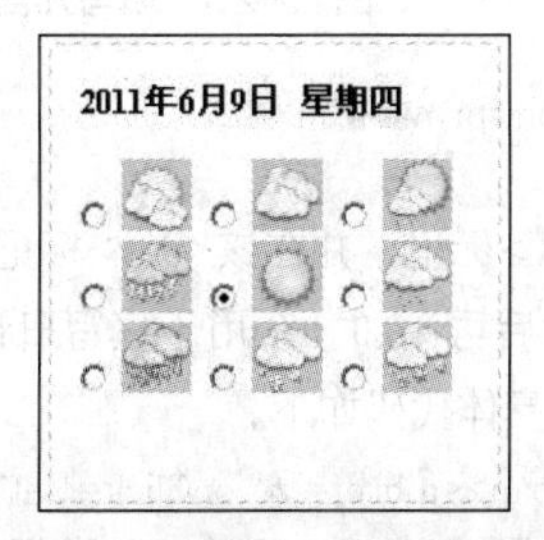

图11-23　IE 6下PNG图片背景不透明的效果　　图11-24　IE 8下PNG图片背景透明的效果

解决PNG图片在IE 6下背景不透明的问题，可以使用JQuery及其pngFix插件实现。下面介绍具体的实现过程。

JQuery的pngFix插件用于让IE 5.5和IE 6下PNG图片背景透明。

（1）下载JQuery和pngFix插件。本项目中使用的JQuery是下载pngFix插件时带的jquery-21.3.2.min.js，并没有单独下载。pngFix插件的下载地址是：http://jquery.adnreaseberhard.de/download/pngFix.zip。

（2）下载pngFix插件后，将得一个名称为pngFix.zip文件，解压缩该文件后，可以得到jquery-21.3.2.min.js、jquery.pngFix.js和jquery.pngFix.pack.js三个JS文件，将这3个文件复制到项目的JS文件夹中，然后在需要将PNG图片设置为背景透明的页面中包含这3个文件，具体代码如下。

```
<script type="text/javascript" src="JS/jquery-21.3.2.min.js"></script>
<script type="text/javascript" src="JS/pluginpage.js"></script>
<script type="text/javascript" src="JS/jquery.pngFix.pack.js"></script>
```

（3）在页面的<head>标记中编写JQuery代码，使用pngFix插件，具体代码如下。

```
<script type="text/javascript">
    $(document).ready(function(){
        $('div.examples').pngFix();
    });
</script>
```

（4）将要显示的PNG图片应用<div>标记括起来，该div标记使用类选择器examples定义的样式，关键代码如下。

```
<div class="examples">
    <!—插入PNG图片的代码-->
</div>
```

11.7.3 填写日记信息的实现过程

用户成功登录到清爽夏日九宫格日记网后，单击导航栏中的“写九宫格日记”超级链接，将进入到填写日记信息的页面，在该页面中，用户可选择日记模板，单击某个模板标题时，将在下方给出预览效果，选择好要使用的模板后（这里选择“女孩”模板），就可以输入日记标题（这里为“心情很好”），接下来就是通过在九宫格中填空来实现日记的编写了，这些都填写好后（见图11-25），就可以单击“预览”按钮，预览完成效果。

图11-25 填写九宫格日记页面

（1）编写填写九宫格日记的文件writeDiary.jsp，在该文件中添加一个用于收集日记信息的表单，具体代码如下。

```
<form name="form1" method="post" action="DiaryServlet?action=preview">
</form>
```

（2）在上面的表单中，首先添加一个用于设置模板的<div>标记，并在该<div>标记中添加3个用于设置模板的超级链接和一个隐藏域，用于记录所选择的模板，然后再添加一个用于填写日记标题的<div>标记，并在该<div>标记中添加一个文本框，用于填写日记标题，具体代码如下。

```
<div style="margin:10px;"><span class="title">请选择模板：</span><a href="#" onClick="setTemplate('默认')">默认</a> <a href="#" onClick="setTemplate('女孩')">女孩</a> <a href="#" onClick="setTemplate('怀旧')">怀旧</a>
    <input id="template" name="template" type="hidden" value="默认">
</div>
```

```
<div style="padding:10px;" class="title">请输入日记标题： <input name="title" type="text" size="30" maxlength="30" value="请在此输入标题" onFocus="this.select()"></div>
```

（3）编写用于预览所选择模板的JavaScript自定义函数setTemplate()，在该函数中引用的writeDiary_bg元素，将在步骤（4）中进行添加。setTemplate()函数的具体代码如下。

```
function setTemplate(style){
    if(style=="默认"){
        document.getElementById("writeDiary_bg").style.backgroundImage="url(images/diaryBg_00.jpg)";
        document.getElementById("writeDiary_bg").style.width="738px";          //宽度
        document.getElementById("writeDiary_bg").style.height="751px";         //高度
        document.getElementById("writeDiary_bg").style.paddingTop="50px";
                                                                               //顶边距
        document.getElementById("writeDiary_bg").style.paddingLeft="53px";     //左边距
        document.getElementById("template").value="默认";
    }else if(style=="女孩"){
        document.getElementById("writeDiary_bg").style.backgroundImage="url(images/diaryBg_021.jpg)";
        document.getElementById("writeDiary_bg").style.width="750px";          //宽度
        document.getElementById("writeDiary_bg").style.height="629px";         //高度
        document.getElementById("writeDiary_bg").style.paddingTop="160px";     //顶边距
        document.getElementById("writeDiary_bg").style.paddingLeft="50px";     //左边距
        document.getElementById("template").value="女孩";
    }else{
        document.getElementById("writeDiary_bg").style.backgroundImage="url(images/diaryBg_02.jpg)";
        document.getElementById("writeDiary_bg").style.width="740px";          //宽度
        document.getElementById("writeDiary_bg").style.height="728px";         //高度
        document.getElementById("writeDiary_bg").style.paddingTop="30px";
                                                                               //顶边距
        document.getElementById("writeDiary_bg").style.paddingLeft="60px";     //左边距
        document.getElementById("template").value="怀旧";
    }
}
```

（4）添加一个用于设置日记背景的<div>标记，并将标记的id属性设置为writeDiary_bg，关键代码如下。

```
<div id="writeDiary_bg">
  <!—此处省略了设置日记内容的九宫格代码-->
</div>
```

（5）编写CSS代码，用于控制日记背景，关键代码如下。

```
#writeDiary_bg{                                          /*设置日记背景的样式*/
width:738px;                                             /*设置宽度*/
height:751px;                                            /*设置高度*/
background-repeat:no-repeat;                             /*设置背景不重复*/
background-image:url(images/diaryBg_00.jpg);             /*设置默认的背景图片*/
padding-top:50px;                                        /*设置顶边距*/
padding-left:53px;                                       /*设置左边距*/
}
```

（6）在id为writeDiary_bg的<div>标记中添加一个宽度和高度都是600的<div>标记，用于添加以九宫格方式显示日记内容的无序列表，关键代码如下。

```
<div style="width:600px; height:600px; ">
</div>
```

（7）在步骤（6）中添加的<div>标记中添加一个包含9个列表项的无序列表，用于布局显示日记内容的九宫格。关键代码如下。

```
<ul id="gridLayout">
    <li></li>
    <li></li>
    <li></li>
    <li></li>
    <li></li>
    <li></li>
    <li></li>
    <li></li>
    <li></li>
</ul>
```

（8）编写CSS代码，控制上面的无序列表的显示样式，让其每行显示3个列表项，具体代码如下。

```
#gridLayout {                    /*设置写日记的九宫格的<ul>标记的样式*/
    float: left;                 /*设置浮动方式*/
    list-style: none;            /*不显示项目符号*/
    width: 100%;                 /*设置宽度为100%*/
    margin: 0px;                 /*设置外边距*/
    padding: 0px;                /*设置内边距*/
    display: inline;             /*设置显示方式*/
}
#gridLayout li {                 /*设置写日记的九宫格的<li>标记的样式*/
    width: 33%;                  /*设置宽度*/
    float: left;                 /*设置浮动方式*/
    height: 198px;               /*设置高度*/
    padding: 0px;                /*设置内边距*/
    margin: 0px;                 /*设置外边距*/
    display: inline;             /*设置显示方式*/
}
```

通过CSS控制的无序列表的显示样式如图11-26所示，其中，该图中的边框线在网站运行时是没有的，这是为了让读者看到效果而后设置的。

（9）在图11-26所示的九宫格的每个格子中添加用于填写日记内容的文本框及预置的日记内容。由于在这个九宫格中，除了中间的那个格子外（即第5个格子），其他的8个格子的实现方法是相同的，所以这里将以第一个格子为例进行介绍。

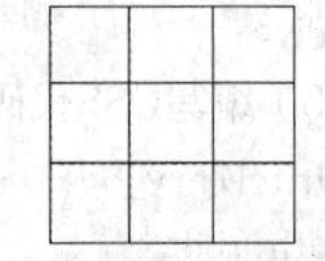

图11-26　通过CSS控制后的无序列表的显示效果

添加一个用于设置内容的<div>标记，并使用自定义的样式选择器cssContent，关键代码如下。

```
<style>
.cssContent{                     /*设置内容的样式*/
    float:left;
    padding:40px 0px;            /*设置上、下内边距为40，左、右内边距为0*/
    display:inline;              /*设置显示方式*/
}
</style>
    <div class="cssContent"></div>
```

在上面的<div>标记中，添加一个包含5个列表项的无序列表，其中，第一个列表项中添加一个文本框，其他4个设置预置内容，关键代码如下。

```
<ul id="opt">
    <li>
    <input name="content" type="text" size="30" maxlength="15" value="请在此输入文字" onFocus="this.select()">
    </li>
    <li>
    <a href="#" onClick="document.getElementsByName('content')[0].value='工作完成了'">◎ 工作完成了</a>
    </li>
    <li><a href="#" onClick="document.getElementsByName('content')[0].value='我还活着'">◎ 我还活着</a></li>
    <li><a href="#" onClick="document.getElementsByName('content')[0].value='瘦了'">◎ 瘦了</a></li>
    <li>
    <a href="#" onClick="document.getElementsByName('content')[0].value='好多好吃的'">◎ 好多好吃的</a>
</li>
</ul>
```

在本项目中，共设置了9个名称为content的文本框，用于以控件数组的方式记录日记内容。这样，当表单被提交后，在服务器中就可以应用request对象的getParameterValues( )方法来获取字符串数组形式的日记内容，比较方便。

编写CSS代码，用于控制列表项的样式，具体代码如下。

```
#opt{                                    /*设置默认选项相关的<ul>标记的样式 */
    padding:0px 0px 0px 10px;            /*设置上、右、下内边距为0，左内边距为10*/
    margin:0px;                                  /*设置外边距*/
}
#opt li{                                 /*设置默认选项相关的<li>标记的样式 */
    width:99%;
    padding-top:5px 0px 0px 10px;
    font-size:14px;                      /*设置字体大小为14像素*/
    height:25px;                         /*设置高度*/
    clear:both;                          /*左、右两侧不包含浮动内容*/
}
```

（10）实现九宫格中间的那个格子，也就是第5个格子，该格子用于显示当前日期和天气，具体代码如下。

```
<ul id="weather"><li style="height:27px;"> <span id="now" style="font-size: 14px;font-weight:bold;padding-left:5px;">正在获取日期</span>
    <input name="content" type="hidden" value="weathervalue"><br></br>
    <div class="examples">
    <input name="weather" type="radio" value="1">
    <img src="images/21.png" width="30" height="30">
    <input name="weather" type="radio" value="2">
    <img src="images/2.png" width="30" height="30">
    <input name="weather" type="radio" value="3">
    <img src="images/3.png" width="30" height="30">
    <input name="weather" type="radio" value="4">
    <img src="images/4.png" width="30" height="30">
    <input name="weather" type="radio" value="5" checked="checked">
    <img src="images/5.png" width="30" height="30">
    <input name="weather" type="radio" value="6">
```

```
        <img src="images/6.png" width="30" height="30">
        <input name="weather" type="radio" value="7">
        <img src="images/7.png" width="30" height="30">
        <input name="weather" type="radio" value="8">
        <img src="images/8.png" width="30" height="30">
        <input name="weather" type="radio" value="9">
        <img src="images/9.png" width="30" height="30">
        </div>
    </li>
    </ul>
```

（11）编写JavaScript代码，用于在页面载入后，获取当前日期和星期，显示到id为now的<span>标记中，具体代码如下。

```
window.onload=function(){
    var date=new Date();            //创建日期对象
    year=date.getFullYear();        //获取当前日期中的年份
    month=date.getMonth();          //获取当前日期中的月份
    day=date.getDate();             //获取当时日期中的日
    week=date.getDay();             //获取当前日期中的星期
    var arr=new Array("星期日","日期一","星期二","星期三","星期四","星期五","星期六");
    document.getElementById("now").innerHTML=year+"年"+(month+1)+"月"+day+"日 "+arr[week];
}
```

（12）在id为writeDiary_bg的<div>标记后面添加一个<div>标记，并在该标记中添加一个提交按钮，用于显示预览按钮，具体代码如下。

```
<div style="height:30px;padding-left:360px;"><input type="submit" value="预览"></div>
```

11.7.4 预览生成的日记图片的实现过程

用户在填写日记信息页面填写好日记信息后，就可以单击“预览”按钮，预览完成的效果，如图11-27所示。如果感觉日记内容不是很满意，可以单击“再改改”超级链接，进行修改，否则可以单击“保存”超级链接保存该日记。

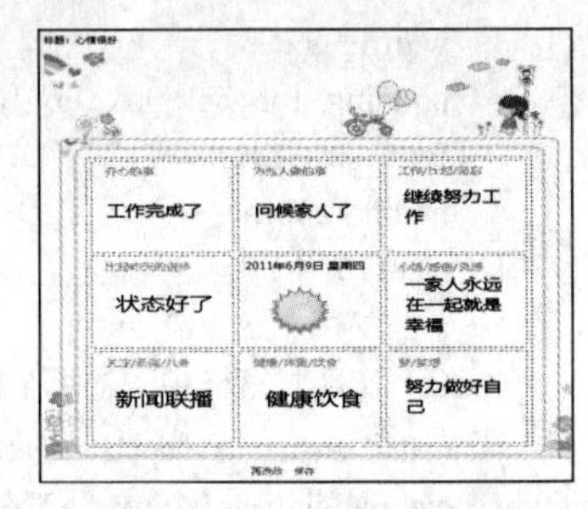

图11-27 预览生成的日记图片

（1）在处理日记信息的Servlet“DiaryServlet”中，编写action参数preview对应的方法preview( )。在该方法中，首先获取日记标题、日记模板、天气和日记内容，然后将为没有设置内容的项目设置默认值，最后保存相应信息到session中，并重定向页面到preview.jsp。preview()方法的具体代码如下。

```
public void preview(HttpServletRequest request, HttpServletResponse response)
            throws ServletException, IOException {
        String title = request.getParameter("title");                    // 获取日记标题
        String template = request.getParameter("template");              // 获取日记模板
        String weather = request.getParameter("weather");                // 获取天气
        String[] content = request.getParameterValues("content");        // 获取日记内容
        for (int i = 0; i < content.length; i++) {
                                                                         // 为没有设置内容的项目设置默认值
            if (content[i].equals(null) || content[i].equals("") || content[i].equals("请在此输入文字")) {
```

```
            content[i] = "没啥可说的";
        }
    }
    HttpSession session = request.getSession(true);                        // 获取HttpSession
    session.setAttribute("template", template);                            // 保存选择的模板
    session.setAttribute("weather", weather);                               // 保存天气
    session.setAttribute("title", title);                                   // 保存日记标题
    session.setAttribute("diary", content);                                 // 保存日记内容
    request.getRequestDispatcher("preview.jsp").forward(request, response);    // 重定向页面
}
```

（2）编写preview.jsp文件，在该文件中，首先显示保存到session中的日记标题，然后添加预览日记图片的<img>标记，并将其id属性设置为diaryImg，关键代码如下。

```
<div>
<ul>
<li>标题：${sessionScope.title }</li>
<li><img src="images/loading.gif" name="diaryImg" id="diaryImg"/></li>
<li style="padding-left:240px;">
    <a href="#" onclick="history.back();">再改改</a>   
    <a href="DiaryServlet?action=save">保存</a>
</li>
</ul>
</div>
```

（3）为了让页面载入后，再显示预览图片，还需要编写JavaScript代码，设置id为diaryImg的<img>标记的图片来源，这里指定的是一个Servlet映射地址。关键代码如下。

```
<script language="javascript">
window.onload=function(){                              //当页面载入后
    document.getElementById("diaryImg").src="CreateImg";
}
</script>
```

（4）编写用于生成预览图片的Servlet，名称为CreateImg，该类继承HttpServlet，主要通过service( )方法生成预览图片，具体的实现过程如下。

创建Servlet“CreateImg”，并编写service( )方法，在该方法中，首先指定生成的响应是图片，以及图片的宽度和高度，然后获取日记模板、天气和图片的完整路径，再根据选择的模板绘制背景图片及相应的日记内容，最后输出生成的日记图片，并保存到Session中，具体代码如下。

```
public class CreateImg extends HttpServlet {
    public void service(HttpServletRequest request, HttpServletResponse response) throws ServletException, IOException {
        response.setHeader("Pragma", "No-cache");       // 禁止缓存
        response.setHeader("Cache-Control", "No-cache");
        response.setDateHeader("Expires", 0);
        response.setContentType("image/jpeg");          // 指定生成的响应是图片
        int width = 600;                                 // 图片的宽度
        int height = 600;                                // 图片的高度
        BufferedImage image = new BufferedImage(width, height,BufferedImage.TYPE_INT_RGB);
        Graphics g = image.getGraphics();                // 获取Graphics类的对象
```

```
        HttpSession session = request.getSession(true);
        String template = session.getAttribute("template").toString();
                                                        // 获取模板
        String weather = session.getAttribute("weather").toString();   // 获取天气
        weather = request.getRealPath("images/" + weather + ".png");
                                                        // 获取图片的完整路径
        String[] content = (String[]) session.getAttribute("diary");
        File bgImgFile;                                 //背景图片
        if ("默认".equals(template)) {
            bgImgFile = new File(request.getRealPath("images/bg_00.jpg"));
            Image src = ImageIO.read(bgImgFile);               // 构造Image对象
            g.drawImage(src, 0, 0, width, height, null);       // 绘制背景图片
            outWord(g, content, weather, 0, 0);
        } else if ("女孩".equals(template)) {
            bgImgFile = new File(request.getRealPath("images/bg_021.jpg"));
            Image src = ImageIO.read(bgImgFile);               // 构造Image对象
            g.drawImage(src, 0, 0, width, height, null);       // 绘制背景图片
            outWord(g, content, weather, 25, 110);
        } else {
            bgImgFile = new File(request.getRealPath("images/bg_02.jpg"));
            Image src = ImageIO.read(bgImgFile);               // 构造Image对象
            g.drawImage(src, 0, 0, width, height, null);       // 绘制背景图片
            outWord(g, content, weather, 30, 5);
        }
        ImageIO.write(image, "PNG", response.getOutputStream());
        session.setAttribute("diaryImg", image);
        // 将生成的日记图片保存到Session中
    }
}
```

在service()方法的下面编写outWord()方法，用于将九宫格日记的内容写到图片上，具体代码如下。

```
public void outWord(Graphics g, String[] content, String weather, int offsetX, int offsetY) {
    Font mFont = new Font("微软雅黑", Font.PLAIN, 26);          // 通过Font构造字体
    g.setFont(mFont);                                        // 设置字体
    g.setColor(new Color(0, 0, 0));                          // 设置颜色为黑色
    int contentLen = 0;
    int x = 0;                                               // 文字的横坐标
    int y = 0;                                               // 文字的纵坐标
    for (int i = 0; i < content.length; i++) {
        contentLen = content[i].length();                        // 获取内容的长度
        x = 45 + (i % 3) * 170 + offsetX;
        y = 130 + (i / 3) * 140 + offsetY;
//判断当前内容是否为天气，如果是天气，则先获取当前日记，并输出，然后再绘制天气图片。
        if (content[i].equals("weathervalue")) {
            File bgImgFile = new File(weather);
            mFont = new Font("微软雅黑", Font.PLAIN, 14);   // 通过Font构造字体
```

```
            g.setFont(mFont);                                    // 设置字体
            Date date = new Date();
            String newTime = new SimpleDateFormat("yyyy年M月d日 E").format(date);
            g.drawString(newTime, x - 12, y - 60);
            Image src;
            try {
                src = ImageIO.read(bgImgFile);
                g.drawImage(src, x + 10, y - 40, 80, 80, null);
// 绘制天气图片
            } catch (IOException e) {
                e.printStackTrace();
            }                                                 // 构造Image对象
            continue;
        }
                                                              //根据文字的个数控制输出文字的大小。
        if (contentLen < 5) {
            switch (contentLen % 5) {
            case 1:
                mFont = new Font("微软雅黑", Font.PLAIN, 40);
// 通过Font构造字体
                g.setFont(mFont);                             // 设置字体
                g.drawString(content[i], x + 40, y);
                break;
            case 2:
                mFont = new Font("微软雅黑", Font.PLAIN, 36);
                                                              // 通过Font构造字体
                g.setFont(mFont);                             // 设置字体
                g.drawString(content[i], x + 25, y);
                break;
            case 3:
                mFont = new Font("微软雅黑", Font.PLAIN, 30);
                                                              // 通过Font构造字体
                g.setFont(mFont);                             // 设置字体
                g.drawString(content[i], x + 20, y);
                break;
            case 4:
                mFont = new Font("微软雅黑", Font.PLAIN, 28);
                                                              // 通过Font构造字体
                g.setFont(mFont);                             // 设置字体
                g.drawString(content[i], x + 10, y);
            }
        } else {
            mFont = new Font("微软雅黑", Font.PLAIN, 22);
                                                              // 通过Font构造字体
            g.setFont(mFont);                                 // 设置字体
```

```
            if (Math.ceil(contentLen / 5.0) == 1) {
                g.drawString(content[i], x, y);
            } else if (Math.ceil(contentLen / 5.0) == 2) {
                // 分两行写
                g.drawString(content[i].substring(0, 5), x, y - 20);
                g.drawString(content[i].substring(5), x, y + 10);
            } else if (Math.ceil(contentLen / 5.0) == 3) {
                // 分三行写
                g.drawString(content[i].substring(0, 5), x, y - 30);
                g.drawString(content[i].substring(5, 10), x, y);
                g.drawString(content[i].substring(10), x, y + 30);
            }
        }
    }
    g.dispose();
}
```

（5）在web.xml文件中，配置用于生成预览图片的Servlet，关键代码如下。

```
<servlet>
  <description></description>
  <display-name>CreateImg</display-name>
  <servlet-name>CreateImg</servlet-name>
  <servlet-class>com.wgh.servlet.CreateImg</servlet-class>
</servlet>
<servlet-mapping>
  <servlet-name>CreateImg</servlet-name>
  <url-pattern>/CreateImg</url-pattern>
</servlet-mapping>
```

11.7.5 保存日记图片的实现过程

用户在预览生成的日记图片页面中，单击“保存”超级链接，将保存该日记到数据库中，并将对应的日记图片和缩略图保存到服务器的指定文件夹中。然后返回到主界面显示该信息，如图11-28所示。

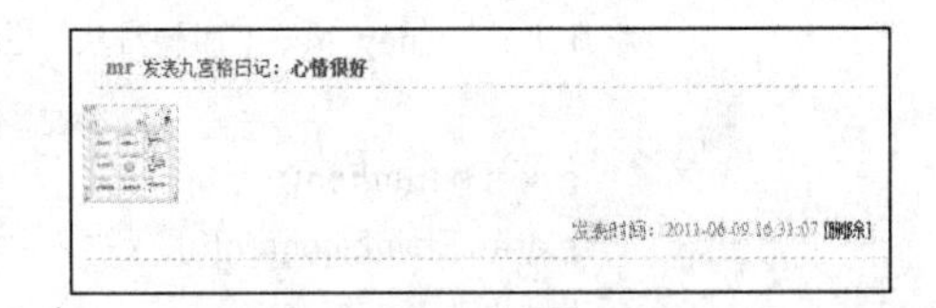

图11-28　刚刚保存的日记图片

（1）在处理日记信息的Servlet “DiaryServlet”中，编写action参数save对应的方法save( )。在该方法中，首先生成日记图片的URL地址和缩略图的URL地址，然后生成日记图片，再生成日记图片的缩略图，最后将填写的日记保存到数据库。save()方法的具体代码如下。

```
public void save(HttpServletRequest request, HttpServletResponse response) throws ServletException, IOException{
        HttpSession session = request.getSession(true);
        BufferedImage image = (BufferedImage) session.getAttribute("diaryImg");
        String url = request.getRequestURL().toString();          // 获取请求的URL地址
        url = request.getRealPath("/");                           // 获取请求的实际地址
        long date = new Date().getTime();                          // 获取当前时间
```

```
        Random r = new Random(date);
        long value = r.nextLong();                                    // 生成一个长整型的随机数
        url = url + "images/diary/" + value;                          // 生成图片的URL地址
        String scaleImgUrl = url + "scale.jpg";                       // 生成缩略图的URL地址
        url = url + ".png";
        ImageIO.write(image, "PNG", new File(url));
        /**************** 生成图片缩略图 ****************************************/
        File file = new File(url);                          // 获取原文件
        Image src = ImageIO.read(file);
        int old_w = src.getWidth(null);                     // 获取原图片的宽
        int old_h = src.getHeight(null);                    // 获取原图片的高
        int new_w = 0;                                                // 新图片的宽
        int new_h = 0;                                      // 新图片的高
        double temp = 0;                                    // 缩放比例
        /********* 计算缩放比例 ***************/
        double tagSize = 60;
        if (old_w > old_h) {
            temp = old_w / tagSize;
        } else {
            temp = old_h / tagSize;
        }
        /**************************************/
        new_w = (int) Math.round(old_w / temp);             // 计算新图片的宽
        new_h = (int) Math.round(old_h / temp);             // 计算新图片的高
        image = new BufferedImage(new_w, new_h, BufferedImage.TYPE_INT_RGB);
        src = src.getScaledInstance(new_w, new_h, Image.SCALE_SMOOTH);
        image.getGraphics().drawImage(src, 0, 0, new_w, new_h, null);
        ImageIO.write(image, "JPG", new File(scaleImgUrl));                   // 保存缩略图文件
        /*******************************************************************/
        /**** 将填写的日记保存到数据库中 *****/
        Diary diary = new Diary();
        diary.setAddress(String.valueOf(value));                              // 设置图片地址
        diary.setTitle(session.getAttribute("title").toString());             // 设置日记标题
        diary.setUserid(Integer.parseInt(session.getAttribute("uid").toString()));   // 设置用户ID
        int rtn = dao.saveDiary(diary);                                       // 保存日记
        PrintWriter out = response.getWriter();
        if (rtn > 0) {                                                        // 当保存成功时
        out.println("<script>alert('保存成功!');window.location.href='DiaryServlet?action=listAllDiary';</script>");
        } else {                                                              // 当保存失败时
            out.println("<script>alert('保存日记失败，请稍后重试!');history.back();</script>");
        }
        /********************************/
}
```

（2）在对日记进行操作的DiaryDao类中，编写用于保存日记信息的方法saveDiary( )，在该方法中，首先编写执行插入操作的SQL语句，然后执行该语句，将日记信息保存到数据库中，再关闭数据库连接，最后返回执行结果。saveDiary( )方法的具体代码如下。

```
public int saveDiary(Diary diary) {
    String sql = "INSERT INTO tb_diary (title,address,userid) VALUES('"+ diary.getTitle( ) + "','" + diary.
getAddress( ) + "'," + diary.getUserid( ) + ")";      //保存数据的SQL语句
    int ret = conn.executeUpdate(sql);                    // 执行更新语句
    conn.close( );                                        // 关闭数据库连接
    return ret;
}
```

11.8 项目发布

（1）搭建Java Web项目的开发及运行环境。由于笔者在开发项目时应用的开发工具是Eclipse for Java EE，所以建议读者也应用Eclipse for Java EE来调试并运行该项目。这样可以确保项目正常运行。

（2）项目发布的具体方法。从本书配套资源中拷贝项目文件夹（例如：01），将其存储于您机器中的指定文件夹下，然后按照下面的步骤进行发布和运行。

① 附加数据库。打开MySQL的“MySQL Administrator”，并登录（本系统需要使用root和111登录），然后单击restore节点，在右侧单击“Open backup File”按钮，在弹出的对话框中，选择拷贝到本地机器中的01\WebContent\Database\db_9griddiary.sql文件，并单击“打开”按钮。接下来再单击“Open Restore”按钮，即可完成数据库的附加操作。

② 导入项目。启动Eclipse for Java EE，在“项目资源管理器”中单击鼠标右键，在弹出的快捷菜单中，选择“导入”/“导入源”菜单项，将弹出图11-29所示的“导入”对话框，在该对话框中选择“常规”/“现有项目到工作空间中”节点，单击“下一步”按钮，在弹出的对话框中单击“选择根目录”文本框后面的“浏览”按钮，选择已经拷贝到本地机器中的项目文件夹，单击“完成”按钮即可。

图11-29 “导入”对话框

③ 运行该项目。在“项目资源管理器”中，展开项目节点，再展开WebContent节点，找到index.jsp文件，在该文件上单击鼠标右键，在弹出的快捷菜单中选择“运行方式”/“在服务器运行”菜单项，将弹出“在服务器上运行”对话框，在该对话框中，单击“完成”按钮，即可运行该项目。

11.9 小结

在清爽夏日九宫格日记网中，应用到了很多关键的技术，这些技术在开发过程中都是比较常用的技术。下面将简略地介绍一下这些关键技术在实际项目开发中的用处，希望对读者进行二次开发能有一个提示。

（1）本项目采用了DIV+CSS布局。现在多数网站都采用DIV+CSS进行网站布局，采用这种布局方式可以提高页面浏览速度，缩减带宽成本。其中，在本项目中应用了让DIV+CSS布局的页面内容居中显示的技术，该技术在以后DIV+CSS布局的网站开发中经常可以被用到。

（2）本项目中用户注册功能是通过Ajax实现的，读者也可以把它提炼出来，应用到自己开发的其他网站中，这样可以节省不少开发时间，以提高开发效率。

（3）在Java Web项目中，一个最常见的问题就是中文乱码。通常情况下，可以通过配置过滤器进行解决。本项目中就配置了解决中文乱码的过滤器，该过滤器，同样可以配置在其他的网站中。

（4）本项目中应用了在Servlet中生成日记图片技术和生成缩略图技术，这些技术还可以用来生成随机的图文验证码。

（5）默认情况下，IE 6浏览器不支持PNG图片的背景透明，为了让PNG图片在IE 6浏览器下背景透明，本项目中应用了JQuery的pngFix插件实现。该技术也可以应用到任何需要让PNG图片背景透明的网站中。

（6）本项目中在显示日记列表时，实现了展开和收缩图片，以及对图片进行左转和右转功能，这些技术也比较实用，通常可以应用到博客或网络相册等网站中。

第12章

课程设计——在线投票系统

本章要点

设计思路 ■
数据库设计 ■
主要功能模块关键代码 ■

■ 一个网站的发展壮大靠的就是众多用户的支持，一个好的网站一定要注意与用户之间信息的交流，及时得到用户反馈信息，并及时改进，这也是一个网站持续发展的基础。也正是由于该原因，网络上各式各样的投票系统层出不穷。本次课程设计的目的，就是来编制一个在线投票系统，该系统可以实现对投票数量进行累加、查询统计票数等操作。

12.1 课程设计的目的

配置使用说明

在线投票系统的首页面如图12-1所示，参与投票的页面如图12-2所示，查看投票结果的页面如图12-3所示。

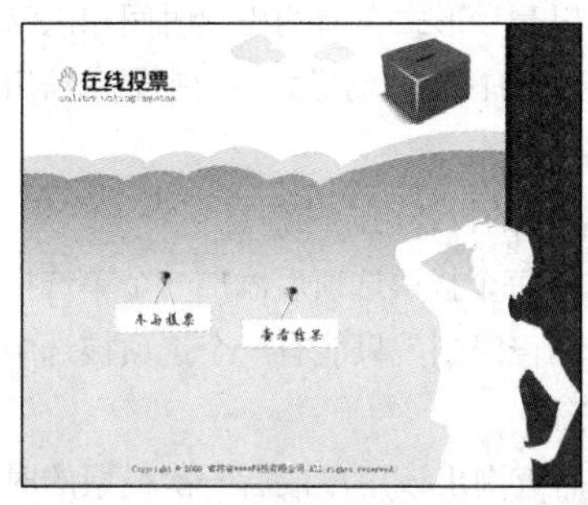

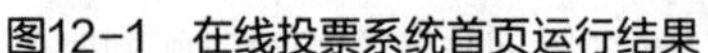
图12-1 在线投票系统首页运行结果

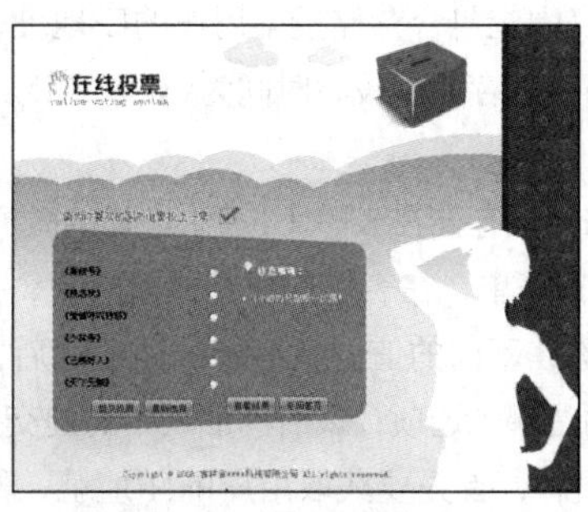

图12-2 参与投票的页面

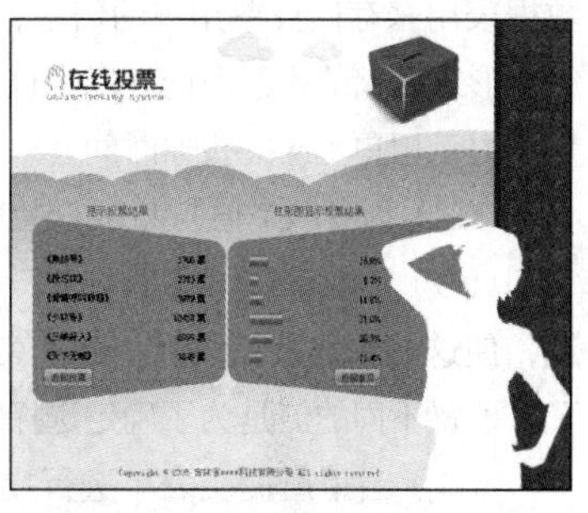

图12-3 投票结果页面

12.2 设计思路

本章实现的在线投票系统可划分为三个模块：显示投票选项、参与投票和显示投票结果。下面分别来介绍各模块的设计思路。

12.2.1 显示投票选项的设计思路

为了能够方便地增加、删除和修改投票选项，可以将它们保存到数据库中，然后通过代码查询数据库进行显示。这样就避免了将显示投票选项的代码写死在JSP页面中带来的维护困难，而将这些选项保存到数据库中后，可以实现一个后台程序来对这些选项进行增、删、改的操作，是非常理想的设计。下面来介绍实现显示投票选项的设计思路。

（1）创建数据表用来保存投票选项，该数据表应包含存储投票选项名称和票数的两个字段，然后填写一些投票选项数据。

（2）创建一个值JavaBean用来封装存储在数据表中的投票选项信息。

（3）查询在步骤（1）中创建的数据表，然后将查询到的所有记录一一封装到在步骤（2）中创建的值JavaBean中，并将这些JavaBean存储到List集合对象中。

（4）通过while语句循环遍历在步骤（3）中生成的List集合对象，输出保存在里面的投票选项。

注意

所有的投票选项都应在Form表单中显示。

12.2.2 参与投票的设计思路

在进行投票时，一般情况下只能选择一个选项进行投票，也就是所谓的单选，通常可通过单选按钮来实现。为了防止用户通过不断刷新或其他方法达到多次投票的目的，可实现一个限制用户投票的操作，例如每月只能进行一次投票、每个IP只能进行一次投票等。本实例设计了一个限时的操作，即每个IP在1小时之内只能进行一次投票。下面来介绍实现投票的设计思路。

（1）本实例设计的限时时间为1小时，那么判断用户的当前投票时间与上次投票时间是否在1小时之内，可进行如下设计：将用户第一次投票的时间转换为毫秒存储到数据表中，并同时存储用户IP地址；当用户再次进行投票时，获取当前时间并转换为毫秒，记为today，然后查询出该用户上次投票的时间（以毫秒存储在数据表中的），记为last，最后获取today-last的值，判断该值是否小于将1小时转换为毫秒后的值。若小于，则表示投票时间间隔在1小时之内，不允许投票，否则允许投票。根据这样的设计，需要创建一个数据表用来存储投票用户的信息，表中应包含存储投票用户的IP地址、以毫秒形式存储的投票时间和以字符串形式存储的投票时间。以字符串形式存储的投票时间为yyyy-MM-dd HH:mm:ss形式，用来显示给用户，提示用户上次的投票时间。

（2）创建一个值JavaBean用来封装存储在步骤（1）中创建的数据表中的投票用户的信息。

（3）实现单选。实现一个Form表单，在表单中显示投票选项，并在每个投票选项后添加一个单选按钮，使这些单选按钮具有相同的名称，不同的值。具有相同的名称后，在一时刻就只能有一个选项被选中了，设置不同的值是为了确定选择的是哪个选项；最后添加表单的提交按钮。

（4）当用户提交表单进行投票后，首先要获取用户的IP地址，然后查询出该用户最后一次投票的时间。若没有找到则说明该用户之前没有参与投票，则允许投票；否则计算当前时间与上次投票时间的时间差，来判断是否允许进行投票。若允许用户投票，则记录该用户IP和投票时间，并将用户选择的投票选项的票数加1；若不允许用户投票，则显示提示信息和上次投票时间。

为了保证程序的准确性，当向数据表中插入投票用户的信息时，若操作失败，则不能执行票数累加的操作。

12.2.3　显示投票结果的设计思路

对于显示投票的结果，本实例不仅以文字形式显示了各选项的票数，并通过柱型图更直观地显示了各选项所得的票数。以文字形式显示选项所得的票数比较简单，只需从数据表中查询出然后显示到页面中即可，下面来介绍如何以图片形式显示投票结果。

（1）首先制作一个任意长度的条形图片。

（2）实现以图片来表示投票结果，最关键的是根据票数来计算图片的显示长度，这可通过下面的算法获取：某一选项票数/总票数=图片的显示长度/指定长度。将某一选项票数用numOne来表示，总票数用numAll表示，图片的显示长度用picLen表示，指定长度假设为200，所以picLen=numOne×200/numAll。最后通过HTML中的<img>标记加载在（1）步骤中制作的图片，并将其长度设置为picLen，实现代码如下。

```
<img src="图片路径 " width="<%=picLen%>" height="15">
```

12.3　设计过程

12.3.1　数据表的设计

在本程序里面，在线投票系统使用SQL Server 2008来建立数据库。首先是数据库的建立。运行SQL Server 2008数据库的企业管理器，建立一个新的数据库，然后分别设计tb_temp和tb_vote两个表，如图12-4所示。

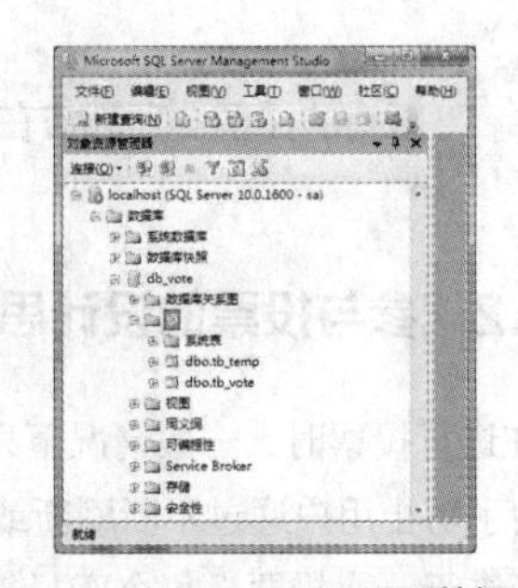

图12-4　SQL Server 2000数据库界面

其中，tb_temp数据表保存投票用户信息，该表的结构如

表12-1所示。

表12-1　tb_temp表结构

字段名称	数据类型	字段大小	是否主键	说　明
id	int	4	是	自动编号
voteIp	varchar	20		用户IP地址
voteMSEL	bigint	8		1970年1月1日00:00:00起到当前时间的毫秒数
voteTime	varchar	50		当前投票时间

tb_vote数据表保存投票选项信息，该表的结构如表12-2所示。

表12-2　tb_vote表结构

字段名称	数据类型	字段大小	是否主键	说　明
id	smallint	2	是	自动编号
vote_title	varchar	50		投票选项标题
vote_num	int	4		选项所得票数
vote_order	smallint	2		选项排列序号（用于显示时的排列顺序）

12.3.2　值JavaBean的设计

tb_vote数据表用来保存投票选项的信息，根据12.2节中"显示投票选项的设计思路"中的第（1）步骤，需要创建一个值JavaBean用来封装存储在tb_vote数据表中的投票选项信息。该JavaBean需要提供与tb_vote数据表中字段一一对应的属性，并实现与各个属性对应的set×××()和get×××()方法，其实现代码如下。

```
package com.yxq.valuebean;

public class VoteSingle {
    private String id;                    //存储选项ID
    private String title;                 //存储选项标题
    private String num;                   //存储选项所得票数
     private String order;                //存储选项的排列序号
    public String getId() {
        return id;
    }
    public void setId(String id) {
        this.id = id;
    }
    public String getNum() {
        return num;
    }
    public void setNum(String num) {
        this.num = num;
    }
    public String getOrder() {
        return order;
    }
    public void setOrder(String order) {
        this.order = order;
```

```
    }
    public String getTitle() {
        return title;
    }
    public void setTitle(String title) {
        this.title = title;
    }
}
```

tb_temp数据表用来保存投票用户信息，根据“参与投票的设计思路”中的第（2）步骤，同样需要创建一个JavaBean用来封装从tb_temp数据表中获取的信息。其实现代码如下。

```
package com.yxq.valuebean;

public class TempSingle {
    private String id;                          //存储投票用户ID
    private String voteIp;                      //存储投票用户IP
    private long voteMSEL;                      //存储毫秒数
    private String voteTime;                    //存储yyyy-MM-dd HH:mm:ss形式的时间
    public long getVoteMSEL() {
        return voteMSEL;
    }
    public void setVoteMSEL(long voteMSEL) {
        this.voteMSEL = voteMSEL;
    }
    public String getVoteTime() {
        return voteTime;
    }
    public void setVoteTime(String voteTime) {
        this.voteTime = voteTime;
    }
    public String getId() {
        return id;
    }
    public void setId(String id) {
        this.id = id;
    }
    public String getVoteIp() {
        return voteIp;
    }
    public void setVoteIp(String voteIp) {
        this.voteIp = voteIp;
    }
}
```

12.3.3 数据库操作类的编写

在本实例中，查看投票内容、参与投票和显示投票结果的操作，都涉及了数据库的操作，例如数据库的连接、查询数据库、修改数据库等。本实例将这些操作都在一个DB类中实现，该类实际上就是一个工具JavaBean。在该类中可创建相应的方法来实现数据库的各种操作，下面来介绍DB类的实现。

1. 定义属性及构造方法

创建DB类，并定义该类中所需的属性及构造方法，代码如下。

```
package com.yxq.toolbean;

import java.sql.Connection;
import java.sql.DriverManager;
import java.sql.Statement;
import java.sql.ResultSet;
import java.util.ArrayList;
import java.util.List;
import com.yxq.valuebean.TempSingle;
import com.yxq.valuebean.VoteSingle;

public class DB {
    private String className;       //存储数据库驱动类路径
    private String url;             //存储数据库URL
    private String username;        //存储登录数据库的用户名
    private String password;        //存储登录数据库的密码
    private Connection con;         //声明一个Connection对象
    private Statement stm;          //声明一个Statement对象用来执行SQL语句
    private ResultSet rs;           //声明一个ResultSet对象用来存储结果集
    public DB() {                   //通过构造方法为属性赋值
        className = "com.microsoft.sqlserver.jdbc.SQLServerDriver";
        url = "jdbc:sqlserver:      //localhost:1433;databaseName=db_vote";
        username = "sa";
        password = "";
    }
}
```

2. 加载数据库驱动程序的方法

创建加载数据库驱动程序的方法loadDrive()，其实现代码如下。

```
/**
 * @功能 加载数据库驱动程序
 */
public void loadDrive() {
    try {
        Class.forName(className);               //加载数据库驱动程序
    } catch (ClassNotFoundException e) {
        System.out.println("加载数据库驱动程序失败！");
        e.printStackTrace();                    //向控制台输出提示信息
    }
}
```

3. 获取数据库连接的方法

创建获取数据库连接的方法getCon()，其实现代码如下。

```
/**
 * @功能 获取数据库连接
 */
public void getCon() {
    loadDrive();                                                        //加载数据库驱动程序
    try {
      con = DriverManager.getConnection(url, username, password);    //获取连接
    } catch (Exception e) {
      System.out.println("连接数据库失败！");
      e.printStackTrace();
    }
}
```

4. 获取Statement类对象的方法

创建获取Statement类对象的方法，其实现代码如下。

```
/**
 * @功能 获取Statement对象
 */
public void getStm() {
    getCon();                                  //获取数据库连接
    try {
      stm = con.createStatement();            //获取Statement类对象
    } catch (Exception e) {
      System.out.println("获取Statement对象失败！");
      e.printStackTrace();
    }
}
```

5. 查询数据表获取结果集的方法

创建查询数据表获取结果集的方法getRs( )，该方法将SQL语句作为参数，并通过调用Statement类对象的executeQuery( )方法执行通过参数传递的SQL语句，获取结果集。其实现代码如下。

```
/**
 * @功能 查询数据表，获取结果集
 */
public void getRs(String sql) {
    getStm();
    try {
      rs = stm.executeQuery(sql);           //执行SQL语句查询数据表获取结果集
    } catch (Exception e) {
      System.out.println("查询数据库失败！");
      e.printStackTrace();
    }
}
```

6. 关闭数据库的方法

创建关闭数据库的方法，其实现代码如下。

```
/**
 * @功能 关闭数据库连接
 */
public void closed() {
```

```
    try {
        if (rs != null)
        rs.close();                    //关闭结果集
        if (stm != null)
            stm.close();               //关闭Statement类对象
        if (con != null)
            con.close();               //关闭数据库连接
    }
    catch (Exception e) {
        System.out.println("关闭数据库失败！");
        e.printStackTrace();
    }
}
```

7. 查询数据表，获取所有投票选项的方法

创建查询数据表，获取投票选项的方法selectVote()，该方法将SQL语句作为参数，通过调用getRs()方法获取结果集，然后将结果集中的记录一一封装到对应的VoteSingle类对象中，并将这些VoteSingle类对象保存到List集合对象中，最后返回该List集合对象。其实现代码如下。

```
/**
 * @功能 查询数据表，获取投票选项
 */
public List selectVote(String sql) {
    List votelist = null;
    if (sql != null && !sql.equals("")) {
        getRs(sql);                    //查询数据表获取结果集
        if (rs != null) {
            votelist = new ArrayList();
            try {
                while (rs.next()) {    //依次将结果集中的记录封装到VoteSingle类对象中
                    VoteSingle voteSingle = new VoteSingle();
                    voteSingle.setId(MyTools.intToStr(rs.getInt(1)));
                    voteSingle.setTitle(rs.getString(2));
                    voteSingle.setNum(MyTools.intToStr(rs.getInt(3)));
                    voteSingle.setOrder(MyTools.intToStr(rs.getInt(4)));
                    votelist.add(voteSingle);   //将VoteSingle类对象存储到List集合中
                }
            } catch (Exception e) {
                System.out.println("封装tb_vote表中数据失败！");
                e.printStackTrace();
            } finally {
                closed();              //关闭数据库
            }
        }
    }
    return votelist;
}
```

8. 查询数据表，获取指定IP上一次进行投票时的记录的方法

创建通过查询数据表，获取指定IP上一次进行投票时的记录的方法selectTemp()，该方法将SQL语句作为方法参数，通过调用getRs()方法获取结果集，并将结果集中的记录封装到VoteSingle类对象中，其实现

代码如下。

```
/**
 * @功能 查询数据表，获取指定IP最后一次投票的记录
 */
public TempSingle selectTemp(String sql) {
    TempSingle tempSingle = null;
    if (sql != null && !sql.equals("")) {
        getRs(sql);                              //查询数据表获取结果集
        if (rs != null) {
            try {
                while (rs.next()) {              //若该结果集中有记录，说明当前用户投过票
                    tempSingle = new TempSingle();
                    //封装结果集中的记录到TempSingle类对象中
                    tempSingle.setId(MyTools.intToStr(rs.getInt(1)));
                    tempSingle.setVoteIp(rs.getString(2));
                    tempSingle.setVoteMSEL(rs.getLong(3));
                    tempSingle.setVoteTime(rs.getString(4));
                }
            } catch (Exception e) {
                System.out.println("封装tb_temp表中数据失败！");
                e.printStackTrace();
            } finally {
                closed();                //关闭数据库
            }
        }
    }
    return tempSingle;                   //返回TempSingle类对象中
}
```

9. 更新数据表，实现票数累加的方法

创建更新数据表，实现票数累加的方法update()，该方法以SQL语句为参数，并通过调用Statement类对象的executeUpdate()方法执行该SQL语句，实现票数累加操作。其实现代码如下。

```
/**
 * @功能 更新数据表，实现票数的累加操作
 */
public int update(String sql) {
    int i = -1;
    if (sql != null && !sql.equals("")) {
        getStm();                            //获取Statement类对象
        try {
            i = stm.executeUpdate(sql);      //执行SQL语句更新数据表
        } catch (Exception e) {
            System.out.println("更新数据库失败！");
            e.printStackTrace();
        } finally {
            closed();
        }
    }
    return i;
}
```

12.3.4 工具类的编写

在开发本实例的过程中，涉及了类型的转换、计算时间差等操作，本实例将这些操作在一个工具类中实现，这样可以实现代码的重复使用。该工具类为MyTools，其实现代码如下。

```
package com.yxq.toolbean;

import java.text.SimpleDateFormat;
import java.util.Date;

public class MyTools {
    /**
     * @功能 将int型数据转换为String型数据
     * @参数 num为要转换的int型数据
     * @返回值 String类型
     */
    public static String intToStr(int num){
        return String.valueOf(num);
    }
    /**
     * @功能 比较时间
     * @参数 today当前时间，temp为上次投票时间。这两个参数都是以毫秒显示的时间
     * @返回值 String类型
     */
    public static String compareTime(long today,long temp){
        int limitTime=60;                    //设置限制时间为60分钟
        long count=today-temp;               //计算当前时间与上次投票时间相差的毫秒
        if(count<=limitTime*60*1000)         //如果相差小于等于60分钟(1分=60秒，1秒=1000毫秒)
            return "no";
        else                                 //如果相差大于60分钟
            return "yes";
    }
    /**
     * @功能 格式化时间为指定格式。首先通过Date类的构造方法根据给出的毫秒数获取一个时间，然后将该时间
转换为指定格式，如"年-月-日 时:分:秒"
     * @参数 ms为毫秒数
     * @返回值 String类型
     */
    public static String formatDate(long ms){
        Date date=new Date(ms);
        SimpleDateFormat format=new SimpleDateFormat("yyyy-MM-dd HH:mm:ss");
        String strDate=format.format(date);
        return strDate;
    }
}
```

12.3.5 显示投票选项的设计

当用户访问本实例的首页面后，会出现图12-1所示的界面，单击“参与投票”超链接则会进入vote.jsp

页面显示投票选项，如图12-2所示。在该页面中首先要查询tb_vote数据表获取所有的投票选项，然后逐一显示投票选项的标题。

所以，首先编写获取投票选项的代码。

```
<%@ page import="java.util.List" %>
<%@ page import="com.yxq.valuebean.VoteSingle" %>
<jsp:useBean id="myDb" class="com.yxq.toolbean.DB"/>        <!-- 创建一个DB类对象 -->
<%
   String sql="select * from tb_vote order by vote_order";        //生成查询投票选项的SQL语句
   List votelist=myDb.selectVote(sql);                            //查询数据表获取所有投票选项
%>
```

然后，编写显示投票选项的代码。

```
<form action="doVote.jsp" method="post">
    <table background="images/bg.jpg">
        <tr height="20">
           <!-- 显示投票选项 -->
           <td valign="top" width="420">
              <table bgcolor="#7688AE">
                 <tr><td colspan="2" background="images/voteT.jpg"></td></tr>
                 <!-- 如果集合为空 -->
                 <% if(votelist==null||votelist.size()==0){ %>
                     <tr><td align="center" colspan="2">没有选项可显示！ </td></tr>
                 <!-- 如果集合不为空 -->
                 <%
                   }
                   else{
                 %>
                 <tr>
                       <td align="center" width="60%">
                           <table border="0" width="100%">
                 <%
                       int i=0;
                       while(i<votelist.size()){
                           VoteSingle   single=(VoteSingle)votelist.get(i);
                 %>
                 <tr>
                   <td><%=single.getTitle() %></td>
                   <td>
                     <input type="radio" name="ilike" value="<%=single.getId() %>">
                   </td>
                  </tr>
                 <%
                        i++;
                       }//while结束
                 %>
                           </table>
                       </td>
                       <td valign="top">
```

```
                <img src="images/note.jpg">
                <b><font color="white">注意事项：</font></b><p>
                <font color="#FDE401"><li>1小时内只能投一次票！</li></font>
            </td>
        </tr>
        <%
          } //else结束
        %>
        <!-- 显示操作按钮 -->
        <tr height="97">
            <td colspan="2" background="images/voteE.jpg">
                <input type="submit" value="" style="background-image:url(images/submitB.jpg);width:68;
height:26;border:0">
                <input type="reset" value="" style="background-image:url(images/resetB.jpg);width:68;height:26;
border:0">
                      
                      
                <a href="showVote.jsp"><img src="images/showB.jpg" style="border:0"></a>
                <a href="index.jsp"><img src="images/indexB.jpg" style="border:0"></a>
            </td>
        </tr>
    </table>
    </td>
  </tr>
</table>
</form>
```

12.3.6 参与投票的设计

当用户在图12-2所示的页面中选择了一个选项并单击“提交投票”按钮后，程序会进行参与投票的处理。通过在vote.jsp页面中对Form表单的设置，参与投票的处理将在doVote.jsp页面中实现。在该页面中首先要获取用户的IP地址，然后查询出该用户最后一次投票的时间。若没有找到则说明该用户之前没有参与投票，则允许投票；否则计算当前时间与上次投票时间的时间差，来判断是否允许进行投票。若允许用户投票，则记录该用户IP和投票时间，并将用户选择的投票选项的票数加1；若不允许用户投票，则显示提示信息和上次投票时间。doVote.jsp页面的实现代码如下。

```
<%@ page import="com.yxq.valuebean.TempSingle" %>
<%@ page import="com.yxq.toolbean.MyTools" %>
<%@ page import="java.util.Date" %>
<jsp:useBean id="myDb" class="com.yxq.toolbean.DB"/>
<%
  String mess="";                                        //用来保存提示信息
  String selectId=request.getParameter("ilike");         //获取用户的选择
  if(selectId==null||selectId.equals("")){               //如果没有选择投票选项
      mess="请选择投票！";
  }
  else{                                                  //选择了投票选项
      boolean mark=false;                                //是否允许投票的标志
```

```
        long today=(new Date()).getTime();              //new Date()获取当前时间，通过调用Date类的getTime()
方法获取从1970年1月1日00:00:00起到当前时间的毫秒数
        long last=0;                                    //上次投票的时间(以毫秒显示)
        String ip=request.getRemoteAddr();              //获取用户IP地址
        //生成获取当前用户上次投票时（最后一次投票）的记录的SQL语句
         String sql="SELECT * FROM tb_temp WHERE voteMSEL = (SELECT MAX(voteMSEL) FROM tb_temp
WHERE voteIp='"+ip+"')";
        TempSingle single=myDb.selectTemp(sql);
        if(single==null)                                //不存在该记录，说明当前用户没有投过票
          mark=true;                                    //允许投票
        else{                                           //存在该记录，说明当前用户投过票
          //则判断从上次投票到现在是否超过指定时间，本系统指定为60分钟
          last=single.getVoteMSEL();                    //获取上次投票时间(以毫秒显示)
          //将当前时间与上次投票的时间进行比较
          String result=MyTools.compareTime(today,last);
          if(result.equals("yes"))                      //返回"yes"，表示时间差已超过60分钟，允许投票
              mark=true;
          else                                          //否则，不允许投票
             mark=false;
        }
        //将当前投票时间(以毫秒显示的)转为"年-月-日 时:分:秒"的形式
        String strTime=MyTools.formatDate(today);
        if(mark){                                       //如果允许投票
           /** 记录用户IP和投票时间 **/
           sql="insert into tb_temp values('"+ip+"','"+today+"','"+strTime+"')";
           int i=myDb.update(sql);                      //更新tb_temp数据表记录IP和投票时间
           /** 判断记录用户IP和投票时间是否成功 **/
           if(i<=0)                                     //记录失败
              mess="系统在记录您的IP地址时出错！";
           else{                                        //记录成功
               /** 更新票数 **/
               sql="update tb_vote set vote_num=vote_num+1 where id="+selectId;
                i=myDb.update(sql);
                if(i>0)                         //更新成功
                   mess="投票生效！ <img src='images/spic.jpg'>";
               else                             //更新失败
                  mess="投票失败！";
           }
        }
        else{                                   //不允许投票
            mess="对不起，通过判断您的IP，您已经投过票了！<br>上次投票时间："+single.getVoteTime()+"<br>60
分钟之内不允许再进行投票！";
        }
     }
     session.setAttribute("mess",mess);         //保存提示信息到session范围内
     response.sendRedirect("messages.jsp");     //将请求重定向到messages.jsp页面，进行提示
  %>
```

通过执行上述代码，如果用户投票成功，则会出现如图12-5所示的页面；否则会出现如图12-6所示的页面。

图12-5 用户投票成功页面

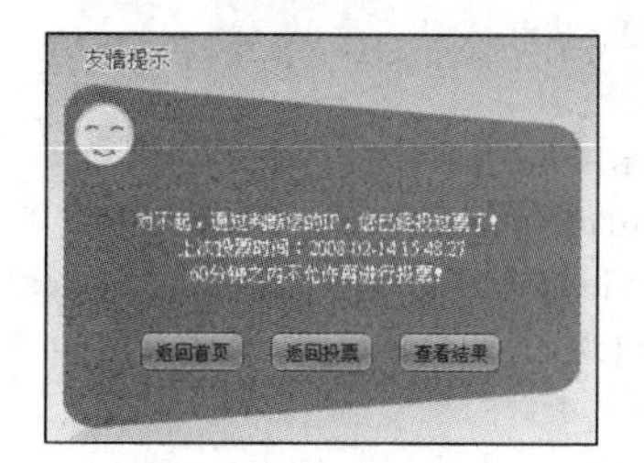

图12-6 用户投票失败

12.3.7 查看结果的设计

在图12-1所示的页面中，可以单击“查看结果”超链接进入showVote.jsp页面查看投票结果。在该页面中，首先通过查询tb_vote数据表获取所有投票选项，然后逐一显示投票选项的标题和所得票数，并将各选项所得的票数通过图片进行显示，如图12-3所示。

所以，首先编写获取投票选项的代码。

```
<%@ page import="java.util.List" %>
<%@ page import="com.yxq.valuebean.VoteSingle" %>
<jsp:useBean id="myDb" class="com.yxq.toolbean.DB"/>
<%
    float numAll=0;                                              //存储总票数
    String sql="select * from tb_vote order by vote_order";     //生成查询投票选项的SQL语句
    List showlist=myDb.selectVote(sql);                          //查询数据表获取所有投票选项
%>
```

然后编写显示投票结果的代码。

```
<table background="images/showbg.jpg">
    <tr height="20">
        <!-- 以文字显示投票结果 -->
        <td valign="top" width="40%">
            <table>
            <% if(showlist==null||showlist.size()==0){ %>
                <tr height="200"><td align="center" colspan="2">没有选项可显示！ </td></tr>
            <%
                }
                else{
                    int i=0;
                  while(i<showlist.size()){
                    VoteSingle single=(VoteSingle)showlist.get(i);
                      numAll+=Integer.parseInt(single.getNum());
            %>
                <tr height="25">
                  <td><%=single.getTitle() %></td>
                  <td align="right"><%=single.getNum() %> 票  </td>
              </tr>
```

```
<%
        i++;
      }//while结束
    }//else结束
%>
    <tr height="25">
      <td colspan="2">
      <a href="vote.jsp"><img src="images/backB.jpg" style="border:0"></a>
      </td>
    </tr>
  </table>
</td>
<!-- 通过图片显示投票结果 -->
<td valign="top" width="60%">
  <table>
  <% if(showlist==null||showlist.equals("")){ %>
    <tr height="200"><td align="center" colspan="2">没有选项可显示！ </td></tr>
  <%
    }
    else{
      int i=0;
      while(i<showlist.size()){
         VoteSingle single=(VoteSingle)showlist.get(i);
          int numOne=Integer.parseInt(single.getNum());
          float picLen=numOne*145/numAll;          //计算图片长度
         float per=numOne*100/numAll;              //计算票数所占的百分比
         //保留百分比后的一位小数，并进行四舍五入
         float doPer=((int)((per+0.05f)*10))/10f;
  %>
    <tr height="25">
      <td><img src="images/count.jpg" width="<%=picLen%>" height="15" alt="影片：<%=single.getTitle()%>"></td>
      <td width="15%" align="right"><%=doPer%>%</td>
    </tr>
  <%
        i++;
      }//while结束
    }//else结束
  %>
    <tr height="25">
      <td colspan="2">
      <a href="index.jsp"><img src="images/indexB.jpg" style="border:0"></a>
       </td>
    </tr>
   </table>
 </td>
</tr>
</table>
```

12.4 小结

本课程设计通过一个在线投票系统，向读者介绍了在JSP页面中如何使用JavaBean，如何获取当前时间，如何获取时间的毫秒数，如何实现用户的限时投票和如何根据票数来计算图片的显示长度。通过本章的学习，可以掌握这些技术。另外，在开发本实例时，需要注意以下几点内容。

（1）一定要判断用户是否选择了投票选项；

（2）在参与投票的设计中，当向tb_temp数据表中插入用户IP和投票时间信息失败后，不能继续执行更新tb_vote数据表实现票数累加的操作；

（3）在查看结果的设计中，用来计算图片长度的算法（某一选项票数/总票数=图片的显示长度/指定长度）中，定义一个用来存储总票数的变量类型应为float型，这样计算出的结果才够精确。

PART13

第13章 课程设计二——Ajax聊天室

本章要点

- 设计思路
- 各主要功能模块的编写

■ 随着Internet技术的飞速发展，网络已经成为人们生活中不可缺少的一部分，通过聊天室在线聊天已成为网络上人与人之间沟通、交流和联系的一种方式。为此，越来越多的网站开始提供在线聊天的功能。与此同时，聊天室也以其方便、快捷、低成本等优势受到众多企业的青睐，很多企业的网站中也加入了聊天室，以达到增进企业与消费者之间、消费者与消费者之间相互交流和联系的目的。本次课程设计的目的就是编写一个无刷新的聊天室，该聊天室不但可以实时显示在线人员列表及聊天内容，而且增加了聊天表情和文字颜色选择的功能。

13.1 课程设计的目的

配置使用说明

无刷新的聊天室的主页面如图13-1所示。

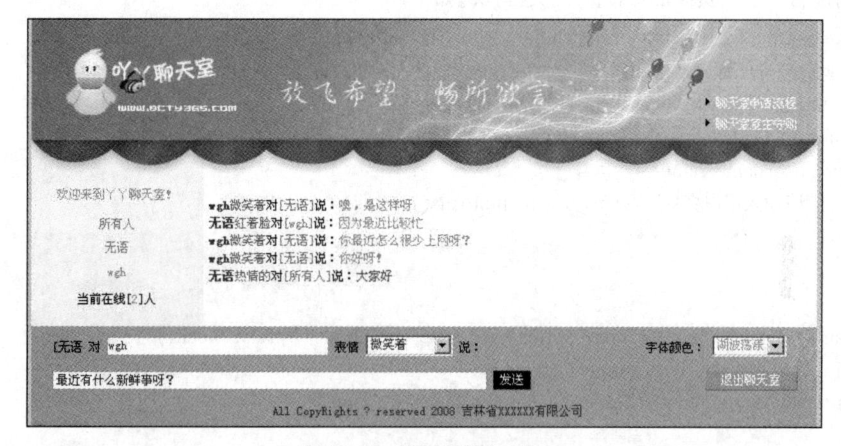

图13-1 聊天室的主页面

13.2 设计思路

实现无刷新的聊天室主要应用的技术是Ajax技术和JSP的application对象、session对象、request对象和集合类中的Vector类。无刷新聊天室的具体要求设计思路如下。

（1）实现用户登录。实现用户登录时，首先将用户信息保存到Vector类中，再将该类保存到application对象中，最后将用户信息保存到session对象中。

（2）实现在线人员列表。实现在线人员列表时，首先将保存在application对象中的人员信息保存到Vector类的对象中，然后应用for循环将这些信息显示到页面中。

（3）保存并显示聊天内容。在实现显示聊天内容时，首先应用request对象获取发言信息，再将该信息添加到保存聊天内容的application对象中，并显示application对象中的聊天内容。

最后，还需要应用Ajax技术实现实时显示在线人员列表及聊天内容。

13.3 设计过程

13.3.1 用户JavaBean的编写

编写用户JavaBean，名称为UserForm.java，保存在com.wgh包中。用户JavaBean就是对用户实体的抽象，它只包含了用户实体的属性，完整代码如下。

```
package com.wgh;                    //指定类所在包
public class UserForm {
    public String username;         //用户名
}
```

13.3.2 登录页面的设计

运行聊天室首先进入的是登录页面，只有在登录页面输入用户名，才可以进入到聊天室主页面进行聊天。聊天室登录页面的运行结果如图13-2所示。

图13-2 登录页面的运行结果

登录页面主要用于收集用户输入的用户名并通过JavaScript验证用户是否输入用户名。登录页面index. jsp的关键代码如下。

```
<%@ page contentType="text/html; charset= gb2312" language="java" %>
…      //此处省略了部分HTML代码
<script language="javascript">
function check(){
    if(form1.username.value==""){
        alert("请输入用户名！");form1.username.focus();return false;
    }
}
</script>
<form name="form1" method="post" action="login.jsp" onSubmit="return check()">
  用户名：<input type="text" name="username">
  <input type="image" name="imageField" src="images/go.jpg">
</form>
```

接下来还需要编写登录处理页面login.jsp。在该页面中，首先判断输入的用户名是否已经登录，如果登录将给予提供信息，并返回到登录页面，否则将该用户添加到在线人员列表中，并进入聊天室主页面。login.jsp页面的完整代码如下。

```
<%@ page contentType="text/html;charset=gb2312" language="java" %>
<%@ page import="java.util.Vector"%>
<%@ page import="com.wgh.UserForm"%>
<%
request.setCharacterEncoding("gb2312");
String username=request.getParameter("username");
boolean flag=true;
Vector temp=(Vector)application.getAttribute("myuser");
if(application.getAttribute("myuser")==null){
    temp=new Vector();
}
//判断输入的用户名是否在线
for(int i=0;i<temp.size();i++){
    UserForm tempuser=(UserForm)temp.elementAt(i);
    if(tempuser.username.equals(username)){
      out.println("<script language='javascript'>alert('该用户已经登录');window. location.href='index.jsp';</script>");
     flag=false;
  }
}
UserForm mylist=new UserForm();
mylist.username=username;
//保存当前登录的用户名
session.setAttribute("username",username);
application.setAttribute("ul",username);
```

```
Vector myuser=(Vector)application.getAttribute("myuser");
if(myuser==null){                                    //当第一位用户登录时
    myuser=new Vector();
}
if(flag){                                            //当输入的用户名不存在时，将该用户添加到在线人员列表中
    myuser.addElement(mylist);
}
application.setAttribute("myuser",myuser);
response.sendRedirect("main.jsp");                   //重定向页面到聊天室主页面
%>
```

13.3.3 聊天室主页面设计

用户通过登录页面进入到聊天室主页面。在聊天室主页面可以分为在线人员列表区、聊天内容显示区和用户发言区共3个区域，如图13-3所示。

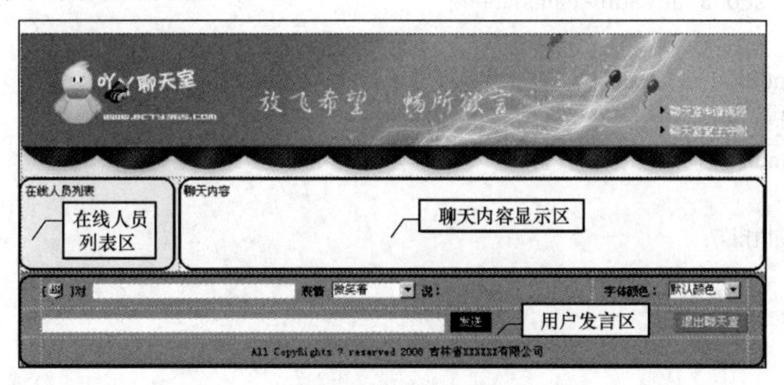

图13-3 聊天室的主页面的设计效果图

聊天室主页面的关键代码如下。

```
<!--此处省略了部分HTML代码-->
<table width="778" height="276" border="0" align="center" cellpadding="0" cellspacing="0">
 <tr>
  <td width="165" valign="top" bgcolor="#FDF7E9" id="online" style="padding:5px">在线人员列表</td>
  <td width="613" valign="top" bgcolor="#FFFFFF" id="content" style="padding:5px">聊天内容</td>
 </tr>
</table>
<!--此处省略了用户发言区的代码，该代码将在13.3.5节进行详细介绍-->
```

13.3.4 在线人员列表的设计

在实现在线人员列表显示时，为了实时显示在线人员列表，需要应用到Ajax技术，这时，首先需要创建一个封装Ajax必须实现功能的对象AjaxRequest，并将其代码保存为AjaxRequest.js，然后在聊天室的主页面中通过以下代码包含该文件。

```
<script language="javascript" src="../JS/AjaxRequest.js"></script>
```

AjaxRequest.js文件的完整代码如下。

```
var net=new Object();                                                //定义一个全局变量net
net.AjaxRequest=function(url,onload,onerror,method,params){          //创建一个构造函数
 this.req=null;
 this.onload=onload;
 this.onerror=(onerror) ? onerror : this.defaultError;
 this.loadDate(url,method,params);
```

```
}
net.AjaxRequest.prototype.loadDate=function(url,method,params){
  if (!method){
    method="GET";
  }
  if (window.XMLHttpRequest){
    this.req=new XMLHttpRequest();
  } else if (window.ActiveXObject){
    this.req=new ActiveXObject("Microsoft.XMLHTTP");
  }
  if (this.req){
    try{
      var loader=this;
      this.req.onreadystatechange=function(){
        net.AjaxRequest.onReadyState.call(loader);
      }
      this.req.open(method,url,true);
      //this.req.send(params);
        this.req.send(null);
    }catch (err){
      this.onerror.call(this);
    }
  }
}
net.AjaxRequest.onReadyState=function(){                    //重构onReadyState函数
  var req=this.req;
  var ready=req.readyState;
  if (ready==4){
    if (req.status==200 ){
      this.onload.call(this);
    }else{
      this.onerror.call(this);
    }
  }
}
net.AjaxRequest.prototype.defaultError=function(){          //默认的错误处理函数
  alert("error fetching data!"
    +"\n\nreadyState:"+this.req.readyState
    +"\nstatus: "+this.req.status
    +"\nheaders: "+this.req.getAllResponseHeaders());
}
```

接下来还需要在主页面中编写调用AjaxRequest对象的函数、错误处理函数和返回值处理函数，代码如下。

```
window.setInterval("showOnline();",10000);
//此处需要加&nocache="+new Date().getTime()，否则有时会出现在线人员列表不更新的情况
function showOnline(){
    var loader=new net.AjaxRequest("online.jsp?nocache="+
new Date().getTime(),deal_online,onerror,"GET");
}
function onerror(){
```

```
        alert("很抱歉，服务器出现错误，当前窗口将关闭！");
        window.opener=null;
        window.close();
    }
    function deal_online(){
        online.innerHTML=this.req.responseText;
    }
```

为了让页面初次载入时就显示在线人员列表，还需要在<body>标记的onLoad事件中调用showOnline();方法。

最后，再来编写显示在线人员列表的页面online.jsp，在该页面中，主要是将保存到集合类中的在线人员列表显示到页面。online.jsp页面的代码如下。

```
<%@ page contentType="text/html; charset=gb2312" language="java" import="java.util.*" %>
<%@ page import="com.wgh.UserForm"%>
<% request.setCharacterEncoding("gb2312"); %>
<%Vector myuser=(Vector)application.getAttribute("myuser");%>
<table width="100%" border="0" cellpadding="0" cellspacing="0">
 <tr><td height="32" align="center" class="word_orange ">欢迎来到丫丫聊天室！</td></tr>
 <tr>
 <td height="23" align="center"><a  href="#" onclick="set('所有人')">所有人</a></td>
 </tr>
<%   for(int i=0;i<myuser.size();i++){
        UserForm mylist=(UserForm)myuser.elementAt(i);%>
 <tr>
   <td height="23" align="center">
   <a href="#" onclick="set('<%=mylist.username%>')"><%=mylist.username%></a></td>
 </tr>
<%}%>
<tr><td height="30" align="center">当前在线[<font color="#FF6600">
<%=myuser.size()%></font>]人</td></tr>
</table>
```

13.3.5 用户发言的设计

在实现用户发言功能时，首先需要在主页面的用户发言区中，添加用于收集用户发言信息的表单及表单元素，关键代码如下。

```
<form action="send.jsp" name="form1" method="post" onSubmit="return check()">
[<%=session.getAttribute("username")%> ]对
<input name="tempuser" type="text" value="" size="35" readonly="readonly">
表情
<select name="select" class="wenbenkuang">
 <option  value="无表情的">无表情的</option>
 <option value="微笑着" selected>微笑着</option>
 <option value="笑呵呵地">笑呵呵地</option>
 <!--引处省略了添加其他列表项的代码-->
</select>
说：
```

```
字体颜色：
    <select name="color" size="1" class="wenbenkuang" id="select">
      <option selected>默认颜色</option>
      <option style="color:#FF0000" value="FF0000">红色热情</option>
      <option style="color:#0000FF" value="0000ff">蓝色开朗</option>
      <!--引处省略了添加其他列表项的代码-->
      <option style="color:#999999" value="999999">烟雨蒙蒙</option>
    </select>
   <input name="message" type="text" size="70">
    <input name="Submit2" type="submit" class="btn_blank" value="发送"></td>
</form>
```

在上面的代码中，语句<%=session.getAttribute("username")%>用于显示当前的登录用户名。

细心的读者可能会发现，聊天对象文本框被设置为只读属性，这样用户就不能手动输入聊天对象了，所以还需要提供选择聊天对象的功能，这可以通过在主页面中添加选择聊天对象的JavaScript自定义函数及在在线人员列表上添加超链接实现。将选择的聊天对象添加到聊天对象文本框的JavaScript代码如下。

```
<script language="javascript">
function set(selectPerson){    //自动添加聊天对象
    if(selectPerson!="<%=session.getAttribute("username")%>"){
       form1.tempuser.value=selectPerson;
    }else{
       alert("请重新选择聊天对象！");
    }
}
</script>
```

关于在在线人员列表上添加超链接的代码可以参见13.3.4节。

接下来编写用于处理用户发言信息的处理页send.jsp，在该页面中首先包含显示聊天内容页面content.jsp，将用户的发言信息添加到聊天内容列表中，然后再将显示页面重定向到聊天室主页面，具体代码如下。

```
<%@ page contentType="text/html; charset=gb2312" language="java"%>
<%@ include file="content.jsp"%>
<%response.sendRedirect("main.jsp");%>
```

13.3.6 显示聊天内容的设计

在实现显示聊天内容时，也需要应用Ajax技术，由于在13.3.4节中已经创建了一个封装Ajax必须实现功能的对象AjaxRequest，所以这里只需要在主页面中添加调用AjaxRequest对象的函数和返回值处理函数即可。具体代码如下。

```
window.setInterval("showContent();",1000);
function showContent(){
    var loader1=new net.AjaxRequest("content.jsp?nocache="+
new Date().getTime(),deal_content,onerror,"GET");
}
function deal_content(){
    content.innerHTML=this.req.responseText;
}
```

同显示在线人员列表一样，这里也需要在<body>标记的onLoad事件中调用show Content ( )方法。

接下来将编写显示留言内容的页面content.jsp，该页面主要用于获取发言信息并保存到application对象中，再将application对象中的聊天内容显示到页面。content.jsp页面的代码如下。

```
<%@ page contentType="text/html; charset=gb2312" language="java" import="java.util.*" errorPage="" %>
<% request.setCharacterEncoding("gb2312"); %>
<%
if(session.getAttribute("username").equals("null")){
    out.println("<script language='javascript'>alert('您还没有登录不能进入本聊天室');parent.location.href='login.
html';</script>");
}
if(session.getAttribute("username").equals("request.getParameter("+request.getParameter("tempuser")+")")){
    out.println("<script language='javascript'>alert('请重新选择聊天对象');</script>");
}
String message=request.getParameter("message");
String select=request.getParameter("select");
String tempuser=request.getParameter("tempuser");
String color=request.getParameter("color");
if(message!=null&&tempuser!=null){
    if(message.startsWith("<")){
        out.print("<marquee direction='left' scrollamount='23'>"+
        "<font color='blue'>"+"请不要输入带有标记的特殊符号"+"</font>"+"</marquee>");
        return;
    }else if(message.endsWith(">")){
        out.print("<marquee direction='left' scrollamount='25'>"+
        "<font color='blue'>"+"请不要输入带有标记的特殊符号"+"</font>"+"</marquee>");
        return;
    }
    if(application.getAttribute("message")==null){  //第一个人说话时
        application.setAttribute("message","<br>"+"<font color='blue'>"+
        "<strong>"+session.getAttribute("username")+"</strong>"+"</font>"+
        "<font color='#CC0000'>"+select+"</font>"+"对"+"<font color='green'>"+
        "["+tempuser+"]"+"</font>"+"说："+"<font color="+color+">"+message);
    }else{
        application.setAttribute("message","<br>"+"<font color='blue'>"+
        "<strong>"+session.getAttribute("username")+"</strong>"+"</font>"+
        "<font color='#CC0000'>"+select+"</font>"+"对"+"<font color='green'>"+
        "["+tempuser+"]"+"</font>"+"说："+"<font color="+color+">"+message+
        "</font>"+application.getAttribute("message"));
    }
    out.println("<p>"+application.getAttribute("message")+"<p>");
}else{
    if(application.getAttribute("message")==null){
        out.println("<font color='#cc0000'>"+application.getAttribute("ul")+
        "</font>"+"<font color='green'>"+"走进了网络聊天室"+"</font>");
        out.println("<br>"+"<center>"+"<font color='#aa0000'>"+"请各位聊友注意聊天室的规则,不要在本聊天室
内发表反动言论及对他人进行人身攻击，不要随意刷屏。"+"</font>"+"</center>");
```

```
        }else{
        out.println(application.getAttribute("message")+"<br>");
        }
    }
    %>
```

13.3.7 退出聊天室的设计

在该聊天室中，有两种退出聊天的方法，一种是单击主页面中的“退出聊天室”按钮，另一种是单击浏览器的关闭按钮☒。需要注意的是，无论采用哪种方法，都会显示图13-4所示的对话框。

图13-4　退出聊天室时显示的对话框

下面先来实现第一种方法。首先在主页面的合适位置添加“退出聊天室”按钮，并在按钮的onclick事件中调用自定义的JavaScript函数Exit( )，关键代码如下。

```
<input name="button_exit" type="button" class="btn_orange" value="退出聊天室" onClick="Exit( )">
```

然后编写自定义的JavaScript函数Exit( )，在该函数中首先将页面重定向到退出聊天室页面leave.jsp，然后再弹出“欢迎您下次光临！”对话框，具体代码如下。

```
function Exit( ){
    window.location.href="leave.jsp";
    alert("欢迎您下次光临！");
}
```

最后编写退出聊天室页面leave.jsp。在该页面中，首先从保存在Application对象中的在线人员列表中将登录的用户删除，然后将保存用户信息的Session对象设置为空，再判断保存在线人员列表的集合是否为空，如果为空，则清空聊天内容，最后将页面重定向到登录页面。leave.jsp页面完成代码如下。

```
<%@ page contentType="text/html; charset=gb2312" language="java"%>
<% request.setCharacterEncoding("gb2312"); %>
<%@ page import="java.util.Vector"%>
<%@ page import="com.wgh.UserForm"%>
<%
    Vector temp=(Vector)application.getAttribute("myuser");
    for(int i=0;i<temp.size( );i++){
        UserForm mylist=(UserForm)temp.elementAt(i);
        if(mylist.username.equals(session.getAttribute("username"))){
            temp.removeElementAt(i);
            session.setAttribute("username","null");
        }
        if(temp.size( )==0){
            application.removeAttribute("message");
        }
    }
```

```
    response.sendRedirect("index.jsp");
%>
```

接下来再实现第二种方法。在实现单击关闭按钮退出聊天室时，只需要主页面中添加以下代码即可实现。

```
<script language="jscript">
window.onbeforeunload=function(){   //当用户单击浏览器中的"关闭"按钮时，执行退出操作
    if(event.clientY<0 && event.clientX>document.body.scrollWidth){
        Exit();                  //执行退出操作
    }
}
</script>
```

13.4 小结

本课程设计通过一个无刷新的聊天室，向读者介绍了JSP的内置对象（包括Session对象、Application对象、request对象和response对象）、Ajax技术、集合类中的Vector类以及JavaBean技术的实际应用。通过本章的学习，可以加深对这些技术的理解程度。另外，在开发无刷新的聊天室时，需要注意以下4点内容。

（1）应用Ajax技术实现实时刷新在线人员列表；

（2）应用Ajax技术实现实时刷新显示的聊天内容；

（3）在用户退出聊天室时，需要及时删除在线人员列表中的该用户；

（4）当用户单击浏览器的“关闭”按钮关闭聊天页面时，也需要将该用户从在线人员列表中删除。

参考文献

[1] 刘晓华，张健，周慧贞. JSP应用开发详解. 北京：电子工业出版社，2007.

[2] Vivek Chopra，Jon Eaves，Rupert Jones. JSP程序设计. 张文静，林琪，译. 北京：人民邮电出版社，2006.

[3] 邹竹彪. JSP网络编程从入门到精通. 北京：清华大学出版社，2007.

[4] 耿祥义. JSP基础教程. 北京：清华大学出版社，2004年.

[5] Vivek Chopra，Jon Eaves，Rupert Jones. JSP高级程序设计. 张文静，林琪，译. 北京：人民邮电出版社，2006.

[6] Adam Drozdek. 数据结构与算法：Java语言版（第2版）. 周翔，译. 北京：机械工业出版社，2006.

[7] Peter van der Linden. Java 2教程（第6版）. 邢国庆，译. 北京：电子工业出版社，2005.

[8] Mary Campione，Kathy Walrath，Alison Huml. Java语言导学（第3版）. 马朝晖，陈美红，译. 北京：机械工业出版社，2005.

[9] Bruce Eckel. Java编程思想（第4版）. 陈昊鹏，译. 北京：机械工业出版社，2007.

[10] 耿祥义，张跃平. Java 2实用教程（第3版）. 北京：清华大学出版社，2006.

[11] 郑莉，王行言，马素霞. Java语言程序设计. 北京：清华大学出版社，2006.

[12] Tom Negrino；Dori Smith. JavaScript基础教程（第6版）. 陈剑瓯译. 北京：人民邮电出版社，2007.

[13] James Edwards，Cameron Adams. JavaScript精粹. 北京：人民邮电出版社，2007.

[14] Ryan Asleson，Nathaniel T.Schutta. Ajax基础教程. 金灵，译. 北京：人民邮电出版社，2006.

[15] Sas Jacobs. XML基础教程：入门、DOM、Ajax和Flash. 许劲松，周斌，杨波，译. 北京：人民邮电出版社，2007.

[16] Dave Minter，Jeff Linwood. Hibernate基础教程. 陈剑瓯，译. 北京：人民邮电出版社，2008.